Simic/Hochheimer/Reichwein

Messen, Regeln und Steuern

Die Praxis der Labor- und Produktionsberufe

herausgegeben von U. Gruber und W. Klein

Messen,
Regeln und Steuern

Grundoperationen der Prozeßleittechnik

Dieter Simic, Gerhard Hochheimer
und Jürgen Reichwein

2., neubearbeitete Auflage

 **VCH** Weinheim · New York · Basel · Cambridge · Tokyo

Gerhard Hochheimer
Jürgen Reichwein
Hoechst AG
Abteilung für Aus- und Weiterbildung
Postfach 80 03 20
D-65926 Frankfurt

1. Auflage 1989
   1., korrigierter Nachdruck 1992 der 1. Auflage 1989
2., neubearbeitete Auflage 1996
   1. Nachdruck 1996
   2. Nachdruck 1998
   3. Nachdruck 1999
   4. Nachdruck 2001

Die Deutsche Bibliothek — CIP-Einheitsaufnahme

Simic, Dieter:
Messen, Regeln und Steuern : Grundoperationen der
Prozessleittechnik / Dieter Simic, Gerhard Hochheimer und
Jürgen Reichwein. — 2., neubearb. Aufl. — Weinheim ; New
York ; Basel ; Cambridge ; Tokyo : VCH, 1996
   (Die Praxis der Labor- und Produktionsberufe ; Bd. 6)
   ISBN 3-527-28769-8
NE: Hochheimer, Gerhard:; Reichwein, Jürgen:; GT

© VCH Verlagsgesellschaft mbH, D-69451 Weinheim (Federal Republic of Germany), 1996.

Gedruckt auf säurefreiem und chlorarm gebleichtem Papier.

Satz: Filmsatz Unger & Sommer GmbH, D-69469 Weinheim
Druck: Strauss Offsetdruck GmbH, D-69509 Mörlenbach
Bindung: Wilh. Osswald & Co., D-67433 Neustadt

Printed in the Federal Republic of Germany

Vorwort zur 2. Auflage

Das Fortschreiten der Meßtechnik und der Prozeßleittechnik gab den Anlaß zur Überarbeitung des vorliegenden Bandes 6 aus der Reihe „Die Praxis der Labor- und Produktionsberufe".

Im Bereich der Meßtechnik wurde die Durchflußmessung um die Abschnitte Wirbeldurchflußmesser, Ultraschall-Durchflußmesser und Massedurchflußmesser erweitert und so dem neuesten Stand der Technik angeglichen. Etliche Kennbuchstaben und Bildzeichen wurden geändert und entsprechen nun den neuesten DIN-Vorschriften. Im Kapitel Prozeßleittechnik wird ein modernes Prozeßleitsystem mit neuer Anzeige- und Bedienoberfläche (Windows-Oberfläche, mit Maus bedienbar) vorgestellt.

Allen Mitarbeitern, die uns durch Anregungen und konstruktive Kritik unterstützt haben, sei an dieser Stelle herzlichst gedankt.

Wir gedenken in Dankbarkeit unseres Kollegen und Mitautors Dieter Simic, der im Sommer 1991 tödlich verunglückte.

Frankfurt/Main-Höchst,
im Februar 1996

Jürgen Reichwein
Gerhard Hochheimer

Vorwort zur 1. Auflage

Um chemische Anlagen – im Labor, im Technikum oder in der Produktion – betreiben zu können, müssen Zustandsgrößen und Stoffeigenschaften zuverlässig erfaßt werden. Die automatische Regelung und Steuerung von Verfahrensabläufen sind unverzichtbare Elemente der modernen Prozeßleittechnik. Angesichts der heutigen Anforderungen an die Qualität der Produkte, aber auch an Arbeitssicherheit und Umweltschutz sowie an die Sorgfalt beim Umgang mit Stoffen und Energie kommt dem Messen, Regeln und Steuern eine größere Bedeutung zu als je zuvor.

Beginnend mit den Grundlagen der Meßtechnik und den Meßverfahren für die wichtigsten physikalischen Größen führt dieser Band über die Regelungs- und Steuertechnik hin zur Prozeßleittechnik. Physikalische Meßmethoden werden entsprechend dem neugeordneten Berufsbild des Chemikanten berücksichtigt. Obwohl die entsprechenden Kapitel in sich geschlossen sind, empfiehlt es sich, sie in dieser Reihenfolge durchzugehen, da die Ansprüche an das Verständnis steigen.

Das Buch verzichtet weitgehend auf die mathematische Herleitung und Beschreibung von Regelsystemen sowie auf die detaillierte Erörterung von Geräten. Es will vor allem die für die Anwendung und Bedienung der MSR-Technik erforderlichen Kenntnisse und Fertigkeiten vermitteln. Unsere in vielen Jahren gewonnene Erfahrung bei der Aus- und Weiterbildung von Chemikanten, Pharmakanten, Betriebswerkern und Laboranten sowie bei der Weiterbildung von Meistern, Betriebsingenieuren und Chemikern in der Produktion bilden dafür den Hintergrund. Das Buch wird außer in den genannten Bereichen auch zur Unterstützung der Ausbildung von Meß- und Regelmechanikern, in Berufs- und Berufsfachschulen sowie in den ersten Studiensemestern an Fachhochschulen eingesetzt werden können; hier wird es vor allem zu Beginn der Vorlesungen und Praktika und beim Übergang in die berufliche Praxis von Nutzen sein.

Die behandelten Geräte und Einrichtungen sind zum großen Teil vom Fachhandel oder von den Herstellern zu beziehen, oder sie können leicht nachgebaut werden. Einige Versuche werden anhand von Aufbauten der Abteilung Aus- und Weiterbildung der Hoechst AG beschrieben. Die theoretischen Inhalte lassen sich mit Hilfe der angeführten Literatur weiter vertiefen.

Wir danken den Mitarbeitern der Abteilung Aus- und Weiterbildung der Hoechst AG, insbesondere auch Herrn Direktor Ulrich Gruber, für vielfältige Unterstützung. Frau S. Stoye hat sich bei der Anfertigung des Manuskripts verdient gemacht. Den Herren K. Wolf und Ing. W. Maier sind wir für Anregungen, Kritik und die engagierte Mitwirkung beim Aufbau der Praktika zu Dank verpflichtet.

Frankfurt-Höchst,
im April 1989

Dieter Simic
Gerhard Hochheimer
Jürgen Reichwein

Inhalt

3   Steuern   247

1 Messen

1.1 Grundlagen der Meßtechnik

1.1.1 Themen und Lerninhalte

> Definition des Begriffes *Messen*
>
> Physikalische Größen und ihre Einheiten
>
> Durchführen und Auswerten von Messungen

1.1.2 Grundbegriffe

1.1.2.1 Messen

Die Sinnesorgane des Menschen sind sehr empfindlich und können feinste Unterschiede wahrnehmen. Trotzdem sind genaue Bestimmungen der Absolutwerte von Längen, Temperaturen und anderen Größen nicht möglich, allenfalls mehr oder weniger genaue Schätzungen. Zu leicht lassen sich die menschlichen Sinnesorgane von Fremdeinflüssen ablenken oder täuschen. Das zeigen die folgenden Beispiele:

a) Die vom Auge aufgenommenen „Bilder" werden vom Gehirn immer weiterverarbeitet – manchmal nicht richtig, wie die optischen Täuschungen zeigen. (Die Beantwortung der Fragen zu den in Abb. 1-1 gezeigten optischen Täuschungen ergibt sich durch Anlegen eines Lineals.)

b) In drei verschiedenen Gefäßen befindet sich kaltes Wasser, lauwarmes Wasser und warmes Wasser. Taucht man nun die eine Hand in das kalte Wasser, die andere in das warme Wasser und nach einer gewissen Zeit beide Hände zugleich in das lauwarme Wasser, so wird das lauwarme Wasser von der „kalten" Hand als warm und von der „warmen" Hand als kalt empfunden. Dieser einfache Versuch beweist, wie subjektiv unsere Empfindungen sein können.

Bei der Anwendung technischer Meßverfahren dagegen erhält man objektive Aussagen. Allerdings können diese auch noch mit Abweichungen verschiedener Art behaftet sein.

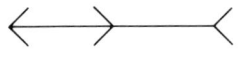 Sind die beiden Strecken gleich lang ?

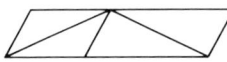 Welche der Diagonalen ist länger ?

 Kleine und große Männer ?

Abb. 1-1. Optische Täuschungen.

Was heißt nun Messen? In DIN 1319 sind die wichtigsten Grundbegriffe folgendermaßen definiert: *Messen* ist der experimentelle Vorgang, durch den ein spezieller Wert einer physikalischen Größe als Vielfaches einer Einheit oder eines Bezugswertes ermittelt wird.

Im Messen ist das Auswerten bis zum Meßergebnis mit eingeschlossen. Die *Meßgröße* ist die physikalische Größe, die durch die Messung erfaßt wird (z. B. Länge, Kraft, Temperatur, elektrische Stromstärke).

Der *Meßwert* ist der spezielle, zu ermittelnde Wert der Meßgröße; er wird als Produkt aus Zahlenwert und Einheit angegeben.

$$\text{Meßwert} = \text{Zahlenwert} \times \text{Einheit}$$

Beispiele:

$l = 3{,}5 \text{ m}$
$t = 68 \text{ s}$
$m = 28{,}7 \text{ g}$
$I = 0{,}33 \text{ A}$

Die von Meßeinrichtungen gelieferten Informationen über Meßgrößen können folgendermaßen dargestellt werden:

– Zeigerausschlag von Meßgeräten (analoger Meßwert)
– Direktanzeige in Ziffern (digitaler Meßwert)
– Aufzeichnung durch Schreiber
– Ausgabe durch Drucker
– Speicherung in Datenspeichern zur späteren Wiedergabe

1.1.2.2   Physikalische Größen und Einheiten

Nach DIN 1313 beschreiben physikalische Größen die meßbaren Eigenschaften physikalischer Körper, Vorgänge oder Zustände.

Beispiele:

– die Länge eines Tisches
– die Masse eines Steines
– die Temperatur einer Flüssigkeit
– die Zeitdauer einer chemischen Reaktion

Als Formelzeichen für Größen werden Buchstaben benutzt.

Man kann nur Größen gleicher Art addieren oder subtrahieren, z. B. zwei Längen oder zwei Zeiten. Die Addition einer Länge und einer Fläche ist nicht möglich.

In den *Größengleichungen* werden die physikalischen Größen mit ihren Formelzeichen angegeben.

Beispiele:

$U = I \cdot R$ (Spannung ist das Produkt aus Stromstärke und Widerstand)

$v = \dfrac{s}{t}$ (Geschwindigkeit ist der Quotient aus Weg und Zeit)

Um eine Größe messen zu können, muß man eine Einheit (Maßeinheit) festlegen.

Beispiele:

– Meter als Längeneinheit
– Kilogramm als Masseneinheit
– Kelvin als Temperatureinheit
– Sekunde als Zeiteinheit

Die Einheiten werden meist durch Kurzzeichen ausgedrückt.

Eine *Einheitengleichung* gibt die zahlenmäßige Beziehung zwischen Einheiten an.

Beispiele:

$1\,\text{Pa}\ = 1\,\text{N/m}^2$
$1\,\text{bar}\ = 10^5\,\text{Pa}$
$3{,}5\,\text{m} = 350\,\text{cm}$

Die Vielzahl der physikalischen Größen verlangt eine sinnvolle Zusammenfassung in Größensystemen. Aus den verschiedenen Systemen der Vergangenheit mit oft recht unterschiedlichen Einheiten wurde das *Internationale Einheitensystem* (Système International d'Unités, abgekürzt SI) entwickelt. Es ist heute alleine gültig.

Dem SI liegen sieben voneinander unabhängige Größen mit genau definierten Einheiten zugrunde; sie heißen Basisgrößen (früher Grundgrößen) und Basiseinheiten (früher Grundeinheiten) (Tab. 1-1).

Tabelle 1-1. Basisgrößen und Basiseinheiten des SI.

Größe	Einheit	Kurzzeichen
Länge	Meter	m
Masse	Kilogramm	kg
Zeit	Sekunde	s
elektrische Stromstärke	Ampère	A
Temperatur	Kelvin	K
Lichtstärke	Candela	cd
Stoffmenge	Mol	mol

Alle anderen Größen lassen sich von den Basisgrößen ableiten und werden daher als abgeleitete Größen bezeichnet. Entsprechendes gilt für die Basiseinheiten und die abgeleiteten Einheiten (Tab. 1-2).

Tabelle 1-2. Einige abgeleitete Größen und ihre Einheiten.

Größe	Einheit	Kurzzeichen	Beziehung
Volumen	Kubikmeter	m^3	
Kraft	Newton	N	$1\,N = 1\,\dfrac{kg \cdot m}{s^2}$
Druck	Pascal	Pa	$1\,Pa = 1\,\dfrac{N}{m^2}$
elektrischer Widerstand	Ohm	Ω	$1\,\Omega = 1\,\dfrac{V}{A}$
elektrische Leistung	Watt	W	$1\,W = 1\,V \cdot A$

Oft ist es zweckmäßig, dezimale Teile oder Vielfache von SI-Einheiten zu benutzen. Dadurch können Zahlenwerte überschaubarer und technische Angaben anschaulicher werden.

Die in Tab. 1-3 zusammengestellten Vorsätze (Präfixe) können zum Verkleinern und Vergrößern aller Einheiten verwendet werden mit Ausnahme der Winkeleinheiten Grad, Minute, Sekunde und der Zeiteinheiten wie Minute, Stunde, Tag, Jahr. Sie werden unmittelbar vor den Namen der Einheit gesetzt. Es darf jeweils nur ein Vorsatz benutzt werden. Eine Besonderheit ist die Basiseinheit Kilogramm, die schon einen Vorsatz enthält.

Tabelle 1-3. Vorsätze und Vorsatzzeichen zur Bezeichnung von dezimalen Vielfachen und Teilen von Einheiten.

Faktor	Vorsatz	Vorsatzzeichen
10^{18}	Exa	E
10^{15}	Peta	P
10^{12}	Tera	T
10^{9}	Giga	G
10^{6}	Mega	M
10^{3}	Kilo	k
10^{2}	Hekto	h
10^{1}	Deka	da
10^{-1}	Dezi	d
10^{-2}	Zenti	c
10^{-3}	Milli	m
10^{-6}	Mikro	μ
10^{-9}	Nano	n
10^{-12}	Piko	p
10^{-15}	Femto	f
10^{-18}	Atto	a

1.1.2.3 Meßabweichungen

Meßergebnisse geben nie den wahren Wert einer physikalischen Größe an; sie sind alle mit mehr oder weniger großen Abweichungen behaftet. Die Ursachen für die Abweichungen können sehr unterschiedlich sein. Meßverfahren, Meßgeräte und auch die zu messenden Gegenstände selbst sind oft unvollkommen, der Beobachter kann Fehler machen, und es können störende Umwelteinflüsse (z. B. Temperaturschwankungen) auftreten.

Man unterscheidet zwei Arten von Meßabweichungen:

Systematische Abweichungen werden hauptsächlich durch die Unvollkommenheit von Meßgeräten und Meßverfahren sowie durch unsachgemäße Handhabung durch den Beobachter verursacht.

Sie haben meist einen bestimmten konstanten Betrag und immer ein bestimmtes Vorzeichen; sie sind entweder positiv oder negativ.

Beispiele:

– Eine Skala ist ungenau geeicht.
– Der Nullpunkt eines Meßgerätes ist verstellt.
– Ein Meßgerät ist nicht vorschriftsmäßig aufgestellt (falsche Gebrauchslage).
– Bei der Bestimmung von kalorimetrischen Größen nach der Mischungsmethode wird die Energieaufnahme des Kalorimeters nicht berücksichtigt.
– Beim Wiegen eines Glaskolbens wird keine Auftriebs-Korrektur durchgeführt.

Systematische Abweichungen können oft erkannt und ausgeschaltet oder verkleinert werden.

Zufällige Abweichungen werden verursacht z. B. durch Veränderungen der Meßgeräte oder durch Umwelteinflüsse, die während der Messung nicht erfaßbar und nicht beeinflußbar sind. Dazu kommen die unterschiedlichen Eigenschaften und Fähigkeiten der Beobachter (Konzentration, Auflösungsvermögen der Sinnesorgane, Schätzungsvermögen).

Beispiele:

– Luftdruckschwankungen
– Temperaturschwankungen
– Reibungskräfte in Meßinstrumenten
– Erschütterungen der Meßanordnung
– Schätzfehler beim Ablesen von Skalenzwischenwerten

Zufällige Abweichungen schwanken nach Betrag und Vorzeichen. Sie können zahlenmäßig nur geschätzt werden.

Der Einfluß zufälliger Abweichungen kann durch mehrfache Messung der gleichen Meßgröße stark vermindert werden. Je größer die Zahl der Messungen, desto genauer wird das als Mittelwert $\bar{x}$ resultierende Meßergebnis.

Dieser Mittelwert $\bar{x}$ liegt inmitten eines Intervalls, in dem vermutlich der wahre Wert der Meßgröße liegt. Nach DIN 1319 wird die Differenz zwischen der oberen Grenze dieses Intervalls und $\bar{x}$ bzw. die Differenz zwischen $\bar{x}$ und der unteren Grenze dieses Intervalls als *Meßunsicherheit u* bezeichnet.

Als Absolutangabe hat u die gleiche Einheit wie der Meßwert x' und wird *absolute Meßunsicherheit* Δx genannt.

Ergibt sich der Meßwert aus einer Meßreihe, kann Δx als Quadratwurzel aus der Summe aller Abweichungsquadrate $(x_i - \bar{x})^2$, dividiert durch das Produkt $n \cdot (n-1)$ errechnet werden. Dabei bedeutet n die Anzahl der Messungen. Für einen einzelnen Meßwert ist Δx anhand der Ablesegenauigkeit des betreffenden Meßgerätes oder aus Erfahrung abzuschätzen. Hierbei setzt sich Δx aus den zufälligen Abweichungen und den unbekannten und damit nicht behebbaren systematischen Abweichungen zusammen.

Wird eine Größe mit ihrer Meßunsicherheit zusammen angegeben, ist auf die Übereinstimmung in den Stellenzahlen zu achten.

Richtig:

l = 3,84 mm ± 0,02 mm
t = 25,0 s ± 0,1 s
U = 200 V ± 1 V

Falsch:

V = 23 cm^3 ± 0,1 cm^3
d = 1,003 mm ± 0,1 mm
ϱ = 0,8 g/cm^3 ± 0,001 g/cm^3

Die *relative Meßunsicherheit* $\dfrac{\Delta x}{x}$ ist der Quotient aus der absoluten Meßunsicherheit Δx und dem tatsächlichen Wert x der Meßgröße. Da der tatsächliche Wert x meist unbekannt ist und zwischen ihm und dem Meßwert x' nur geringe Unterschiede bestehen, ist es erlaubt, zur Berechnung der relativen Meßunsicherheit den Meßwert x' zu benutzen.

$$\text{relative Meßunsicherheit} = \frac{\text{absolute Meßunsicherheit}}{\text{Meßwert}}$$

Einige Beispiele für Meßergebnisse mit Angabe der relativen Meßunsicherheit in Prozent:

l $= 45,8$ mm $\pm 1,2\%$
$U = 220$ V $\pm 2,5\%$
I $= 1,55$ A $\pm 0,8\%$

Die erste Stelle, in der die Abweichung auftritt, soll die letzte Stelle der Meßwert-Angabe sein. Weitere Stellen würden eine höhere Meßgenauigkeit vortäuschen.

Mit den Methoden der Fehlerrechnung kann für ein Meßergebnis, das sich aus mehreren fehlerhaften Meßwerten zusammensetzt, die größtmögliche Gesamtabweichung oder auch die wahrscheinliche Gesamtabweichung ermittelt werden. Das Endergebnis wird dann zusammen mit der berechneten Meßunsicherheit angegeben.

Beispiel: Der Widerstand eines Verbrauchers soll nach dem Ohmschen Gesetz ohne Berücksichtigung des Ampèremeter-Innenwiderstandes bestimmt werden (s. Abschn. 1.14.6.2).

Meßergebnisse: $U = 4,16$ V $\pm 0,06$ V
$\qquad\qquad\quad I = 0,0392$ A $\pm 0,0006$ A

Ausrechnung: $R = \dfrac{U}{I}$

$$R = \frac{4,16}{0,0392}$$

$$\underline{R = 106,1\ \Omega}$$

Fehlerrechnung:
Bei der Division fehlerhafter Größen addieren sich die relativen Meßunsicherheiten.

$$\frac{\Delta R}{R} = \frac{\Delta U}{U} + \frac{\Delta I}{I}$$

$$= \frac{0,06}{4,16} + \frac{0,0006}{0,0392}$$

$$= 0,01442 + 0,0153$$

$$= 0,02973$$

$$\underline{\cong 3,0\%}$$

Endergebnis: $\underline{R = 106\,\Omega \pm 3,0\%}$

Die *Fehlergrenzen elektrischer Meßinstrumente* erkennt man an den Klassenzeichen (Güteklassen). Für Meßgeräte-Skalen mit dem Nullpunkt am Skalenanfang bedeuten die Klassenzeichen 0,1; 0,2; 0,5; 1,0; 1,5; 2,5; und 5 die maximal zulässige Abweichung zwischen dem angezeigten und dem wahren Wert der Meßgröße, ausgedrückt in Prozent vom Endwert des Meßbereichs.

Geräte der Klassen 0,1 und 0,2 werden als Präzisionsgeräte, die der Klassen 0,5 und 1 als Laboratoriumsgeräte und die der Klassen 1,5; 2,5 und 5 als Betriebsgeräte bezeichnet.

Beispiel: Die Skala eines Meßgerätes der Klasse 1 hat 30 Skalenteile. Somit hat jede Anzeige eine absolute Meßunsicherheit von $\pm$ 0,3 Skt (1% von 30).

Für einen Zeigerausschlag von 25 Skt liegt demnach der wahre Wert zwischen 24,7 und 25,3 Skalenteilen. Die relative Meßunsicherheit beträgt $\dfrac{0,3}{25}$ = 1,2%. Wird die gleiche Meßgröße in einem gröberen Meßbereich (ebenfalls 30 Skt) mit einem Zeigerausschlag von nur 5 Skt abgelesen, erhöht sich die relative Meßunsicherheit auf $\dfrac{0,3}{5}$ = 6%.

Der Meßbereich ist demnach so zu wählen, daß ein möglichst großer Zeigerausschlag erreicht wird!

Die *Meßgenauigkeit* darf nicht mit der *Meßempfindlichkeit* verwechselt werden. Ein Meßgerät ist dann empfindlich, wenn es schon auf kleinste Änderungen der Meßgröße reagiert.

1.1.2.4   Führung von Meßprotokollen

Zu jeder Messung gehört ein übersichtliches Meßprotokoll, das auch für einen Außenstehenden verständlich ist. Es muß alle Angaben enthalten, die zur Nachprüfung der Messung oder zu einer eventuellen Wiederholung notwendig sind.

Meßprotokolle sind stets dokumentenecht anzufertigen, d. h. mit Tinte oder Kugelschreiber. Skizzen von Geräten und Meßanordnungen dagegen können mit Bleistift ausgeführt werden.

Sind Theorie und Durchführung der Aufgabe schon in Form einer Arbeitsanweisung vorgegeben, soll das Meßprotokoll aus folgenden Teilen bestehen:

a) Überschrift
b) Berechnungsgleichung
c) Erklärung der Formelzeichen
d) Aufzählung der benutzten Geräte (Meßgeräte-Nummern angeben)
e) Übersichtliche Aufstellung aller Meßwerte
f) Ausrechnung und Endergebnis
g) Unterschrift mit Datum

Bei der Bestimmung elektrischer Größen ist noch die Schaltskizze anzugeben.

Meßreihen faßt man übersichtlich in Tabellen zusammen. Im Tabellenkopf stehen die betreffenden Formelzeichen und Einheitenzeichen. Dazu sind folgende Formen erlaubt:

mit waagerechtem Bruchstrich z. B. $\dfrac{t}{s}$, $\dfrac{m}{g}$,

mit schrägem Bruchstrich z. B. U/kV, I/mA

oder mit dem Wörtchen „in" z. B. v in m/s,
$$a \text{ in m/s}^2.$$

Zu empfehlen ist die letzte der drei Schreibweisen, da hierbei die Gefahr von Mißverständnissen geringer ist. Die Angabe des Einheitenzeichens in eckigen Klammern ist nicht gestattet. In den Tabellenspalten werden gleiche Dezimalstellen untereinander angeordnet.

Richtig: 1025,31 Falsch: 1025,31
     318,75   318,75
      99,28   99,28

Oft sind graphische Darstellungen Bestandteile eines Meßprotokolls. Über das vorschriftsmäßige Zeichnen von Diagrammen informiert Abschn. 1.1.2.5.

Beispiel zur Führung von Meßprotokollen

Bestimmung der Viskosität mit dem Höppler-Viskosimeter

$$\eta = t \cdot k \cdot (\varrho_K - \varrho_{Fl})$$

Darin bedeuten:

η dynamische Viskosität
t Fallzeit der Kugel
k Kugelkonstante
ϱ_K Dichte der Kugel
ϱ_{Fl} Dichte der Prüfflüssigkeit

Zubehör: Höppler-Viskosimeter mit Thermometer und Reinigungsgerät, Thermostat, Stoppuhr, Feinspindelsatz, Standzylinder, Prüfflüssigkeiten.

Meßwerte und Ausrechnung:

t_{105} in s	t_{213} in s	t_{333} in s
59,5	80,0	150,3
59,8	80,0	149,9
59,5	79,8	150,9
59,6	79,9	150,7
59,5	80,0	150,1
59,3	79,8	150,0
59,5	80,2	149,7
59,9	80,0	149,5
59,9	80,1	149,5
59,6	79,8	150,0
596,1	799,6	1500,6
$\bar{t} = $ 59,61 s	$\bar{t} = $ 79,96 s	$\bar{t} = $ 150,06 s

Probe Nr. 105

$\bar{t}$ = 59,61 s
ϱ_K = 2,392 g/cm³
ϱ_{Fl} = 0,993 g/cm³
k = 0,0108 mPa · cm³/g

η = 59,61 · 0,0108 · (2,392–0,993)
$\underline{\eta}$ = 0,901 mPa · s

Probe Nr. 213

$\bar{t}$ = 79,96 s
ϱ_K = 2,392 g/cm³
ϱ_{Fl} = 0,985 g/cm³
k = 0,0108 mPa · cm³/g

η = 79,96 · 0,0108 · (2,392–0,985)
$\underline{\eta}$ = 1,215 mPa · s

Probe Nr. 333

$\bar{t}$ = 150,06 s
ϱ_K = 2,392 g/cm³
ϱ_{Fl} = 0,942 g/cm³
k = 0,0108 mPa · cm³/g

η = 150,06 · 0,0108 · (2,392–0,942)
$\underline{\eta}$ = 2,35 mPa · s

Unterschrift   Datum

1.1.2.5 Graphische Darstellung in Koordinatensystemen

Wesentlicher Bestandteil eines Meßprotokolls kann die graphische Darstellung von Meßwerten in einem Koordinatensystem sein, im folgenden kurz Diagramm genannt.

Die wichtigsten Regeln zum einheitlichen, übersichtlichen und unmißverständlichen Anfertigen von Diagrammen sind in DIN 461 enthalten.

Während bei der qualitativen Darstellung nur der charakteristische Verlauf einer Funktion gezeigt wird, sollen bei der quantitativen Darstellung aus den Kurven auch Zahlenwerte abgelesen werden. Dazu ist es zweckmäßig, ein Koordinatennetz (z. B. Millimeterpapier) zu benutzen. In diesem Abschnitt soll nur die quantitative Darstellung im ebenen, rechtwinkligen kartesischen Koordinatensystem behandelt werden.

Benennung der Achsen

Die waagerechte Achse heißt *Abszissenachse (x*-Achse), die senkrechte Achse wird *Ordinatenachse* (*y*-Achse) genannt (s. Abb. 1-2).

Grundsätzlich wird die unabhängige Veränderliche auf der *x*-Achse und die abhängige Veränderliche auf der *y*-Achse aufgetragen. Pfeilspitzen am Ende der Achsen geben an, in welcher Richtung die Größe wächst. Die Formelzeichen der Größen stehen in diesem Fall unter der waagerechten Pfeilspitze und links neben der senkrechten Pfeilspitze. Die Pfeile

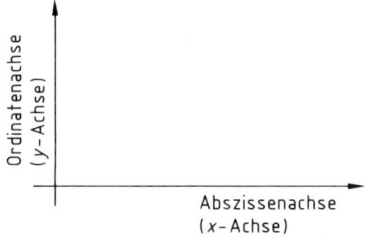

Abb. 1-2. Achsenbenennung.

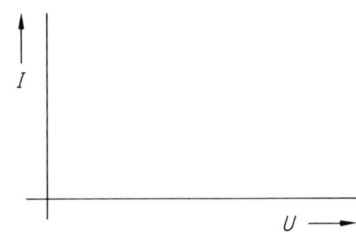

Abb. 1-3. Lage der Formelzeichen.

können auch parallel zu den Achsen angebracht werden. Die Formelzeichen und Benennungen stehen dann an den Wurzeln der Pfeile (s. Abb. 1-3).

Ist ein stetiges Ansteigen der Größe über eine Grenze (z. B. 100 %) auszuschließen, wird kein Pfeil an das Achsenende gezeichnet.

Skalenbeschriftung

Die Einteilung der Koordinatenachsen richtet sich nach den Maximalwerten der aufzutragenden Größen. Die Teilung soll so gewählt werden, daß Zwischenwerte leicht ablesbar sind. Bei der üblichen Darstellung auf Millimeterpapier empfehlen sich Teilungen im Verhältnis 1:1, 1:2, 1:5, 1:10 und eventuell noch 1:4. („1:10" bedeutet beispielsweise, daß 1 cm des Koordinatenpapiers dem Zahlenwert 10 der Meßgröße entspricht.) Auch dezimale Teile und Vielfache dieser Teilungsverhältnisse finden Anwendung. Andere Maßstäbe wie 1:3 oder 1:6 erlauben kein schnelles und sicheres Ablesen; sie sollten nicht benutzt werden. Unter Berücksichtigung der vorangegangenen Empfehlung soll auf eine optimale Ausnutzung des Formats geachtet werden. Abb. 1-4 zeigt je ein Beispiel für richtige und falsche Formatausnutzung.

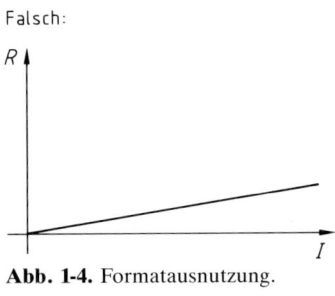
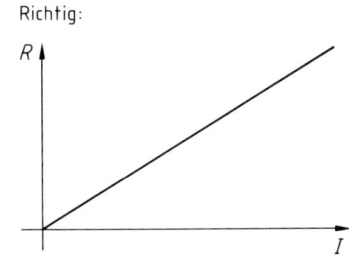

Abb. 1-4. Formatausnutzung.

Die Zahlenwerte an den Teilstrichen der Achsen sollen ohne Drehung des Bildes lesbar sein. Es müssen nicht alle Teilstriche beziffert sein. Zu viele Zahlen an einer Achse wirken unübersichtlich und lenken von der Kurve ab!

Alle negativen Zahlenwerte sind mit einem Minuszeichen zu versehen; bei positiven Zahlenwerten ist dagegen ein Pluszeichen nicht erforderlich (Abb. 1-5).

Die Einheitenzeichen stehen am rechten Ende der Abszissenachse und am oberen Ende der Ordinatenachse jeweils zwischen den letzten beiden Zahlen. Bei Platzmangel kann die vorletzte Zahl weggelassen werden.

Für die Angabe von Größe und Einheit ist auch die Bruchform oder die Verknüpfung mit dem Wort „in" zulässig (Abb. 1-5).

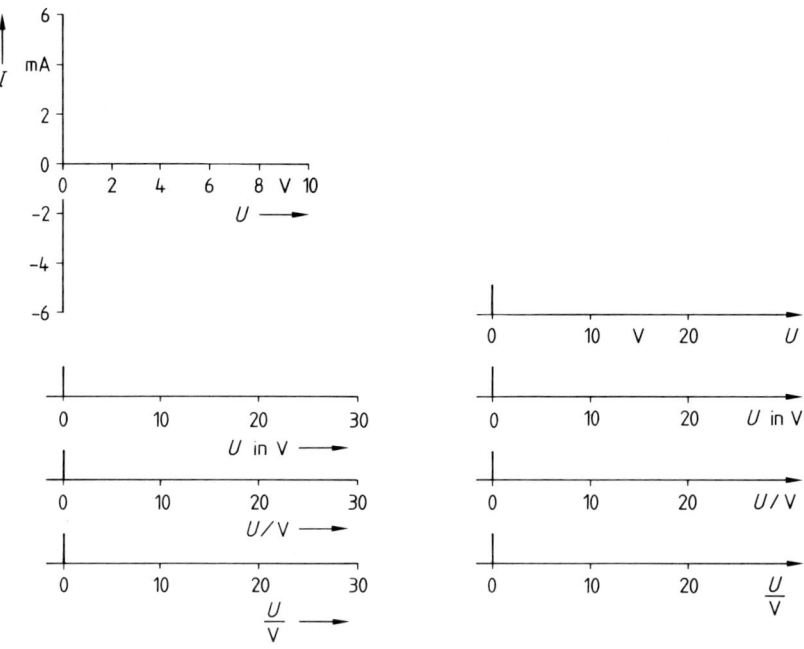

Abb. 1-5. Verschiedene Formen der Achsenbeschriftung.

Die Einheit darf nicht in Klammern gesetzt werden.

Ausnahmen bilden Winkelangaben und die Angabe von Zeitpunkten (Abb. 1-6). Hierbei stehen die Einheitenzeichen hochgestellt an jedem Zahlenwert.

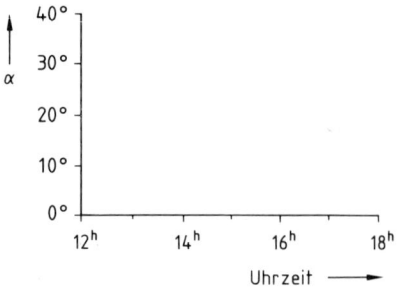

Abb. 1-6. Achsenbeschriftung bei Winkelangaben und Zeitpunkten.

Meßpunkte und Kurven

Alle Meßwerte sind deutlich sichtbar einzutragen. Dazu eignet sich als Zeichen ein Punkt in einem kleinen Kreis. Werden zwei oder mehr Kurven in ein Diagramm gezeichnet, sind entweder gleiche Zeichen und verschiedene Kurvenfarben oder gleiche Farben und unterschiedliche Zeichen ($\bigcirc$, $\triangle$, $\square$) zu verwenden. Der Meßwert ist durch die Mitte des Zeichens festgelegt.

Zum Zeichnen der Kurve ist ein normales Lineal und/oder ein Kurvenlineal zu benutzen.

Die Kurve ist so zu legen, daß sie in sinnvoller Weise möglichst viele Punkte berührt. Punkte, die nicht auf der Kurvenlinie liegen (Streuwerte), sollen in etwa gleicher Zahl oberhalb und unterhalb liegen (Abb. 1-7).

Ein generelles Verbinden von Punkt zu Punkt erfolgt nur, wenn wie zum Beispiel bei einer Fieberkurve keine bestimmte Funktion vorliegt.

Die Linienstärke von Kalibrierungskurven und anderen Arbeitsdiagrammen soll zur Erhöhung der Ablesesicherheit möglichst klein gewählt werden. Die Strichstärke der Achsen soll etwa halb so groß sein wie die Kurvenstrichstärke. Zu dicke Achsen lenken von der Kurve ab.

Enthält ein Diagramm mehrere gleichartig dargestellte Kurven, ist eine übersichtliche Kennzeichnung mit Buchstaben oder Ziffern vorzunehmen. Ihre Bedeutung ist an geeigneter Stelle zu erläutern.

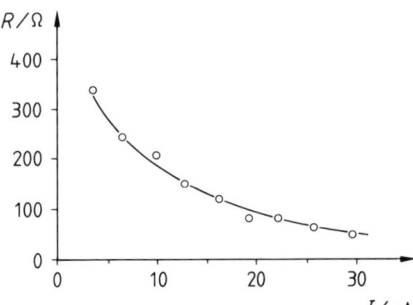

Abb. 1-7. Richtiges Einzeichnen der Kurvenlinie.

Nullpunkt-Unterdrückung

Existieren für einen bestimmten Achsenbereich keine Meßwerte, so kann dieser Bereich wegfallen. Abb. 1-8 zeigt die graphische Darstellung der Brechzahl n einer Lösung in Abhängigkeit vom Volumenanteil φ einer Komponente der Lösung. Da es keine Brechzahlen unter 1 gibt, kann der Nullpunkt unterdrückt werden.

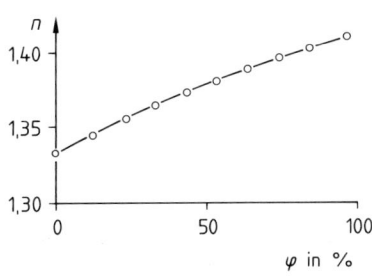

Abb. 1-8. Unterdrückung des Nullpunktes einer Achsenteilung.

Logarithmische Teilung der Achsen

Bei logarithmischer Achsenteilung ist es zweckmäßig, die Zahlen an den Achsen durch Zehnerpotenzen auszudrücken. Wie aus Abb. 1-9 zu ersehen ist, genügt bei den zwischen den Zehnerpotenzen stehenden Zahlenwerten eine abgekürzte Bezifferung.

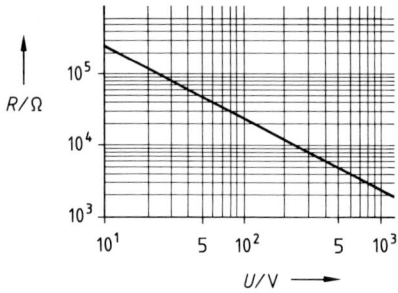

Abb. 1-9. Logarithmische Teilung der Achsen.

1.1.3   Wiederholungsaufgaben

1. Was heißt „Messen"?
2. Welche der folgenden Größen sind Basisgrößen im SI?
Länge, Kraft, Volumen, Dichte, Stoffmenge, Lichtstärke, elektrische Spannung, elektrischer Widerstand.
3. Welcher Vorsatz wird für das Millionenfache verwendet?
4. Was bedeutet der Vorsatz „nano"?
5. Welche Arten von Meßabweichungen unterscheidet man?
6. Eine elektrische Spannung wurde mit einem Vielfachmeßgerät der Klasse 1,5 gemessen. Auf dem 300-V-Meßbereich (30 Skt) wurden 22,5 Skalenteile angezeigt.

Wie groß ist die Spannung und die relative Meßunsicherheit? ($U = 225$ V, $\dfrac{\Delta U}{U} = 2{,}0\,\%$)

7. Welche der folgenden Abszissen in Abb. 1-10 ist vorschriftsmäßig beschriftet?

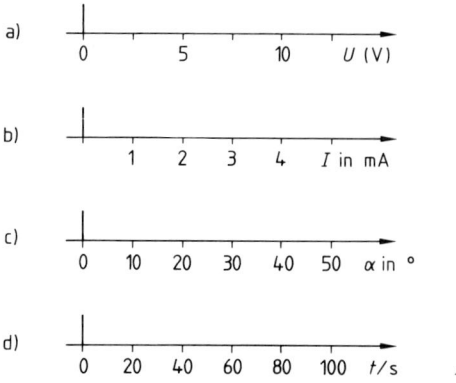

Abb. 1-10.

8. In einem Diagramm soll die Abhängigkeit des elektrischen Widerstandes einer Glühlampe vom fließenden Strom dargestellt werden. Welche Kurve in Abb. 1-11 ist richtig gezeichnet?

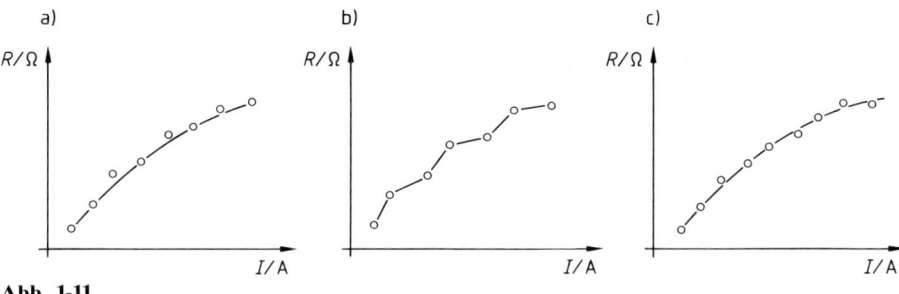

Abb. 1-11.

1.2 Länge

1.2.1 Themen und Lerninhalte

Längenmessung mit verschiedenen Meßverfahren

Die international gültige Einheit der Basisgröße Länge ist das Meter (Kurzzeichen m).

Bis 1960 war das Meter definiert als der Abstand der mittleren von je drei an beiden Enden angebrachten Querstrichen auf dem Platin-Iridium-Urmeter, das in Paris aufbewahrt wird (s. Abb. 1-12).

1960 wurde das Meter als ein Vielfaches der Wellenlänge des Lichtes festgelegt, das von Krypton ausgesandt wird. Der Vorteil gegenüber der Urmeter-Definition besteht darin, daß die Lichtwellenlänge als natürliche Größe mit einer Gasentladungslampe jederzeit leicht reproduzierbar ist.

Die genaue Definition lautet:

Ein Meter ist das 1650 763,72fache der Wellenlänge der von Atomen des Nuklids ^{86}Kr beim Übergang vom Zustand $5d_5$ zum Zustand $2p_{10}$ ausgesandten, sich im Vakuum ausbreitenden Strahlung.

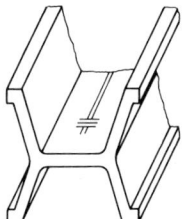

Abb. 1-12. Teilansicht des Urmeters.

Nachdem es gelang, mit Hilfe von Lasern die Lichtgeschwindigkeit noch genauer zu messen, als dies bisher möglich war, hat die 17. Generalkonferenz für Maß und Gewicht die Längeneinheit Meter neu definiert:

> Ein Meter ist die Länge der Strecke, die das Licht im Vakuum während des Intervalls von 1/299 792 458 s durchläuft.

1.2.2   Meßverfahren

Zu Längenmessungen werden vorwiegend Strichmaße und Endmaße benutzt. Einfache Strichmaße für den täglichen Gebrauch sind Gliederstabmaße aus Holz oder Metall sowie Stahlbandmaße, die bis zu 50 m lang sein können.

Die Wahl des Meßgerätes wird bestimmt durch die Art des Meßobjektes und die geforderte Genauigkeit. Den Durchmesser eines etwa 1 mm dicken Drahtes wird man mit einer Bügelmeßschraube messen, während man die Dicke eines Haares besser mit einem Meßmikroskop bestimmt.

Zur Erhöhung der Ablesegenauigkeit wird oft eine *Noniusteilung* verwendet. Bei einem Millimeter-Nonius sind 9 mm in 10 gleiche Teile oder 19 mm in 20 gleiche Teile oder 39 mm in 20 gleiche Teile eingeteilt. Seltener ist der 50er-Nonius mit einer Unterteilung von 49 mm in 50 gleiche Teile (s. Abb. 1-13).

Links vom Nullstrich des Nonius werden auf der Hauptskala die ganzen Millimeter abgelesen. Die Anzahl der Zehntel oder Zwanzigstel gibt der Nonius-Teilstrich an, der mit einem Strich der Hauptskala genau zusammentrifft (Abb. 1-14).

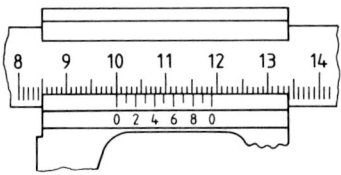   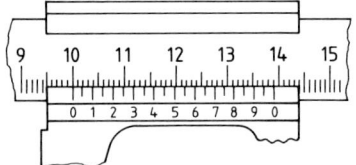

Abb. 1-13. Beispiele für Nonius-Teilungen.

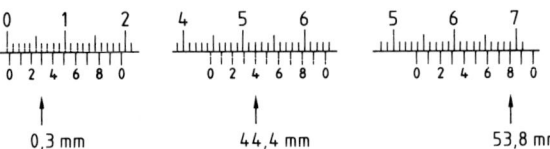

Abb. 1-14. Ablesebeispiele.

1.2.2.1 Meßschieber

Meßschieber werden zur unmittelbaren Messung von Außen-, Innen- und Tiefenmaßen benutzt. Es werden meist Meßschieber mit den Meßbereichen 0 bis 135 mm, 0 bis 160 mm und 0 bis 200 mm verwendet. Genormt sind Meßschieber bis zu dem Meßbereich 0 bis 2000 mm. Der Meßschieber (Abb. 1-15) besteht aus einer Schiene mit Millimeterteilung und einem Schieber, der die Noniusteilung trägt. An Schiene und Schieber sind je ein Meßschenkel für Außenmessungen und je eine Meßschneide für Innenmessungen angebracht.

    Außerdem ist der Schieber noch mit einer Meßstange zur Bestimmung von Tiefenmaßen verbunden. Zum sicheren Ablesen kann der Schieber mit einer Schraube oder einer Klemmeinrichtung festgestellt werden.

    Bei Außenmessungen ist darauf zu achten, daß der Meßkörper zwischen den Meßschenkeln nicht verkantet gemessen wird. Der Meßschieber darf nicht mit festgestelltem Schieber über das Meßobjekt gezwängt werden. Ein zu starkes Andrücken des Schiebers kann zum Aufbiegen der Meßschenkel führen. Der Meßkörper soll sich nahe der Schiene und nicht an den Enden der Meßschenkel befinden.

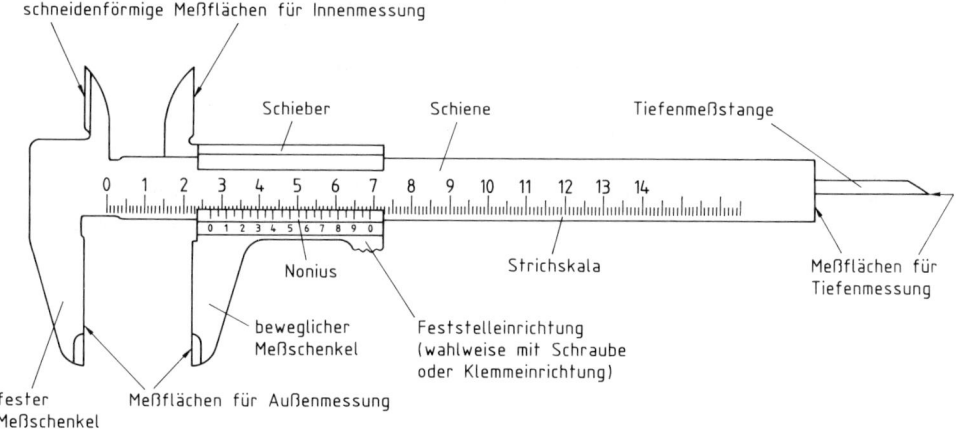

Abb. 1-15. Meßschieber.

1.2.2.2 Bügelmeßschraube

Die Bügelmeßschraube dient zum Bestimmen von Außenmaßen. Die übliche Ausführung hat einen Meßbereich von 0 bis 25 mm mit einem Skalenteilungswert von 0,01 mm.

    An einem Bügel ist als feste Meßfläche der Amboß befestigt. Eine Meßspindel trägt an ihrem freien Ende die bewegliche Meßfläche (Abb. 1-16). Die dem Vorschub für eine Umdrehung entsprechende Gewindesteigung der Meßspindel beträgt je nach Ausführung 0,5 mm oder 1 mm. Für Spindeln mit 1 mm Steigung ist die unmittelbar am Bügel sitzende Skalenhülse in ganze Millimeter unterteilt; die Skalentrommel hat 100 Skalenteile.

    Bei Spindeln mit 0,5 mm Steigung kommt unterhalb der Bezugslinie noch eine Teilung in halbe Millimeter hinzu. Die mit der Meßspindel fest verbundene Skalentrommel hat

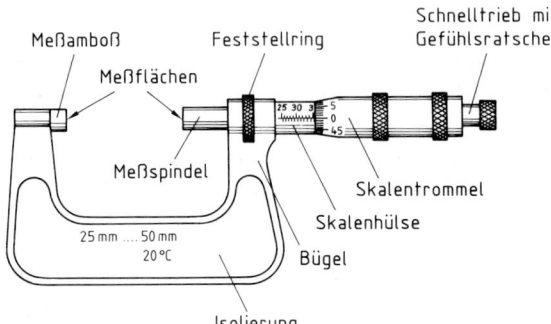

Abb. 1-16. Bügelmeßschraube mit einer Gewindesteigung von 0,5 mm.

50 Skalenteile. Die Meßspindel wird über eine Kupplung (Ratsche) angetrieben. Sie ist so eingestellt, daß sich die Spindel nicht mehr dreht, sobald die auf den Meßgegenstand ausgeübte Kraft einen bestimmten Wert (z. B. 10 N) erreicht. Eine zu große Meßkraft kann ein übermäßiges Aufbiegen des Bügels und eine Verformung von weichen Meßgegenständen bewirken.

Zur Messung ist die Benutzung eines Stativs zu empfehlen. Wird die Bügelmeßschraube in der Hand gehalten, ist sie an der Wärme-Isolierung anzufassen. Der Meßgegenstand wird parallel zum Amboß an diesen angelegt und die Spindel langsam bis zum Durchdrehen der Kupplung angeschraubt.

Bei Spindeln mit 0,5 mm Steigung werden am Rand der Skalentrommel die ganzen und halben Millimeter auf der Skalenhülse abgelesen. Dazu kommen die Hundertstel-Millimeter (0 bis 50), die auf der Skalentrommel in Höhe der Bezugslinie der Skalenhülse abgelesen werden (Abb. 1-17).

Einfacher ist das Ablesen bei Spindeln mit 1 mm Steigung, da die Skalenhülse hier nur in ganze Millimeter unterteilt ist.

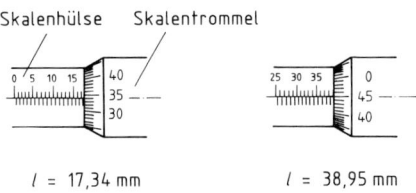

Abb. 1-17. Ablesebeispiele für eine Bügelmeßschraube mit 0,5 mm Steigung.

1.2.2.3 Meßmikroskop

Ein übliches Lichtmikroskop (Abb. 1-18) wird zum Meßmikroskop, wenn ein Okular mit einer Strichskala (Okularteilung) verwendet wird. Die Okularteilung muß für das zur Messung benutzte Objektiv kalibriert werden. Dies geschieht mit Hilfe einer geeichten Meßteilung (2 mm in 200 Teilstriche unterteilt), die auf einem Objektträger angebracht ist (Objektmeßteilung). Sie wird auf dem Objekttisch befestigt. Nach Scharfstellung werden die Nullstriche der beiden Skalen zur Deckung gebracht. Nun kann abgelesen werden, wieviel Millimeter der gesamten Okular-Skala entsprechen.

Zur Messung wird der Meßgegenstand auf den Objekttisch gelegt, der in der Höhe und seitlich verstellbar ist. Bei der Scharfstellung ist zu beachten, daß die beiden Meßpunkte, deren Abstand gemessen werden soll, in einer Ebene parallel zum Objekttisch liegen. Um eine Beschädigung der Frontlinse des Objektivs zu verhindern, ist der Objekttisch beim Scharfstellen stets vom Objektiv weg nach unten zu bewegen. Die der Meßgröße entsprechenden Okularskalenteile werden abgelesen und mit Hilfe der Kalibrierwerte in Millimeter umgerechnet.

Beispiel zur Längenmessung mit dem Meßmikroskop:

Bestimmung der Dicke einer Faser

Kalibrierung: 10 Okularskalenteile entsprechen 0,135 mm der Objektmeßteilung.

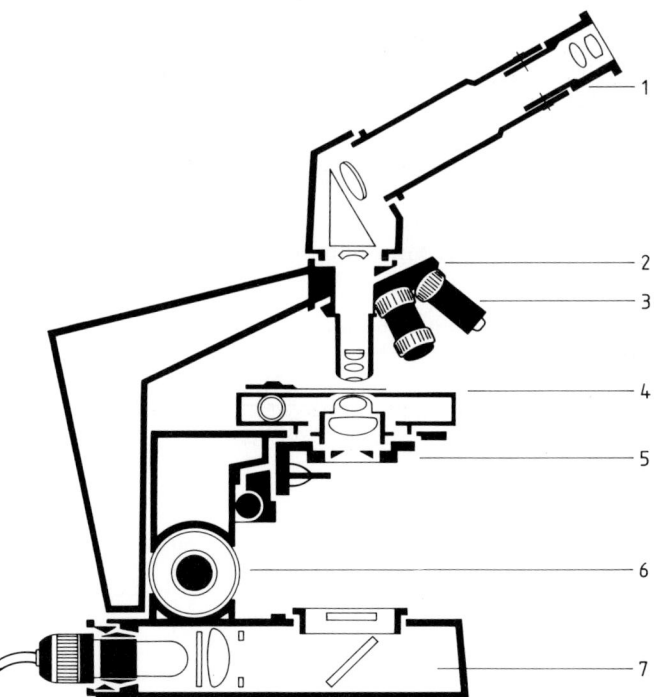

Abb. 1-18. Mikroskop-Aufbau. — 1 Okular, 2 Objektivrevolver, 3 Objektive, 4 Objekttisch, 5 Kondensor, 6 Höhenverstellung für den Objekttisch, 7 Beleuchtung.

Messung: Der Durchmesser der Faser umfaßt 4,5 Okularskalenteile (Mittelwert aus 10 Messungen).

Rechnung: 4,5 Okularskalenteile entsprechen

$$x = \frac{0,135}{10} \cdot 4,5 \text{ mm}$$

Ergebnis: Der Durchmesser der Faser beträgt aufgerundet 0,061 mm.

1.2.2.4 Parallelendmaße

Das Parallelendmaß ist ein prismatischer Körper aus gehärtetem Stahl. Es hat zwei vollkommen ebene, polierte, zueinander parallele Meßflächen. In der Technik werden vorwiegend Parallelendmaße mit rechteckigem Querschnitt verwendet.

Aufgrund der Oberflächenbeschaffenheit der Meßflächen können gleichartige Parallelendmaße infolge der molekularen Anziehungskräfte des Werkstoffs vollständig aneinander haften. Diese Eigenschaft wird als Anschiebbarkeit bezeichnet.

Einwandfreie Meßflächen springen freiwillig mit der gesamten Fläche aneinander, sobald sie sich nur an einer Stelle berühren. Man nennt diesen Vorgang „Anspringen", das darauf beruhende Zusammensetzen von Parallelendmaßen „Ansprengen".

Parallelendmaße sind in Sätzen zusammengefaßt. Die einzelnen Endmaße sind in ihren Längen so abgestuft, daß in bestimmten Grenzen alle Kombinationen in Mikrometer-Schritten gebildet werden können (s. Tab. 1-4).

Wegen ihrer großen Genauigkeit dienen Parallelendmaße auch als Einstellmaße für Prüflehren, zur Kontrolle von Meßgeräten und zur Einstellung von Präzisionsmaschinen. Die Anwendungsmöglichkeiten werden durch spezielles Zubehör erweitert, so zum Beispiel:

Meßschnäbel zur Messung von Innendurchmessern, Zentrierspitzen zur Bestimmung von Gewindesteigungen, Lehrdorne zur Messung der Mittelentfernung zweier Bohrungen.

Tabelle 1-4. Beispiel für die Zusammensetzung eines Endmaß-Satzes.

		l in mm		
1	1,01	1,1	2	10
1,001	1,02	1,2	3	20
1,002	1,03	1,3	4	30
1,003	1,04	1,4	5	40
1,004	1,05	1,5	6	50
1,005	1,06	1,6	7	60
1,006	1,07	1,7	8	70
1,007	1,08	1,8	9	80
1,008	1,09	1,9		90
1,009				

Parallelendmaße müssen sehr sorgfältig behandelt und gepflegt werden. Sie werden nicht mit den Händen, sondern mit Lederlappen oder Holzklammern angefaßt. Nach der Messung werden sie wieder durch Schiebe- und Drehbewegungen getrennt.

Ein Magnetisieren von Parallelendmaßen ist zu vermeiden, da sonst Eisenteilchen aus der Umgebung angezogen werden, die die Meßflächen zerkratzen.

1.2.3   Wiederholungsaufgaben

1. Wie ist die Basiseinheit Meter festgelegt?
2. Außen- und Innendurchmesser einer Unterlegscheibe sollen bestimmt werden. Welches Meßgerät ist zu verwenden?
3. Wie ist ein Nonius aufgebaut?
4. Welche Folgen kann das übermäßige Andrehen der Meßspindel einer Bügelmeßschraube haben?
5. Was versteht man unter der Anschiebbarkeit von Parallelendmaßen?

1.3   Fläche

1.3.1   Themen und Lerninhalte

Methoden zur Bestimmung unregelmäßiger Flächen

Der Einheit der Fläche ist das von der Basiseinheit Meter abgeleitete Quadratmeter. Weitere Einheiten sind:

$$1 \text{ mm}^2 = (10^{-3} \text{ m})^2 = 10^{-6} \text{ m}^2$$
$$1 \text{ cm}^2 = (10^{-2} \text{ m})^2 = 10^{-4} \text{ m}^2$$
$$1 \text{ dm}^2 = (10^{-1} \text{ m})^2 = 10^{-2} \text{ m}^2$$
$$1 \text{ km}^2 = (10^{3} \text{ m})^2 = 10^{6} \text{ m}^2$$

Zur Angabe der Flächen von Grundstücken und Flurstücken sind auch die Einheiten Ar und Hektar zugelassen:

$$1 \text{ a} = (10 \text{ m})^2 = 10^{2} \text{ m}^2$$
$$1 \text{ ha} = (10^{2} \text{ m})^2 = 10^{4} \text{ m}^2$$

1.3.2   Meßverfahren

Regelmäßige Flächen werden berechnet, nachdem man die erforderlichen Längen gemessen hat.
   Unregelmäßige Flächen können nach den folgenden Meßverfahren bestimmt werden.

1.3.2.1   Auszählen

Die zu bestimmende Fläche wird sorgfältig auf Millimeterpapier übertragen oder mit durchsichtigem Millimeterpapier bedeckt. Der Flächeninhalt ergibt sich aus der Summe der ganzen Quadrate und der halben Summe der von der Umrandungslinie geschnittenen Quadrate.
   Zur Vereinfachung des Auszählens können Rechtecke und Quadrate in die Fläche eingezeichnet werden. Bereits gezählte Quadrate sind zu kennzeichnen.
   Je kleiner die Auszähl-Einheit (statt Quadratzentimeter Viertel-Quadratzentimeter), desto genauer wird das Ergebnis.

Beispiel: Wie groß ist die in Abb. 1-19 dargestellte Fläche?

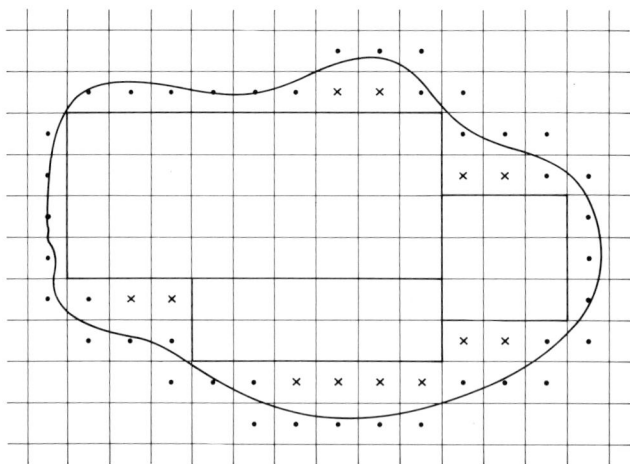

Abb. 1-19. Beispiel für eine Flächenbestimmung nach der Auszählmethode.

Summe der ganzen Quadratzentimeter:	$A_1 =$	69 cm^2
halbe Summe der geschnittenen Quadratzentimeter:	$A_2 =$	20,5 cm^2
Flächeninhalt der unregelmäßigen Fläche:	$A_x =$	89,5 cm^2

1.3.2.2 Methode der gleichbreiten Streifen

Die Fläche wird in parallele Streifen gleicher Breite (z. B. 1 cm) eingeteilt. Die mittleren Längen aller Streifen werden markiert und ausgemessen. Die Summe der mittleren Längen wird mit der Streifenbreite multipliziert. Reststücke werden ausgezählt. Durch Verringerung der Streifenbreite wird die Genauigkeit erhöht.

Beispiel: Wie groß ist die in Abb. 1-20 dargestellte Fläche?

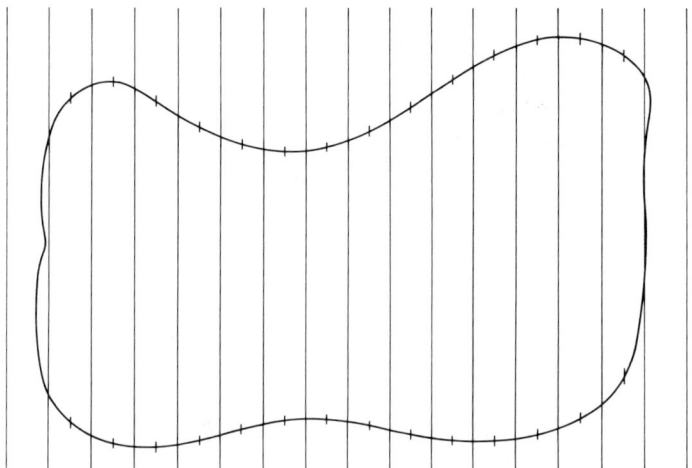

Abb. 1-20. Beispiel für eine Flächenbestimmung nach der Methode der gleichbreiten Streifen.

Summe der mittleren Längen: 109,4 cm
multipliziert mit der Streifenbreite 1 cm: 109,4 cm^2
ausgezähltes Reststück: 1,0 cm^2
Flächeninhalt der unregelmäßigen Fläche: $A_x = 110,4$ cm^2

1.3.2.3 Auswiegen

Die Fläche wird so genau wie möglich auf Karton, Millimeterpapier oder dünnes Blech übertragen und sorgfältig ausgeschnitten. Aus dem gleichen Material wird eine regelmäßige Vergleichsfläche mit etwa gleichem Flächeninhalt ausgeschnitten. Die unbekannte Fläche und die Vergleichsfläche werden auf der Analysenwaage gewogen.

Die Massen der beiden Flächen verhalten sich wie ihre Flächeninhalte:

$$\frac{m_x}{m_v} = \frac{A_x}{A_v}$$

Daraus ergibt sich:

$$A_x = \frac{m_x \cdot A_v}{m_v}$$

Darin bedeuten:

A_x Flächeninhalt der unbekannten Fläche
A_v Flächeninhalt der Vergleichsfläche
m_x Masse der unbekannten Fläche
m_v Masse der Vergleichsfläche

1.3.2.4 Planimeter

Mit dem Planimeter kann eine unregelmäßige Fläche unmittelbar ausgemessen werden. Die Genauigkeit übertrifft die der bisher genannten Methoden. Das Planimeter besteht aus dem Polstab, dem Fahrstab und dem Gehäuse (Meßrahmen) mit Zählwerk.

An einem Ende des Polstabs befindet sich als Pol ein zylinderförmiges Gewicht, das während der Messung in einer schweren Polplatte drehbar gelagert ist. Ein Kugelzapfen am anderen Ende paßt in ein Gegenlager im Meßrahmen (s. Abb. 1-21).

Der Fahrstab ist im Meßrahmen festgeschraubt und kann in seiner Länge verstellt werden. An seinem freien Ende ist eine Lupe oder ein Fahrstift angebracht.

Die Meßeinrichtung im Meßrahmen besteht aus einer Meßrolle, deren Umfang in 100 Teile unterteilt ist, einer Noniusteilung und einer waagerecht liegenden Zählscheibe.

Bei einer bestimmten Fahrstablänge (20,00) ergibt der am Zählwerk ablesbare Zahlenwert direkt den Flächeninhalt in Quadratzentimetern. Die Zählscheibe gibt die Hunderter an, die Meßrollenskala die Zehner und Einer (am Nonius-Nullstrich abzulesen). Mit Hilfe der Noniusteilung werden die Zehntel abgelesen (Abb. 1-22).

Die zu bestimmende Fläche wird auf Papier übertragen und auf einer vollkommen ebenen Unterlage befestigt. Die Polplatte wird außerhalb der Fläche so aufgestellt, daß die gesamte Fläche ohne Unterbrechung mit der Lupe zu umfahren ist. Polstab und Fahrstab sollen annä-

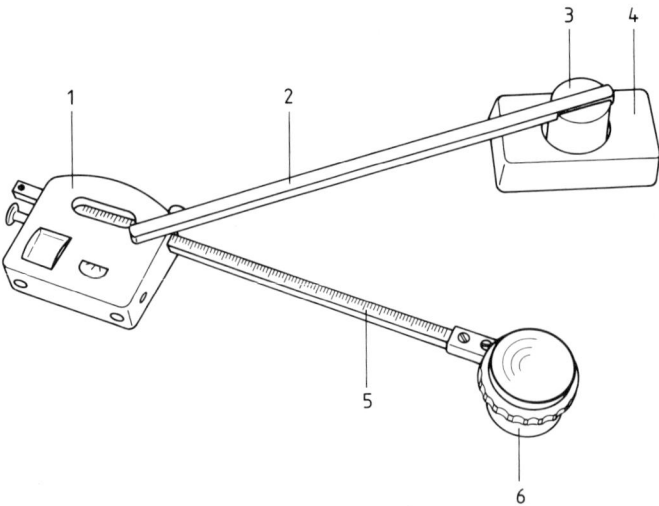

Abb. 1-21. Planimeter. — 1 Meßrahmen, 2 Polstab, 3 Pol, 4 Polplatte, 5 Fahrstab, 6 Lupe.

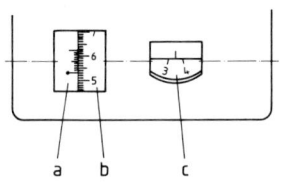 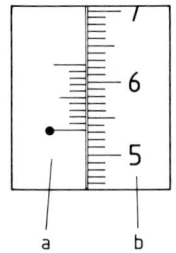

Abb. 1-22. Ablesebeispiel. — a Noniusteilung, b Meßrollenskala, c Zählscheibe; Flächeninhalt $A_x = 353{,}4$ cm².

hernd einen rechten Winkel bilden, wenn sich die Lupe etwa im Schwerpunkt der Meßfläche befindet.

Auf der Umrandungslinie der Fläche wird ein Punkt markiert, auf den die Lupe mit ihrem kleinen Führkreis aufgesetzt wird. Vorher ist das Zählwerk durch Anrollen der Meßrolle an der Unterlage auf Null zu stellen. Die exakte Nullstellung erreicht man durch geringfügige Verschiebung der Polplatte.

Die Meßrolle darf an ihrem Umfang nicht mit den Fingern berührt werden, da sich sonst die feine Riffelung zusetzt.

Der Führkreis der Lupe wird nun langsam im Uhrzeigersinn auf der Umrandungslinie um die zu messende Fläche bewegt. Weicht der Kreis von der Umrandungslinie ab oder bleibt die Meßrolle an einer Unebenheit hängen, ist neu anzufangen.

Nach Erreichen des Ausgangspunktes kann der Flächeninhalt auf dem Zählwerk abgelesen werden. Je nach Größe der Fläche umfährt man sie zweimal oder öfter, ohne auf Null zu stellen, und bildet dann den Mittelwert.

1.3.3   Wiederholungsaufgaben

1. Eine Fläche setzt sich zusammen aus 0,25 m², 3,8 dm² und 85 cm². Wie groß ist der gesamte Flächeninhalt in cm²? ($A_x = 2965$ cm²)

2. Die Methode der gleichbreiten Streifen und das Auszählen sind Näherungsmethoden zur Bestimmung von unregelmäßigen Flächen. Durch welche Maßnahmen kann jeweils die Zuverlässigkeit des Endergebnisses gesteigert werden?

3. Wodurch können bei der Auswiegemethode Abweichungen verursacht werden?

4. Was sind die Hauptbestandteile des Planimeters?

5. Eine unregelmäßige Fläche wird mit dem Planimeter dreimal im Uhrzeigersinn umfahren, ohne daß zwischendurch auf Null gestellt wird. Die Ablesemarke an der Zählscheibe zeigt einen Wert zwischen 8 und 9. Die Meßrollen-Anzeige ist der Abb. 1-23 zu entnehmen. Wie groß ist der gesuchte Flächeninhalt? ($A_x = 283,2$ cm²)

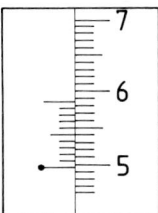

Abb. 1-23.

1.4   Masse und Kraft

1.4.1   Themen und Lerninhalte

> Die Masse als Basisgröße, die Kraft als abgeleitete Größe
>
> Massen- und Kraftmessung
>
> Waagen

Jede beliebige Stoffportion besitzt eine Masse, also eine Eigenschaft des Körpers, die sich äußert

– als wechselseitige Anziehung zu anderen Körpern (z. B. zur Erde);
– als Widerstand gegen Änderungen des Bewegungszustandes.

Im Internationalen Einheitensystem ist die Masse m Basisgröße mit der Basiseinheit kg, die als Masse des Kilogramm-Prototyps festgelegt ist (vgl. Band 1 *Labortechnische Grundoperationen*, Abschn. 4.1). Als abgeleitete Einheiten sind Gramm (g), Tonne (t) und deren dezimale Teile und Vielfache zugelassen. Es gilt:

$$1 \text{ kg} = 1000 \text{ g}$$
$$1000 \text{ kg} = 1 \text{ t}$$

Im Warenhandel wird die Masse als *Gewicht* bezeichnet. Eine von der Masse abgeleitete Größe im SI ist die Kraft F, die sich aus Masse m und Beschleunigung a ergibt:

$$F = m \cdot a, \qquad\qquad \text{Einheit}: \text{kg} \cdot \frac{\text{m}}{\text{s}^2} = \text{N (Newton)}$$

Die Kraft $F = 1$ N verleiht der Masse $m = 1$ kg die Beschleunigung $a = 1$ m/s^2

Betrachtet man in Besonderheit einen Körper, der der Erdbeschleunigung g ausgesetzt ist, also von ihr angezogen wird, so spricht man von der *Gewichtskraft* F_G des Körpers:

$$F_G = m \cdot g$$

Die Gewichtskraft ist ebenfalls eine Kraft und darf nicht mit dem Gewicht (im obigen Sinne) verwechselt werden.

Da sich die Erdbeschleunigung mit dem Breitengrad auf der Erde und der Höhe über Normal-Null ändert, ist die Gewichtskraft eines Körpers ortsabhängig, während seine Masse konstant bleibt (vgl. Band 1 *Labortechnische Grundoperationen*, 3. Auflage, Abschn. 7.1.2).

Die Gewichtskraft einer Masse $m = 1$ kg an einem Ort mit dem Normwert der Fallbeschleunigung $g = 9,80665$ m/s^2 wurde früher als 1 Kilopond (kp) bezeichnet.

1.4.2   Aufbau von Waagen

1.4.2.1   *Mechanische Waagen*

Unter *Wägen* (oder Wiegen) versteht man die Bestimmung der Masse eines Körpers mit einer Waage und Vergleichsmassen.

Zwei Körper besitzen dann die gleiche Masse, wenn sie an einer Balkenwaage mit gleichen Balken keinen Ausschlag hervorrufen oder wenn ein Federkraftmesser am gleichen Ort von beiden Körpern gleichweit gedehnt wird.

Grundlage fast aller mechanischen Waagen sind die Hebelgesetze. Ein Hebel ist ein starrer Körper, der an einem Punkt drehbar gelagert ist. Bei gleicharmigen Waagebalken müssen jeweils also gleiche Kräfte im Abstand l beiderseits des Drehpunkts angreifen, um das Gleichgewicht zu erhalten. Damit sind auch die Massen gleich.

Ungleicharmige Hebel werden in allen modernen mechanischen Waagen verwendet und führen zu speziellen Verhältnissen (Abb. 1-24).

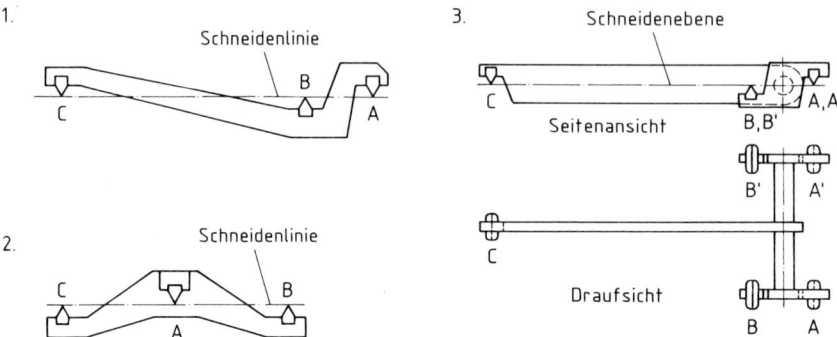

Abb. 1-24. Gebräuchliche Hebelformen in der Wägetechnik.

Zur Lagerung der Hebel dienen Schneiden und Pfannen, die zur Verringerung von Reibungskräften aus sehr hartem Material bestehen und vor Stößen geschützt werden müssen (Abb. 1-25).

In Band 1 *Labortechnische Grundoperationen*, Abschn. 4.1.3 wird als Anwendung einfacher Wägetechnik die Massenmessung im Labor mit Balkenwaage und Analysenwaage erklärt.

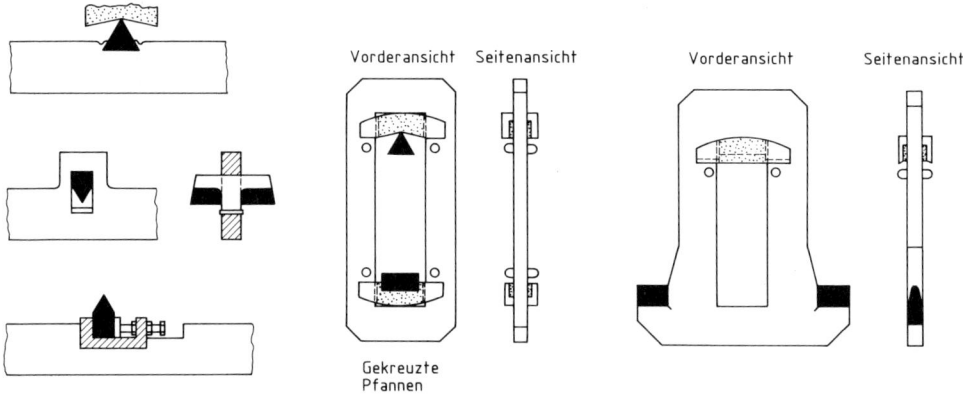

Abb. 1-25. Schneiden ▲ und Pfannen ▱.

1.4.2.2   Federkraftmesser

Federkraftmesser zeigen durch Zunahme ihrer Länge die Größe der angreifenden Kraft F und damit indirekt die der Masse m an. Innerhalb einer bestimmten Grenze, der *Proportionalitätsgrenze*, gilt das *Federgesetz nach Hooke:*

$$F = k \cdot \Delta l$$

Darin bedeuten:

F angreifende Kraft

Δl Längenzunahme

k Federkonstante

Die Größe k heißt Federkonstante, ihre Einheit ist N/m. Ist sie bekannt, so läßt sich ohne Massenvergleich mit einer beliebigen Feder eine Masse ermitteln, während handelsübliche Federwaagen eine Skala besitzen.

Die Masse errechnet sich wie folgt:

$$F = k \cdot \Delta l \qquad (1\text{-}1)$$
$$F = m \cdot g \qquad (1\text{-}2)$$
$$m \cdot g = k \cdot \Delta l \qquad (1\text{-}3)$$
$$m = \frac{k \cdot \Delta l}{g} \qquad (1\text{-}4)$$

Für technische Waagen mit Federkraftmessern werden Federmeßköpfe mit Hebelsystemen und mehreren Federn eingesetzt.

1.4.2.3 Bestimmung der Masse mit einer Spiralfeder

Aufgabenstellung: Mit einer Spiralfeder soll die Masse verschiedener Probekörper ermittelt werden.

Zubehör: Spiralfeder, 5 Probekörper, Massensatz (bekannt), Stativ, Lineal.

Durchführung:

a) Aus dem Massenvergleich: Die Probekörper werden nacheinander an die Spiralfeder gehängt und die Längenzunahme ermittelt und notiert. Mit Vergleichsstücken aus dem Massensatz werden die gleichen Längenzunahmen an der Feder erzeugt. Die jeweiligen Vergleichsmassen entsprechen den Probemassen.

b) Über die Federkonstante: An die Spiralfeder werden verschiedene bekannte Massen angehängt, die jeweilige Gewichtskraft berechnet und die zugehörige Längenzunahme ermittelt.

Auswertung: Die Längenzunahme wird als Funktion der Kraft in ein Diagramm eingezeichnet. Innerhalb des linearen Teils der entstehenden Kurve wird die Federkonstante nach Gleichung (1-3) ermittelt.

Die von den Probekörpern im Versuch a erzeugten Längenzunahmen werden benutzt, um mit den genannten Gleichungen die Gewichtskraft der Probekörper und daraus ihre Massen zu errechnen.

Die gefundenen Ergebnisse aus Versuch a und b werden sowohl miteinander als auch mit den Wägeergebnissen auf einer handelsüblichen Waage verglichen.

1.4.2.4   Elektromechanische Waagen mit Kraftmeßdosen

Elektromechanische Waagen bestehen aus einer oder mehreren Wägezellen, die auch Kraftmeßdosen genannt werden, aus einer Lagerung zur Kraftübertragung und einer Meßverstärker-Schaltung mit Anzeige.

In der betrieblichen Wägetechnik werden häufig Kraftmeßdosen verwendet, die als Fühler Dehnungsmeßstreifen (DMS) enthalten (Abb. 1-26). Die Dehnungsmeßstreifen (vgl. auch Abschn. 1.7.4.1) bestehen aus Folien mit dünnen Metallschichten oder Halbleitermaterial und werden auf einen geeigneten Verformungskörper, im einfachsten Fall auf einen einseitig eingespannten Metallstreifen aufgeklebt. Wird dessen freies Ende durch eine Kraft (angehängte Masse) belastet, biegt sich der Metallstreifen, der Dehnungsmeßstreifen wird gestreckt oder gestaucht und erfährt damit eine Änderung seines elektrischen Widerstandes. Mit dem Meßverstärker wird das Signal verstärkt und zur Anzeige gebracht.

Trägerfolie   Metallschicht

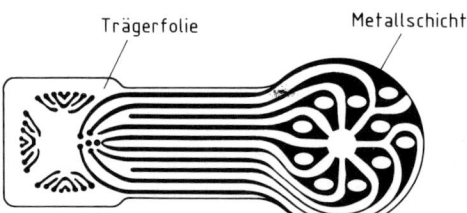

Abb. 1-26. Dehnungsmeßstreifen.

1.4.2.5   Elektronische Waagen

Bei elektronischen Waagen wird die aufgelegte Last durch eine Kraft kompensiert (ausgeglichen), die durch einen elektrischen Strom in einer Wicklung erzeugt wird (Abb. 1-27).

Je größer die aufgelegte Last ist, desto größer muß der aufgewendete Strom werden, der damit ein Maß für die Masse der Last ist. Zur Verbesserung der Wägeergebnisse wurde hier ein Wegmesser mit eingebaut, der die Waage im belasteten Zustand in der gleichen Position hält wie im unbelasteten. Damit werden mechanische Einflüsse ausgeschaltet.

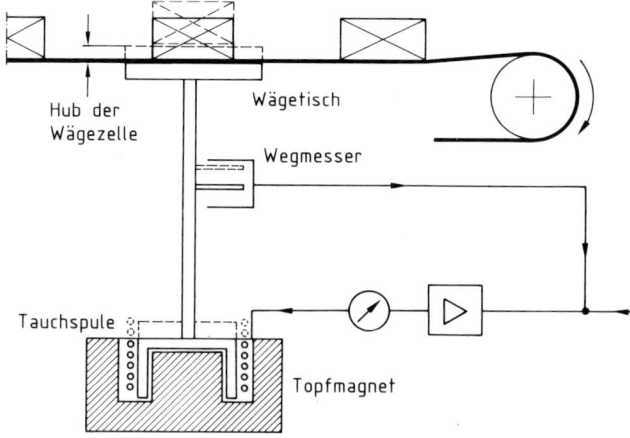

Hub der Wägezelle

Wägetisch

Wegmesser

Tauchspule

Topfmagnet

Abb. 1-27. Schema einer elektronischen Waage (Bandwaage).

1.4.3 Anwendung von Waagen

Entscheidende Faktoren bei der Auswahl von Waagen sind:

a) der Meßbereich
b) die zulässige Meßabweichung
c) die Meßaufgabe (z. B. kontinuierlich-diskontinuierlich)
d) die Umgebung
e) die Eichfähigkeit
f) der Preis

Bei Transport, Aufstellung oder Montage und bei der Benutzung sind die Gebrauchsanweisungen der Hersteller genau zu beachten, um Beschädigungen oder Fehlmessungen zu vermeiden.

Ferner ist zu beachten, daß alle Waagen für Handelswaren geeicht sein müssen und diese Eichungen in bestimmten Abständen zu wiederholen sind. Waagen und Massensätze werden von den zuständigen Eichämtern mit Stempeln versehen. Einzelheiten dazu lassen sich im Eichgesetz von 1969 mit seinen Verordnungen und in der Eichordnung von 1975 nachlesen.

1.4.4 Wiederholungsaufgaben

1. Welcher Unterschied besteht zwischen den Begriffen Masse, Gewicht, Gewichtskraft und Kraft?
2. Wie heißt die Basiseinheit der Masse im SI?
3. Lassen sich mit einem Kraftmesser Massen messen?
4. Welche Waagen müssen geeicht sein?

1.5 Druck

1.5.1 Themen und Lerninhalte

Definition und Begriffserklärung

Meßverfahren und Manometerarten

Neben der Temperatur ist der Druck eine der wichtigsten Meßgrößen in der Verfahrenstechnik. Die Übertragung von Drucksignalen findet in der pneumatischen MSR-Technik ein großes Anwendungsgebiet.

Der Druck p ist definiert als der Quotient aus der senkrecht zur Fläche wirkenden Kraft F und der Fläche A.

$$p = \frac{F}{A}$$

Die Einheit des Druckes ist N/m², sie wird auch „Pascal" (Pa) genannt.

$$[p] = \frac{[F]}{[A]} = \frac{N}{m^2}$$

$$1\ Pa = 1\ N/m^2$$

Eine einfache Umrechnung führt zum ebenfalls erlaubten „Bar".

$$1\ bar = 10^5\ N/m^2 = 10^5\ Pa$$

$$1\ mbar = 100\ N/m^2 = 100\ Pa = 1\ hPa$$

Viele der früher üblichen Druckeinheiten sind heute gesetzlich nicht mehr zugelassen.

In der Verfahrenstechnik interessieren die Messungen von drei verschiedenen Druckgrößen, nämlich

Absolutdruck p_{abs},
Überdruck p_e und
Differenzdruck Δp.

Die Unterscheidung beruht auf der Zuordnung des jeweiligen Nullpunktes.

Als Bezugspunkte gelten für den Absolutdruck das vollkommene Vakuum (leerer Raum), für den Überdruck der atmosphärische Luftdruck p_{amb} und für den Differenzdruck ein beliebiger, veränderlicher Betriebsdruck.

Zur örtlichen Messung des Betriebsdruckes werden fast ausschließlich Überdruckmeßgeräte verwendet.

Differenzdruck-Meßgeräte benutzt man auch zur Durchflußmessung von Gasen und Flüssigkeiten in Rohrleitungen (s. Abschn. 1.6.2.1) und zur Standmessung in mit Druck beaufschlagten, geschlossenen Behältern (s. Abschn. 1.7.3.1). In der Durchflußmeßtechnik wird der Differenzdruck auch Wirkdruck genannt.

Geräte zur Messung von allgemeinen Drücken nennt man Manometer. Bei der Messung des atmosphärischen Luftdruckes spricht man von Barometern.

1.5.2 Meßverfahren

1.5.2.1 Druckwaage

Bei einer Druckwaage übt der zu messende Druck p eine Kraft F auf einen beweglichen Kolben mit der Fläche A aus.

Die erforderliche Gegenkraft F_G wird bestimmt durch Auflegen von Gewichtsstücken mit der Masse m, bis der Kolben steht.

Gewichtskraft = Masse · Erdbeschleunigung

$$F_G = m \cdot g$$

Das Prinzip einer Druckwaage ist in Abb. 1-28 dargestellt.

Das Meßergebnis ergibt sich aus der Berechnung des Druckes. In der technischen Ausführung wird die Reibung des Kolbens durch geeignete Maßnahmen vermindert.

Die Druckwaage ist zusammen mit den Flüssigkeitsdruckmessern das Druckmeßgerät mit dem kleinsten Meßfehler. Sie wird daher als Drucknormal, Eichgerät und Präzisionsmeßgerät verwendet. Ihr Anwendungsgebiet liegt zwischen 1 bar und 2500 bar Überdruck.

Ausführungen, die anstelle der Gewichtskraft die Gegenkraft mit Federn erzeugen, nennt man Kolbendruckmesser.

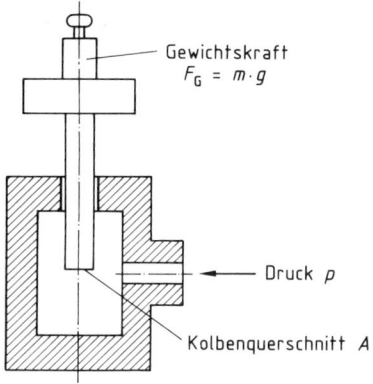

Gewichtskraft
$F_G = m \cdot g$

(nach Hengstenberg,
siehe Quellennachweise)

Druck p

Kolbenquerschnitt A

Abb. 1-28. Prinzip einer Druckwaage.

1.5.2.2 Flüssigkeitsdruckmesser

Flüssigkeitsdruckmesser bezeichnet man auch als Flüssigkeitsmanometer oder U-Rohr-Manometer (Abb. 1-29).
 Sie bestehen aus einem zweischenkligen Glasrohr, das mit einer Sperrflüssigkeit (z. B. Wasser, Öl, Quecksilber) gefüllt ist.

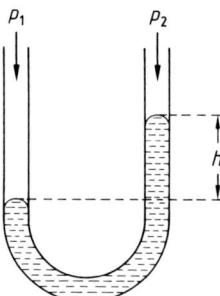

Abb. 1-29. U-Rohr-Manometer.

Die beiden Enden der Flüssigkeitssäule werden mit den Drücken p_1 und p_2 beaufschlagt. Der Differenzdruck $\Delta p = p_1 - p_2$ bewirkt einen Höhenunterschied zwischen den Enden der Flüssigkeitssäule und entspricht damit dem hydrostatischen Druck $\Delta p = \varrho \cdot g \cdot h$, der durch die Gewichtskraft der Flüssigkeitssäule hervorgerufen wird.

Dabei bedeuten:

Δp Differenzdruck
ϱ Dichte der Füllflüssigkeit
g Erdbeschleunigung
h Höhe der Flüssigkeitssäule

Bleiben Dichte und Erdbeschleunigung konstant, so ist die Höhe der Säule nur vom anliegenden Differenzdruck abhängig.
 Bei einem mit Quecksilber gefüllten U-Rohr-Manometer entspricht die abgelesene Höhe in mm Hg-Säule der heute gesetzlich nicht mehr zugelassenen Einheit Torr.
 Die Ablesung erfolgt bei Quecksilber am höchsten Punkt des Meniskus (Abb. 1-30, a) und bei benetzenden Flüssigkeiten am tiefsten Punkt (Abb. 1-30, b).

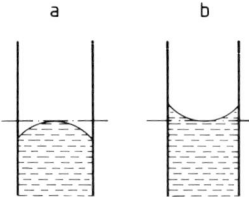

Abb. 1-30. Ablesung beim U-Rohr-Manometer.

Beispiel: Für eine Höhe der Quecksilbersäule von h = 750 mm ergibt sich folgende Berechnung:

$$p = \varrho \cdot g \cdot h$$
$$p = 13\,600 \text{ kg/m}^3 \cdot 9,81 \text{ m/s}^2 \cdot 0,75 \text{ m}$$
$$p = 100\,062 \text{ Pa}$$
$$\underline{p = 1001 \text{ mbar}}$$

Sind höhere Ablesegenauigkeiten erforderlich, werden Flüssigkeitsdruckmesser mit schrägem Rohr eingesetzt. Einseitig geschlossene U-Rohr-Manometer werden als Vakuummeter benutzt (Abb. 1-31).

Flüssigkeitsdruckmesser benutzt man oft zu Präzisionsmessungen und zur Kalibrierung anderer Druckmeßgeräte.

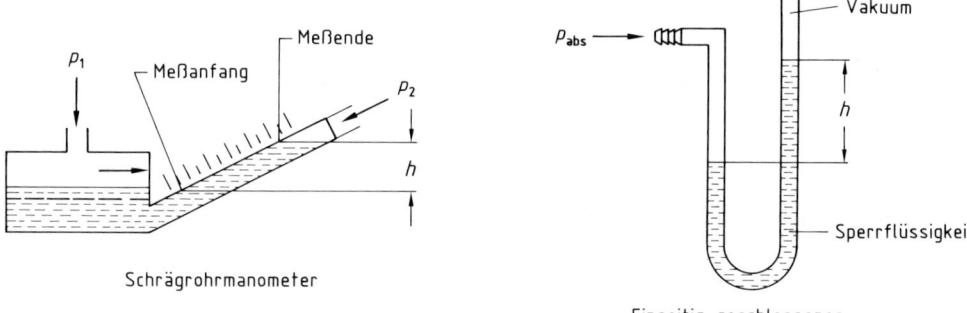

Schrägrohrmanometer

Abb. 1-31. Bauformen von Flüssigkeitsdruckmessern.

Einseitig geschlossenes
U-Rohr-Manometer

1.5.2.3 Rohrfedermanometer

Das Meßwerk eines Rohrfedermanometers (Abb. 1-32) enthält eine einseitig eingespannte elastische Rohrfeder, die sogenannte Bourdon-Feder.

Dieses elastische Meßglied verformt sich proportional zum anstehenden Druck.
Nach der Definition des Druckes $p = F/A$ ergibt sich für die daraus resultierende Kraft F

$$F = p \cdot A.$$

Da die äußere Fläche A der Rohrfeder größer ist als die innere und damit auch die nach außen gerichtete Kraft überwiegt, biegt sich die Feder bei steigendem Druck auf. Mit Hilfe eines mechanischen Hebelwerkes wird diese relativ kleine Auslenkung auf einer entsprechend geteilten Skala angezeigt.

Für Drücke bis etwa 60 bar setzt man die in Abb. 1-32 abgebildete kreisförmige Rohrfeder ein. Durch Veränderung der Profilform, des Materials oder der Wandstärke der Rohrfeder ist das Messen von kleinen Drücken mit diesem Meßprinzip genauso möglich wie die Messung von Drücken bis 10 000 bar.

Als Werkstoff für die Rohrfeder verwendet man für kleine und mittlere Druckmeßbereiche verschiedene Kupferlegierungen und für hohe Drücke Chrom-Nickel-Stahl.

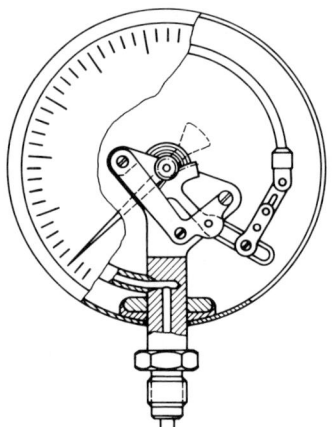

(nach Hengstenberg,
siehe Quellennachweise)

Abb. 1-32. Rohrfedermanometer.

Wird ein Rohrfedermanometer häufig überlastet, ergeben sich bleibende Verformungen der Rohrfeder. Man erkennt dies daran, daß der Zeiger des Manometers nicht mehr auf den Nullpunkt zurückgeht.

1.5.2.4   Plattenfedermanometer

Eine konzentrisch gewellte Plattenfeder wird zwischen zwei Flansche vor dem eigentlichen Anzeigewerk eingespannt (Abb. 1-33). Über einen Anschlußzapfen wirkt der Meßdruck auf die Unterseite der Membran. Dadurch wölbt sie sich nach oben. Die Durchbiegung ist ein Maß für den zu messenden Druck. Über eine Schubstange wird diese Längsbewegung auf ein Zeigerwerk übertragen und angezeigt.
Plattenfedermanometer werden bevorzugt zur Messung von Drücken bis 25 bar eingesetzt. Eine typische Anwendung ist der Einsatz bei Füllstandsmessungen in offenen Behältern (Abschn. 1.7.3.1).

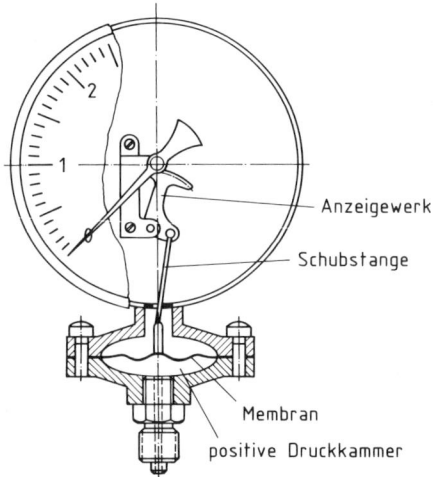

— Anzeigewerk

— Schubstange

(nach Hengstenberg,
siehe Quellennachweise)

Membran

positive Druckkammer

Abb. 1-33. Plattenfedermanometer.

Gegen mechanische Erschütterungen und Überlastung sind Plattenfedermanometer relativ unempfindlich. Bei zu hohen Drücken legt sich die Membran an den Befestigungflansch an. Die Plattenfeder besteht im allgemeinen aus Stahl. Bei aggressiven Druckmedien verwendet man korrosionsbeständige Werkstoffe oder eine geeignete Beschichtung.

Für die Messung kleiner Drücke dient ein Kapselfedermanometer.

Es besteht aus 2 verlöteten oder verschweißten Membranfedern. Dadurch wird die Auslenkung gegenüber einem Plattenfedermanometer verdoppelt. Durch Hintereinanderschaltung mehrerer Kapselfedern können sehr kleine Drücke (0 bis 2,5 mbar) gemessen werden.

Kapselfedermanometer haben außerdem den Vorteil, daß sich Meßabweichungen, die auf Grund äußerer Temperatureinflüsse auftreten, aufheben.

Evakuierte Kapselfedern benutzt man als Meßglied für Aneroidbarometer zur Messung des Luftdruckes.

1.5.2.5 Federbelastete Druckmesser

Bei einem federbelasteten Druckmesser (Abb. 1-34) bewirkt der anliegende Druck an einer Kolbenfläche eine proportionale Meßkraft. Die Abdichtung des Meßraumes erfolgt durch Membranen, Faltenbälge oder Torsionsrohre. Die Meßkraft wird gegen eine Stahlfeder in einen Meßhub umgesetzt. Aus der Möglichkeit, Kolbenquerschnitt und Stahlfeder unterschiedlich zu dimensionieren, ergeben sich Geräte mit Meßbereichen von wenigen Millibar bis 1000 bar.

Federbelastete Meßelemente ergeben bei guter Genauigkeit große Stellkräfte und dadurch eine große Anwendungsbreite. Sie werden als anzeigende Druckmeßgeräte, Druckschieber, -regler, -schalter und als Meßumformer für Differenzdrücke verwendet.

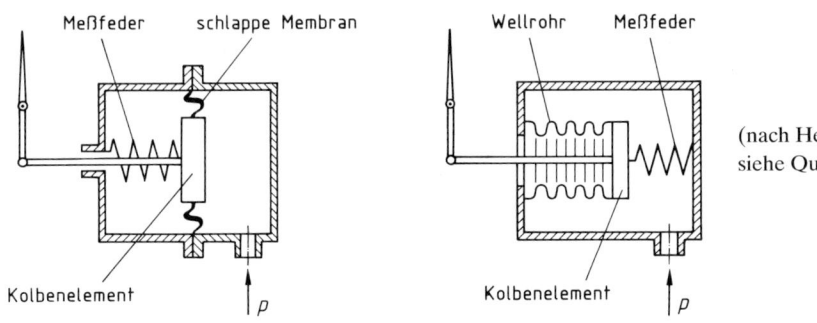

Meßfeder   schlappe Membran   Wellrohr   Meßfeder

(nach Hengstenberg, siehe Quellennachweise)

Kolbenelement p Kolbenelement p

Abb. 1-34. Federbelastete Druckmesser.

1.5.2.6 Differenzdruckmanometer nach Barton

Bei Differenzdruckmanometern subtrahieren sich die Meßeffekte zweier Meßorgane. Diese Meßorgane bestehen häufig aus einer senkrechten Membran oder Plattenfeder, die sich nach der Seite mit dem kleineren Druck durchbiegt. Die Druckräume links und rechts der Plattenfeder werden durch Faltenbälge vom äußeren Luftdruck abgetrennt.

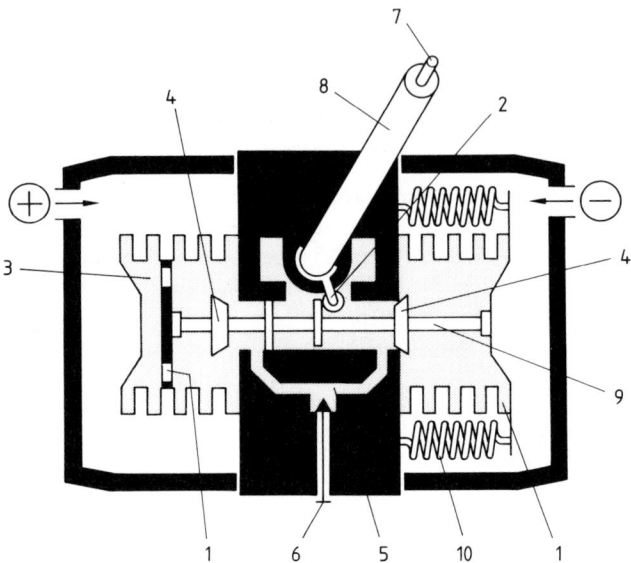

Abb. 1-35. Bartonzelle. — 1 Membrankörper, 2 Übertragungshebel, 3 Kammer, 4 Ventil, 5 Nebenschlußkanal, 6 Drosselschraube, 7 Meßwertwelle, 8 Torsionsrohr, 9 Ventilstange, 10 Meßbereichfederplatte.

Ein betriebliches Differenzdruckmanometer mit sehr guten meßtechnischen Eigenschaften ist die Barton-Zelle, bei der der Meßeffekt durch zwei miteinander über eine Ventilstange gekoppelten Bälge erzeugt wird (Abb. 1-35).

Die beiden Balgenaußenseiten sind starr durch eine Spindel verbunden. Die Bewegung der Spindel ist nahezu reibungslos und wird durch die Verdrehung eines Torsionsrohres nach außen übertragen. Die Innenräume der Bälge sind zur Dämpfung des Meßwerkes mit Öl gefüllt.

Es können Differenzdrücke von 5 mbar bis 28 bar bei Bezugsdrücken bis 640 bar gemessen werden. Die Meßabweichung ist mit ± 0,5 % sehr gering.

1.5.2.7 Elektrische Druckmesser

Das Meßprinzip elektrischer Druckmesser beruht auf der Änderung der elektrischen Eigenschaften von Widerständen, Kondensatoren und Spulen. Bei *Widerstandsdruckmessern* verwendet man als Aufnehmer in der Hauptsache sogenannte Dehnungsmeßstreifen (DMS).

Der Meßeffekt beruht darauf, daß sich der elektrische Widerstand von Drähten bei Dehnung reversibel (rückführbar) ändert (vergl. Abschn. 1.4.2.4).

Für die Druckmessung wird der Meßdruck mittels eines Faltenbalgs oder einer Membran in eine genügend große Kraft umgesetzt, mit der ein Trägerelement mit Dehnungsmeßstreifen gedehnt oder gestaucht wird. Die Widerstandsänderung der DMS ist dann proportional dem zu messenden Druck.

Dehnungsmeßstreifen werden auch als Fühler in Kraftmeßdosen (vergl. Abschn. 1.7.4.1) verwendet.

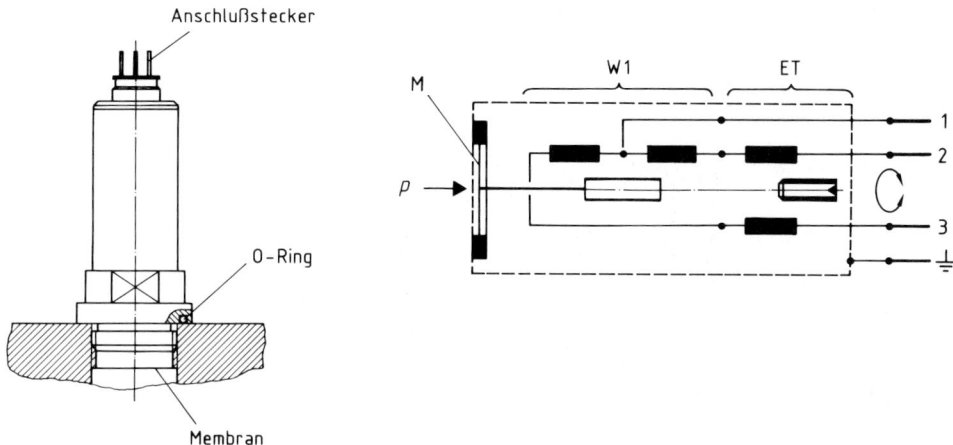

Abb. 1-36. Induktiver Druckaufnehmer. — W1 Wegaufnehmer, ET Empfindlichkeitstrimmer mit Trimmkern, M Membran, *p* Überdruck.

Bei *induktiven Druckmessern* wird durch den anliegenden Druck eine Membrane gedehnt. Es resultiert ein Meßhub, der einen Weicheisenkern im Innern einer Spule bewegt. Die sich dadurch verändernde Induktivität der Spule ist ein direktes Maß für den an der Membran anliegenden Druck (Abb. 1-36). In einem *kapazitiven Aufnehmer* wird nach dem gleichen Prinzip ein isolierendes Material zwischen die Kondensatorplatten bewegt, das das Dielektrikum des Kondensators verändert (vergl. Abschn. 1.7.4.2). Eine modernere Technologie ist die keramische Meßzelle. Auf der Membran in einem keramischen Grundkörper befindet sich eine Goldfolie, die mit einer ebenfalls vergoldeten Gegenelektrode einen Kondensator bildet. Der Meßweg beträgt dabei nur wenige μm.

Elektrische Druckaufnehmer eignen sich sowohl zum Messen schnell veränderlicher Drücke als auch für sehr große Drücke. Die Verarbeitung des Meßsignals erfolgt durch geeignete Meßverstärker. Sie liefern ein elektrisches Signal, das sich gut zur Fernübertragung eignet.

1.5.3   Arbeitsanweisung zur Kalibrierung von Manometern

Aufgabenstellung: Mit Hilfe eines Bezugsinstrumentes sind zwei Manometer mit unterschiedlicher Güteklasse zu kalibrieren.

Zubehör: Bezugsinstrument (U-Rohr-Manometer oder Präzisions-Kalibrator), zwei Manometer unterschiedlicher Güteklasse.

Durchführung: Die benötigte Versuchsanordnung besteht aus mindestens zwei Manometern unterschiedlicher Güteklasse sowie einem Bezugsmeßgerät. Über ein Druckminderventil wird der jeweilige Meßbereich eines Manometers in 10 Schritte unterteilt und jeder Einzelwert am Bezugsmeßgerät eingestellt.

Der zugehörige Druck am Manometer wird abgelesen und in einer Tabelle festgehalten.

Auswertung: Die abgelesenen Drücke an beiden Manometern werden in Abhängigkeit vom eingestellten Druck am U-Rohr-Manometer in ein Diagramm eingetragen.

Die Güteklasse der Manometer gibt die maximal zulässige Abweichung vom Endwert der Skala an. Auf Grund der Abstände der Einzelpunkte von einer theoretischen Geraden kann überprüft werden, ob sich die Anzeigen innerhalb des gegebenen Toleranzbereiches befinden.

1.5.4 Wiederholungsaufgaben

1. Wie definiert man die physikalische Größe Druck?
2. Auf eine Fläche von $A = 12$ cm^2 wirkt eine Kraft von $F = 26$ N.
   Wie groß ist der entstehende Druck in Pa und in bar?
   ($p = 21\,667$ Pa $= 0,217$ bar)
3. Welchen Nullpunkt verwendet man bei der Messung eines Überdrucks p_e?
4. Eine Druckwaage hat einen Kolbenquerschnitt von 4 cm^2 und die Masse des Kolbens beträgt $m = 20$ g. Welche Gewichtskraft muß man zusätzlich aufbringen, um bei einem Druck von $p = 15$ bar im Meßraum den Kolben im Gleichgewicht zu halten; $g = 9,81$ m/s^2?
   ($F = 599,8$ N)
5. Der Höhenunterschied der Schenkel der Quecksilbersäule eines U-Rohr-Manometers beträgt $h = 476$ mm. Welcher Druck Δp in bar liegt an?
   ($\Delta p = 0,635$ bar)
6. Worauf beruht die Funktionsweise eines Rohrfedermanometers?
7. Welche Vorteile besitzt das Plattenfedermanometer gegenüber dem Rohrfedermanometer und umgekehrt?
8. Wo werden federbelastete Druckmesser eingesetzt?
9. Worauf beruht die Funktionsweise eines Widerstandsdruckmessers?

1.6   Durchfluß und Volumen

1.6.1 Themen und Lerninhalte

Definition des Durchflusses

Funktion verschiedener Durchflußmesser

Mittelbare und unmittelbare Volumenzähler

Der Durchfluß ist im Gegensatz zum Volumen eine zeitabhängige Größe. Der Durchfluß ist definiert als Volumen oder Masse, die beispielsweise in einer bestimmten Zeiteinheit den Querschnitt einer Rohrleitung durchströmt.

Man unterscheidet zwischen dem
Volumenstrom

$$\dot{V} = V/t \quad [\dot{V}] = m^3/s \text{ (oder } m^3/h \text{ oder L/min)},$$

und dem *Massenstrom*

$$\dot{m} = m/t \quad [\dot{m}] = kg/s \text{ (oder t/h oder kg/min)},$$

Den Volumenstrom $\dot{V}$ erhält man ebenfalls als Produkt aus der Querschnittsfläche A und der Strömungsgeschwindigkeit v:

$$\dot{V} = A \cdot v$$

Die verwendeten Meßgeräte bezeichnet man als Durchflußmesser. Durch geeignete Zusatzgeräte, die das Produkt aus Durchfluß und Zeit bilden, kann man aus jedem *Durchflußmesser* einen *Volumenzähler* machen. In Abb. 1-37 wird dieser Zusammenhang dargestellt.

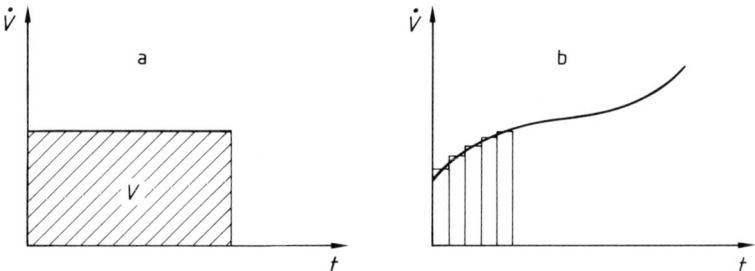

Abb. 1-37. Volumenstrom in Abhängigkeit von der Zeit. – a regelmäßiger, b unregelmäßiger Durchfluß.

Trägt man den Volumenstrom in Abhängigkeit von der Zeit in ein Diagramm ein, so kann man erkennen, daß sich das Volumen durch eine Multiplikation von $\dot{V}$ mit t ergibt und somit der Fläche unter der Kurve entspricht (Abb. 1-37,a). Bei unregelmäßigem Durchfluß erhält man das Volumen durch Integration des Volumenstromes, d. h. vereinfacht ausgedrückt, durch ein Aufsummieren von sehr kleinen regelmäßigen Teilflächen (Abb. 1-37,b).

Durchflußmesser und Volumenzähler unterscheidet man nach ihrer Wirkungsweise:

Durchflußmesser

a) Differenzdruckmessung an einer Verengung in der Rohrleitung;
b) Höhenmessung eines Schwebekörpers in einem senkrechten Rohr;
c) Messung einer erzeugten Induktionsspannung beim Durchströmen eines Magnetfeldes.
d) Messung anderer physikalischer Effekte wie Wirbelfrequenzen und Ultraschall.
e) Direkte Messung des Massenstromes mit Hilfe der Coriolis-Kraft.

Volumenzähler

a) *unmittelbare Volumenzähler* bestimmen das Volumen durch Füllen und Entleeren von Meßkammern und Aufaddieren der Teilvolumina;
b) *mittelbare Volumenzähler* erfassen den Volumenstrom durch die Umdrehungszahl von Laufrädern.

1.6.2   Durchflußmesser

1.6.2.1   Normblende

Die Normblende gehört zu der Gruppe der Durchflußmesser, die den Durchfluß aus einer Druckdifferenz ermitteln, welche beim Durchströmen eines Fluides durch eine Verengung hervorgerufen wird (Abb. 1-38).

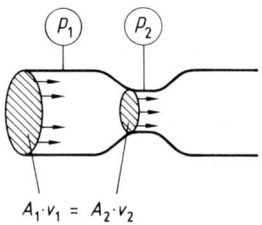

$$A_1 \cdot v_1 = A_2 \cdot v_2$$

Abb. 1-38. Verengung in einer Rohrleitung. — p Druck, A Rohrquerschnitt, v Strömungsgeschwindigkeit.

Der Durchfluß in einer Rohrleitung nach Abb. 1-38 ist konstant:

$$\dot{V}_1 = \dot{V}_2 .$$

Mit $\dot{V} = A \cdot v$ ergibt sich:

$$A_1 \cdot v_1 = A_2 \cdot v_2$$

oder $$\frac{A_1}{A_2} = \frac{v_2}{v_1}$$

Die beiden letzten Gleichungen bezeichnet man auch als *Kontinuitätsgleichung.* Danach erhöht sich die Strömungsgeschwindigkeit bei Verkleinerung des Rohrleitungsquerschnittes. In Abschn. 2.3 heißt es bei der Betrachtung strömungstechnischer Vorgänge, daß für ideale Strömungen die *Bernoulli-Gleichung* gilt.

Ausgehend von der energetischen Betrachtung

$$\frac{m}{2} \cdot v^2 \quad + \quad m \cdot g \cdot h \quad + \quad p \cdot V = \text{const}$$

kinet.	pot.	Volumen-
Energie	Energie	arbeit

erhält man durch die Division mit dem Volumen V eine Gleichung, welche die Druckverhältnisse in der Rohrleitung beschreibt (mit $\varrho = m/V$, Dichte des strömenden Mediums):

$$\frac{\varrho}{2} \cdot v^2 \quad + \quad \varrho \cdot g \cdot h \quad + \quad p = \text{const}$$

dynam.	hydrostat.	stat.
Druck	Druck	Druck

Betrachtet man die Gleichung für das Rohrleitungssystem aus Abb. 1-38 und geht man davon aus, daß sich beide Rohrquerschnitte auf gleicher Höhe befinden, so lautet die Gleichung:

$$\frac{\varrho}{2} \cdot v_1^2 + p_1 = \frac{\varrho}{2} \cdot v_2^2 + p_2$$

oder

$$\frac{\varrho}{2} \cdot (v_2^2 - v_1^2) = p_1 - p_2 = \Delta p$$

Daraus ergibt sich bei konstantem Volumenstrom, daß sich beim Vergrößern der Strömungsgeschwindigkeit v_2 in der Verengung einer Rohrleitung der statische Druck p_2 verringern muß. Ebenfalls erkennt man, daß die Beziehung zwischen statischem Druck und Strömungsgeschwindigkeit nicht linear, sondern quadratisch ist.

Aus der sich ergebenden Druckdifferenz Δp (Wirkdruck) läßt sich der Durchfluß mit Differenzdruck-Meßgeräten wie U-Rohr-Manometer, Ringwaage oder Barton-Zelle bestimmen. Oft wird der Wirkdruck auch von Meßumformern in ein Einheitssignal zur weiteren Signalverarbeitung umgeformt.

Meßeinrichtungen, die nach diesem Prinzip arbeiten, nennt man auch *Wirkdruckgeber*. Dazu gehören, außer der sehr häufig als Durchflußmesser eingesetzten Normblende, auch die Normdüse und die Normventuridüse (s. Abb. 1-39).

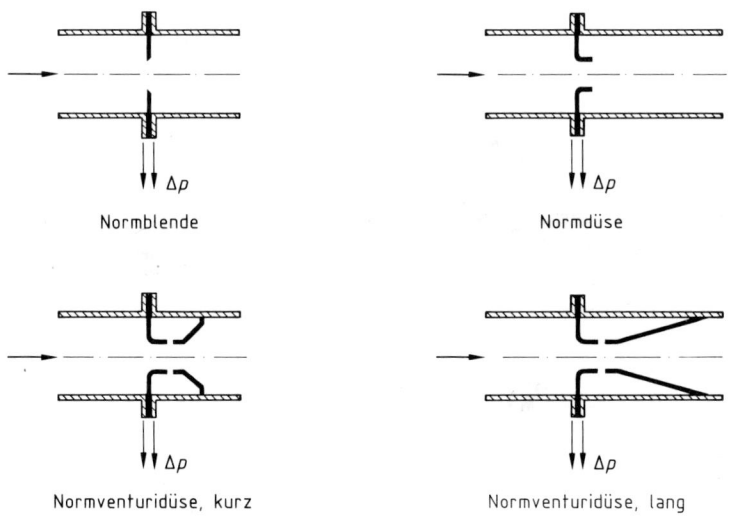

Normblende Normdüse

Normventuridüse, kurz Normventuridüse, lang

Abb. 1-39. Wirkdruckgeber.

1.6.2.2 *Schwebekörper-Durchflußmesser – Aufbau und Arbeitsanweisung*

Der Schwebekörper-Durchflußmesser besteht aus einem sich nach oben erweiternden Glasrohr und einem frei beweglichen Schwebekörper.

Bei ansteigendem Flüssigkeits- oder Gasdurchfluß bewegt sich der Körper infolge von Auftriebs- und Strömungskräften nach oben. Je höher der Schwebekörper in dem konischen Rohr steigt, desto mehr Flüssigkeit kann an seiner Seite vorbeifließen. Dadurch verringern sich die angreifenden Strömungskräfte. Ist die Summe aus Auftriebs- (F_A) und Strömungskraft (F_S) gleich der Gewichtskraft (F_G), so stellt sich ein Gleichgewicht ein und der Körper verharrt in seiner Position.

Bei dieser stabilen Höhenlage kann man den Durchfluß auf einer für das durchströmende Fluid kalibrierten Skala ablesen. Bei dem in Abb. 1-40 gezeigten Schwebekörper-Durchflußmesser erfolgt die Ablesung an der oberen, äußeren Kante des Schwebekörpers. Bei der Durchflußmessung von Gasen verwendet man häufig eine Kugel als Schwebekörper. Die Ablesestelle richtet sich bei der Kugel nach den Angaben des Herstellers.

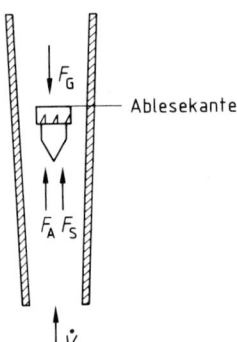

Ablesekante

Abb. 1-40. Schwebekörper-Durchflußmesser.

Um ein Verkanten des Körpers zu vermeiden und damit die Ablesegenauigkeit zu verbessern, befinden sich bei vielen Ausführungen am äußeren Rand des Schwebekörpers mehrere schräge Kerben, die ihn in eine Rotation versetzen.

Für den Schwebekörper-Durchflußmesser benutzt man oft fälschlich die Firmenbezeichnung „Rotameter".

Ist die unmittelbare Beobachtung des Schwebekörpers nicht möglich oder sollen die Höhenlagen in elektrische oder pneumatische Einheitssignale umgesetzt werden, so wird die Stellung z. B. auf magnetischem Wege nach außen übertragen (Abb. 1-41).

Am Schwebekörper befindet sich ein Dauermagnet, dessen Hub mittels eines Sternmagneten in eine Drehbewegung und entsprechenden Zeigerausschlag umgewandelt wird.

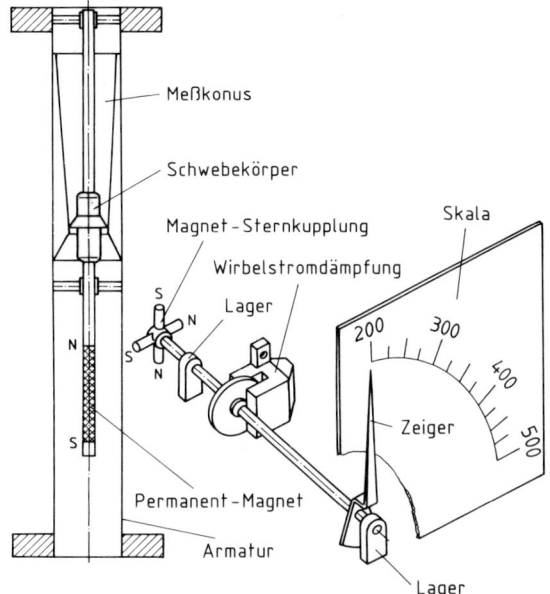

Abb. 1-41. Schwebekörper-Durchflußmesser mit magnetischer Übertragung.

(nach Hengstenberg,
siehe Quellennachweise)

Arbeitsanweisung

Aufgabenstellung: Ein Schwebekörper-Durchflußmesser ist über die Standanzeige eines aus-
geliterten Gefäßes zu kalibrieren.

Zubehör: Die Beschreibung der Aufgabe bezieht sich auf eine bestehende Glasapparatur im
Technikumsmaßstab. Sie kann aber auch mit den entsprechenden Mitteln (Anschluß ans
Wasserleitungsnetz, kleinerer Durchflußmesser, Meßkolben, Schlauchleitungen usw.) auf
Labormaßstab übertragen werden.
   Die Glasapparatur in Abb. 1-42, die auch als Füllstandsstrecke (Abschn. 2.2.4.2) benutzt
wird, besteht aus zwei 50-L-Zylindergefäßen, einer Kunststoffwanne als Sammelgefäß, einer
Kreiselpumpe mit einem maximalen Fördervolumen von 3000 L/h, Rohrleitungen DN 25 und
zugehörigen Absperrventilen.
   Das Gefäß 2 zur Aufnahme des Volumens ist mit einer kontinuierlichen Standmessung ver-
sehen.

Durchführung: Die Anlage ist auf Betriebsbereitschaft zu überprüfen. Das Eckventil des
Rohrleitungs-Kreislaufes wird geschlossen und der Ein- und Ablauf des Gefäßes 2 geöffnet.
Das Rohr des Schwebekörper-Durchflußmessers ist über den gesamten Bereich mit einer
10teiligen Skala zu versehen.
   Nach dem Anfahren der Kreiselpumpe wird über ihr Druckseitenventil der Durchfluß auf
den ersten Skalenstrich eingestellt.
   Das Ablaßventil von Gefäß 2 wird geschlossen, und sobald die untere Marke erreicht ist,
wird die Zeitmessung mit einer Stoppuhr gestartet. Die Meßdauer sollte nicht unter einer
Minute liegen. Die Messung ist an den restlichen 9 Skalenpositionen zu wiederholen.

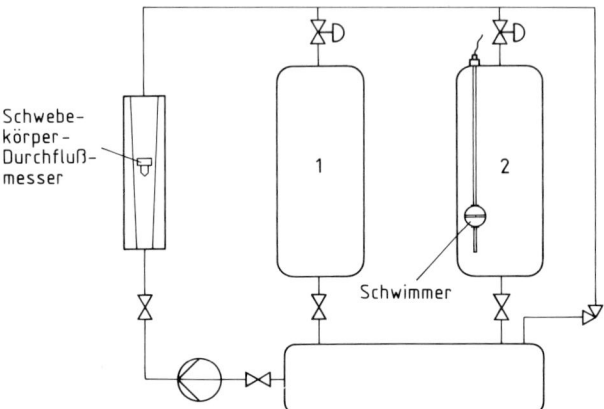

Abb. 1-42. Apparatur zur Kalibrierung eines Schwebekörper-Durchflußmessers.

Auswertung: Die Anzeige der Schwimmerstandmessung in Prozent der maximalen Standhöhe ist an Hand einer vorher durch Auslitern bestimmten Kalibrierkurve in Volumeneinheiten zu übertragen.

Die sich daraus ergebenen Werte für den Volumenstrom als Quotient aus V und t werden auf der Graduierung eingetragen bzw. in ein Diagramm eingezeichnet.

1.6.2.3 *Magnetisch-induktiver Durchflußmesser (MID) – Aufbau und Arbeitsanweisung*

Bewegt sich ein elektrischer Leiter durch ein senkrecht zur Bewegungsrichtung angeordnetes Magnetfeld, so wird in ihm eine Spannung induziert. Dieses Phänomen findet vor allem bei der Spannungserzeugung durch einen Generator seine Anwendung.

Faraday beschrieb die Zusammenhänge wie folgt:

$$U_{ind} = B \cdot l \cdot v$$

Dabei bedeuten:

U_{ind} erzeugte Induktionsspannung
B magnetische Flußdichte des anliegenden Magnetfeldes
l Länge des elektrischen Leiters
v Geschwindigkeit des Leiters

Dies trifft auch auf eine elektrisch leitende Flüssigkeit zu, die mit der Geschwindigkeit v durch eine Rohrleitung strömt, wenn senkrecht zur Strömungsrichtung mit Hilfe einer stromdurch-flossenen Spule ein Magnetfeld erzeugt wird (Abb. 1-43).

Die zwischen den Rohrwandungen entstehende Induktionsspannung wird durch zwei einander gegenüberliegende Elektroden abgegriffen. Die Elektroden liegen in einem elektrisch isolierten Rohrleitungsstück. Die Größe der Spannung ist ein Maß für den Durchfluß. Ein enormer Vorteil der magnetisch-induktiven Durchflußmesser ist die Unabhängigkeit der

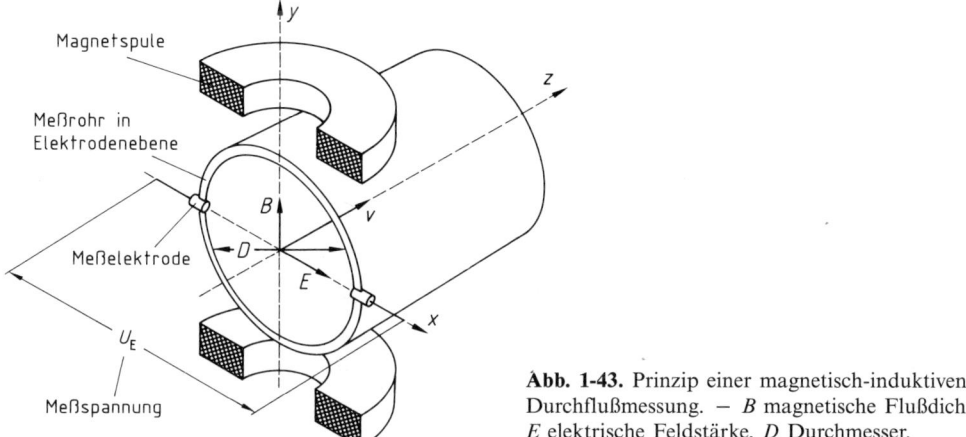

Abb. 1-43. Prinzip einer magnetisch-induktiven Durchflußmessung. − B magnetische Flußdichte, E elektrische Feldstärke, D Durchmesser.

Meßmethode von der Dichte und der Viskosität der Flüssigkeit, und durch das Fehlen jeglicher Einbauten hat man praktisch keinen Druckverlust.

Ihr Einsatzgebiet liegt oft da, wo andere Verfahren versagen, wie zum Beispiel bei stark feststoffhaltigen oder hochviskosen Flüssigkeiten. Durch entsprechende Auskleidung des Innenrohres können auch agressive Medien untersucht werden.

Für Gase und flüssige Kohlenwasserstoffe ist dieses Meßverfahren wegen der fehlenden elektrischen Leitfähigkeit nicht brauchbar.

Durch ein Aufsummieren induzierter Spannungsimpulse über die Zeit ergibt sich bei diesem Meßprinzip eine Volumenmessung.

In Verbindung mit einem entsprechendem Vorwahlzähler dient ein solches System auch zur Dosierung von Flüssigkeitsmengen.

Arbeitsanweisung

Aufgabenstellung: Das Dosierverhalten eines magnetisch-induktiven Durchflußmessers ist in Abhängigkeit vom Volumenstrom zu untersuchen.

Zubehör: Verwendet wird eine Glasapparatur, die auch zur Durchflußregelung (Abb. 2-44) benutzt wird. Sie besteht aus je einem 50 L und 25 L fassenden Zylindergefäß und aus zwei Rohrleitungskreisläufen in Nennweite DN 25. Als Fördereinrichtung dient eine Kreiselpumpe mit Q_{max} = 5000 L/h und einem stufenlos verstellbaren Getriebe (Abb. 1-44).

Im Hauptkreislauf befindet sich ein Schwebekörper-Durchflußmesser aus Glas und eine Meßblende. Über einen Parallelzweig (Bypass) kann mit einem magnetisch abgegriffenen Schwebekörper-Durchflußmesser und einem zugehörigen Stellventil über einen Regler in der Meßtafel ein Durchflußregelkreis bedient werden.

Durch Umschalten eines Dreiwegeventils fördert die Pumpe über den MID in das kleinere Zylindergefäß.

Der MID wird in Verbindung mit einem digitalen Vorwahlgerät als Dosiereinrichtung eingesetzt.

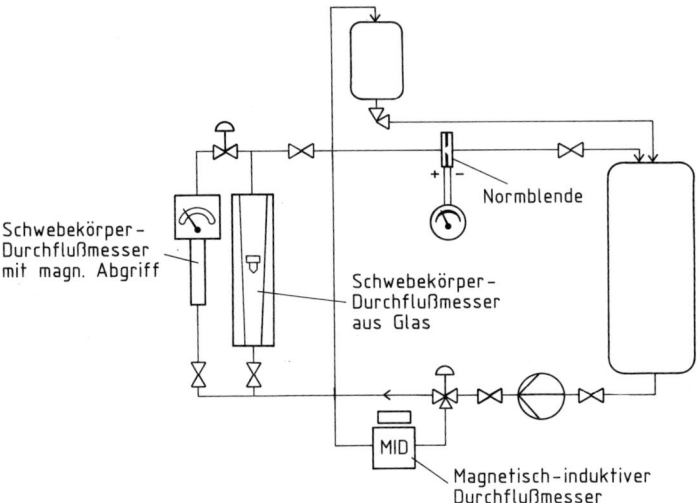

Abb. 1-44. Apparatur zur Durchfluß- und Volumenmessung.

Durchführung: Die Anlage ist auf Betriebsbereitschaft zu überprüfen. Die Funktion der Apparatur ist durch ein Nachverfolgen des Strömungsweges zu überprüfen. Der Bypass über den Schwebekörper-Durchflußmesser mit magnetischem Abgriff ist zu schließen.

Nach dem Anfahren der Kreiselpumpe ist über das stufenlose Getriebe der Volumenstrom am Schwebekörper-Durchflußmesser aus Glas auf 2200 L/h einzustellen. Alle Ventile im Kreislauf sind geöffnet.

Am digitalen Vorwahlgerät in der Meßtafel wird das gewünschte Volumen von $V = 10$ L eingestellt. Mit dem Betätigen der Starttaste wird der Dosiervorgang durch Umschalten des Dreiwegeventils gestartet.

Nach der Abschaltung beim Erreichen des eingestellten Sollwertes wird das tatsächlich dosierte Volumen zum einen an der Istwertanzeige des Vorwahlgerätes und zum anderen an der Graduierung des Zwischengefäßes abgelesen. Den Inhalt des Zwischengefäßes läßt man in die Vorlage zurücklaufen.

Der Meßvorgang wird in 200 L/h-Schritten bis auf 3600 L/h wiederholt. Für jeden eingestellten Volumenstrom ist eine Doppelbestimmung durchzuführen.

Tabelle 1-5. Auswertung.

Durchfluß in L/h	Volumen in der Anzeige			Volumen im Gefäß		
	V_{A1} in L	V_{A2} in L	$\bar{V}_A$ in L	V_{G1} in L	V_{G2} in L	$\bar{V}_G$ in L
2200						
2400						
.						
.						
3600						

Auswertung: Alle Meßergebnisse werden in Tab. 1-5 eingetragen. Die Mittelwerte der beiden abgelesenen Volumina (V_A Volumen in der Anzeige; V_G Volumen im Gefäß) sind in Abhängigkeit vom eingestellten Durchfluß in einem Diagramm darzustellen.

Das Ergebnis ist hinsichtlich der Abweichung vom eingestellten Volumen zu interpretieren.

1.6.2.4 Wirbeldurchflußmesser

Wirbeldurchflußmesser werden etwa seit 1970 zur Durchflußmessung verwendet. Erst in den letzten Jahren sind sie technisch so ausgereift, daß sie in großer Zahl industriell eingesetzt werden.

In einem Meßrohr befindet sich ein Staukörper. In einem strömenden Medium lösen sich hinter diesem Hindernis Wirbel ab. Es bildet sich eine sogenannte Wirbelstraße, die nach dem Physiker Theodor von Karman Karmansche Wirbelstraße (Abb. 1-45) genannt wird.

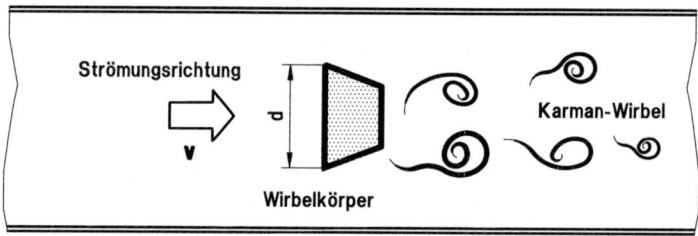

Abb. 1-45. Die Karmansche Wirbelstraße − *d* Breite des Staukörpers, *v* Strömungsgeschwindigkeit.

Die sich wechselseitig bildenden Wirbel versetzen den Staukörper in Schwingungen. Dieses Phänomen kann an einer Fahne beobachtet werden, die im Wind umso mehr flattert, je größer die Windgeschwindigkeit ist.

Die Frequenz *f* einer solchen Schwingung ergibt sich aus der Strömungsgeschwindigkeit *v*, der Breite *d* des Staukörpers und der dimensionslosen Konstanten St (Strouhal-Zahl).

$$f = \text{St} \cdot \frac{v}{d}$$

Abb. 1-46. Wirbeldurchfluß-messer (Werksfoto: Swing-wirl von Endres & Hauser).

Die Konstante St kann für einen verwendeten Staukörper in einem großen Bereich der Reynoldszahl als konstant angesehen werden. Die entstandene Frequenz *f* wird von Sensoren wie Piezokristallen, Dehnungsmeßstreifen oder kapazitiven Sensoren aufgenommen. Im Elektronikteil des Meßgerätes werden diese Frequenzen verstärkt und entweder als elektrisches Einheitssignal oder als mengenwertiger Impuls ausgegeben.

Wirbeldurchflußmesser (Abb. 1-46) eignen sich für Flüssigkeiten, Gase und Dampf gleichermaßen und sind daher eine echte Alternative zu Blendenmessungen.

1.6.2.5 Ultraschall-Durchflußmesser

Ultraschall-Durchflußmesser werden für mittlere bis sehr große Volumendurchflüsse bei ebenfalls großen Rohr-Nennweiten eingesetzt.

Die überwiegende Zahl der angebotenen Geräte arbeitet nach dem Laufzeitverfahren.

Zwei diagonal schräg gegenüberliegende Meßköpfe in einer Rohrleitung sind sowohl Sender als auch Empfänger. Sie senden in einem Winkel α zur Strömungsrichtung gleichzeitig Ultraschallimpulse sowohl mit der Strömungsrichtung als auch gegen die Strömungsrichtung. Die Schallgeschwindigkeit dieser Impulse wird im strömenden Medium durch die Komponente des Strömungsvektors in Richtung der Schallausbreitung erhöht oder erniedrigt (Abb. 1-47).

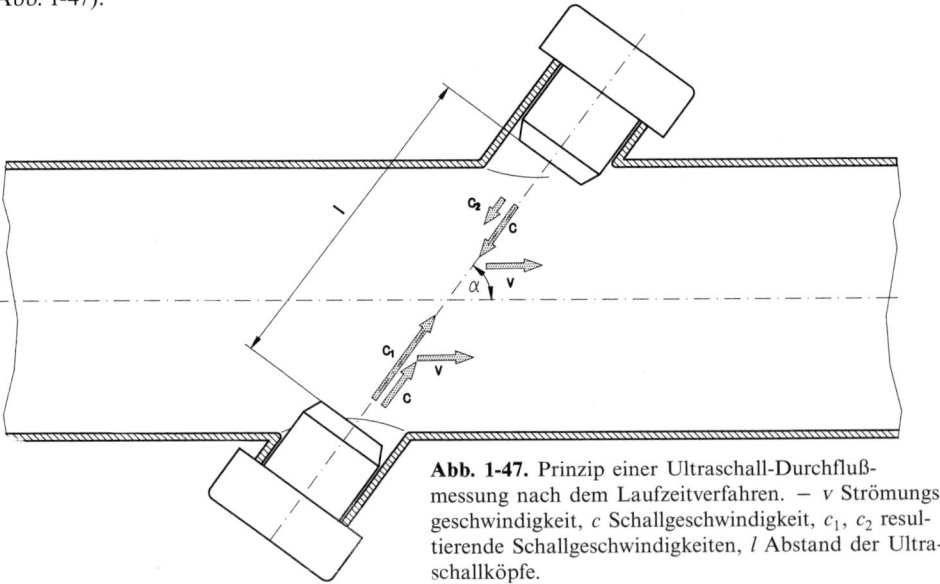

Abb. 1-47. Prinzip einer Ultraschall-Durchflußmessung nach dem Laufzeitverfahren. − *v* Strömungsgeschwindigkeit, *c* Schallgeschwindigkeit, c_1, c_2 resultierende Schallgeschwindigkeiten, *l* Abstand der Ultraschallköpfe.

Man mißt die Laufzeiten der beiden Ultraschallimpulse. Aus der Summe der beiden Zeiten bestimmt man die Schallgeschwindigkeit *c* im dazugehörigen Medium. Mit der Differenz der Laufzeiten Δt geht sie in die Gleichung zur Bestimmung der Strömungsgeschwindigkeiten ein:

$$v = \frac{c^2 \cdot \Delta t}{2l \cdot \cos\alpha}$$

Es ergeben sich folgende Vor- und Nachteile für die Ultraschallmessung nach dem gezeigten Prinzip.

Vorteile: Es entsteht kein Druckverlust. Ein nachträglicher Einbau in die Rohrleitung ist möglich. Durch die gleichzeitige Messung der Laufzeit mit und gegen die Strömung ist die Messung unabhängig von Dichte, Temperatur, Druck und Viskosität.

Nachteile: Hohe Zähigkeit des Mediums, Ablagerungen und Gasblasen stören die Messung durch Dämpfung bzw. Ablenkung der Ultraschallwellen.

1.6.2.6 *Massedurchflußmesser nach dem Coriolis-Prinzip*

Zur Bestimmung des Massestroms in Rohrleitungen war man in der Vergangenheit häufig auf das Messen sowohl des Volumenstroms als auch der Dichte angewiesen. Für die Dichtebestimmung benötigte man zusätzlich noch eine Temperatur- und Druckmessung. Bei den Massedurchflußmessern nach dem Coriolis-Prinzip kann der Massestrom mit industriell einsetzbaren Meßgeräten direkt bestimmt werden.

Physikalisches Prinzip:

Die Coriolis-Kraft ist eine Trägheitskraft, die ein Körper erfährt, wenn er sich in einem rotierenden System zum Beispiel von der Drehachse in Richtung äußerer Rand bewegt. Er gelangt so von einem Ort A (Abb. 1-48) kleinerer Rotationsgeschwindigkeit zu einem Ort B größerer Rotationsgeschwindigkeit. Im ruhenden System würde er auch diese Stelle B erreichen. Durch die Coriolis-Kraft im rotierenden System bleibt er bei diesem Beispiel hinter der Drehung zurück und gelangt nicht zu B′, sondern kommt nur zu Punkt B″. Im umgekehrten Fall, das heißt, der Körper bewegt sich zur Drehachse hin, käme er der Drehung voraus.

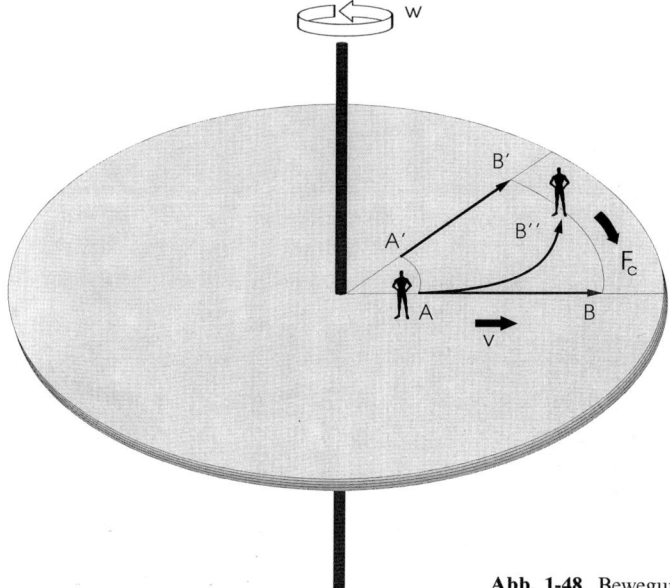

Abb. 1-48. Bewegung in einem rotierenden System.

Für die Coriolis-Kraft F_C ergibt sich:

$$F_C = 2m \cdot v \cdot \omega$$

m = Masse des Körpers
v = Längsgeschwindigkeit des Körpers
ω = Winkelgeschwindigkeit des rotierenden Systems

Bei einem Coriolis-Massedurchflußmesser werden die einzelnen Masseteilchen auf die gleiche Art und Weise beeinflußt. Moderne Meßgeräte haben ein gerades Rohr aus Titan, welches durch elektromagnetische Anregung in eine Resonanzschwingung versetzt wird. Man benutzt also im Prinzip nur ein kleines Segment der Kreisbewegung. Anfangs- und Endpunkt des Rohres entsprechen den Schwingungsknoten und stellen damit die jeweilige Drehachse dar. Die Masseteilchen, die durch das System fließen, erfahren gemäß dem Coriolis-Effekt eine Querbeschleunigung.

Am Eingang (Bewegung der Masseteilchen des Mediums von der Drehachse weg) wird die Schwingung des Rohres durch die auftretenden Trägheitskräfte verzögert. Im Bereich des Ausgangs (Bewegung zur Drehachse hin) wird sie beschleunigt. Dies verursacht eine Phasenverschiebung der Resonanzschwingung (Abb. 1-49).

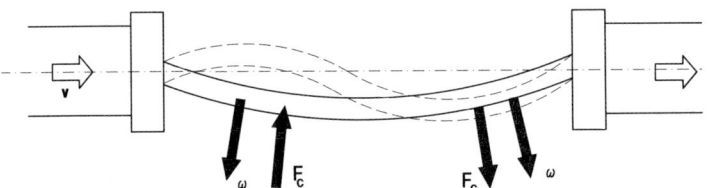

Abb. 1-49. Funktionsprinzip des Massedurchflußmessers mit geraden Rohren.

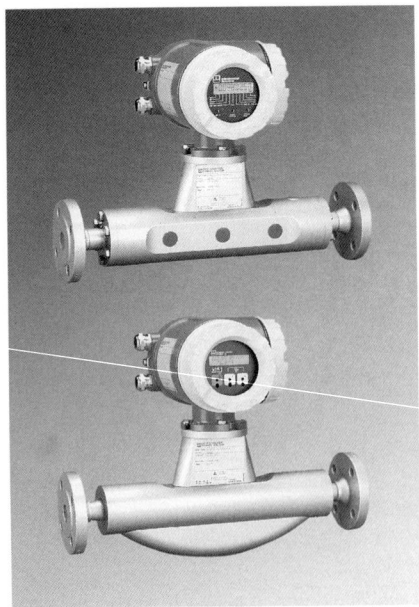

Abb. 1-50. Massedurchflußmesser (Werksfoto: Promass von Endres & Hauser).

Die Phasen der Schwingungen werden durch zwei Infrarot-Sensoren jeweils am Ein- und Ausgang gemessen. Durch Verwendung von zwei Rohren, die in Gegenphase schwingen, werden externe Einflüsse (z. B. starke Vibrationen der Umgebung) kompensiert.
Eine industriell eingesetzte Geräteausführung zeigt Abb. 1-50.

1.6.3 Volumenmessung mit unmittelbaren Zählern

1.6.3.1 Ovalradzähler

Bei unmittelbaren Volumenzählern werden während der Messung je nach Größe der Meßkammer bestimmte Teilvolumina abgegrenzt. Die Anzahl der Umläufe der Meßkammern wird über ein Zählwerk als Volumen angezeigt.

Beim Ovalradzähler rollen zwei ovale Zahnräder in einem Gehäuse aufeinander ab. Dabei entstehen zwei Meßkammern zwischen Gehäuse und Ovalrad.

Bei einer vollen Umdrehung der Ovalräder gelangt viermal ein sichelförmiges Teilvolumen von der Eintrittsseite zur Austrittsseite (Abb. 1-51). Über ein Zählwerk werden die Umdrehungen gezählt und das geförderte Volumen angezeigt.

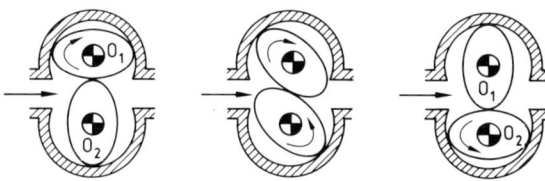

Abb. 1-51.
Ablaufphasen eines Ovalradzählers.

Die Verzahnung der Ovalräder muß sehr präzise ausgeführt sein. Dadurch entsteht beim Meßvorgang ein hoher Druckverlust. Dagegen ist die mittlere Meßgenauigkeit von 1 % relativ hoch.

Es dürfen keine grob verunreinigten Flüssigkeiten gefördert werden. Daher braucht man zusätzlich vor jedem Zähler einen Filter. Bei der Montage sind Durchflußrichtung und Achsenlage zu berücksichtigen.

Viele Ovalradzähler werden mit einer Vorwahleinstellung versehen, die bei Erreichen eines eingestellten Volumens eine Dosierung beendet (Abb. 1-52).

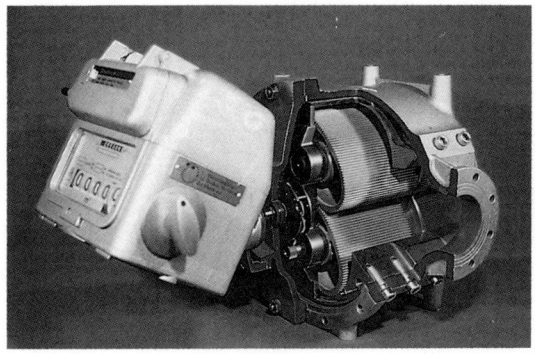

Abb. 1-52.
Ovalradzähler mit Vorwahlabschaltung
(Werksfoto: Bopp & Reuther GmbH).

1.6.3.2   Ringkolbenzähler

Der Ringkolbenzähler gehört ebenso wie der Ovalradzähler zu den *Verdrängerzählern.* Er besteht aus einer mit Trennwand unterteilten Kammer und einem Ringkolben (Abb. 1-53). Der Ringkolben rollt auf der Wandung der Meßkammer ab. Die einströmende Flüssigkeit füllt die sichelförmigen Räume und bewegt den Kolben infolge der auftretenden Druckdifferenz zwischen Einlaß- und Auslaßöffnung.

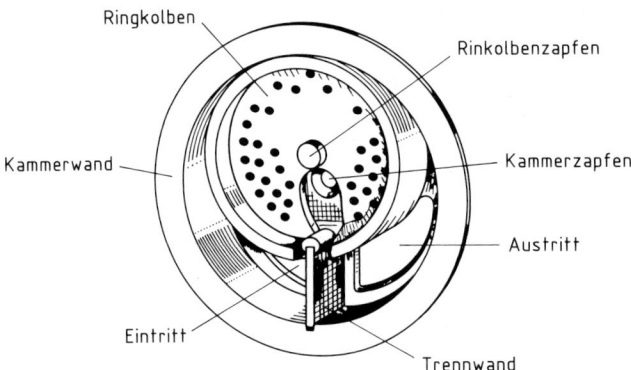

Abb. 1-53. Meßkammer des Ringkolbenzählers.

In der Anfangsstellung strömt die Flüssigkeit in das Innere des Ringkolbens. Der Kolben bewegt sich nach links, gibt die Ausgangsöffnung frei, und das äußere Kammervolumen kann abfließen. Nachdrängende Flüssigkeit bewegt den Kolben nach rechts, und das Innenvolumen strömt ab (Abb. 1-54). Bei jedem der Umläufe wird die Summe aus beiden Volumina gezählt. Die Umdrehungen des Ringkolbens werden durch eine Magnetkupplung auf ein Anzeigewerk übertragen.

Bei dem relativ einfachen geometrischen Aufbau des Ringkolbenzählers wird eine Vielzahl von Werkstoffkombinationen für Gehäuse, Meßkammer und Kolben angeboten. Durch zusätzliche Einrichtungen ist auch beim Ringkolbenzähler eine Vorwahleinstellung und Fernübertragung möglich. Ringkolbenzähler sind für kleinere und mittlere Volumenströme geeignet.

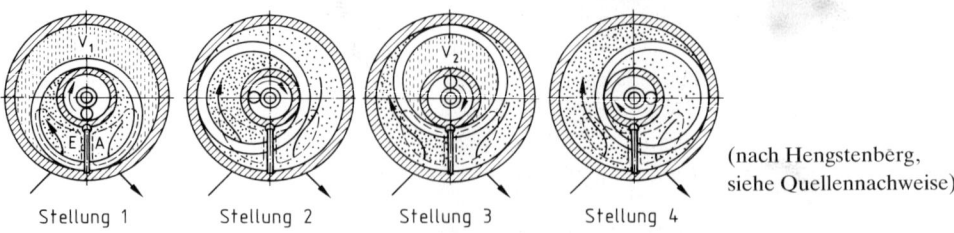

(nach Hengstenberg, siehe Quellennachweise)

Stellung 1   Stellung 2   Stellung 3   Stellung 4

Abb. 1-54. Ablaufphasen eines Ringkolbenzählers.

1.6.4 Volumenmessung mit mittelbaren Volumenzählern

1.6.4.1 Flügelradzähler

Mittelbare Volumenzähler bilden keine Meßkammern. Gemessen wird hier kein Teilvolumen, sondern die Drehgeschwindigkeit von Laufrädern. Aus dem linearen Zusammenhang zwischen der Drehgeschwindigkeit und der Strömungsgeschwindigkeit des Fluids ergibt sich das gemessene Volumen. Als Meßorgane dieser Zähler werden die verschiedensten Meßflügel benutzt.

Das Meßwerk des Flügelradzählers besteht aus einer Leitvorrichtung, die der Flüssigkeit durch Querschnittsverengung eine hohe Geschwindigkeit erteilt, und einem Laufrad, das von der Strömung tangential beaufschlagt und angetrieben wird.

Man unterscheidet Einstrahlzähler, bei denen der Flüssigkeitsstrom nur wenig umgelenkt wird, und Mehrstrahlzähler, die durch düsenförmige Kanäle den Flüssigkeitsstrom auf den ganzen Umfang des Laufrades verteilen (Abb. 1-55). Durch diese engen Kanäle wird das Laufrad auch bei kleinen Volumenströmen in der Rohrleitung mit einer genügend großen Strömungsgeschwindigkeit beaufschlagt. Die Anzahl der Umdrehungen wird meist direkt in Volumeneinheiten von einem Zählwerk angezeigt.

Heute werden fast ausschließlich Mehrstrahlzähler gebaut, die man häufig zur Messung von Kaltwasserströmen bei kleinen Nennweiten (bis DN 50) verwendet. Wegen dieses speziellen Einsatzes verwendet man beim Flügelradzähler auch oft die Bezeichnung „Wasseruhr".

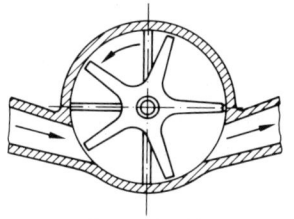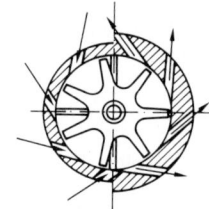

(nach Hengstenberg,
siehe Quellennachweise)

Einstrahlzähler   Mehrstrahlzähler

Abb. 1-55. Flügelradzähler.

1.6.4.2 Woltmann-Zähler

Der Woltmann-Zähler ist ein *Turbinenradzähler* mit Anschlußweiten ab DN 50.

Der drehbar gelagerte Meßflügel besteht aus Hartgummi oder Kunststoff, in seltenen Fällen auch aus Spezialstahl. Über die in Strömungsrichtung gelegene Achse werden die Umdrehungen des Meßflügels auf ein Zählwerk übertragen (Abb. 1-56). Die Umdrehungszahl ist dem Volumen der durchgeströmten Flüssigkeit proportional. Der Druckverlust ist im Vergleich zu anderen Zählern gering. Der Nachteil solcher Zähler ist die große Meßabweichung bei geringer Belastung. Deshalb werden Woltmann-Zähler meistens als Großwasserzähler eingesetzt.

Eine Weiterentwicklung der Woltmann-Zähler sind Turbinenradzähler mit elektrischem und dabei vornehmlich induktivem Abgriff. Wegen der reibungsfreien Meßwertübertragung können diese auch für Messungen von Flüssigkeiten und Gasen in Leitungen mit kleinen Nennweiten eingesetzt werden.

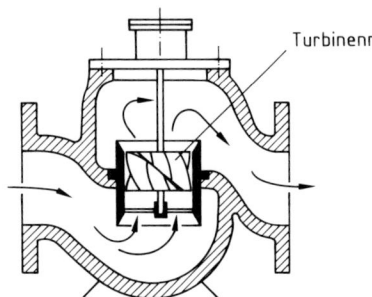

Turbinenrad

(nach Hengstenberg,
siehe Quellennachweise)

Abb. 1-56. Woltmannzähler.

1.6.5   Wiederholungsaufgaben

1. Ein Vorratstank hat ein Volumen von $V = 24\,000$ L. Eine Pumpe benötigt zum Befüllen des Behälters $t = 90$ min. Welchen Volumenstrom in m³/h mißt man in der Zuleitung des Tanks, wenn man von einer kontinuierlichen Förderung ausgeht?
($\dot{V} = 16$ m³/h)

2. Welche Durchflußmesser arbeiten nach dem Wirkdruckprinzip?

3. In einer Rohrleitung DN 40 mißt man eine Strömungsgeschwindigkeit von $v = 4$ m/s. Ein eingebautes Venturi-Rohr hat einen Durchmesser von $d = 0,005$ m.
Wie groß ist zum einen der Volumenstrom in der Rohrleitung und zum anderen die Strömungsgeschwindigkeit innerhalb des Venturi-Rohres?
($\dot{V} = 0,005$ m³/s; $v = 256$ m/s)

4. Das konische Glasrohr eines Schwebekörper-Durchflußmessers wird nach einem Defekt irrtümlicherweise durch ein zylindrisches Rohr ersetzt.
Was passiert bei der anschließenden Messung?

5. Welche Vorteile besitzt ein magnetisch-induktiver Durchflußmesser (MID) im Vergleich zum Ovalradzähler?

6. Welchen von den beschriebenen Volumenzählern würde man in eine Wasserleitung von DN 65 einbauen?

1.7 Füllstand

1.7.1 Themen und Lerninhalte

Füllstandsmessung in Behältern

Meßverfahren für Flüssigkeiten und Schüttgüter

Unter dem Begriff Füllstand versteht man die Standhöhe eines flüssigen oder festen Gutes in einem Behälter.

Ist der Behälterboden nicht eben, sondern gewölbt, geht man zur Standmessung von einem festgelegten Nullniveau aus.

Füllstandsmeßgeräte haben in der chemischen Industrie unterschiedliche Aufgaben. Zur Vermeidung von Überfüllung oder Leerlauf eines Behälters müssen sie bestimmte Grenzzustände überwachen. Für eine optimale Betriebsführung ist die kontinuierliche Messung des Standes notwendig.

Der Füllstand wird entweder in Prozent der maximal möglichen Standhöhe, in Längen-, Volumen- oder Masseneinheiten angegeben.

Die Auswahl des geeigneten Meßverfahrens hängt als erstes davon ab, ob es sich um eine Flüssigkeit oder einen Feststoff handelt. Aber auch die anderen physikalischen Eigenschaften des Füllgutes, die Betriebsbedingungen und die Beschaffenheit des Behälters spielen eine wichtige Rolle.

Die industriell eingesetzten Meßverfahren lassen sich in drei Gruppen einteilen:

a) unmittelbare Verfahren, die auf Längenmessungen beruhen:
Peilstab (Meßlatte), Schauglas, Schwimmer

b) mittelbare Verfahren auf Grund von Druck- oder Kraftmessungen:
Behälterwägung mit Kraftmeßdosen, Auftriebskörper, Bodendruck- und Perlrohrmessungen.

c) mittelbare Meßverfahren auf Grund anderer physikalischer Effekte:
Radioaktivität, Kapazität, Schall, Leitfähigkeit, usw.

1.7.2 Unmittelbare Meßverfahren für Flüssigkeiten

1.7.2.1 *Peilstab und Meßlatte*

Peilstäbe sind runde oder flache Metallstäbe, wie man sie auch als Ölstandsanzeiger bei Motoren kennt. Größere Ausführungen, meistens aus Holz, bezeichnet man als Meßlatten.

Bei der Messung mit Peilstab oder Meßlatte wird die Standhöhe am eingetauchten Stab abgelesen. Dazu muß dieser auf einem ebenen Boden aufgesetzt werden. Ist ein solcher Behälterboden nicht vorhanden, muß man einen Peiltisch als ebenen Bezugspunkt in den Behälter einbauen (Abb. 1-57).

Für eine kontinuierliche Standmessung oder in geschlossenen Druckbehältern kann diese Meßmethode nicht angewandt werden.

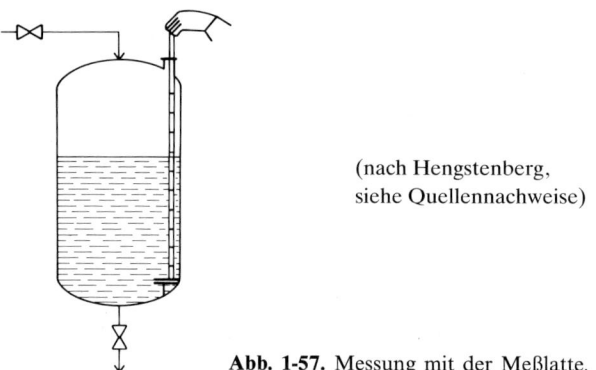

(nach Hengstenberg,
siehe Quellennachweise)

Abb. 1-57. Messung mit der Meßlatte.

1.7.2.2 Schau- und Standgläser

Schaugläser werden direkt in die Behälterwand eingebaut. Der Flüssigkeitsstand kann unmittelbar beobachtet werden. Die meistens auch mit einer Skala versehenen Schaugläser können auch in Druckbehältern eingebaut werden.

Problematisch wird die Ablesung bei stark verschmutzten oder färbenden Flüssigkeiten, bei denen Ablagerungen das Schauglas undurchsichtig machen. Eine Reinigung oder Reparatur der Gläser ist nur bei stillgelegten Anlagen möglich. Aus diesem Grund verwendet man häufig Standgläser, die nach dem Prinzip der kommunizierenden Gefäße arbeiten (Abb. 1-58).

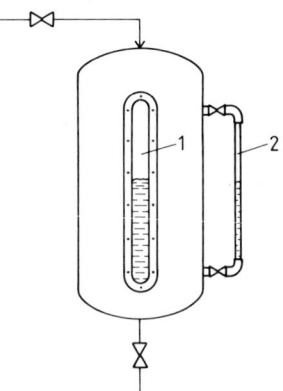

Abb. 1-58. Schauglas (1) und Standglas (2).

Ein Standglas besteht aus einem seitlich am Behälter angebrachten Glasrohr, das während anstehender Wartungsarbeiten über zwei Absperrventile außer Betrieb gesetzt werden kann. Um Fehlmessungen zu vermeiden, muß immer darauf geachtet werden, daß beide Ventile geöffnet sind.

1.7.2.3 Schwimmersysteme

Schwimmersysteme spielen heute in der industriellen Füllstandmessung immer noch eine bedeutende Rolle.

Der Schwimmer besteht aus einem Hohlkörper aus Metall oder Kunststoff. In den meisten Fällen besitzt er Kugel-, bzw. Linsenform. Er taucht durch seinen Auftrieb nur teilweise in die Flüssigkeit ein und folgt so jeder Höhenänderung der Flüssigkeitsoberfläche.

Die Stellung des Schwimmers wird durch die unterschiedlichsten physikalischen Hilfseinrichtungen außerhalb des Behälters zur Anzeige gebacht. Die Übertragung der Schwimmerstellung kann direkt oder indirekt erfolgen.

Beispiele für eine direkte Meßwertübertragung zeigt die Abbildung 1-59. Es kann sich dabei um eine rein mechanische Übertragung auf eine entsprechende Skala handeln, oder es wird ein Eisenkern in einer Induktionsspule bewegt, um dadurch das entstehende elektrische Signal auch zur Fernübertragung des Meßwertes zu nutzen.

Eine indirekte Meßwertübertragung wäre z. B. der in Abb. 1-60 gezeigte Meßgeber mit Widerstandskette. Der Schwimmer gleitet auf einem Führungsrohr mit der Flüssigkeit auf und ab. Ein Ringmagnet, der sich innerhalb des Schwimmkörpers befindet, schaltet durch die Wandung des Rohres kleine Magnetkontakte, über die an einer zugehörigen Widerstandskette eine dem Behälterstand proportionale Spannung abgegriffen wird.

Schwimmerstandsmessungen werden auch in seitlich am Behälter angebrachten Standgläsern durchgeführt.

Außer zu den oben beschriebenen kontinuierlichen Schwimmersystemen werden auch zur Überwachung von Grenzzuständen sogenannte Schwimmerschalter eingesetzt. Das Funktionsprinzip entspricht dem in Abb. 1-60. Der Schwimmer befindet sich auf der Höhe des zu überwachenden Füllstandes. Wenn er von der Flüssigkeit angehoben wird, betätigt er dadurch einen Schalter innerhalb des Gleitrohres.

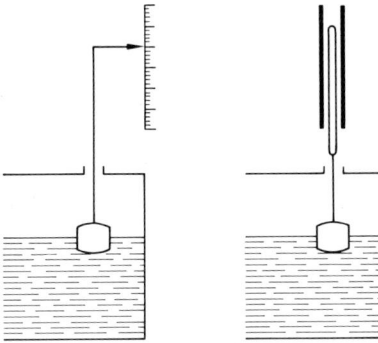

Abb. 1-59. Beispiele für eine direkte Übertragung des Schwimmerstandes.

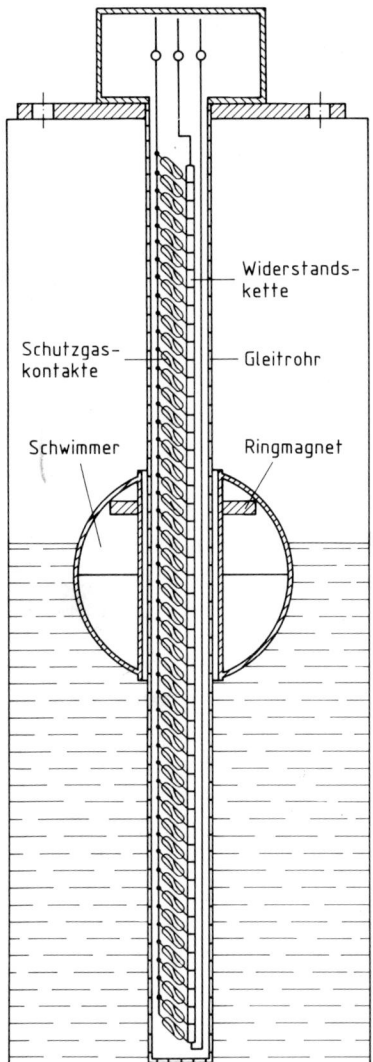

Widerstands-
kette

Schutzgas-
kontakte

Gleitrohr

Schwimmer

Ringmagnet

Abb. 1-60. Beispiel einer indirekten Übertragung des Schwimmerstandes.

1.7.3   Mittelbare Meßverfahren für Flüssigkeiten

1.7.3.1   Messen des Bodendruckes

Dieses Meßverfahren beruht auf der Messung des von der Flüssigkeit hervorgerufenen hydro-statischen Bodendruckes, der unabhängig von der Form des Gefäßes ist.

Für den hydrostastischen Druck gilt die Beziehung:

$$p^\cdot = h \cdot \varrho \cdot g$$

Dabei bedeuten:

p hydrostatischer Druck am Meßort
h Höhe der Flüssigkeit über dem Meßort
ϱ Dichte der Flüssigkeit
g Erdbeschleunigung

Für offene Gefäße und bei konstanter Dichte der Flüssigkeit ist damit der angezeigte Druck der Standhöhe direkt proportional.

Beispiel: Welchen hydrostatischen Druck erhält man am Boden eines Tanks mit verdünnter Schwefelsäure der Dichte $\varrho = 1,22$ g/cm^3? Der Füllstand beträgt $h = 4,6$ m.

$$p = h \cdot \varrho \cdot g$$
$$p = 4,60 \text{ m} \cdot 1220 \text{ kg/m}^3 \cdot 9,81 \text{ m/s}^2$$
$$\underline{p = 55\,054 \text{ Pa} = 0,551 \text{ bar}}$$

Die Meßgenauigkeit hängt bei dieser Messung nur von der Güteklasse des Manometers und von möglichen Änderungen der Dichte des Gutes ab.

Bei geschlossenen Druckbehältern addiert sich der überlagerte Druck zum hydrostatischen Druck. Damit diese Meßmethode auch für geschlossene Behälter anzuwenden ist, wird ein Differenzdruckmanometer verwendet. Auf die Plus-Seite dieses Manometers wirkt die Summe aus hydrostatischem und überlagertem Druck und auf die Minus-Seite nur der Überlagerungsdruck (Abb. 1-61).

Setzt man generell ein Differenzdruck-Manometer bzw. -Meßumformer ein, so liegt dann bei offenen Behältern an der Minus-Seite der atmosphärische Luftdruck an. Hier ist, wie auch bei den meisten nachfolgenden Verfahren, eine Fernübertragung der Meßwerte gut möglich.

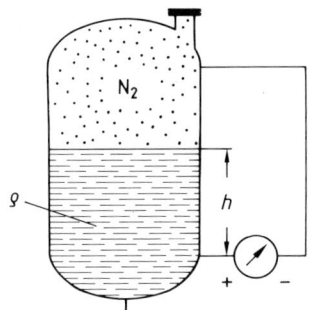

Abb. 1-61. Bodendruckmethode bei geschlossenem Behälter.

1.7.3.2   Einperlverfahren

Eine weitere Methode zur Bestimmung des Füllstandes mit Hilfe des hydrostatischen Druckes ist die Messung mit dem Perlrohr. Bis kurz über den Behälterboden wird ein Rohr in die Flüssigkeit getaucht, durch das Luft oder ein inertes Gas (Schutzgas), z. B. Stickstoff, eingeperlt wird.

Durch den Druck des Gases wird die Flüssigkeitssäule im Rohr herausgedrückt und das Gas perlt selbst durch die Flüssigkeit ab. Dazu muß es deren hydrostatischen Druck überwinden, den man als Maß für die Standhöhe an einem Manometer ablesen kann (Abb. 1-62).

Zur Vernachlässigung des Strömungswiderstandes muß die Menge des Perlgases klein gehalten werden. Die Dosierung kann über einen Durchflußregler erfolgen oder bei genügend hohem Vordruck über eine einfache Drossel.

Gemessen werden kann an jeder beliebigen Stelle zwischen Drossel und Perlrohrende.

Zu Fehlmessungen kann es kommen bei

– Druckverlusten durch undichte Meßleitungen,
– Verstopfung des Rohrendes durch abgelagerte Feststoffe,
– einem Druckstau durch einen zu großen Gasstrom,
– schwankender Anzeige durch einen zu kleinen Gasstrom.

Bei dieser Methode kommt das Meßwerk nicht mit dem zu messenden Stoff in Berührung. Sie eignet sich deshalb gut zur Messung aggressiver, stark verschmutzter oder sehr zäher Stoffe.

Die Messung ist ebenfalls von der Dichte des Meßgutes abhängig.

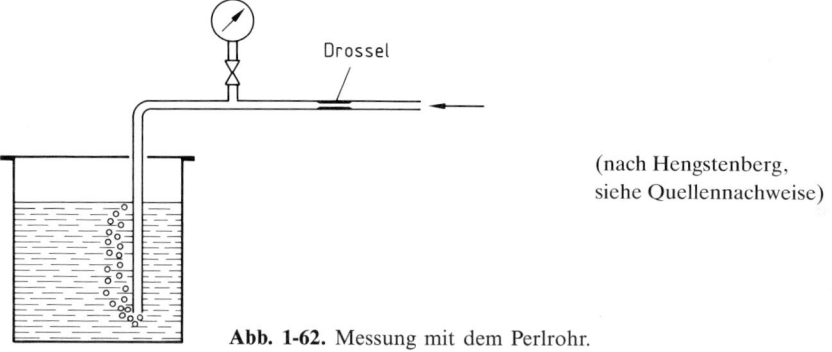

(nach Hengstenberg, siehe Quellennachweise)

Abb. 1-62. Messung mit dem Perlrohr.

1.7.3.3   Verdrängerverfahren

Das Archimedische Prinzip besagt, daß ein in eine Flüssigkeit eintauchender Körper eine Auftriebskraft erfährt, die ebenso groß ist wie die Gewichtskraft der von ihm verdrängten Flüssigkeitsmenge.

Der Verdrängungskörper besteht aus einem Material, dessen Dichte größer sein muß als die Dichte der Flüssigkeit. Er behält, im Gegensatz zum Schwimmer, unabhängig vom Füllstand in etwa seine Lage bei (Abb. 1-63).

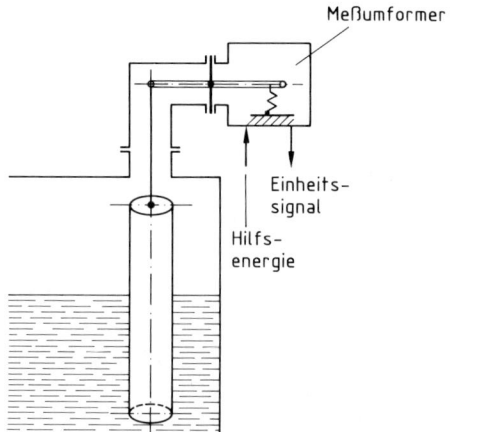

Meßumformer

Einheits-
signal

Hilfs-
energie

(nach Hengstenberg,
siehe Quellennachweise)

Abb. 1-63. Messung mit dem Verdrängerkörper.

Für den Auftrieb gilt die Beziehung:

$$F_A = V \cdot \varrho \cdot g$$

Dabei bedeuten:

F_A Auftriebskraft
V Volumen des eingetauchten Körpers = Volumen der verdrängten Flüssigkeitsmenge
ϱ Dichte der Flüssigkeit
g Erdbeschleunigung

Bei gleicher Dichte der Flüssigkeit ist die nach oben gerichtete Auftriebskraft, entsprechend der Gleichung für das Volumen $V = A \cdot h$, nur von der Eintauchtiefe h abhängig.

Die Kraftänderung wird mittels einer Feder entweder direkt oder über ein Waagebalkensystem in einen Weg umgewandelt. Dieser kann unmittelbar mechanisch auf einer Skala, induktiv und berührungslos durch ein Magnetfolgesystem angezeigt werden. Das letztgenannte hat den Vorteil, daß keine mechanische Durchführung am Behälter notwendig ist.

Diese Methode ermöglicht ebenso wie bei den vorhergehenden Verfahren eine Signalfernübertragung und erlaubt den Einsatz von recht robusten, aber gleichzeitig genauen Meßgeräten.

1.7.4   Mittelbare Meßverfahren für Flüssigkeiten und Schüttgüter

1.7.4.1   *Wägeverfahren*

Die Standmessung auf Grund der Gewichtskraft des Füllgutes eignet sich für alle flüssige und feste Stoffe.

Man wendet das Verfahren an, wenn keine Einbauten in den Behälter möglich sind, wenn andere Verfahren, z. B. durch Ablagerungen am Meßorgan, versagen, oder wenn bei Dosier- bzw. Mischvorgängen die Masse des Gutes ermittelt werden muß.

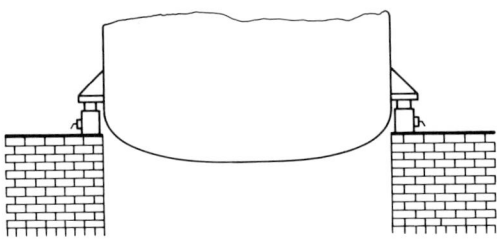

Abb. 1-64. Behälter auf Kraftmeßdosen

Der Behälter, in dem man den Füllstand ermitteln will, ruht mit seinen Füßen auf einem oder mehreren Kraftaufnehmern, die man auch Kraftmeßdosen nennt (Abb. 1-64). In diesen Wägezellen findet durch die Kraftwirkung des gefüllten Behälters eine Verformung eines elastischen Elementes statt, die als elektrisches Signal ausgewertet wird. In den meisten Fällen geschieht dies durch die Widerstandsänderung von Dehnungsmeßstreifen DMS (s. Abschn. 1.5.2.7), aber auch eine induktive oder kapazitive Auswertung des Wegsignals ist möglich.

Dehnungsmeßstreifen bestehen aus einer mäanderförmigen Wicklung aus Metallfolie oder Konstantandraht (Abb. 1-65). Sie werden auf den Verformungskörper der Kraftmeßdose aufgeklebt. Bei der Deformierung werden Länge und Querschnitt des Folienstreifens bzw. des Drahtes und damit der elektrische Widerstand des Materials beeinflußt.

Man hat bei dieser Methode eine sehr gute Reproduzierbarkeit und keine Hysterese. Die elektrischen Zuleitungen müssen flexibel ausgeführt sein.

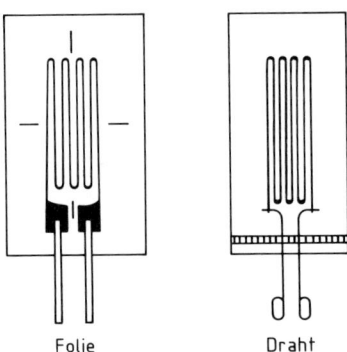

Folie   Draht   **Abb. 1-65.** Dehnungsmeßstreifen.

1.7.4.2 *Kapazitive Füllstandsmessung – Funktionsweise und Arbeitsanweisung*

Die kapazitive Standmessung wird vor allen Dingen bei zähflüssigen, körnigen oder staubförmigen Gütern angewandt, bei denen andere Verfahren versagen.

Eine in den Behälter hineinragende Sonde bildet bei metallischen Gefäßen mit der Behälterwand oder bei isolierendem Gefäßmaterial (Glas) mit einer zweiten Sonde einen Kondensator (Abb. 1-67). Die Standmessung wird zurückgeführt auf eine Messung der Kapazität des entstandenen Kondensators (s. Abb. 1-66).

Für die Kapazität gilt die Gleichung:

$$C = \varepsilon_0 \cdot \varepsilon_r \cdot \frac{A}{s}$$

Dabei bedeuten:

C Kapazität des Kondensators
ε_0 absolute Dielektrizitätskonstante des Vakuums
ε_r relative Dielektrizitätskonstante des Füllgutes
A Fläche des Kondensators
s Abstand der Kondensatorplatten bzw. Sonden

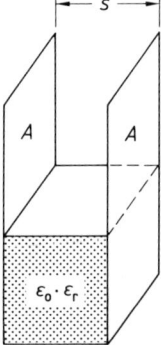

Abb. 1-66. Kondensator mit Dielektrikum aus Luft und Füllgut.

Bei elektrisch isolierenden Füllgütern ist die Kapazität des Kondensators von der relativen Dielektrizitätskonstante abhängig. Diese ist bei allen Stoffen größer als Luft, so daß sich die Kapazität bei steigendem Füllstand erhöht. Bei leitenden Stoffen muß man die Sonden mit einem isolierenden Werkstoff überziehen.

Da es sich bei ε_r um eine stoffspezifische Konstante handelt, muß die Meßeinrichtung für jeden Stoff neu eingestellt werden. Die Messung ist unabhängig vom Druck.

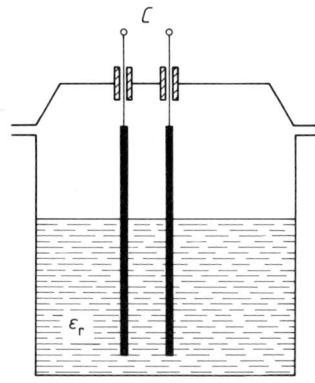

Abb. 1-67. Kapazitive Füllstandsmessung in einem Behälter.

Arbeitsanweisung

Aufgabenstellung: Eine Rüttelrinne soll durch eine kapazitive Standmessung kalibriert werden.

Zubehör: Die kapazitive Standmessung ist mit zwei stabförmigen Elektroden in einem 50-L-Glasgefäß installiert (s. Abb. 1-68). Gemessen wird die Standhöhe von Kunststoffgranulat in % vom maximalen Füllstand. Abgelesen wird am digitalen Anzeigegerät vor Ort. Das Nullniveau der Messung wird bestimmt durch das Ende der Elektroden.

Beschickt wird das Zylindergefäß durch eine Rüttelrinne, deren Aufgabetrichter immer wieder mit Granulat aufgefüllt werden muß. Der Feststoff wird über einen Bodenschieber in ein Vorratsgefäß abgelassen.

Die Förderleistung der Rüttelrinne kann über ein Potentiometer verändert werden.

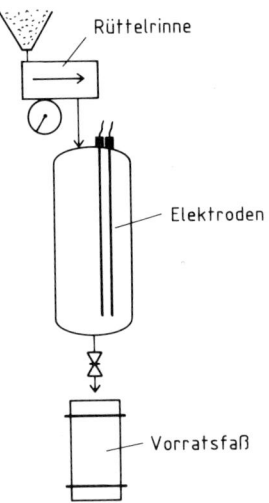

Abb. 1-68. Apparatur zur kapazitiven Standmessung.

Durchführung:

a) Bestimmen der Grenzwertabschaltung: Als Überfüllsicherung wird bei Erreichen des oberen Grenzwertes der Motor der Rüttelrinne abgeschaltet. Beim anschließenden Absenken des Füllstandes schaltet sich der Motor nach Unterschreiten eines unteren Grenzwertes wieder ein.

Das Gefäß ist nun über die Fördereinrichtung kontinuierlich bis zur Grenzwertabschaltung zu füllen. Dabei wird die digitale Anzeige beobachtet. Der Stand bei Abschaltung wird notiert.

Durch Ablassen bis zum Unterschreiten des Tiefgrenzwertes und erneutes Hochfahren werden beide Grenzwerte 5 mal bestimmt. Die beiden Mittelwerte der Messungen sind anzugeben.

b) Kalibrieren der Rüttelrinne: Unter der Füllzeit des Behälters versteht man die Zeit, welche die Rüttelrinne benötigt, um das Gefäß von 0 auf 100 % zu füllen. Sie ist abhängig von der am Potentiometer eingestellten Förderleistung.

Bei geringer Förderleistung beträgt die Füllzeit mehrere Stunden. Daher ist es notwendig, die Zeit nur für einen kleinen Bereich zu messen und auf die Füllzeit für die gesamte Höhe des Behälters (0 bis 100 %) umzurechnen.

Als Ausgangspunkt für jede Messung wird der Behälter auf 30 % Standhöhe gefüllt. An dem Potentiometer der Rüttelrinne wird in Schritten von 0,2 Skalenteilen (Skt) die Förderleistung verändert. Die nachfolgende Tab. 1-6 zeigt die geforderten Einstellungen und die zugehörigen Standänderungen, die für die Zeitmessungen zu durchfahren sind.

Tabelle 1-6. Auswertetabelle zur Kalibrierung der Rüttelrinne.

Förderleistung P_F in Skt	Füllstandsänderung Δh in %	Gemessene Zeit t in min	Füllzeit t_F in min
0,2	10		
0,4	20		
0,6	30		
0,8	30		

Auswertung: Die gemessenen Zeiten sind in der Tabelle einzutragen, und die zugehörige Füllzeit t_F ist zu berechnen.

Die Füllzeit wird in Abhängigkeit von der eingestellten Förderleistung in Skt grafisch dargestellt.

1.7.4.3 Messung mit Schall oder Ultraschall

In den Fällen, in denen durch die Beschaffenheit des Füllgutes oder durch extreme Betriebsbedingungen die vorher genannten Verfahren versagen, verwendet man als berührungslose Meßmethode eine Standmessung mit Schall bzw. Ultraschall. Zur kontinuierlichen Standmessung mißt man die Laufzeit eines Schallstrahles nach dem Echolotprinzip. Die Meßeinheit, die sowohl Sender als auch Empfänger darstellt, wird in den Behälterdeckel eingebaut. Die Laufzeit des Strahles zwischen Sender, Oberfläche des Schüttgutes und Empfänger ist ein Maß für die Standhöhe (Abb. 1-69).

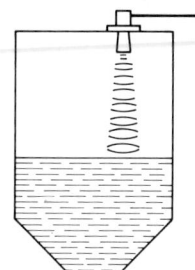

(nach Hengstenberg, siehe Quellennachweise)

Abb. 1-69. Kontinuierliche Standmessung mit Ultraschall.

Die Meßmethode ist temperaturabhängig. Dieser Einfluß kann aber über eine Temperaturmessung mit zugehöriger Auswerteschaltung kompensiert werden. Die Abhängigkeit vom Druck kann vernachlässigt werden.

Zur Signalisierung eines Grenzstandes verwendet man getrennte Sender und Empfänger, die einander gegenüberliegend in die Gefäßwand eingelassen sind (Abb. 1-70). Solange sich Luft zwischen den beiden befindet, trifft die Schallwelle ungeschwächt auf den Empfänger. Erreicht das Füllgut die Achse Sender-Empfänger wird die Strahlung absorbiert, und die Schallwelle wird überhaupt nicht mehr oder nur sehr abgeschwächt registriert.

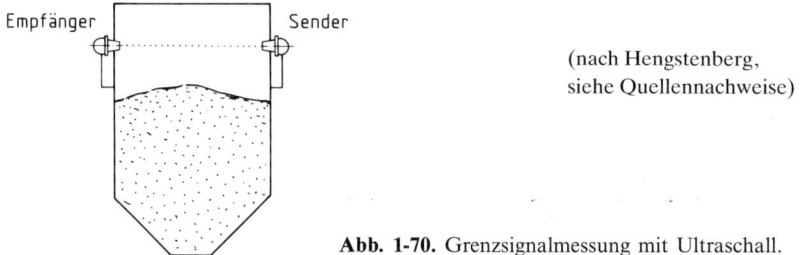

(nach Hengstenberg,
siehe Quellennachweise)

Abb. 1-70. Grenzsignalmessung mit Ultraschall.

Arbeitsanweisung

Aufgabenstellung: Ein Zellrad soll durch eine Ultraschall-Standmessung kalibriert werden.

Zubehör: Der Ultraschallsensor ist auf einem 110-L-Glasgefäß angebracht. Im zylindrischen Teil des Glasgefäßes wird die Standhöhe von Kunststoffgranulat in Prozent vom maximalen Füllstand gemessen. Der Blockabstand, d.h. die Mindestentfernung vom Sensor bis zum maximalen Füllstand, ist mit 0,5 m vorgegeben. Das Kunststoffgranulat wird aus einem Vorratsbehälter mittels eines Zellrades in eine Rohrleitung dosiert und mit einem konstanten Luftstrom (Vordruck 1 bar) pneumatisch in das Zylindergefäß gefördert.
    Das Dosierverhalten des Zellrades kann über ein Potentiometer verändert werden. Es können Werte von 0% bis 100% der maximalen Drehzahl eingestellt werden.

Durchführung: Die Kalibrierung des Zellrades erfolgt durch die Ermittlung der Füllzeit des Behälters in Abhängigkeit von der am Potentiometer eingestellten Dosierleistung. Bei geringer Dosierleistung beträgt die Füllzeit mehrere Stunden. Daher ist es notwendig, die Zeit nur für einen kleinen Bereich zu messen und die Füllzeit für die gesamte Höhe des Behälters umzurechnen. Nach Öffnen des Drucklufthahnes wird am Druckminderer ein Druck von 1 bar eingestellt. Anschließend wird 5 min bei einer Potentiometereinstellung von 10% in das Zylindergefäß gefördert. Über die Füllstandsänderung läßt sich die Füllzeit berechnen. Die Füllzeit wird bei den Potentiometereinstellungen 10%, 20%, … bis 100% ermittelt.

Auswertung: Die gemessenen Zeiten sind in einer Tabelle (siehe Tabelle 1-6) einzutragen, und die zugehörige Füllzeit ist zu berechnen.
    Die Füllzeit wird in Abhängigkeit von der eingestellten Dosierleistung in % grafisch dargestellt.

1.7.4.4 Messung durch Absorption radioaktiver Strahlung

Da das radioaktive Verfahren sehr teuer ist und die Strahlenschutzbestimmungen beachtet werden müssen, wendet man es nur an, wenn durch Eigenschaften des Füllgutes oder durch betriebliche Bedingungen andere Verfahren nicht in Frage kommen. Das gilt besonders dann, wenn keinerlei Einbauten in den Behälter möglich sind.

Von einem punktförmigen radioaktiven Strahler ausgehend, dringen Gammastrahlen durch die Behälterwandungen und das Innere des Behälters und treffen auf einen an der gegenüberliegenden Gefäßwand angebrachten Detektor (Abb. 1-71). Tritt Füllgut in den Strahlenweg, absorbiert dieses einen Teil der Strahlung, wodurch sich dessen Intensität am Detektor verringert. Als Strahler verwendet man Co60 und Cs137.

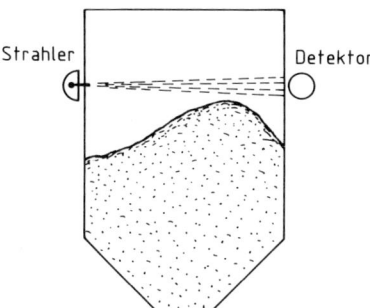

(nach Hengstenberg, siehe Quellennachweise)

Abb. 1-71. Grenzsignalmessung mit Radioaktivität.

Das radioaktive Verfahren dient sehr häufig als Grenzstandmessung zur Vermeidung einer Überfüllung des Behälters.

Zur kontinuierlichen Standmessung verwendet man stabförmige Strahler, die aus einem Draht aus Co60 bestehen (Abb. 1-72). Auch die umgekehrte Anordnung aus punktförmigen Strahlern und stabförmigen Detektoren ist üblich.

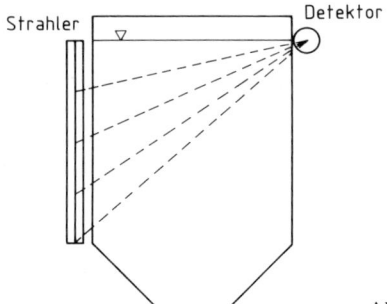

(nach Hengstenberg, siehe Quellennachweise)

Abb. 1-72. Kontinuierliche Standmessung mit Radioaktivität.

Da radioaktive Strahlung in größerer Dosis für den Menschen gefährlich ist, unterliegen Wartungs- und Reparaturarbeiten, sowie das Einbringen der radioaktiven Isotope strengen Sicherheitsbestimmungen und dürfen nur von befugten Personen durchgeführt werden.

1.7.5 Wiederholungsaufgaben

1. Welches sind a) mittelbare, b) unmittelbare Verfahren zur Füllstandsmessung?
2. Das Einperlverfahren ist zu beschreiben. Dabei sind folgende Fragen zu beantworten:
   a) Welche Aufgaben hat ein Drosselventil in der Zuleitung zum Einperlrohr?
   b) Wann verwendet man Stickstoff als Versorgungsgas für die Einperlung?

3. Welche Füllstandshöhe ergibt sich für einen Behälter, bei dem ein Bodendruck von $p = 68$ kPa gemessen wurde? Die Dichte der Füllflüssigkeit beträgt 1,25 g/cm^3. ($h = 5,5$ m)

4. Der Füllstand eines Behälters wird mit einem Auftriebskörper bestimmt. Die Anzeige der Standhöhe ist augenscheinlich zu niedrig.
Welche Gründe können zu solch einer Fehlmessung führen?

5. Welche Verfahren eignen sich nicht zur Messung der Standhöhe von Schüttgütern?

6. Die Funktionsweise der kapazitiven Standmessung ist zu erläutern. Was verändert sich bei der Messung von elektrisch leitenden Füllgütern?

7. Welche Gründe führen zum Einsatz einer radioaktiven Standmessung?

1.8   Dichte

1.8.1   Themen und Lerninhalte

Bestimmung der Dichte von Flüssigkeiten, Festkörpern und Gasen

Die Dichte ϱ ist der Quotient aus der Masse m und dem Volumen V einer Stoffportion.

$$\varrho = \frac{m}{V}$$

Die SI-Einheit der Dichte ist kg/m^3. Weiterhin können folgende Einheiten verwendet werden:

g/cm^3 oder g/mL
kg/dm^3 oder kg/L
Mg/m^3 oder t/m^3

In Tab. 1-7 sind einige Beispiele aufgeführt.

Tabelle 1-7. Beispiele für Dichteangaben mit verschiedenen Einheiten.

Stoff	ϱ in kg/m^3	ϱ in g/cm^3
Luft bei Normbedingungen	1,293	0,001293
Wasser bei 20 °C	998	0,998
Aluminium	2 700	2,70
Quecksilber	13 600	13,6
Gold	19 300	19,3

Die Dichte ist genau wie die Masse eine ortsunabhängige Größe. Sie ist jedoch abhängig von Temperatur, Druck, Feuchte und Beschaffenheit des Stoffes, den sie charakterisiert. Vor allem bei Gasen und Flüssigkeiten müssen daher die einflußnehmenden Bedingungen mit angegeben werden.

Bei Gasen wird auch mit der relativen Dichte gearbeitet. Sie ist das Verhältnis der Dichte des betreffenden Gases zur Dichte eines Bezugsgases (z. B. Luft bei Normbedingungen).

1.8.2 Dichte flüssiger Körper

1.8.2.1 Bestimmung der Dichte von Flüssigkeiten mit dem Pyknometer – Grundlagen und Arbeitsanweisung

Ein Pyknometer ist ein Glaskölbchen mit einem eingeschliffenen Stopfen (Abb. 1-73). Im Stopfen befindet sich eine Kapillare von etwa einem Millimeter Durchmesser. Mit dem Pyknometer kann ein bestimmtes Volumen abgemessen werden. Das Nennvolumen ($10 \, \text{cm}^3$, $25 \, \text{cm}^3$ oder $50 \, \text{cm}^3$) und die dazugehörige Temperatur (meist $20\,°\text{C}$) sind auf dem Kölbchen angegeben. Kölbchen und Stopfen müssen mit der gleichen Kenn-Nummer versehen sein.

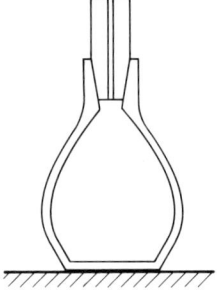

Abb. 1-73. Pyknometer.

Arbeitsanweisung

Aufgabenstellung: Es ist die Dichte von zwei Flüssigkeiten zu bestimmen.

Zubehör: Pyknometer, Analysenwaage, Prüfflüssigkeiten.

Durchführung: Das gereinigte und getrocknete Pyknometer wird zunächst leer ausgewogen (m_L). Anschließend wird es mit Prüfflüssigkeit gefüllt. Beim Aufsetzen des Stopfens tritt Flüssigkeit aus der Kapillare aus. Sie wird sorgfältig abgewischt. Das Pyknometer wird nun mit der Flüssigkeit gewogen (m_Fl).

Es ist darauf zu achten, daß sich keine Luftbläschen in der Flüssigkeit befinden. Die Temperatur darf nicht wesentlich von $20\,°\text{C}$ abweichen.

Aus den beiden Wägungen und dem Volumen des Pyknometers wird die Dichte der Flüssigkeit nach der folgenden Gleichung berechnet:

$$\varrho = \frac{m_{Fl} - m_L}{V}$$

Darin bedeuten:

ϱ Dichte der Prüfflüssigkeit
m_{Fl} Masse des Pyknometers mit Flüssigkeit
m_L Masse des Pyknometers leer
V Volumen des Pyknometers

1.8.2.2   Bestimmung der Dichte mit der Mohrschen Waage – Aufbau und Arbeitsanweisung

Die Mohrsche Waage besteht aus einem Stativ mit Skala, einem Waagebalken und einem zylindrischen Glaskörper. Eine Seite des Waagebalkens ist durch Kerben in zehn gleiche Teile geteilt (Abb. 1-74); am Ende der anderen Seite befindet sich ein verschiebbares Gewichtsstück.

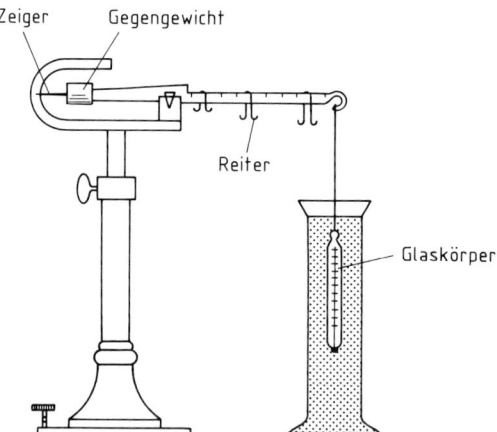

Abb. 1-74. Mohrsche Waage.

Bei angehängtem Glaskörper wird die Waage vor Beginn der Messung durch Verstellen des Gegengewichtes ins Gleichgewicht gebracht. Der Zeiger muß in der Skalenmitte stehen. Wird der Glaskörper in die Prüfflüssigkeit eingetaucht, erfährt er einen Auftrieb, der die Waage aus dem Gleichgewicht bringt. Die Auftriebskraft wird durch Auflegen von Reitergewichten unterschiedlicher Größe in die Kerben des Waagebalkens ausgeglichen. Der größte Reiter liegt in zwei Ausführungen vor. Die Massen der Reiter verhalten sich wie 1:10:100:1000. Jede Reitergröße entspricht einer Dezimalstelle. Der größte Reiter entspricht der ersten Stelle hinter dem Komma, der zweitgrößte der zweiten usw. Die Zahlenwerte der Dezimalstellen sind durch die Nummern der Kerben gegeben.

Beispiele:

a) größter Reiter in Kerbe 9,
   zweitgrößter Reiter in Kerbe 6,
   drittgrößter Reiter in Kerbe 4,
   viertgrößter Reiter in Kerbe 7

$$\varrho = 0{,}9647 \ \text{g/cm}^3$$

b) einer der größten Reiter an der Glaskörper-Aufhängung,
   der andere in Kerbe 5,
   zweitgrößter Reiter in Kerbe 7,
   drittgrößter Reiter in Kerbe 1,
   viertgrößter Reiter in Kerbe 8

$$\varrho = 1{,}5718 \ \text{g/cm}^3$$

c) größter Reiter in Kerbe 9,
   zweitgrößter Reiter nicht erforderlich,
   drittgrößter Reiter in Kerbe 6,
   viertgrößter Reiter in Kerbe 3

$$\varrho = 0{,}9063 \ \text{g/cm}^3$$

Arbeitsanweisung

Aufgabenstellung: Es ist die Dichte von vier Flüssigkeiten zu bestimmen.

Zubehör: Mohrsche Waage, Standzylinder, Prüfflüssigkeiten.

Durchführung: Die Mohrsche Waage wird auf ebener Unterlage senkrecht aufgestellt und der Glaskörper angehängt. Durch Verstellen des Gegengewichtes wird die Waage ins Gleichgewicht gebracht. Die Prüfflüssigkeit wird in einen Standzylinder gefüllt und der Glaskörper vollständig eingetaucht. Er darf Boden und Wandung des Standzylinders nicht berühren. Mit der Pinzette legt man nun solange Reiter auf, bis der Auftrieb ausgeglichen und die Waage wieder im Gleichgewicht ist. Die Stellung der Reiter ergibt die Dichte der Flüssigkeit.
   Nach jeder Messung ist der Glaskörper abzuspülen und zu trocknen.

1.8.2.3 Bestimmung der Dichte mit dem Aräometer (Spindel) – Grundlagen und Arbeitsanweisung

Ein Aräometer ist ein spindelförmiges, hohles Glasgefäß (Abb. 1-75), das im unteren Teil seines Hohlraumes Schrotkugeln enthält. Im oberen dünnen Teil befindet sich eine geeichte Skala. Die Schrotkörner sind so bemessen, daß das Gefäß aufrecht schwimmen kann. Das Meßprinzip beruht auf den Gesetzen des Auftriebs. Danach ist die Auftriebskraft F_A abhängig vom Volumen V_K des eintauchenden Körpers, von der Dichte ϱ_{Fl} der Flüssigkeit und von der Erdbeschleunigung g.

$$F_A = V_k \cdot \varrho_{Fl} \cdot g$$

Je größer die Dichte der Flüssigkeit, desto größer ist die Auftriebskraft und desto weiter ragt das Aräometer aus der Flüssigkeit heraus.

Mehrere Spindeln unterschiedlicher Meßbereiche sind zu einem Feinspindelsatz zusammengefaßt. Jeder Feinspindelsatz enthält eine Suchspindel, mit der die geeignete Feinspindel ermittelt werden muß.

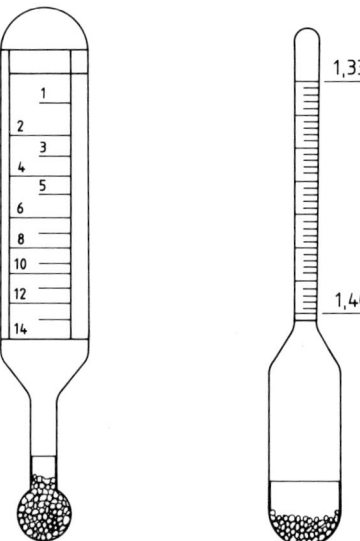

Abb. 1-75. Suchspindel (links) und Feinspindel (rechts).

Mit speziellen Aräometern kann man direkt den Alkoholgehalt oder den Zuckergehalt von Lösungen feststellen oder den Ladezustand eines Blei-Akkumulators überprüfen.

Arbeitsanweisung

Aufgabenstellung: Es ist die Dichte von vier Flüssigkeiten zu bestimmen.

Zubehör: Feinspindelsatz, Standzylinder, Prüfflüssigkeiten.

Durchführung: Die Prüfflüssigkeiten werden in Standzylinder gefüllt. Mit der Suchspindel ermittelt man die Nummer der geeigneten Feinspindel. Diese wird mit einer leichten Drehbewegung in der Zylindermitte eingesetzt. Ist sie zur Ruhe gekommen, wird die Dichte in Höhe der Flüssigkeitsoberfläche auf der Skala abgelesen (s. z.B. Abb. 1-76).

Nach der Messung sind die Spindeln abzuspülen und zu trocknen. Von der auf der Spindel angegebenen Temperatur darf nicht wesentlich abgewichen werden.

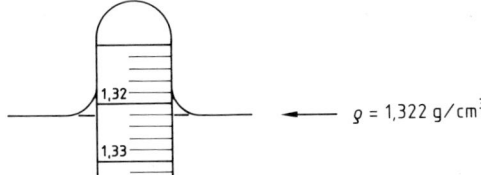

$\varrho = 1,322 \; g/cm^3$

Abb. 1-76. Ablesebeispiel.

1.8.2.4 Kontinuierliche Dichtemessung von Flüssigkeiten

Oft ist es erforderlich, die Dichte flüssiger Produkte kontinuierlich zu messen und die Meßergebnisse zur Steuerung von Prozeßabläufen weiterzuverwenden.

Ein hierzu anwendbares Meßverfahren zeigt Abb. 1-77. Es basiert auf dem von der Dichte abhängigen Auftrieb, den ein Körper in einer Flüssigkeit erfährt.

In einer Meßkammer, die über zwei Flanschanschlüsse waagerecht in eine Rohrleitung eingebaut wird, befindet sich ein stählerner Schwimmer (1). Er ist mit Federstäben (2) und einem Kupplungsmagnet (3) verbunden.

Fließt die zu messende Flüssigkeit in Pfeilrichtung durch die Kammer, so wird der Schwimmer infolge des Auftriebs angehoben. Die Federstäbe wirken dieser Schwimmerbewegung entgegen. Die Bewegung kommt dann zum Stillstand, wenn durch Ausgleich der von der Auftriebskraft, der Gewichtskraft des Schwimmers und den Durchbiegungskräften der Federstäbe verursachten Drehmomente ein Gleichgewichtszustand erreicht wird.

Der Kupplungsmagnet überträgt den von der Flüssigkeitsdichte abhängigen Schwimmerstand über ein Folgemagnetanzeigesystem (4) auf die Skala, die außerhalb der Meßkammer angebracht ist. Bei Bedarf kann ein pneumatischer oder elektrischer Meßumformer angegliedert werden.

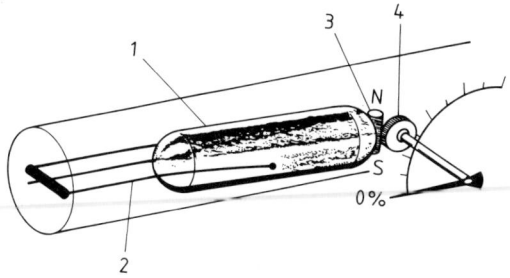

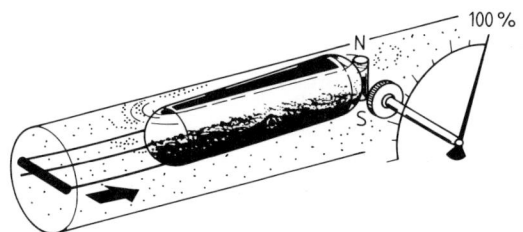

Abb. 1-77. Dichte-Meßkammer leer (oben) und von der Meßflüssigkeit durchströmt (unten).

1.8.3   Dichte fester Körper

1.8.3.1   *Bestimmung der Dichte durch Ausmessen und Wiegen –*
Grundlagen und Arbeitsanweisung

Um die Dichte eines Festkörpers berechnen zu können, benötigt man seine Masse und sein Volumen. Das Volumen eines regelmäßigen Körpers kann errechnet werden, nachdem man seine Abmessungen festgestellt hat.

Hat der Körper eine unregelmäßige Gestalt, wird das Volumen durch seine Flüssigkeitsverdrängung in einem Meßzylinder oder Überlaufgefäß ermittelt. Die hierzu verwendete Flüssigkeit soll den Körper gut benetzen; sie darf ihn nicht auflösen.

Arbeitsanweisung

Aufgabenstellung: Es ist die Dichte eines Drahtes zu bestimmen.

Zubehör: Bandmaß, Bügelmeßschraube mit Stativ, Analysenwaage, Draht.

Durchführung: Die Länge des straff gespannten Drahtes wird mit dem Bandmaß gemessen. Mit der Bügelmeßschraube bestimmt man anschließend an zehn verschiedenen Stellen den Durchmesser. Der Draht wird nun zusammengerollt und auf der Analysenwaage gewogen. Die Dichte ergibt sich aus:

$$\varrho = \frac{m}{V} \qquad V = \frac{d^2 \cdot \pi \cdot l}{4}$$

$$\varrho = \frac{m \cdot 4}{d^2 \cdot \pi \cdot l}$$

Darin bedeuten:

m Masse des Drahtes
d Mittelwert des Draht-Durchmessers
l Länge des Drahtes
ϱ Dichte des Drahtes

1.8.3.2   *Bestimmung der Dichte von Festkörpern mit dem Pyknometer –*
Aufbau und Arbeitsanweisung

Mit dem Pyknometer (s. Abschn. 1.8.2.1) kann die Dichte zerkleinerter Festkörper, von Granulat usw. bestimmt werden. Dazu sind vier Wägungen notwendig:

a) leeres Pyknometer
b) Pyknometer nur mit Feststoff
c) Pyknometer mit Feststoff und Flüssigkeit
d) Pyknometer nur mit Flüssigkeit

Die verwendete Flüssigkeit darf den Feststoff nicht auflösen. Das Volumen des Pyknometers muß nicht bekannt sein.

Die Dichte ergibt sich nach folgender Gleichung:

$$\varrho_K = \frac{(m_K - m_L) \cdot \varrho_{Fl}}{m_{Fl} - m_L - m_{K+Fl} + m_K}$$

Darin bedeuten:

ϱ_K Dichte des zu bestimmenden Feststoffes
m_L Masse des leeren Pyknometers
m_K Masse des Pyknometers mit Feststoff
m_{Fl} Masse des Pyknometers mit Flüssigkeit
m_{K+Fl} Masse des Pyknometers mit Feststoff und Flüssigkeit
ϱ_{Fl} Dichte der Flüssigkeit

Arbeitanweisung

Aufgabenstellung: Es ist die Dichte von Glaskugeln und von Metallkugeln zu bestimmen.

Zubehör: Pyknometer, Analysenwaage, Prüfkörper, Wasser.

Durchführung: Das saubere und trockene Pyknometer wird zunächst leer gewogen. Danach füllt man unter Berücksichtigung der Grenzbelastung der Analysenwaage den zu bestimmenden Stoff ein und wiegt erneut aus. Ohne den Feststoff zu entfernen, wird das Pyknometer nun mit Wasser aufgefüllt und gewogen. Schließlich wiegt man das Pyknometer nur mit Wasser gefüllt. Es ist darauf zu achten, daß sich keine Luftblasen in der Flüssigkeit befinden.

Das Pyknometer ist vor jeder Wägung außen abzutrocknen. Die Temperatur soll etwa 20 °C betragen.

1.8.3.3 Bestimmung der Dichte mit der hydrostatischen Waage – Aufbau und Arbeitsanweisung

Die hydrostatische Waage ist eine gleicharmige Balkenwaage (Abb. 1-78), deren eine Waagschale eine verkürzte Aufhängung hat. Der Prüfkörper wird an einem unter dieser Waagschale angebrachten Haken aufgehängt und erst in Luft (m_{Lu}), dann in einer geeigneten Flüssigkeit (m_{Fl}) ausgewogen. Die Differenz dieser beiden Wägungen ist ein Maß für die Auftriebskraft F_A:

$$F_A = (m_{Lu} - m_{Fl}) \cdot g$$

Die Auftriebskraft kann auch durch die Gewichtskraft der verdrängten Flüssigkeit ausgedrückt werden:

$$F_A = V_K \cdot \varrho_{Fl} \cdot g$$

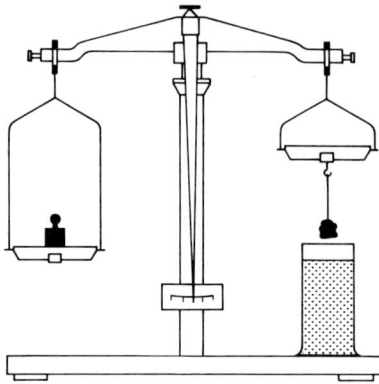

Abb. 1-78. Hydrostatische Waage.

Durch Gleichsetzen der beiden Ausdrücke für F_A erhält man das Volumen V_K des Körpers:

$$F_A = F_A$$

$$(m_{Lu} - m_{Fl}) \cdot g = V_K \cdot \varrho_{Fl} \cdot g$$

$$V_K = \frac{m_{Lu} - m_{Fl}}{\varrho_{Fl}}$$

Damit ergibt sich die Dichte des Körpers aus:

$$\varrho_K = \frac{m_{Lu}}{V_K}$$

$$\varrho_K = \frac{m_{Lu} \cdot \varrho_{Fl}}{m_{Lu} - m_{Fl}}$$

Darin bedeuten:

ϱ_K Dichte des Prüfkörpers
m_{Lu} Masse des Prüfkörpers in Luft
m_{Fl} scheinbare Masse des Prüfkörpers in Flüssigkeit
ϱ_{Fl} Dichte der Flüssigkeit

Arbeitsanweisung

Aufgabenstellung: Es ist die Dichte von drei Festkörpern zu bestimmen.

Zubehör: Hydrostatische Waage mit Gewichtssatz, Prüfkörper, Draht, Becherglas.

Durchführung: Die hydrostatische Waage wird durch Verstellen der Schraubgewichte an den Balkenenden ins Gleichgewicht gebracht. Der Prüfkörper wird in Luft ausgewogen. Anschließend läßt man ihn – an der Waagschale hängend – vollständig in die Flüssigkeit eintauchen und wiegt erneut aus. Er darf Boden und Wandung des Flüssigkeitsbehälters nicht berühren. Aus den beiden Wägungen und der Dichte der Flüssigkeit kann die Dichte des Festkörpers berechnet werden.

1.8.3.4 Schwebemethode

Schwebt ein Festkörper in einer Flüssigkeit, dann ist seine Dichte gleich der Dichte der Flüssigkeit. Auf dieser Erkenntnis beruht die Bestimmung der Dichte von Substanzen, die nur in kleinen Stücken oder in Pulverform vorliegen.

Man verändert das Mischungsverhältnis zweier Flüssigkeiten, von denen eine spezifisch leichter, die andere spezifisch schwerer ist als der Prüfkörper, solange, bis die Prüfsubstanz in der Mischung schwebt. Die Dichte der Mischung wird mit einem Aräometer gemessen. Sie ist gleich der Dichte der Prüfsubstanz.

Beispiel: Die Dichte von Kolophonium soll bestimmt werden. Dazu wird eine gesättigte Kochsalzlösung mit soviel Wasser gemischt, bis die Kolophoniumstücke in der Mischung schweben. Zum Feinabgleich kann man die Temperatur der Mischung etwas verändern.

1.8.3.5 Bestimmung der Schütt- und Rüttdichte – Grundlagen und Arbeitsanweisung

Beim Lagern, Abfüllen und Verpacken körniger Feststoffe ist die Kenntnis von Schüttdichte und Rüttdichte von Bedeutung. Die Dichte einer lose aufgeschütteten Substanz ist kleiner als die eigentliche Dichte des Feststoffes, da beim Aufschütten stets Zwischenräume entstehen. Sie wird als Schüttdichte bezeichnet. Je kleiner die Teilchen eines Feststoffes sind, desto größer ist seine Schüttdichte.

Durch mehrfache Erschütterung verringern sich die Zwischenräume des Schüttgutes. Damit ergibt sich eine höhere Dichte, die als Rüttdichte bezeichnet wird.

Arbeitsanweisung

Aufgabenstellung: Schüttdichte und Rüttdichte verschiedener Feststoffe sind zu bestimmen.

Zubehör: Kunststoff-Meßzylinder (500 cm³), Präzisionswaage, NaCl (gemahlen und ungemahlen), Kunststoffgranulate verschiedener Korngrößen.

Durchführung: Die Prüfsubstanz wird in dem tarierten Meßzylinder bis zur 500-cm³-Marke lose eingeschüttet und gewogen.

Aus der Masse des Feststoffes und seinem Volumen (500 cm³) wird die Schüttdichte berechnet.

Durch mehrfaches leichtes Aufstoßen des Meßzylinders auf seine Unterlage wird das Feststoff-Volumen reduziert. Das Aufstoßen wird solange wiederholt, bis sich das Volumen nicht mehr ändert. Aus dem Rütt-Volumen und der Masse ergibt sich die Rüttdichte.

1.8.4   Dichte von Gasen

Die Dichte eines Gases ist sehr stark druck- und temperaturabhängig. Daher beziehen sich die Angaben von Gasdichten meist auf Normbedingungen (1013 mbar und 0 °C).

1.8.4.1   Wiegen

Das Gas wird in einem Gefäß mit bekanntem Volumen ausgewogen. Aus Masse und Volumen ergibt sich die Dichte des Gases. Als Gefäß wird ein zylinderförmiger Glaskolben benutzt. Er ist mit einer Kapillare versehen, die mit einem Hahn geschlossen werden kann. Das Volumen des Glaskolbens wird durch Auswiegen mit Wasser bestimmt.

Der gereinigte und getrocknete Kolben wird ausgepumpt und gewogen. Anschließend wird er mit dem zu bestimmenden Gas gefüllt und erneut gewogen. Aus der Massendifferenz und dem Kolben-Volumen erhält man die Dichte des Gases. Der Auftrieb des Kolbens in der Luft ist beim Wiegen zu berücksichtigen.

1.8.4.2   Gaswaage

In einer Kammer aus Glas ist eine empfindliche Balkenwaage untergebracht (Abb. 1-79). An einem Ende des Waagebalkens befindet sich ein geschlossener Hohlkörper, am anderen Ende ein Gegengewicht und ein Zeiger. Die Kammer steht mit einem Quecksilber-Manometer in Verbindung.

Der Auftrieb des Hohlkörpers ist von der Dichte des Gases in der Kammer abhängig. Zur Messung wird die Kammer evakuiert und mit dem Prüfgas gefüllt. Durch Änderung des Gasdruckes wird die Waage ins Gleichgewicht gebracht. Der Druck wird am Manometer abgelesen. Die Bestimmung wird mit einem Gas bekannter Dichte (z. B. Luft) wiederholt.

Aus den beiden Drücken und der Dichte des Vergleichsgases kann die unbekannte Dichte errechnet werden.

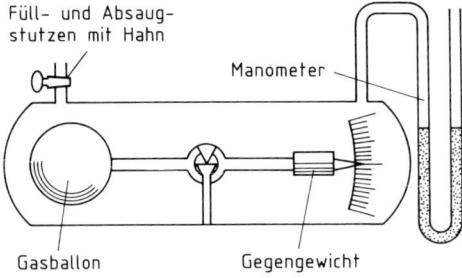

Abb. 1-79. Gaswaage.

1.8.5   Wiederholungsaufgaben

1. Ein Metalldraht der Dichte $\varrho = 8{,}70$ g/cm³ ist 350 m lang und hat einen mittleren Durchmesser von 1,25 mm. Welche Masse hat der Draht?
($m = 3{,}74$ kg)

2. Die folgende Skizze zeigt die Skala einer Feinspindel.

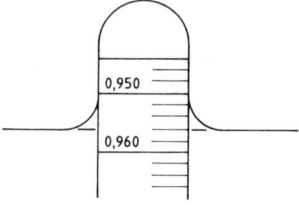

Abb. 1-80.

Welche Dichte hat die Flüssigkeit?
a) $\varrho = 0{,}964$ g/cm³
b) $\varrho = 0{,}953$ g/cm³
c) $\varrho = 0{,}956$ g/cm³
d) $\varrho = 0{,}962$ g/cm³
e) $\varrho = 0{,}950$ g/cm³

3. Eine Goldfolie der Dichte $\varrho = 19{,}3$ g/cm³ hat eine mittlere Dicke von 1,5 µm und wiegt 125 mg. Welche Fläche hat die Folie? ($A = 43{,}18$ cm²)

4. Welches Volumen hat ein Kilogramm Quecksilber der Dichte $\varrho = 13{,}6$ g/cm³? ($V = 73{,}53$ cm³)

5. Das Urkilogramm ist ein Zylinder von 39 mm Durchmesser und 39 mm Höhe. Wie groß ist seine Dichte? ($\varrho = 21{,}46$ g/cm³)

1.9   Temperatur

1.9.1   Themen und Lerninhalte

Meßverfahren zur Temperaturmessung

Die Temperatur ist eine der wichtigsten Größen in Natur und Technik. Sie kennzeichnet den Wärmezustand eines Körpers und kann als Maß für den mittleren Bewegungszustand seiner Moleküle aufgefaßt werden. Als Basisgröße im SI hat die thermodynamische Temperatur das Formelzeichen T und die Basiseinheit Kelvin (Einheitenzeichen K).

Die thermodynamische Temperaturskala ist durch den *absoluten Nullpunkt* und den *Tripelpunkt* des Wassers festgelegt.

Der absolute Nullpunkt ist die natürliche untere Temperaturgrenze. Sie kann nie ganz erreicht werden. Der Tripelpunkt des Wassers ist die Temperatur, bei der Eis, Wasser und Wasserdampf bei einem bestimmten Druck in einem heterogenen Gleichgewicht stehen. Er liegt bei 273,16 K, also genau 0,01 K über dem Schmelzpunkt von Eis.

Außer der Kelvin-Skala ist noch die Celsius-Skala gesetzlich zugelassen. Sie hat als Bezugspunkte den Eispunkt (Schmelzpunkt des Eises) und den Wasserdampfpunkt (Siedepunkt des Wassers).

Für die Celsius-Temperatur können die Formelzeichen ϑ oder t verwendet werden. Der Einheitenname ist Grad Celsius, das Einheitszeichen °C.

Zur Umrechnung von Celsius-Temperaturen in Kelvin-Temperaturen und umgekehrt gilt:

$$\vartheta = T - 273,15 \text{ K} \text{ und } T = \vartheta + 273,15 \text{ K}$$

Als Intervall entspricht ein Kelvin einem Grad Celsius. Temperaturdifferenzen sollen grundsätzlich in Kelvin angegeben werden. Es ist allerdings auch erlaubt, die Differenz zweier Celsius-Temperaturen in Grad Celsius anzugeben.

Abb. 1-81 zeigt den Vergleich zwischen der Kelvin-Skala, der Celsius-Skala und der im angelsächsischen Raum noch verwendeten Fahrenheit-Skala.

Zur Temperaturmessung kann grundsätzlich jede Eigenschaft eines Körpers herangezogen werden, soweit ihre Temperaturabhängigkeit genau definierten Gesetzmäßigkeiten unterliegt.

Geeignete Eigenschaften sind zum Beispiel Längenänderung, Volumenänderung, Aussendung von elektromagnetischer Strahlung und Änderung des elektrischen Widerstandes.

	Kelvin-Skala	Celsius-Skala	Fahrenheit-Skala
Siedepunkt des Wassers	373,15 K	100 °C	212 °F
Schmelzpunkt des Eises	273,15 K	0 °C	32 °F
absoluter Nullpunkt	0 K	−273,15 °C	−459,67 °F

Abb. 1-81. Gültige Temperaturskalen.

1.9.2   Flüssigkeitsthermometer

Flüssigkeitsthermometer bestehen aus einem Gefäß mit der Thermometer-Flüssigkeit, einer Kapillare und einer Skala. Die thermische Ausdehnung der Thermometer-Flüssigkeit wird zur Temperaturmessung ausgenutzt. Die Temperatur wird durch den Flüssigkeitsstand in der Kapillare angezeigt.

Als Thermometer-Flüssigkeit wird weitgehend *Quecksilber* verwendet. Der Einsatzbereich ist durch den Erstarrungspunkt (−39 °C) und den Siedepunkt (357 °C) begrenzt. Wird das Quecksilber mit Stickstoff oder Argon überlagert, können Temperaturen bis 750 °C gemessen werden. Dazu ist allerdings die Verwendung von Spezialglas erforderlich. Der Druck im Innern des Thermometers kann dabei bis zu 10^7 Pa betragen! Mit *Gallium* gefüllte Quarzglas-Thermometer können ohne Gasfüllung bis 1 100 °C verwendet werden.

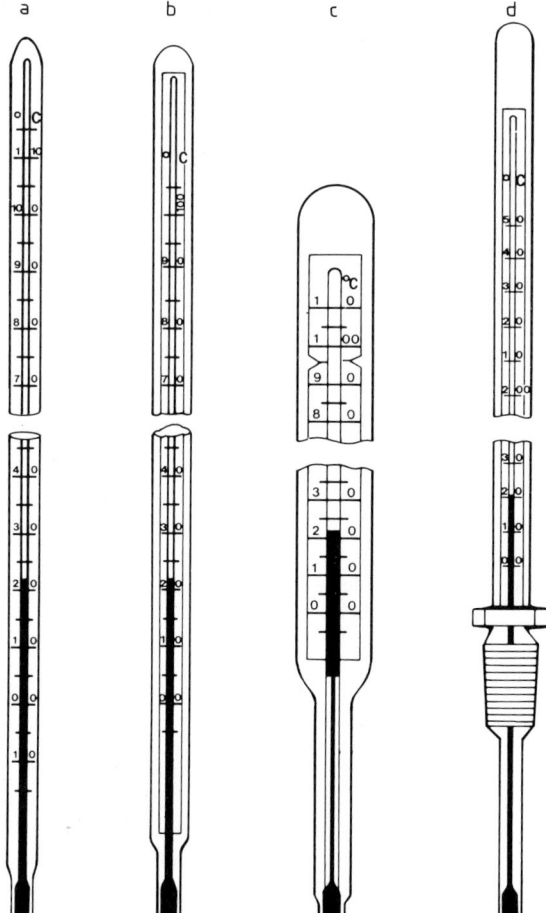

Abb. 1-82. Ausführungsformen von Flüssigkeitsthermometern. − a Stab-thermometer, b Einschlußthermometer, c Einschluß-Stockthermometer, d Schliffthermometer.

Zur Messung tiefer Temperaturen (unter −38 °C) benutzt man *Ethanol* oder *Toluol* (bis −100 °C). Mit einer *Pentan*-Füllung sind Messungen bis −190 °C möglich. Zur besseren Sichtbarkeit werden die organischen Flüssigkeiten eingefärbt.

Nach der Bauart unterscheidet man hauptsächlich zwischen *Stabthermometern* und *Einschlußthermometern*. Beim Stabthermometer ist die Skala unmittelbar auf die dickwandige Kapillare aufgebracht. Skala und Kapillare des Einschlußthermometers sind getrennt und werden von einem Schutzrohr umgeben.

Ist das Thermometer-Unterteil sehr lang im Verhältnis zur Skala, spricht man von einem *Stockthermometer*.

Abb. 1-82 zeigt einige Ausführungsformen von Flüssigkeitsthermometern.

Temperaturdifferenzen bis zu 6 K werden mit dem *Beckmann-Thermometer* gemessen (Abb. 1-83). Durch Erwärmung kann man einen Teil des Quecksilbers aus dem Thermometer-Gefäß in ein kleines U-Rohr bringen und dort abtrennen. Umgekehrt kann aus dem U-Rohr Quecksilber durch Abkühlen herausgezogen werden. Damit ist es möglich, Temperaturdifferenzen bei verschiedenen Temperaturen zu messen. Die Ablesegenauigkeit liegt je nach Ausführung zwischen 0,01 K und 0,001 K.

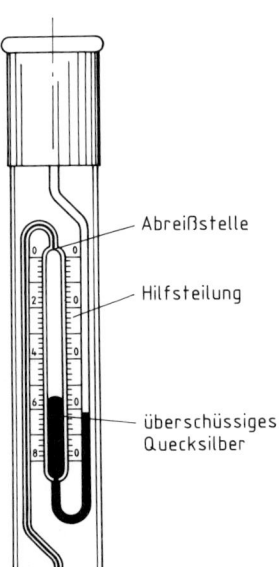

Abreißstelle

Hilfsteilung

überschüssiges
Quecksilber

Abb. 1-83. Oberteil eines Beckmann-Thermometers.

1.9.3   Flüssigkeitsfederthermometer

Flüssigkeitsfederthermometer sind robuster als Glasthermometer und mit ihrem Anzeige-Teil nicht unmittelbar an den Meßort gebunden (Abb. 1-84).

Sie bestehen aus einem metallischen Ausdehnungsgefäß als Meßfühler und einem Federmeßwerk. Ausdehnungsgefäß und Federmeßwerk sind mit einer Metall-Kapillare verbunden, die bis zu 30 m lang sein kann. Das gesamte System ist mit Quecksilber gefüllt. Wird das Ausdehnungsgefäß der Meßtemperatur ausgesetzt, dehnt sich das Quecksilber aus. Die dabei ent-

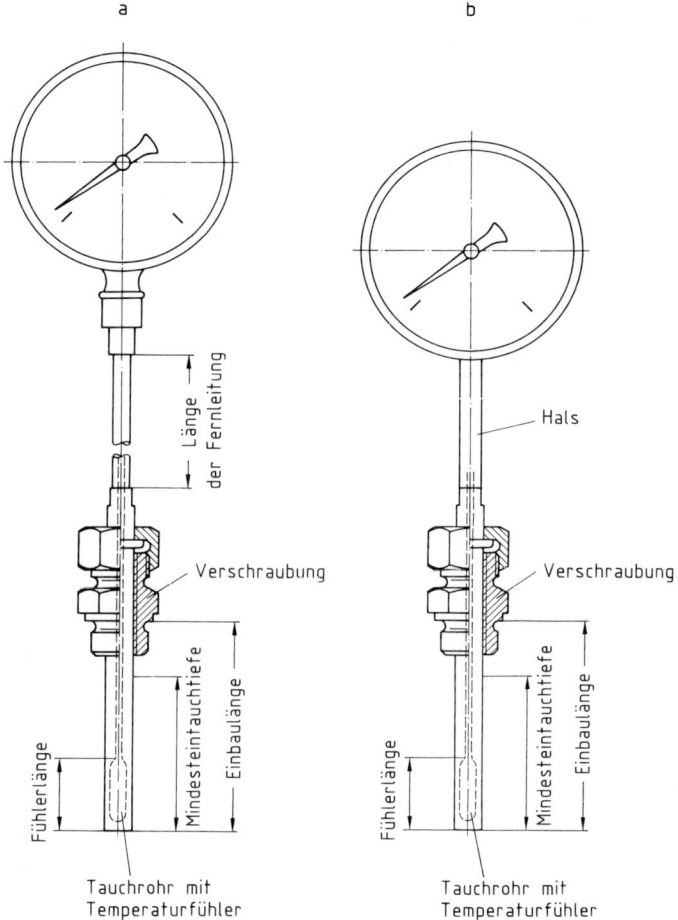

a   b

Länge der Fernleitung

Hals

Verschraubung

Verschraubung

Fühlerlänge

Mindesteintauchtiefe

Einbaulänge

Fühlerlänge

Mindesteintauchtiefe

Einbaulänge

Tauchrohr mit
Temperaturfühler

Tauchrohr mit
Temperaturfühler

Abb. 1-84. Flüssigkeitsfederthermometer mit Fernleitung (a) und mit starrem Hals (b).

stehende Druckerhöhung wird über die Kapillare auf das Quecksilber im Federmeßwerk übertragen. Als Feder wird meist eine Stahlrohrspirale verwendet, deren Ende durch den Ausdehnungsdruck einen Hub von einigen Millimetern ausführt. Dieser Hub wird auf einen Zeiger übertragen.

Soll die Temperatur direkt am Meßort angezeigt werden, wird das Anzeigewerk durch einen geraden oder winkelförmigen Hals starr mit dem Tauchrohr (Meßfühler) verbunden (Abb. 1-84b).

Bei Flüssigkeitsfederthermometern mit Fernleitung (Abb. 1-84a) kann der Einfluß der Außentemperatur auf die Kapillar-Leitung durch eine Kompensationskapillare ausgeglichen werden. Diese wird zusammen mit der ursprünglichen Kapillare verlegt, ist aber nicht mit dem Quecksilber im Meßfühler verbunden. Im Anzeigewerk wirkt sie auf eine zweite Rohrfeder, die gegenläufig zur Meßfeder mit dem Anzeiger verbunden ist.

Eine besondere Federthermometer-Bauart ist das *Dampfdruck-Federthermometer.* Dabei ist nur ein Teil des Meßfühlers mit einer leichtverdampfbaren Flüssigkeit gefüllt. Der sich mit der Temperatur ändernde Dampfdruck dieser Flüssigkeit wirkt auf ein elastisches Meßglied ein. Die Meßwerk-Anzeige wird ausschließlich durch die Temperatur des Meßfühlers bestimmt. Sie ist unabhängig von Temperaturschwankungen entlang der Kapillare. Dadurch ist keine Kompensations-Kapillare erforderlich.

1.9.4   Metallausdehnungsthermometer

1.9.4.1   Stabausdehnungsthermometer

Zu den Metallausdehnungsthermometern gehören die Stabausdehnungsthermometer und die Bimetallthermometer. Das Meßprinzip ist hier die unterschiedliche Wärmeausdehnung von zwei Festkörpern.

Der Temperaturfühler besteht aus Rohren oder Stäben von zwei Werkstoffen mit weit auseinanderliegenden Längenausdehnungszahlen. Häufig wird ein Stab aus Messing, Nickel oder Nickelchrom in einem Rohr aus Porzellan, Quarz oder Invar angeordnet. Stab und Rohr sind an einem Ende fest miteinander verbunden. Die unterschiedliche Längenausdehnung bei Erwärmung wird an den beiden freien Enden über ein Hebelsystem mit hoher Übersetzung zur Anzeige gebracht (Abb. 1-85)

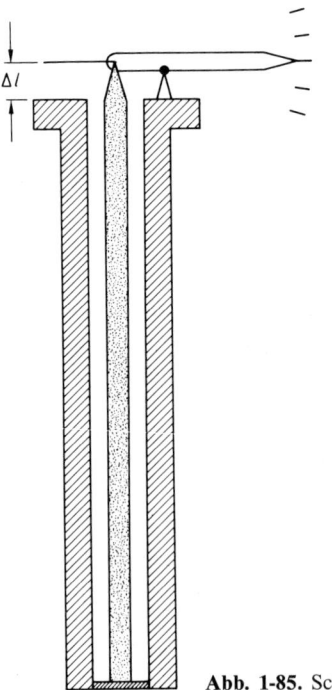

Abb. 1-85. Schema eines Stabausdehnungsthermometers.

Als Nachteil der Stabausdehnungsthermomether ist die Länge des Meßfühlers anzusehen. Es ist nicht immer möglich, die Meßtemperatur auf die gesamte Meßfühler-Länge einwirken zu lassen. Das führt zusammen mit den Ungenauigkeiten der Hebelübersetzung zu einer relativ hohen Meßunsicherheit.

Der Vorteil dieser Methode liegt in den großen Verstellkräften, die für Regelzwecke ausgenutzt werden können. Stabausdehnungsthermometer können bis 1000 °C eingesetzt werden.

1.9.4.2 Bimetallthermometer

Ein Bimetallstreifen besteht aus zwei Metallen mit unterschiedlichen Ausdehnungszahlen. Sie werden durch Pressen oder Walzen fest miteinander verbunden. Es werden vorwiegend Legierungen aus Eisen, Kobalt, Nickel und Mangan benutzt.

Bei Temperaturerhöhungen entstehen in der Doppelschicht des Bimetallstreifens Spannungen, die zu einer Formänderung führen. Der Streifen krümmt sich so, daß das Metall mit der kleineren Ausdehnungszahl innen liegt. Die Krümmung ist von der Temperaturerhöhung, von den Werkstoffen und vom Dickenverhältnis der beiden Metalle abhängig.

Der Meßfühler von Bimetallthermometern kann als Spirale (Abb. 1-86), Blattfeder, Bügel oder Schraubenfeder (Einbau in Schutzrohre) ausgebildet sein. Die Biegung kann direkt auf die Zeigerachse übertragen werden. Bimetallthermometer werden für Meßbereiche zwischen −100 °C und +600 °C hergestellt.

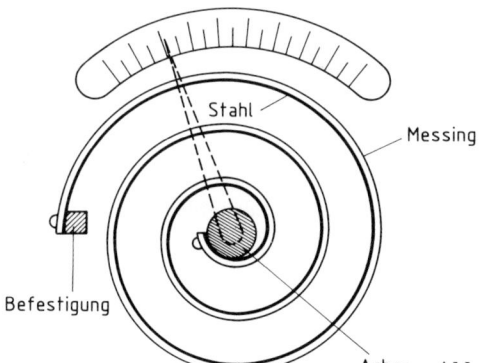

Abb. 1-86. Prinzipaufbau eines Bimetallthermometers.

1.9.5 Widerstandsthermometer – Aufbau und Arbeitsanweisung zur Kalibrierung

Der elektrische Widerstand reiner Metalle steigt mit der Temperatur. Die Widerstandsänderung ist ein Maß für die Temperaturänderung.

Zwischen 0 °C und 100 °C kann die Abhängigkeit des Widerstandes von der Temperatur als annähernd linear angesehen werden. In diesem Bereich gilt näherungsweise die Gleichung:

$$R_\vartheta = R_o \cdot (1 + k \cdot \vartheta)$$

Darin bedeuten:

R_ϑ Widerstand bei der Temperatur ϑ

R_o Widerstand bei 0 °C

k Temperaturbeiwert des Widerstandsmaterials

ϑ Meßtemperatur

Als Material für den Meßwiderstand von Widerstandsthermometern wird in erster Linie Platin benutzt, außerdem sind noch Nickel und Kupfer geeignet.

Widerstandsthermometer für Meßzwecke im Laboratorium bestehen aus bifilar gewickeltem Platindraht, der in Quarzglas eingeschmolzen ist.

Die Meßfühler für Betriebsgeräte müssen gegen mechanische Beanspruchungen und gegen Korrosion geschützt sein. Die Widerstandswendel ist in einem Schutzrohr eingekapselt. Dadurch ergibt sich jedoch eine längere Ansprechzeit.

Meßbereiche:

Platin-Widerstandsthermometer: −200 °C bis +850 °C

Nickel-Widerstandsthermometer: −60 °C bis +180 °C

Außer dem Norm-Meßwiderstand Pt 100 (100 Ohm bei 0 °C) werden noch Meßwiderstände mit Teilen und Vielfachen von 100 Ohm hergestellt (z. B. Pt 50, Pt 500 und Pt 1000).

Für die verschiedenen Widerstandsthermometer wurden Grundwertreihen erstellt, aus denen für jede Temperatur der zugehörige Widerstandswert entnommen werden kann.

Die gleiche Funktion hat eine Kalibrierungskurve. Zur Aufnahme der Kalibrierungskurve mißt man bei definierten Temperaturen die Widerstandswerte. Der Widerstand wird als Funktion der Temperatur grafisch dargestellt.

Die Widerstandsmessung erfolgt mit Meßbrücken (z. B. Wheatstone-Brücke, siehe Abschn. 1.14.6.3) und mit Drehspul-Quotientenmeßwerken.

Da sich elektrische Signale über große Entfernungen problemlos übertragen lassen, sind Widerstandsthermometer die meistbenutzten Thermometer in der betrieblichen Verfahrenstechnik.

Arbeitsanweisung

Aufgabenstellung: Es ist die Kalibrierungskurve eines Widerstandsthermometers zwischen 0 °C und 100 °C aufzunehmen.

Zubehör: Widerstandsthermometer, Magnetrührer, Becherglas, Quecksilber-Thermometer mit Zehntelgrad-Teilung, Ohmmeter, Verbindungskabel, Eis, Stativmaterial.

Durchführung: Widerstandsthermometer und Quecksilber-Thermometer werden so an einem Stativ befestigt, daß sich die Meßfühler inmitten einer Mischung aus Eis und Wasser befinden. Mit dem Ohmmeter wird der Widerstand bei 0 °C gemessen. Danach erwärmt man die Eis-Wasser-Mischung in Schritten von etwa zehn Grad, hält jede Meßtemperatur einige Minuten konstant und bestimmt den jeweiligen Widerstand.

Die gefundenen Widerstandswerte werden in Abhängigkeit von der Temperatur in ein Koordinatensystem eingezeichnet und zu einer Kurve verbunden.

1.9.6 Thermoelement – Aufbau und Arbeitsanweisung zur Kalibrierung

Ein Thermoelement ist ein elektrisches Thermometer, dessen Temperaturfühler von der Meßstelle eines Thermopaares gebildet wird (DIN 16 160). Das Thermopaar besteht aus zwei elektrischen Leitern verschiedener Werkstoffe, die an einem Ende leitend miteinander verbunden sind (verlötet oder verschweißt). Da die Zahl der freien Elektronen in den einzelnen Metallen unterschiedlich groß ist, findet bei Berührung ein Elektronenausgleich statt. Dadurch entsteht eine Berührungsspannung, deren Größe von der Temperaturdifferenz zwischen der Lötstelle und dem restlichen Teil des Thermopaares abhängig ist. Sie wird daher Thermospannung oder auch Thermokraft genannt. In einem geschlossenen Stromkreis fließt aufgrund der Thermospannung ein Thermostrom (s. Abb. 1-87).

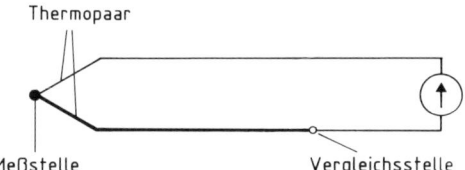

Thermopaar

Meßstelle   Vergleichsstelle

Abb. 1-87. Temperaturmessung mit einem Thermoelement.

Die für eine bestimmte Temperaturdifferenz entstehende Thermospannung ist abhängig von der Leiterkombination, der Reinheit der Leiterwerkstoffe und ihrer Vorbehandlung (künstliche Alterung).

Die Zusammenstellung von Thermopaaren richtet sich hauptsächlich nach folgenden Kriterien:

– hohe Thermospannung pro Grad Celsius,
– gute chemische Beständigkeit,
– Reproduzierbarkeit der Thermospannungen,
– Meßbereich.

Wegen ihrer hohen Thermospannung könnten auch Halbleiter zur Herstellung von Thermoelementen verwendet werden. Sie sind jedoch wegen ihrer Sprödigkeit und der geringen Reproduzierbarkeit der Thermospannungen nicht geeignet.

Tab. 1-8 zeigt die gebräuchlichen Thermopaare, ihre Thermospannungen und Meßbereiche. Die Plusschenkel werden jeweils zuerst genannt.

Zur Temperaturmessung mit einem Thermoelement muß die Temperatur der Vergleichsstelle bekannt sein. Ein angeschlossenes Meßgerät kann dann direkt in Temperatureinheiten kalibriert werden.

Da die Anschlußklemmen des Thermopaares oft nicht auf einer bestimmten Temperatur zu halten sind, erweitert man den Thermokreis um eine zweite Lötstelle, die einer konstanten Temperatur ausgesetzt wird (Abb. 1-88). Durch Ausgleichsleitungen wird die Verbindung zwischen Meßstelle und Vergleichsstelle hergestellt. Zum Schutz vor gegenseitiger Berührung müssen die Drähte mit keramischen Schutzröhrchen oder anderen Stoffen isoliert werden.

Tabelle 1-8. Einige Thermopaare mit ihren Thermospannungen und Meßbereichen.

Thermopaar	Thermospannung in mV zwischen 0°C und 100°C	Meßbereich in °C Dauereinsatz	kurzfristig
Fe-Konstantan	5,37	–200 bis +700	bis 900
Cu-Konstantan	4,25	–200 bis +400	bis 600
NiCr-Ni	4,10	0 bis 1000	bis 1300
PtRh-Pt	0,643	0 bis 1300	bis 1600

Die Vergleichstemperatur wird in der Praxis durch folgende Maßnahmen eingestellt:

a) Eisbad, Vergleichstemperatur 0°C,
b) Thermostat, Vergleichstemperatur 50°C,
c) Kompensationsdose, Vergleichstemperatur 0°C oder 20°C.

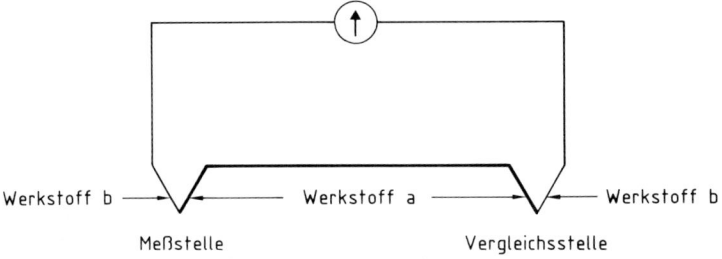

Werkstoff b ——————— Werkstoff a ——————— Werkstoff b

Meßstelle   Vergleichsstelle

Abb. 1-88. Temperaturmessung mit konstanter Vergleichstemperatur.

In der Kompensationsdose wird die Abweichung der Vergleichstemperatur von einer eingestellten Bezugstemperatur elektrisch korrigiert. Dazu erzeugt in einer Brückenschaltung ein temperaturabhängiger Widerstand bei abweichender Temperatur eine positive oder negative Kompensationsspannung, die der eigentlichen Thermospannung überlagert wird.

Arbeitsanweisung

Aufgabenstellung: Es ist die Kalibrierungskurve eines Thermoelementes zwischen 0°C und 100°C mit einem Spannungsmeßgerät aufzunehmen.

Zubehör: Thermoelement, Magnetrührer, Kalorimeter, Becherglas 600 mL, Quecksilber-Thermometer mit Zehntelgrad-Teilung, Spannungsmeßgerät, Eis, Stativmaterial.

Durchführung: Im Becherglas und im Kalorimeter wird eine Eis-Wasser-Mischung von 0°C hergestellt. Die Meßstelle des Thermoelements wird zusammen mit dem Quecksilber-Thermometer in dem Becherglas befestigt, welches auf der Heizplatte des Magnetrührers steht. Die Vergleichsstelle taucht in das Eis-Wasser-Gemisch des Kalorimeters ein und wird während der gesamten Messung auf 0°C gehalten. Im Becherglas wird nun die Temperatur in Schritten von zehn Grad bis zum Siedepunkt des Wassers erhöht. Für jeden Meßpunkt wird nach einigen Minuten Temperaturkonstanz die Anzeige des Spannungsmessers abgelesen. Diese Thermospannungen werden als Funktion der Temperatur grafisch dargestellt.

1.9.7 Optische Meßverfahren

Die Temperatur eines Körpers kann mit Hilfe der von ihm ausgesandten Temperaturstrahlung bestimmt werden.

Die Strahlungsenergie der Temperaturstrahlung stammt im Gegensatz zur Lumineszenzstrahlung (z. B. Glühwürmchen, faulendes Holz, elektrische Gasentladungsröhren) ausschließlich aus dem Wärmeinhalt des strahlenden Körpers.

Die entsprechenden Meßgeräte werden Strahlungsthermometer oder auch Strahlungspyrometer genannt. Man unterscheidet visuelle Pyrometer (Abgleich durch das menschliche Auge) und Pyrometer mit objektiven Strahlungsempfängern (z. B. Thermosäule). Sollen die Meßergebnisse direkt in Regelungen eingehen oder automatisch registriert werden, können nur Pyrometer mit objektiven Empfängern verwendet werden.

Nach ihrem spektralen Empfindlichkeitsbereich werden die Pyrometer in Spektralpyrometer, Bandstrahlungspyrometer und Gesamtstrahlungspyrometer eingeteilt (DIN 16160).

Spektralpyrometer

Ihre spektrale Empfindlichkeit umfaßt nur einen sehr engen Spektralbereich der Temperaturstrahlung. Das in Abb. 1-89 gezeigte Glühfadenpyrometer zählt zu den visuellen Spektralpyrometern. Es arbeitet bei Wellenlängen um 650 nm (dunkelrot), die von einem im Strahlengang angebrachten Rotfilter F ausgefiltert werden.

Der Glühfaden einer Glühlampe G befindet sich im Brennpunkt der Objektivlinse O. Dadurch wird das strahlende Meßobjekt (z. B. ein glühender Metallblock oder eine Glasschmelze) in der Glühfadenebene abgebildet.

Die Glühfadentemperatur wird durch Verstellen eines Widerstandes solange verändert, bis für den Beobachter die Glühfadenspitze sich nicht mehr vom Meßobjekt unterscheidet. Die Temperatur kann dann an einem Strommeßgerät mit kalibrierter Temperaturskala direkt abgelesen werden.

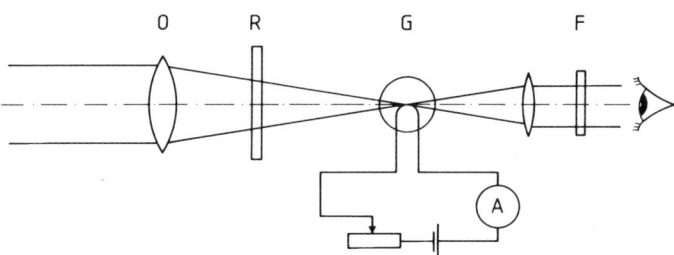

Abb. 1-89. Prinzipaufbau eines Glühfadenpyrometers.

Zur Messung hoher Temperaturen wird die ankommende Strahlung durch ein in den Strahlengang geschwenktes Rauchglas R in definierter Weise geschwächt. Damit ergibt sich für höhere Temperaturen ein eigener Meßbereich.

Bandstrahlungspyrometer

Die spektrale Empfindlichkeit erstreckt sich über einen breiteren Spektralbereich der Temperaturstrahlung.

Gesamtstrahlungspyrometer

Bei den Gesamtstrahlungspyrometern wird die gesamte vom Meßobjekt ausgehende Temperaturstrahlung zur Messung ausgenutzt. Der Strahlungsempfänger muß daher für alle Wellenlängen des ankommenden infraroten und sichtbaren Lichtes gleichmäßig empfindlich sein.

Die Meßstrahlung wird durch ein sammelndes Linsensystem oder durch eine Spiegeloptik auf eine *Thermosäule* (Reihenschaltung mehrerer Thermoelemente) konzentriert. Ein Drehspulwerk mißt die entstehende Thermospannung, die ein Maß für die Temperatur des Strahlers ist.

1.9.8   Sondermeßverfahren

Für spezielle Anwendungsbereiche haben einige besondere Meßverfahren eine große Bedeutung. Sie sind nicht sehr genau, doch einfach in der Anwendung.

Temperaturmeßfarben

Einige Farbstoffe ändern bei ganz bestimmten Temperaturen durch chemische Umsetzungen ihre Farbe. Die Farbänderung geht bei einigen Meßfarben nach Abkühlung wieder zurück, bei anderen bleibt sie bestehen.

Temperaturmeßfarben in flüssiger Form werden auf die kalte Oberfläche des Meßobjekts aufgetragen. Nach einer Trockenzeit von etwa 30 min kann der Meßkörper erwärmt werden. Die zu messende Temperatur muß mindestens 30 min auf die Meßfarbe einwirken.

Thermochromstifte sind kreideartige Farbstifte, mit denen man Striche auf der erhitzten Meßfläche anbringt. Nach 1-2 s muß der Farbumschlag eintreten. Bei verzögertem Farbumschlag ist die dem Stift entsprechende Temperatur noch nicht erreicht. Umschlagtemperatur und Umschlagfarbe sind auf den Etiketten der Stifte angegeben.

Temperaturmeßkörper

Speziell geformte Körper aus Metall oder keramischen Materialien mit bekannten Schmelz- oder Erweichungstemperaturen zeigen durch Verformung einen bestimmten Temperaturbereich an.

Am bekanntesten sind die *Seger-Kegel*. Es sind kleine Keramik-Pyramiden, deren Erweichungspunkte durch Zusätze verändert wurden. Sie dienen zur Kontrolle von Temperaturen in Brennöfen. Die Temperatur ist erreicht, wenn die Pyramidenspitze abkippt.

Infrarot-Aufnahmen

Oft soll die Temperaturverteilung auf größeren Flächen erfaßt werden (z. B.: Überhitzung von Lagern, Wärmeverluste an Haustüren und Fenstern, Aufspüren von kranken Bäumen). In solchen Fällen werden die Meßobjekte mit infrarotempfindlichem Filmmaterial fotografiert. Die Schwärzung des Films wird mit Schwärzungen verglichen, die durch bekannte Temperaturen hervorgerufen wurden. Oberhalb 300 °C kann eine infrarotempfindliche Fernsehkamera eingesetzt werden, deren Bilder elektronisch ausgewertet werden.

Kalorimetrisches Meßverfahren

Der Prüfkörper, dessen Masse m_K und spezifische Wärmekapazität c_K bekannt sein müssen, wird der Meßtemperatur ausgesetzt – zum Beispiel in einem Glühofen – und dann in ein Kalorimeter (Abschn. 1.10.3) mit bekannter Wärmekapazität C gebracht. Unter Rühren ermittelt man die Mischtemperatur ϑ_M.

Kennt man die Ausgangstemperatur der Kalorimeterflüssigkeit ϑ_1, ihre Masse m_{Fl} und ihre spezifische Wärmekapazität c_{Fl}, so kann man die Ausgangstemperatur des Prüfkörpers nach der folgenden Gleichung berechnen:

$$\vartheta_K = \frac{(m_{Fl} \cdot c_{Fl} + C) \cdot (\vartheta_M - \vartheta_1)}{m_K \cdot c_K} + \vartheta_M.$$

1.9.9 Wiederholungsaufgaben

1. a) Welcher Celsius-Temperatur entsprechen 100 K?
   b) Welcher Kelvin-Temperatur entsprechen 73 °C?
   c) In einem Reaktionsgefäß steigt die Temperatur um 38 °C. Wie groß ist die Temperaturzunahme in K?
2. Welche physikalischen Körpereigenschaften sind zur Messung von Temperaturen geeignet?
3. Aus welchen Materialien werden die Meßwiderstände für Widerstandsthermometer hergestellt?
4. Wie ist ein Thermoelement aufgebaut? Wovon ist die Höhe der Thermospannung abhängig?
5. Welche Unterschiede hinsichtlich der spektralen Empfindlichkeit und des Strahlungsempfängers bestehen zwischen einem Glühfadenpyrometer und einem Gesamtstrahlungspyrometer?
7. Was sind Seger-Kegel? Wo werden sie eingesetzt?
8. Welche Thermometerart ist zur genauen Messung von Temperaturänderungen (bis maximal 6 K) bestimmt?

1.10   Thermische Konstanten

1.10.1   Themen und Lerninhalte

Wesen und Erscheinungen der Energieform Wärme

Thermische Ausdehnung

Kalorimetrische Messungen

Obwohl Wärme und Kälte für den Menschen schon immer von großer Bedeutung waren, ist es erst in den letzten Jahrhunderten gelungen, das Wesen der Wärme zu erforschen. Vor 1700 nahm man an, die Wärme sei ein Stoff, eine gewichtslose Materie. Heute erklärt man die Erscheinungen der Wärmelehre mit den Bewegungen der Körperbausteine – der Moleküle. Man hat die Wärme als Energieform erkannt.

Bei sehr tiefen Temperaturen ist nur eine geringe Molekularbewegung vorhanden. Durch Energiezufuhr werden die Moleküle zu immer stärkeren Schwingungen angeregt. Solange die Körper fest sind, sind die Moleküle durch die molekularen Anziehungskräfte (Kohäsionskräfte) an einen bestimmten Platz gebunden. Sie benötigen jetzt für ihre Pendelschwingungen allerdings einen größeren Raum: der Körper dehnt sich aus.

Wird ein Festkörper weiter erhitzt, so erhalten seine Moleküle schließlich so viel Energie, daß sie das feste Gefüge verlassen können. Der Festkörper schmilzt und wird zur Flüssigkeit. Bei weiterer Erwärmung werden die Moleküle immer energiereicher, einzelne verlassen schon den Flüssigkeitsverband (Verdunstung).

Ist die Siedetemperatur einer Flüssigkeit erreicht, können die gegenseitigen Anziehungskräfte überwunden werden. Die Moleküle verlassen die Flüssigkeit. Im gasförmigen Zustand können sich die Moleküle ohne Einfluß der Kohäsionskräfte frei bewegen. Ihre Geschwindigkeit wächst mit der Temperatur. Befindet sich das Gas in einem abgeschlossenen Raum, prallen die Gasmoleküle infolge ihrer Wärmebewegung auf die Wände. Dies macht sich als *Druck* bemerkbar.

Je höher die Temperatur, desto größer ist demnach auch der Druck einer eingeschlossenen Gasmenge. Wird ein Festkörper, z. B. ein Salzbrocken, in eine Flüssigkeit gebracht, dringen Flüssigkeitsmoleküle aufgrund ihrer Bewegungsenergie zwischen die Festkörpermoleküle. Der Festkörper wird aufgelöst. Je höher die Temperatur, desto schneller erfolgt i. allg. das Lösen.

Die von einem Körper aufgenommene oder abgegebene Wärmemenge Q ist proportional seiner Masse m und der Temperaturänderung $\Delta\vartheta$. Außerdem ist sie vom Material abhängig. Als Materialkonstante wurde die *spezifische Wärmekapazität c* eingeführt. Sie gibt an, welche Wärmemenge notwendig ist, um 1 g eines Stoffes um 1 K zu erwärmen.

Damit ergibt sich für die Berechnung der Wärmemenge folgende Gleichung:

$$Q = m \cdot c \cdot \Delta\vartheta$$

Als Einheit der Wärmemenge ist das Joule (J) vorgeschrieben. Der Vorteil des Joule gegenüber der früheren Einheit Kalorie besteht darin, daß man es mit der mechanischen Energieeinheit Nm und mit der elektrischen Energieeinheit W s gleichsetzen kann.

$$1 \, J = 1 \, N \, m = 1 \, W \, s$$

Der Umrechnungsfaktor zwischen Kalorie und Joule ist 4,187.

$$1 \, \text{Kalorie} = 4,187 \, \text{Joule}$$

1.10.2 Ausdehnung fester und flüssiger Körper

Bei Temperaturerhöhung dehnen sich fast alle Körper nach allen Richtungen in gleichem Maße aus. Die Größe der Ausdehnung ist von der Art des Stoffes abhängig.

Die Wärmeausdehnung muß in der Technik unbedingt berücksichtigt werden, wenn Gegenstände größeren Temperaturschwankungen ausgesetzt sind. Durch die bei der Ausdehnung oder Abkühlung auftretenden Kräfte könnte sonst großer Schaden angerichtet werden.

Einige Beispiele: In Dampfleitungen werden Ausdehnungsbogen eingebaut. Hochspannungsleitungen müssen im Sommer genügend weit durchhängen, damit sie bei Abkühlung im Winter nicht reißen. Der Ausdehnung von Brücken wird durch eine Ausdehnungsfuge oder eine Rollen-Lagerung Rechnung getragen.

Bei der Herstellung von optischen Gläsern (z. B. Teleskop-Objektiven) ist wegen der inneren Spannungen ein sehr langsames und behutsames Abkühlen erforderlich.

Wegen der niedrigen thermischen Ausdehnung von Quarz ist es möglich, Quarzglasgefäße rasch abzukühlen, ohne daß größere Spannungen im Glas auftreten. Stahlbetonbauten sind nur deshalb möglich, weil Stahl und Beton etwa gleiche Ausdehnungszahlen haben.

Man unterscheidet zwischen der *linearen Ausdehnung* (Längenausdehnung von Rohren und Stäben) und der *kubischen Ausdehnung* (Volumenausdehnung von Festkörpern, Flüssigkeiten und Gasen). Bei der Wärmeausdehnung von Gasen ist die starke Abhängigkeit ihres Volumens vom Druck zu beachten. Alle Gase haben etwa den gleichen Ausdehnungskoeffizienten. Sie dehnen sich bei konstantem Druck pro Kelvin Temperaturerhöhung um 1/273 ihres Volumens bei 0 °C aus.

1.10.2.1 Bestimmung der Längenausdehnungszahl –
Grundlagen und Arbeitsanweisung

Die Längenzunahme Δl eines Rohres bei Erwärmung ist proportional der Temperaturzunahme $\Delta \vartheta$ und seiner Ausgangslänge l_o.

$$\Delta l = l_o \cdot \alpha \cdot \Delta \vartheta$$

Der Proportionalitätsfaktor α ist eine stoffabhängige Größe und wird als Längenausdehnungszahl bezeichnet.

$$\alpha = \frac{\Delta l}{l_{\mathrm{o}} \cdot \Delta\vartheta}$$

Die Längenausdehnungszahl α ist zu verstehen als die auf die Ausgangslänge l_{o} bezogene Längenänderung pro Kelvin Temperaturänderung. Ihre Einheit ist K^{-1}. Sie ist etwas temperaturabhängig. Die Abweichungen sind allerdings so gering, daß man sie zwischen 0 °C und 100 °C vernachlässigen kann.

Zur Bestimmung der Längenausdehnungszahl werden die Ausgangslänge des Rohres, die Längenzunahme und die Temperaturerhöhung ermittelt. Wegen ihres geringen Betrages kann die Längenzunahme Δl auf direktem Wege nicht genügend genau gemessen werden. Mit Hilfe einer geeigneten Apparatur kann die Längenzunahme so übersetzt werden, daß ein genügend großer Zeigerausschlag entsteht.

Das zu bestimmende Rohr trägt im Abstand von 50 cm zwei ringförmige Kerben. Über die eine Kerbe wird eine kleine Lagerbuchse geschoben, festgeschraubt und in ein festes Lager eingelegt. Die Lagerbuchse, die über der zweiten Kerbe befestigt wird, ist länger und an der Unterseite mit Schmirgelpapier belegt. Sie ruht auf einer kleinen Walze, in die ein Zeiger eingelötet ist. Die Zeigerspitze bewegt sich vor einer Millimeterskala.

Abb. 1-90 zeigt das Rohrende mit Lagerbuchse, Walze und Zeiger.

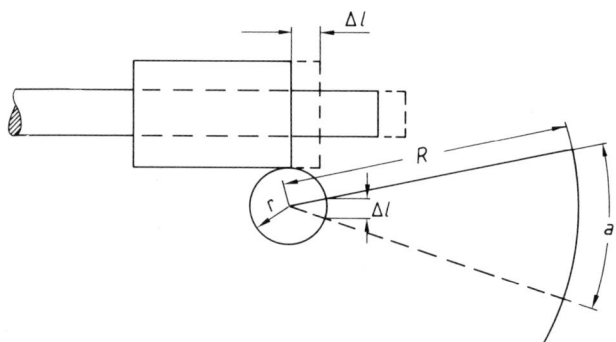

Abb. 1-90. Anzeigeteil der Apparatur zur Bestimmung der Längenausdehnungszahl.

Wird die Lagerwalze um den Betrag der Rohrausdehnung Δl gedreht, ergibt sich auf der Skala der Zeigerausschlag a.

Der kleine Kreisbogen Δl verhält sich zum großen Kreisbogen a wie der Radius der Lagerwalze r zur Zeigerlänge R.

$$\frac{\Delta l}{a} = \frac{r}{R}$$

Damit ergibt sich die Längenzunahme Δl aus:

$$\Delta l = \frac{a \cdot r}{R}$$

Für die Längenausdehnungszahl α erhält man:

$$\alpha = \frac{a \cdot r}{R \cdot l_1 \cdot \Delta\vartheta}$$

Darin bedeuten:

α Längenausdehnungszahl
a Zeigerausschlag
r Radius der Lagerwalze
R Zeigerlänge
l_1 Ausgangslänge des Rohres
$\Delta\vartheta$ Temperaturzunahme

Arbeitsanweisung

Aufgabenstellung: Es ist die Längenausdehnungszahl von drei Metallrohren zu bestimmen.

Zubehör: Gerät zur Bestimmung der Längenausdehnungszahl, Wasserdampfentwickler, Brenner, Wärmeschutzplatte, Kristallisierschale, Thermometer, Metallrohre.

Durchführung: Die Lagerbuchsen werden über die Rohrenden geschoben und in den Kerben festgeschraubt. Das Schmirgelpapier darf nicht feucht sein und muß fest an der Lagerbuchse anliegen. Nach Auflegen des Rohres wird der Wasserdampfschlauch auf das höherliegende Rohrende aufgesteckt. Der Zeiger steht auf dem Nullstrich der Skala.
  Zwischen Wasserdampfentwickler und Ausdehnungsapparatur sollte eine Wärmeschutzplatte stehen. Der kondensierte Wasserdampf wird in einer Kristallisierschale am Rohrende aufgefangen. Man leitet nun solange Wasserdampf durch das Rohr, bis keine Änderung des Zeigerausschlages mehr erfolgt. Der Zeigerausschlag a wird abgelesen. Aus der Temperatur des Dampfes, die am Thermometer des Wasserdampfentwicklers abgelesen wird, und der Temperatur des Rohres vor der Ausdehnung ergibt sich die Temperaturdifferenz $\Delta\vartheta$.

1.10.2.2 Bestimmung der Raumausdehnungszahl von Flüssigkeiten – Grundlagen und Arbeitsanweisung

Die Raumausdehnungszahl von Festkörpern muß nicht gesondert bestimmt werden; sie kann mit genügend großer Genauigkeit als dreifacher Wert der Längenausdehnungszahl angenommen werden.
  Auch Flüssigkeiten dehnen sich bei Erwärmung nahezu regelmäßig aus. Eine Ausnahme bildet Wasser, das bei 4 °C sein kleinstes Volumen und seine größte Dichte hat (Anomalie des Wassers).

Von Flüssigkeiten werden nur die Raumausdehnungszahlen bestimmt. Sie sind wesentlich größer als die der Festkörper.

Die Volumenzunahme ΔV einer Flüssigkeit ist proportional dem Ausgangsvolumen V_o und der Temperaturerhöhung $\Delta\vartheta$.

$$\Delta V = V_o \cdot \Delta\vartheta \cdot \gamma$$

Als Proportionalitätsfaktor tritt hier die Raumausdehnungszahl γ auf, auch kubischer Ausdehnungskoeffizient genannt. Sie ist wie auch die Längenausdehnungzahl α eine stoffabhängige Größe und verändert sich etwas mit der Temperatur.

Durch Umstellen der Gleichung für ΔV nach γ ergibt sich:

$$\gamma = \frac{\Delta V}{V_o \cdot \Delta\vartheta}$$

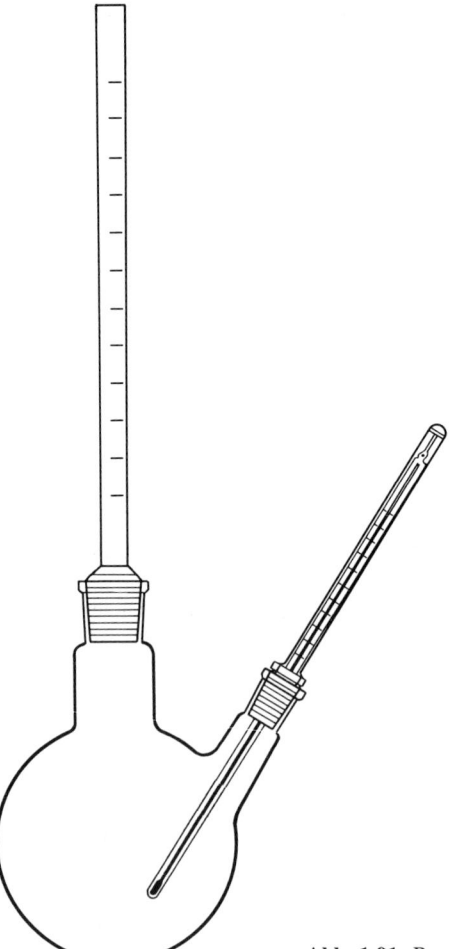

Abb. 1-91. Rundkolben zur Bestimmung der Raumausdehnungszahl.

Danach ist die Raumausdehnungszahl definiert als die auf das Ausgangsvolumen bezogene Volumenänderung pro Kelvin Temperaturerhöhung. Sie wird in K^{-1} angegeben.

Zur Bestimmung der Volumenzunahme wird die Flüssigkeit in einen Rundkolben gefüllt, der mit einem Steigrohr und einem Schliffthermometer ausgerüstet ist (Abb. 1-91). Der Rundkolben wird in einem Wasserbad erwärmt. Auf dem Steigrohr kann man die Volumenzunahme und auf dem Schliffthermometer die Temperaturzunahme ablesen.

Da sich nicht nur die Flüssigkeit, sondern auch der Glaskolben ausdehnt, ist die abgelesene Volumenzunahme der Flüssigkeit zu klein. Sie muß um die Volumenzunahme des Kolbens ΔV_{Glas} vergrößert werden.

$$\Delta V_{Glas} = V_o \cdot \Delta \vartheta \cdot \gamma_{Glas}$$

$$\gamma = \frac{\Delta V + \Delta V_{Glas}}{V_o \cdot \Delta \vartheta}$$

$$\gamma = \frac{\Delta V + V_o \cdot \Delta \vartheta \cdot \gamma_{Glas}}{V_o \cdot \Delta \vartheta}$$

Nach Aufteilen in zwei Brüche mit dem Nenner $V_o \cdot \Delta \vartheta$ und Kürzen erhält man die endgültige Bestimmungsgleichung für die Raumausdehnungszahl.

$$\gamma = \frac{\Delta V}{V_o \cdot \Delta \vartheta} + \gamma_{Glas}$$

Darin bedeuten:

γ Raumausdehnungszahl der Prüfflüssigkeit
V_o Ausgangsvolumen
ΔV Volumenzunahme
$\Delta \vartheta$ Temperaturdifferenz
γ_{Glas} Raumausdehnungszahl des Glaskolbens ($2{,}43 \cdot 10^{-5}$ K^{-1})

Arbeitsanweisung

Aufgabenstellung: Es ist die Raumausdehnungszahl zweier Flüssigkeiten zu bestimmen.

Zubehör: Kolben mit Steigrohr und Schliffthermometer, Schliff-Federn, Trichter, Thermostat, 500-mL-Meßzylinder, 100-mL-Meßzylinder, Stativmaterial, Prüfflüssigkeiten.

Durchführung: Die Prüfflüssigkeit wird mit Meßzylindern in den Rundkolben soweit eingefüllt, bis der unterste Skalenstrich des Steigrohres erreicht oder geringfügig überschritten ist. Dabei ist darauf zu achten, daß im Thermometerstutzen keine Luftblasen verbleiben.

Das Anfangsvolumen V_o ergibt sich aus dem Volumen des 500-mL-Meßzylinders, der vollständig in den Kolben entleert wurde, und dem Volumen, das noch aus dem 100-mL-Meßzylinder dazu kam.

Auf dem Schliffthermometer und dem Steigrohr werden die Anfangswerte abgelesen. Nun setzt man den Kolben so tief wie möglich in die Thermostat-Flüssigkeit ein, deren Temperatur etwa 12 K über der Raumtemperatur liegen soll.

Nach Beendigung des Ausdehnungsvorganges liest man auf dem Steigrohr und auf dem Thermometer die Endwerte ab. Die Volumenzunahme ΔV und die Temperaturzunahme $\Delta \vartheta$ erhält man durch Differenzbildung.

1.10.3 Kalorimetrische Messungen

Die Kalorimetrie befaßt sich mit der Messung von Wärmemengen. Man nennt deshalb die Gefäße, die zu kalorimetrischen Bestimmungen benutzt werden, *Kalorimeter.* Sie sind so konstruiert, daß der Wärmeaustausch mit der Umgebung möglichst gering ist. Die dazu notwendige Wärmeisolation erreicht man mit einem Luft- oder Vakuummantel zwischen zwei Glas- oder Metallgefäßen (Dewar-Gefäß, Thermosflasche). Auch der Deckel dieser Gefäße sollte doppelwandig ausgeführt sein.

Zum Kalorimeter gehören ein Rührer und ein Thermometer. Für sehr genaue Messungen ist ein Thermometer mit 0,01 °C-Skalierung (Beckmann-Thermometer) erforderlich.

Alle Kalorimeterteile nehmen bei einer Erwärmung des Kalorimeterinhalts Energie auf und geben bei Abkühlung des Inhalts Energie ab. Diese Energiebeträge müssen bekannt sein und bei der Auswertung der kalorimetrischen Bestimmungen berücksichtigt werden. Man faßt sie zusammen als die Wärmekapazität C des Kalorimeters. Sie wird angegeben in J/K und stellt die Wärmemenge in Joule dar, die das Kalorimeter pro Kelvin Temperaturänderung aufnimmt oder abgibt.

1.10.3.1 *Bestimmung der Wärmekapazität eines Kalorimeters —*
Grundlagen und Arbeitsanweisung

Als Kalorimeter dienen hier zwei ineinandergestellte Bechergläser mit Korkscheiben als Zwischenstücke (Abb. 1-92). Da Glas ein schlechter Wärmeleiter ist, hängt bei allen Glaskalorimetern die Wärmekapazität von der Füllhöhe ab. Die zur Ermittlung der Wärmekapazität gewählte Füllhöhe ist bei allen weiteren Bestimmungen konstant zu halten.

Die Wärmekapazität bestimmt man, indem man eine definierte Wärmemenge in das mit Wasser gefüllte Kalorimeter einbringt. Dies geschieht dadurch, daß man einen Metallkörper mit bekannter Masse und bekannter spezifischer Wärmekapazität in kochendem Wasser erhitzt und dann in das Kalorimeter taucht. Die Ausgangstemperaturen im Heizbad und im Kalorimeter sowie die Mischtemperatur werden so genau wie möglich gemessen.

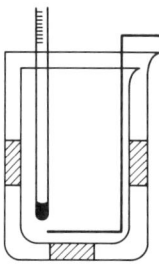

Abb. 1-92. Becherglas-Kalorimeter.

Nach der *Richmannschen Mischungsgleichung* ist die Summe aller abgegebenen Wärmemengen gleich der Summe aller aufgenommenen Wärmemengen.

$$Q_{ab} = Q_{auf}$$

$$m_K \cdot c_K \cdot (\vartheta_2 - \vartheta_M) = m_W \cdot c_W \cdot (\vartheta_M - \vartheta_1) + m_{Glas} \cdot c_{Glas} \cdot (\vartheta_M - \vartheta_1)$$

Das Produkt $m_{Glas} \cdot c_{Glas}$ aus der Masse des Glases (erwärmter Teil) und der spezifischen Wärmekapazität des Glases ist die gesuchte Wärmekapazität C des Kalorimeters. Sie kann nur experimentell bestimmt werden.

$$C \cdot (\vartheta_M - \vartheta_1) = m_K \cdot c_K \cdot (\vartheta_2 - \vartheta_M) - m_W \cdot c_W \cdot (\vartheta_M - \vartheta_1)$$

$$C = \frac{m_K \cdot c_K \cdot (\vartheta_2 - \vartheta_M)}{\vartheta_M - \vartheta_1} - m_W \cdot c_W$$

Darin bedeuten:

m_K Masse des Metallkörpers

c_K spezifische Wärmekapazität des Metallkörpers   ($0{,}381 \ \dfrac{J}{g \cdot K}$ für Messing)

c_W spezifische Wärmekapazität des Wassers   ($4{,}19 \ \dfrac{J}{g \cdot K}$)

m_W Masse des Wassers im Kalorimeter

ϑ_1 Anfangstemperatur des Wassers im Kalorimeter

ϑ_2 Temperatur des erhitzten Metallkörpers

ϑ_M Mischtemperatur

C Wärmekapazität des Kalorimeters

Arbeitsanweisung

Aufgabenstellung: Es ist die Wärmekapazität eines Becherglas-Kalorimeters nach der Mischungsmethode zu bestimmen.

Zubehör: Becherglas-Kalorimeter mit Rührer, zwei Thermometer, Brenner, Vierfuß mit Schutzplatte, Messingkörper, Draht, 400-mL-Becherglas, Stativmaterial.

Durchführung: In das Innengefäß des Kalorimeters werden 300 g Wasser eingewogen. Der Messingkörper wird nach dem Wiegen in das Heizbad gehängt. Er soll sich etwa sechs Minuten inmitten des kochenden Wassers befinden. Nachdem die Temperatur im Kalorimeter und im Heizbad abgelesen wurde, wird der Messingkörper aus dem Heizbad genommen und rasch in das Kalorimeter eingetaucht. Er muß mitten im Wasser hängen und darf auf keinen Fall das Thermometer berühren.

Nach dem Temperaturausgleich liest man die Mischtemperatur ab. Während des gesamten Mischungsvorgangs ist gut durchzurühren, um Temperaturschichtungen zu vermeiden.

Die Bestimmung ist dreimal durchzuführen. Von den drei Endergebnissen ist der Mittelwert zu bilden.

1.10.3.2 Bestimmung der spezifischen Wärmekapazität von Metallen – Grundlagen und Arbeitsanweisung

Die Kenntnis der spezifischen Wärmekapazität ist oft von großer Bedeutung. Von allen Festkörpern und Flüssigkeiten hat Wasser eine der größten spezifischen Wärmekapazitäten. Zur Erwärmung von Wasser benötigt man daher eine relativ große Wärmemenge. Wasser kühlt sich auch entsprechend langsamer ab als andere Stoffe. Dies ist mit ein Grund für die Ausbildung des gemäßigten Seeklimas gegenüber dem strengeren Festlandklima mit seinen großen Temperaturänderungen innerhalb kurzer Zeit.

Metalle haben im Vergleich zu Wasser eine niedrige spezifische Wärmekapazität. Sie lassen sich somit schneller abkühlen oder erwärmen.

Die spezifische Wärmekapazität ist temperaturabhängig. Sie wächst im allgemeinen mit steigender Temperatur. Für größere Temperaturbereiche werden mittlere spezifische Wärmekapazitäten angegeben. Aus der Gleichung $Q = m \cdot c \cdot \Delta\vartheta$ ergibt sich nach Division durch $m \cdot \Delta\vartheta$ die spezifische Wärmekapazität c.

$$c = \frac{Q}{m \cdot \Delta\vartheta}$$

Zur Bestimmung der spezifischen Wärmekapazität eines Metallkörpers nach der Mischungsmethode benötigt man demnach die Wärmemenge Q, die der erhitzte Körper abgibt, die dabei eintretende Temperaturerniedrigung $\Delta\vartheta$ und seine Masse m.

Dazu erhitzt man den Prüfkörper in einem Wasserbad auf $100\,°C$, bringt ihn anschließend in ein Kalorimeter und bestimmt die Mischtemperatur.

Von der Mischungsgleichung (s. Abschn. 1.10.3.1) ausgehend, ergibt sich die Bestimmungsgleichung für die spezifische Wärmekapazität c_K.

$$m_K \cdot c_K \cdot (\vartheta_2 - \vartheta_M) = (m_W \cdot c_W + C) \cdot (\vartheta_M - \vartheta_1)$$

$$c_K = \frac{(m_W \cdot c_W + C) \cdot (\vartheta_M - \vartheta_1)}{m_K \cdot (\vartheta_2 - \vartheta_M)}$$

Darin bedeuten:

m_K Masse des Metallkörpers
m_W Masse des Wassers im Kalorimeter
c_W spezifische Wärmekapazität des Wassers $(4{,}19\ \dfrac{J}{g \cdot K})$
c_K spezifische Wärmekapazität des Prüfkörpers
C Wärmekapazität des Kalorimeters
ϑ_1 Anfangstemperatur des Wassers im Kalorimeter
ϑ_2 Temperatur des erhitzten Metallkörpers
ϑ_M Mischtemperatur

Arbeitsanweisung

Aufgabenstellung: Es ist die spezifische Wärmekapazität von drei Metallkörpern nach der Mischungsmethode zu bestimmen.

Zubehör: Becherglas-Kalorimeter mit Rührer, zwei Thermometer, Brenner, Vierfuß mit Schutzplatte, 400-mL-Becherglas, Prüfkörper, Draht, Stativmaterial.

Durchführung: In das Kalorimeter werden 300 g Wasser eingewogen. Der Prüfkörper wird ebenfalls gewogen und mindestens sechs Minuten im kochenden Wasser erhitzt. Die Temperaturen im Kalorimeter und im Heizbad werden notiert. Anschließend wird der Körper auf kürzestem Wege in die Kalorimeterflüssigkeit gebracht. Unter Rühren wartet man ab, bis sich die Mischtemperatur einstellt.

Mit jedem Metallkörper sind zwei Bestimmungen durchzuführen. Die Endergebnisse sind zu mitteln.

1.10.3.3   Bestimmung der spezifischen Schmelzwärme von Eis – Grundlagen und Arbeitsanweisung

Unter der spezifischen Schmelzwärme eines reinen Festkörpers versteht man die in kJ ausgedrückte Wärmemenge, die nötig ist, um 1 kg des Stoffes bei gleichbleibender Temperatur vom festen in den flüssigen Zustand zu überführen.

Das Formelzeichen der spezifischen Schmelzwärme ist *q,* die Einheit $\dfrac{kJ}{kg}$ oder $\dfrac{J}{g}$.

Geht der Körper aus dem flüssigen Zustand bei konstanter Temperatur wieder in den festen Zustand über, gibt er die gleiche Wärmemenge pro kg wieder ab. Man spricht jetzt von der spezifischen Erstarrungswärme.

Zur Bestimmung der spezifischen Schmelzwärme gibt man ein abgetrocknetes Eisstück in ein mit Wasser gefülltes Kalorimeter. Man rührt solange, bis es vollständig geschmolzen ist. Aus den Temperaturen vor und nach dem Schmelzen und den eingesetzten Massen kann mit Hilfe der Richmannschen Mischungsgleichung *q* bestimmt werden.

$$Q_{\mathrm{auf}} = Q_{\mathrm{ab}}$$

Energie wird zum Schmelzen des Eises bei $0\,°C$ ($q \cdot m_{\mathrm{E}}$) und zur Erwärmung des geschmolzenen Eises auf die Mischtemperatur aufgenommen. Diese beiden Energiebeträge werden vom Kalorimeter und der Kalorimeterflüssigkeit geliefert.

$$q \cdot m_{\mathrm{E}} + m_{\mathrm{E}} \cdot c_{\mathrm{W}} \cdot (\vartheta_{\mathrm{M}} - \vartheta_0) = (m_{\mathrm{W}} \cdot c_{\mathrm{W}} + C) \cdot (\vartheta_1 - \vartheta_{\mathrm{M}})$$

$$q = \frac{(m_{\mathrm{W}} \cdot c_{\mathrm{W}} + C) \cdot (\vartheta_1 - \vartheta_{\mathrm{M}})}{m_{\mathrm{E}}} - c_{\mathrm{W}} \cdot (\vartheta_{\mathrm{M}} - \vartheta_0)$$

Darin bedeuten:

m_W Masse des Wassers im Kalorimeter

c_W spezifische Wärmekapazität des Wassers $(4{,}19 \; \dfrac{J}{g \cdot K})$

C Wärmekapazität des Kalorimeters

m_E Masse des Eises

ϑ_1 Anfangstemperatur des Wassers im Kalorimeter

ϑ_0 Schmelztemperatur des Eises $(0\,°C)$

ϑ_M Mischtemperatur

Arbeitsanweisung

Aufgabenstellung: Es ist die spezifische Schmelzwärme von Eis zu bestimmen.

Zubehör: Becherglas-Kalorimeter mit Rührer, Thermometer, Becherglas, Eisproben, Stativ-material.

Durchführung: Zunächst wiegt man in das Innengefäß des Kalorimeters 300 g Wasser ein und bestimmt die Gesamtmasse (Glas + Wasser). Nach dem Temperaturausgleich liest man die Anfangstemperatur des Wassers im Kalorimeter ab. Das Eisstück, das sich in einem Becher-glas mit Wasser auf 0 °C einstellen konnte, wird nun sorgfältig abgetrocknet und in das Kalori-meter gegeben. Nachdem es vollständig geschmolzen ist, wird als Mischtemperatur die tiefste Temperatur abgelesen. Vor jeder Temperaturmessung ist gut durchzurühren. Aus der Massen-zunahme des Wassers im Kalorimeter ergibt sich die Masse m_E des Eises.

1.10.3.4 Bestimmung der spezifischen Lösungswärme von Salzen – Grundlagen und Arbeitsanweisung

Beim Lösen von Salzen in einem Lösemittel kann eine Erwärmung oder eine Abkühlung der Lösung eintreten. Maßgebend ist die Art des Salzes und des verwendeten Lösemittels.

Das gebräuchlichste Lösemittel ist Wasser. Daher beziehen sich auch die nachfolgenden Betrachtungen auf Wasser.

Im Kristallgitter eines Salzes bestehen zwischen den unterschiedlich geladenen Ionen elek-trische Anziehungskräfte, die den festen Zusammenhalt der Ionen bewirken. Gibt man Salz-kristalle in Wasser, dringen die Wassermoleküle in das Kristallgefüge ein. Dadurch wird die Wirkung der elektrischen Anziehungskräfte abgeschwächt. Die Salz-Ionen können infolge ihrer Wärmebewegung ihren Platz verlassen.

Enthält das gelöste Salz noch kein Kristallwasser, werden die abgetrennten Ionen von Wassermolekülen umhüllt. Dieser Vorgang heißt *Hydratation* oder auch Hydration. Sie ver-läuft immer exotherm, d. h. es wird *Hydratationswärme* frei.

Die Hydratationswärme liegt etwa in der gleichen Größenordnung wie die Energie, die zum Ablösen der Ionen aus dem Gitterverband benötigt wird. Die resultierende Wärmetönung der Lösung hängt nun davon ab, welcher der beiden Energiebeträge überwiegt.

Beispiel: Bei der Verbindung Natriumfluorid (NaF) werden 911 kJ Hydratationswärme pro Mol frei. Zur Überwindung der Gitterenergie werden 913,5 kJ pro Mol benötigt. Es verbleibt demnach eine Lösungswärme von −2,5 kJ/mol. Die Lösung kühlt sich also ab.

Bei der Auflösung von Salzen, die schon vollständig hydratisiert sind (z. B. Natriumthiosulfat-pentahydrat [$Na_2S_2O_3 \cdot 5H_2O$]), tritt immer eine Abkühlung ein.

In der Regel bezieht man die spezifische Lösungswärme auf die Stoffmenge des gelösten Stoffes und bezeichnet sie als molare Lösungswärme. Man kann sie aber auch auf die Masse beziehen und erhält so die spezifische Lösungswärme.

Zur Bestimmung der spezifischen Lösungswärme bringt man das Salz in ein mit Wasser gefülltes Kalorimeter und löst es unter Rühren auf. Nach der vollständigen Auflösung ermittelt man die sich einstellende Mischtemperatur.

In der Richmannschen Mischungsgleichung wird die zum Lösen benötigte Wärmemenge (oder freigesetzte Wärmemenge) $L \cdot m_S$ mit der vom Wasser und Kalorimeter abgegebenen (oder aufgenommenen) Wärmemenge gleichgesetzt:

$$L \cdot m_S = [(m_W + m_S) \cdot c_W + C] \cdot (\vartheta_M - \vartheta_1)$$

$$L = \frac{[(m_W + m_S) \cdot c_W + C] \cdot (\vartheta_M - \vartheta_1)}{m_S}$$

Darin bedeuten:

L spezifische Lösungswärme
m_W Masse des Wassers im Kalorimeter
m_S Masse des gelösten Salzes
c_W spezifische Wärmekapazität der Lösung (wird mit $4{,}19 \dfrac{J}{g \cdot K}$ angenommen)
C Wärmekapazität des Kalorimeters
ϑ_1 Anfangstemperatur des Wassers im Kalorimeter
ϑ_M Mischtemperatur der Lösung im Kalorimeter

Arbeitsanweisung

Aufgabenstellung: Es ist die spezifische Lösungswärme eines Salzes zu bestimmen.

Zubehör: Becherglaskalorimeter, Magnetrührer, Thermometer, Reibschale mit Pistill, Kristallisierschale, Salzprobe.

Durchführung: Im Kalorimeter werden 300 g Wasser vorgelegt, dessen Temperatur ϑ_1 gemessen wird. Das vorher in der Reibschale fein zerriebene Salz wird gewogen und zügig in die Kalorimeterflüssigkeit eingegeben. Die niedrigste bzw. höchste Temperatur nach vollständiger Lösung ϑ_M wird abgelesen. Während der gesamten Bestimmung ist mit Hilfe des Magnetrührers für eine gute Durchmischung zu sorgen.

1.10.3.5 Bestimmung des spezifischen Brennwertes

Bei der Verbrennung von festen, flüssigen und gasförmigen Stoffen werden je nach Stoff bestimmte Wärmemengen frei.

Da die Reaktionsbedingungen sehr unterschiedlich sein können, hat man verschiedene genau definierte Begriffe eingeführt.

Bei festen und flüssigen Brennstoffen unterscheidet man einen spezifischen Brennwert und einen spezifischen Heizwert.

Der *spezifische Brennwert* H_o (früher „oberer Heizwert" genannt) ist auf die Masse bezogen und wird in $\frac{J}{kg}$ angegeben.

Nach DIN 5499 wird in der Festlegung des spezifischen Brennwertes verlangt, daß die Verbrennung vollständig ist und daß

a) die Temperatur des Brennstoffes vor dem Verbrennen und die seiner Verbrennungsprodukte 25 °C beträgt,

b) das vor dem Verbrennen im Brennstoff vorhandene Wasser und das beim Verbrennen der wasserstoffhaltigen Verbindungen des Brennstoffes gebildete Wasser nach der Verbrennung in *flüssigem* Zustand vorliegen,

c) die Verbrennungsprodukte von Kohlenstoff und Schwefel als Kohlendioxid und Schwefeldioxid in gasförmigem Zustand vorliegen und

d) eine Oxidation des Stickstoffs nicht stattgefunden hat!

Der *spezifische Heizwert* H_u (früher „unterer Heizwert" genannt) ist ebenfalls auf die Masse bezogen und wird auch in $\frac{J}{kg}$ angegeben.

Für den spezifischen Heizwert gelten die gleichen Bedingungen wie für den spezifischen Brennwert mit der Ausnahme, daß die vorhandenen und entstehenden Wasseranteile in *dampfförmigem* Zustand vorliegen müssen.

Damit kann der spezifische Heizwert aus dem experimentell bestimmten spezifischen Brennwert berechnet werden. Dazu müssen die beteiligten Wassermengen und die spezifische Verdampfungswärme des Wassers bekannt sein.

Nimmt man nicht die Masse, sondern die Stoffmenge als Bezugsgröße, erhält man den stoffmengenbezogenen (molaren) Brennwert $H_{o,m}$ und den stoffmengenbezogenen (molaren) Heizwert $H_{u,m}$. Beide Größen werden in $\frac{J}{mol}$ angegeben.

Für gasförmige Brennstoffe bezieht man Brennwert und Heizwert meist auf das Normvolumen der trockenen Gase. Sie werden dann mit $H_{o,n}$ und $H_{u,n}$ bezeichnet.

Zur Messung des spezifischen Brennwerts von festen und flüssigen Stoffen benutzt man eine sogenannte *Kalorimeterbombe* (Abb. 1-93). Sie besteht aus einem druckfesten Stahlgefäß mit abschraubbarem Deckel. Die Verbrennungssubstanz befindet sich in einem Quarzschälchen. Sie wird in reinem Sauerstoff (etwa 3 MPa Überdruck) durch einen Zünddraht elektrisch gezündet. Die gesamte Kalorimeterbombe befindet sich in einem Flüssigkeitskalorimeter. Aus der Erwärmung der Kalorimeterflüssigkeit kann bei bekannter Wärmekapazität des Kalorimeters der spezifische Brennwert der Prüfsubstanz errechnet werden.

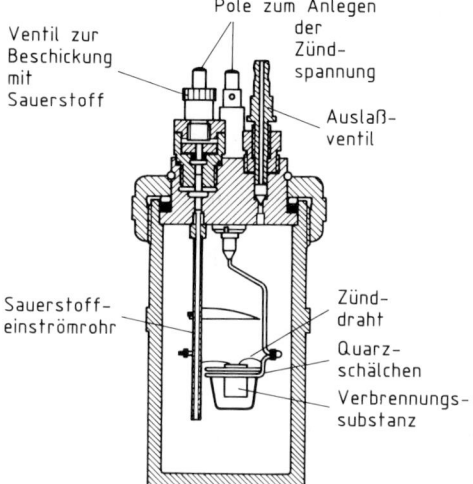

Pole zum Anlegen der Zünd-spannung

Ventil zur Beschickung mit Sauerstoff

Auslaß-ventil

Sauerstoff-einströmrohr

Zünd-draht

Quarz-schälchen

Verbrennungs-substanz

Abb. 1-93. Kalorimeterbombe.

1.10.4 Wiederholungsaufgaben

1. Welcher Zusammenhang besteht zwischen der Temperatur eines Körpers und dem Bewegungszustand seiner Moleküle?

2. Weshalb werden Teegläser möglichst dünnwandig hergestellt?

3. Um welchen Betrag dehnen sich Gase pro Kelvin Temperaturerhöhung aus (bei konstantem Druck)?

4. Die Längenausdehnungszahl einer Legierung ist $\alpha = 0,000011/K$.
Wie groß ist die Raumausdehnungszahl dieser Legierung? ($\gamma = 0,000033/K$)

5. Um wieviel cm verlängert sich eine Stahlbrücke, die bei 10 °C die Länge 120 m hat, wenn sie sich auf 60 °C erwärmt?
$\alpha_{Stahl} = 0,000012/K$ ($\Delta l = 7,2$ cm)

6. Nach welcher Seite verbiegt sich der abgebildete (Abb. 1-94) Bimetallstreifen bei Erwärmung? Die Längenausdehnungszahl von Messing ist größer als die von Eisen.

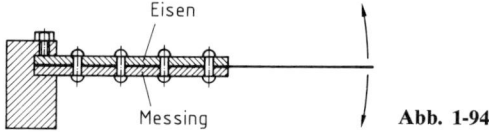

Eisen

Messing

Abb. 1-94.

7. Welche Bedeutung hat die Anomalie des Wassers in der Natur?

8. Wie ist eine Thermosflasche aufgebaut?

9. Was besagt die Richmannsche Mischungsgleichung?

10. Welche Wärmemenge ist erforderlich, um 1 kg Messing von 18 °C auf die Schmelztemperatur zu erwärmen und zu schmelzen?

$$c_{Mess.} = 0{,}381 \, \frac{kJ}{kg \cdot K} \qquad q = 146{,}65 \, \frac{kJ}{kg}$$

$\vartheta_S = 1000 °C$ ($Q = 520{,}8$ kJ)

11. Wieviel kg Wasser kann man mit 1500 kJ von 19 °C bis zum Siedepunkt (100 °C) erhitzen?

$$c_W = 4{,}19 \, \frac{kJ}{kg \cdot K} \quad (m = 4{,}42 \text{ kg})$$

12. Wie ist die spezifische Schmelzwärme definiert?

13. Was versteht man unter Hydratationswärme?

14. Was ist der Unterschied zwischen dem spezifischen Brennwert und dem spezifischen Heizwert? Mit welchen Einheiten werden die beiden Größen angeben? ·

1.11   Viskosität

1.11.1   Themen und Lerninhalte

> Die Viskosität als wichtige Stoffkonstante
>
> Bestimmung der Viskosität von Flüssigkeiten

Die Viskosität oder Zähigkeit ist eine wichtige Materialkonstante von Flüssigkeiten und Gasen. Große Bedeutung hat sie z. B. beim Transport von Flüssigkeiten in Rohrleitungen, bei Mischvorgängen in Behältern und für den Reibungswiderstand von Körpern, die durch Flüssigkeiten oder Gase bewegt werden. Bei Flüssigkeiten wird die Viskosität durch die Kohäsionskräfte hervorgerufen; bei Gasen sind Diffusionsvorgänge ausschlaggebend.

Zur Definition der Viskosität soll modellhaft die Bewegung einer Platte in einer Flüssigkeit untersucht werden (Abb. 1-95).

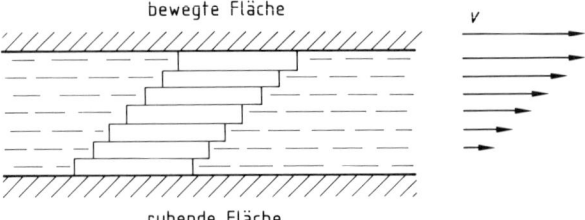

Abb. 1-95. Geschwindigkeitsabnahme bei der Mitnahme von Flüssigkeitsschichten.

Die direkt an die Platte angrenzenden Flüssigkeitsteilchen haften fest an der Platte, bedingt durch die Adhäsionskräfte. Diese Schicht nimmt die Geschwindigkeit der Platte an. Die daran angrenzenden Schichten bleiben im zunehmendem Abstand zur Platte immer weiter zurück. Die Ursache dafür sind die Kohäsionskräfte, die der gegenseitigen Verschiebung der einzelnen Schichten entgegenwirken.

Die in der Flüssigkeit auftretenden Reibungskräfte F_{Ri} sind proportional zur Oberfläche A der bewegten Flüssigkeitsschichten und zur Geschwindigkeit v. Sie sind umgekehrt proportional zur Gesamtdicke d aller mitbewegten Schichten. Der Proportionalitätsfaktor ist die *dynamische Viskosität* η. Damit ergibt sich die Beziehung:

$$F_{Ri} = \eta \cdot \frac{A \cdot v}{d}$$

Für die dynamische Viskosität erhält man:

$$\eta = \frac{F_{Ri} \cdot d}{A \cdot v}$$

Setzt man die SI-Einheiten ein, resultiert für η die Einheit:

$$\frac{N \cdot m \cdot s}{m^2 \cdot m} = \frac{N}{m^2} \cdot s$$

Da mit N/m^2 die Druckeinheit Pascal gegeben ist, nennt man die Einheit der dynamischen Viskosität Pascal-Sekunde (Pa · s).

Für niedrigviskose Flüssigkeiten bietet sich die Einheit mPa · s an, die der früheren Einheit Centipoise (cP) entspricht.

$$1 \, Pa \cdot s = 1000 \, mPa \cdot s \quad 1 \, mPa \cdot s = 1 \, cP$$

Bei technischen Strömungsvorgängen spielt oft das Verhältnis der dynamischen Viskosität zur Dichte der Flüssigkeiten eine Rolle. Es wird als *kinematische Viskosität* v bezeichnet.

$$v = \frac{\eta}{\varrho} \qquad \text{Die SI-Einheit von } v \text{ ist } \frac{m^2}{s}.$$

Die Viskosität von Flüssigkeiten nimmt mit steigender Temperatur stark ab, was besonders bei Schmierölen und bei flüssigen Brennstoffen zu beachten ist. Bei Gasen wächst die Viskosität mit steigender Temperatur.

In der folgenden Übersicht (Tab.1-9) sind die Zähigkeiten einiger Stoffe bei unterschiedlichen Temperaturen aufgeführt.

Tabelle 1-9. Einfluß der Temperatur auf die Viskosität von Luft, Wasser und Glycerin.

	ϑ in °C	η in mPa $\cdot$ s
Luft	0	0,0171
Luft	100	0,0218
Wasser	20	1,003
Wasser	100	0,282
Glycerin	20	1 500
Glycerin	30	624

1.11.2 Meßverfahren

Zur Messung der Viskosität von Flüssigkeiten gibt es zahlreiche Geräte mit unterschiedlichen Meßprinzipien. Anwendung finden hauptsächlich *Kapillarviskosimeter, Fallkörperviskosimeter* und *Rotationsviskosimeter.*

Sind die Gesetzmäßigkeiten der Strömungsvorgänge in einem Meßgerät hinreichend bekannt, ist eine Absolutmessung möglich. Ansonsten ist eine Kalibrierung (Bestimmung einer Gerätekonstanten) mit Flüssigkeiten bekannter Viskosität erforderlich.

Wegen der starken Temperaturabhängigkeit der Viskosität ist auf die exakte Einhaltung der Meßtemperatur zu achten (Thermostat).

1.11.2.1 Bestimmung der Viskosität mit dem Ostwald-Viskosimeter –
Aufbau und Arbeitsanweisung

Mit dem Kapillarviskosimeter nach Ostwald (Abb. 1-96) werden in der Praxis stets Vergleichsmessungen durchgeführt. Es besteht aus einem U-Rohr mit Kapillare und zwei Kugelgefäßen. Durch zwei Markierungen oberhalb und unterhalb des kleineren Kugelgefäßes in Rohr 1 wird ein bestimmtes Auslaufvolumen festgelegt.

Als Vergleichsflüssigkeit kann Wasser benutzt werden, dessen Viskosität bei der Meßtemperatur einer Tabelle entnommen wird.

Es wird die Zeit gestoppt, die einerseits der untere Rand des Meniskus der Vergleichsflüssigkeit und andererseits der untere Rand des Meniskus der Prüfflüssigkeit brauchen, um von der Marke A zur Marke B abzusinken. Da die Druckhöhe von der Flüssigkeitsmenge im unteren Teil des U-Rohres abhängig ist, muß jeweils das gleiche Flüssigkeitsvolumen mit einer Pipette eingefüllt werden.

Die kinematischen Viskositäten der beiden Flüssigkeiten verhalten sich wie ihre Durchlaufzeiten:

$$\frac{v_2}{v_1} = \frac{t_2}{t_1}$$

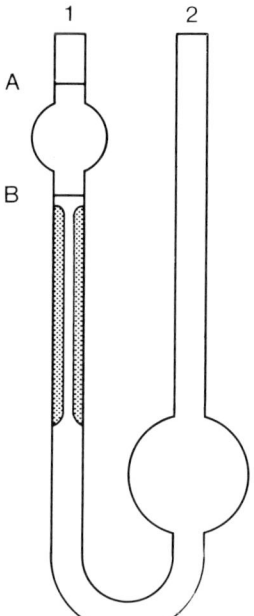

Abb. 1-96. Ostwald-Viskosimeter.

Da die kinematische Viskosität dem Quotienten aus der dynamischen Viskosität und der Dichte entspricht, ergibt sich:

$$\frac{\eta_2 \cdot \varrho_1}{\varrho_2 \cdot \eta_1} = \frac{t_2}{t_1}$$

Die gesuchte dynamische Viskosität η_2 erhält man aus:

$$\eta_2 = \frac{\eta_1 \cdot \varrho_2 \cdot t_2}{\varrho_1 \cdot t_1}$$

Darin bedeuten:

η_2 dynamische Viskosität der Prüfflüssigkeit
η_1 dynamische Viskosität des Wassers
t_2 Durchlaufzeit der Prüfflüssigkeit
t_1 Durchlaufzeit des Wassers
ϱ_2 Dichte der Prüfflüssigkeit
ϱ_1 Dichte des Wassers

Arbeitsanweisung

Aufgabenstellung: Es ist die Viskosität verschiedener Flüssigkeiten mit dem Ostwald-Viskosimeter zu bestimmen.

Zubehör: Ostwald-Viskosimeter, Thermostat, 5-mL-Vollpipette, Pipettierhilfe, Feinspindelsatz, Standzylinder, Stoppuhr, Reinigungsflüssigkeit, Prüfflüssigkeiten, Thermometer.

Durchführung: Am Thermostat ist die Meßtemperatur einzustellen. Das Viskosimeter wird mit der Reinigungsflüssigkeit, destilliertem Wasser und Ethanol durchgespült und mit Hilfe der Wasserstrahlpumpe trockengesaugt. Anschließend wird es senkrecht in die Thermostat-Flüssigkeit gehängt. Mit der Pipette füllt man 5 mL Wasser in das Rohr 2 ein. Zum Angleichen der Temperatur sind etwa 15 min Temperierzeit nötig. Danach saugt man die Flüssigkeit durch die Kapillare bis über die Marke A hoch und entfernt den Ansaugschlauch. Die Zeit, in der sich der untere Rand des Meniskus der Flüssigkeit von A nach B bewegt, wird zehnmal gestoppt und der Mittelwert errechnet. Das gleiche ist mit der Prüfflüssigkeit durchzuführen. Die Dichten der Flüssigkeiten werden gespindelt.

1.11.2.2 Bestimmung der Viskosität mit dem Ubbelohde-Viskosimeter – Aufbau und Arbeitsanweisung

Das Ubbelohde-Viskosimeter (Abb. 1-97) ist eine Weiterentwicklung des Ostwald-Viskosimeters. Infolge des zusätzlich angebrachten Rohres 2 ist es nicht mehr nötig, ein für alle Flüssigkeiten konstantes Einfüllvolumen vorzuschreiben. In das Rohr 3 wird soviel Flüssigkeit eingefüllt, bis ihr Meniskus zwischen den Marken x und y steht. Während des Ansaugens (Rohr 1) verschließt man das Rohr 2 mit dem Finger; zum Auslaufen wird es wieder freigegeben. Die aus der Kapillare (4) austretende Flüssigkeit fließt in dünner Schicht an der Wandung von V_2 herunter und verbindet sich mit der Restflüssigkeit im unteren Teil des Vorratsgefäßes V_3 des Viskosimeters.

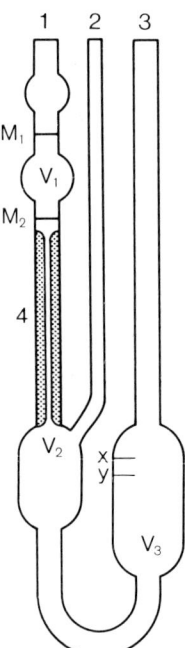

Abb. 1-97. Ubbelohde-Viskosimeter.

Es bildet sich ein „hängendes Kugelniveau" aus, wodurch die jeweilige Druckhöhe festgelegt wird. Gemessen wird die Zeit, in der der untere Rand des Meniskus von der Marke M_1 zur Marke M_2 absinkt. Das Produkt aus der Durchflußzeit und einer Viskosimeter-Konstanten ergibt die kinematische Viskosität v.

$$v = k \cdot t$$

Durch Multiplikation mit der Dichte erhält man die dynamische Viskoität η.

$$\eta = k \cdot t \cdot \varrho$$

Darin bedeuten:

η dynamische Viskosität der Prüfflüssigkeit
k Viskosimeter-Konstante
t Durchlaufzeit der Prüfflüssigkeit
ϱ Dichte der Prüfflüssigkeit

Ist keine Viskosimeter-Konstante angegeben, muß eine Kalibrierung mit Wasser vorgenommen werden. Die Viskosität von Wasser wird einer Tabelle entnommen. Aus den für Wasser gefundenen Werten ergibt sich die Konstante nach folgender Gleichung:

$$k = \frac{\eta_{H_2O}}{t_{H_2O} \cdot \varrho_{H_2O}}$$

Arbeitsanweisung

Aufgabenstellung: Es ist die Viskosität verschiedener Flüssigkeiten mit dem Ubbelohde-Viskosimeter zu bestimmen.

Zubehör: Ubbelohde-Viskosimeter, Thermostat, Feinspindelsatz, Standzylinder, Stoppuhr, Reinigungsflüssigkeit, Thermometer, Prüfflüssigkeiten.

Durchführung: Die Meßtemperatur ist am Thermostaten einzustellen und konstant zu halten. Das Viskosimeter wird nacheinander mit der Reinigungslösung, destilliertem Wasser und Ethanol durchgespült. Nach dem Trockensaugen hängt man es senkrecht in die Badflüssigkeit des Thermostaten.
Die Meßflüssigkeit wird in das Rohr 3 eingefüllt und nach einer Temperierzeit von etwa 15 min im Rohr 1 bis über die Markierung M_1 hochgesaugt. Nach Freigabe von Rohr 2 stoppt man die Zeit ab, die die Flüssigkeit benötigt, um von M_1 nach M_2 auszulaufen. Aus zehn Durchlaufzeiten bei konstanter Temperatur wird der Mittelwert gebildet. Die Dichte der Flüssigkeit bestimmt man mit dem Feinspindelsatz.

1.11.2.3 Bestimmung der Viskosität mit dem Höppler-Viskosimeter –
Aufbau und Arbeitsanweisung

Das Höppler-Viskosimeter zählt zu den Fallkörper-Viskosimetern. Als Maß für die Viskosität dient die Zeit, die eine sich langsam durch die Meßflüssigkeit bewegende Kugel für eine definierte Strecke braucht. Da die Gesetzmäßigkeiten dieser Bewegung genau bekannt sind, können Absolutmessungen durchgeführt werden.

Ein um 10 Grad gegen die Senkrechte geneigtes Meßrohr aus Borosilicatglas befindet sich in einem Wasserbad (Abb. 1-98).

Ein angeschlossener Thermostat hält die Meßtemperatur konstant. Auf dem Glasrohr sind zwei Ringmarken angebracht. Zur Messung gibt man eine Kugel in das Rohr und stoppt die Zeit für das Abrollen der Kugel zwischen den Markierungen. In einem Kugelsatz stehen zwei Glaskugeln und vier Stahlkugeln verschiedener Durchmesser zur Auswahl. Damit sind mehrere Meßbereiche gegeben. Man wählt die Kugel, die eine genügend große Fallzeit benötigt (nicht unter 50 s).

Für die Berechnung der dynamischen Viskosität gilt die Gleichung:

$$\eta = t \cdot k \cdot (\varrho_K - \varrho_{Fl})$$

Darin bedeuten:

η　dynamische Viskosität der Prüfflüssigkeit
t　Fallzeit der Kugel
k　Viskosimeterkonstante für die benutzte Kugel
ϱ_K　Dichte der Kugel
ϱ_{Fl}　Dichte der Prüfflüssigkeit

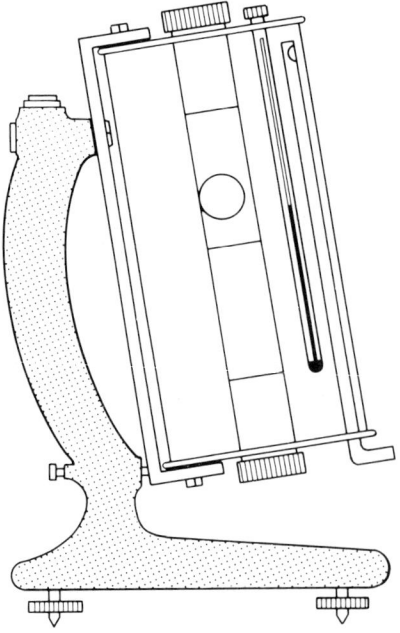

Abb. 1-98. Höppler-Viskosimeter.

Arbeitsanweisung

Aufgabenstellung: Es ist die Viskosität verschiedener Flüssigkeiten mit dem Höppler-Viskosimeter zu bestimmen.

Zubehör: Höppler-Viskosimeter, Thermostat, Stoppuhr, Feinspindelsatz, Standzylinder, Prüfflüssigkeiten.

Durchführung: Das Höppler-Viskosimeter wird an den Thermostat angeschlossen. Die Meßtemperatur ist am Thermostat einzustellen und konstant zu halten. In das gereinigte Fallrohr füllt man die Prüfflüssigkeit und bringt eine geeignete Kugel ein. Es ist darauf zu achten, daß sich im Fallrohr keine Luftblasen bilden. Sie würden die Fallzeit der Kugel verfälschen.

Um beim Umdrehen des Viskosimeters zum Rücklauf der Kugel ein Eindringen von Luftblasen in das Fallrohr zu verhindern, setzt man noch eine Blasenfalle (Abb. 1-99) ein. Danach wird das Fallrohr mit einer Verschlußkappe verschlossen. Nach etwa 15 Minuten Temperierzeit kann die Messung beginnen. Zum Abstoppen muß sich das Auge in Höhe der Fallrohr-Markierung befinden. Die Fallzeiten sind zehnmal zu messen und zu mitteln. Die Dichte der Flüssigkeit wird gespindelt. Kugelkonstante und Dichte der Kugel sind aus einer Tabelle zu ersehen, die dem Kugelsatz beiliegt.

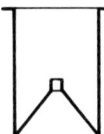 **Abb. 1-99.** Blasenfalle.

1.11.2.4 Rotationsviskosimeter

Rotationsviskosimeter kommen in vielen Industriezweigen sowohl in der Forschung wie auch in der Qualitätskontrolle zur Anwendung.

Die Vorteile der Rotationsviskosimeter gegenüber den Kapillar- und Fallkörperviskosimetern liegen in der direkten Anzeige oder Registrierung der Meßwerte. Die Viskosität kann über längere Zeit kontinuierlich gemessen werden; zeitabhängige Vorgänge können automatisch erfaßt und in Rechenanlagen weiterverarbeitet werden.

Die Meßflüssigkeit befindet sich bei Rotationsviskosimetern zwischen zwei rotationssymmetrischen und koaxial angeordneten starren Randflächen (von Zylindern, Platten oder Kegeln). Eine der Randflächen rotiert mit konstanter Drehzahl. Bedingt durch den Widerstand der Flüssigkeit gegen eine Verschiebung der einzelnen Flüssigkeitsschichten gegeneinander, entsteht ein Drehmoment.

Dieses Drehmoment wird gemessen, in ein elektrisches Signal umgesetzt und zur Anzeige in Viskositätseinheiten gebracht. Es existiert eine Vielzahl unterschiedlicher Meßsysteme für die verschiedenen Anwendungsgebiete bzw. Meßbereiche. Häufig verwendet werden *Zylinder-Rotationsviskosimeter.*

Je nachdem, ob der Innen- oder der Außenzylinder rotiert, spricht man von Searle- oder Couette-Rotationsviskosimetern (Abb. 1-100 und 1-101).

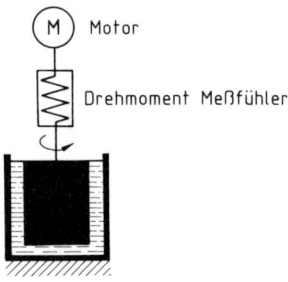

Abb. 1-100. *Searle-System:* rotierender Innenzylinder.

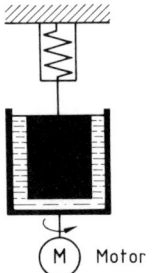

Abb. 1-101. *Couette-System:* rotierender Außenzylinder.

Abb. 1-102 zeigt den prinzipiellen Aufbau eines Rotationsviskosimeters der Firma HAAKE. Das Meßgerät mit dem rotierenden Innenzylinder ist von einem Temperiergefäß umgeben. Die Viskosität kann bei Temperaturen zwischen 0 °C und 100 °C gemessen werden.

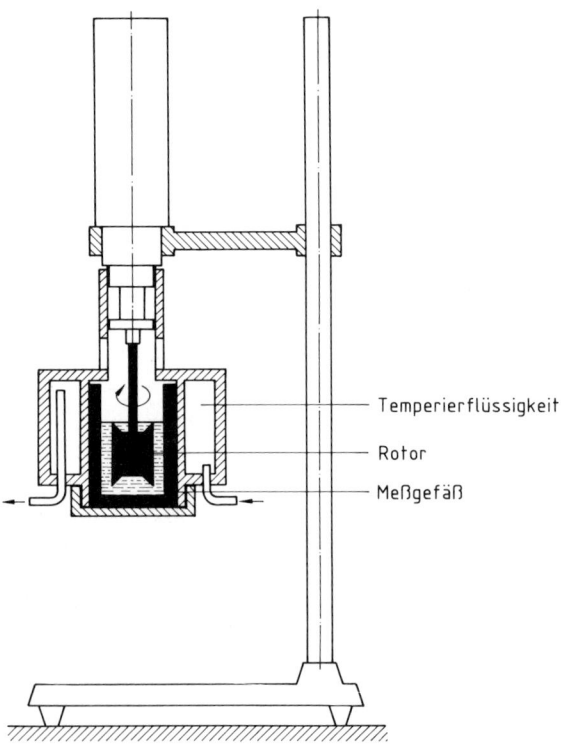

Abb. 1-102. Zylinder-Rotationsviskosimeter der Firma HAAKE.

1.11.3 Wiederholungsaufgaben

1. Wie heißt die SI-Einheit der dynamischen Viskosität?

2. Welcher formelmäßige Zusammenhang besteht zwischen der dynamischen und der kinematischen Viskosität?

3. Wie verändert sich die Viskosität von Flüssigkeiten und Gasen mit steigender Temperatur?

4. Welche Unterschiede bestehen zwischen dem Ostwald- und dem Ubbelohde-Viskosimeter?

5. Welches Meßprinzip liegt dem Rotationsviskosimeter zugrunde?

1.12 Oberflächenspannung

1.12.1 Themen und Lerninhalte

> Ursachen der Oberflächenspannung
>
> Methoden zur Bestimmung der Oberflächenspannung

Legt man eine Rasierklinge vorsichtig auf eine ruhende Wasseroberfläche, so bleibt sie dort liegen, ohne einzutauchen. Auch eine eingefettete dünne Nähnadel schwimmt auf der Wasseroberfläche, obwohl sie aufgrund ihrer höheren Dichte untergehen müßte. Hält man die Nadel dagegen etwas schräg und sticht mit der Spitze in die Wasseroberfläche, so taucht sie sofort unter. Ebenso können bestimmte Insekten über ruhendes Wasser laufen, ohne einzusinken.

Die Wasseroberfläche verhält sich hier ähnlich wie ein dünnes gespanntes Häutchen, das eine geringe Belastung aushalten kann.

Das Zustandekommen der gespannten Oberfläche bzw. der Oberflächenspannung kann mit den Wirkungen der molekularen Anziehungskräfte auf die Flüssigkeitsmoleküle an der Oberfläche erklärt werden.

Abb. 1-103 zeigt zwei Flüssigkeitsmoleküle mit den dazugehörigen Wirkungssphären der Anziehungskräfte der benachbarten Flüssigkeitsmoleküle (Kohäsionskräfte). Das linke Molekül liegt mit seiner gesamten Wirkungssphäre innerhalb der Flüssigkeit. Es befindet sich

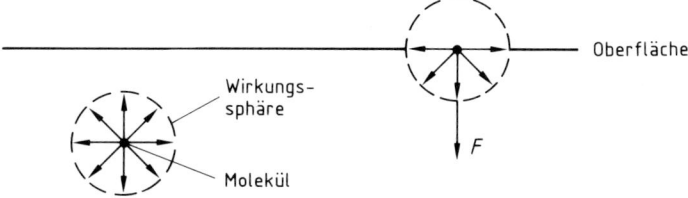

Abb. 1-103. Wirkungssphäre ($r \approx 10^{-6}$ cm) der Kohäsionskräfte auf Flüssigkeitsmoleküle.

im Kräftegleichgewicht, da sich die von allen Seiten mit gleicher Größe einwirkenden Kohäsionskräfte aufheben. Auf das rechte Molekül, direkt an der Oberfläche, wirkt dagegen eine resultierende Kraft zum Flüssigkeitsinnern, da die nach oben ziehenden Flüssigkeitsmoleküle fehlen.

Daraus folgt, daß eine bestimmte Arbeit notwendig ist, um Flüssigkeitsmoleküle aus dem Innern an die Oberfläche zu bringen. Das bedeutet, daß die Oberflächenmoleküle einer Flüssigkeit einen bestimmten Vorrat an potentieller Energie haben, der mit zunehmender Oberfläche wächst. Da der stabile Zustand eines Systems immer mit einem Energieminimum verbunden ist, strebt auch die Flüssigkeitsoberfläche stets einen Minimalwert an.

Taucht man einen geschlossenen Drahtring mit einer darin befestigten Fadenschlinge in eine blasenfreie Seifenlösung ein, so bildet sich eine Seifenlamelle aus (Abb. 1-104). Der Faden hat dabei eine unregelmäßige Form.

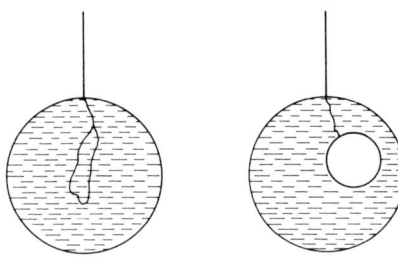

Abb. 1-104. Demonstration der Oberflächenspannung.

Zerstört man nun die Seifenhaut innerhalb der Fadenschlinge, so nimmt der Faden die Form eines Kreises an. Die von außen am Faden angreifenden Kräfte sind demnach an allen Seiten gleich groß. Sie resultieren aus dem Bestreben der übriggebliebenen Flüssigkeitsoberfläche, einen Minimalwert anzunehmen.

Die Arbeit, die notwendig ist, um die Flüssigkeitsoberfläche um einen bestimmten Betrag zu vergrößern, heißt *spezifische Oberflächenenergie* und wird in N m/m² angegeben. Sie ist bei Flüssigkeiten identisch mit der Oberflächenspannung σ (in N/m).

Oberflächenspannung einiger Substanzen an Luft (bei Zimmertemperatur):

$$\text{Quecksilber} \quad \sigma = 490 \cdot 10^{-3} \, \frac{\text{N}}{\text{m}}$$

$$\text{Wasser} \quad \sigma = 73 \cdot 10^{-3} \, \frac{\text{N}}{\text{m}}$$

$$\text{Seifenlösung} \quad \sigma = 25 \cdot 10^{-3} \, \frac{\text{N}}{\text{m}}$$

$$\text{Ethanol} \quad \sigma = 22 \cdot 10^{-3} \, \frac{\text{N}}{\text{m}}$$

Die Oberflächenspannung wird auch als *Kapillarkonstante* bezeichnet. Sie sinkt mit steigender Temperatur. Geringfügige Verunreinigungen der Flüssigkeitsoberfläche können die Oberflächenspannung wesentlich verändern. So kann man durch Zugabe einer kleinen Menge eines Netzmittels die Oberflächenspannung des Wassers erheblich erniedrigen und damit eine bessere Netzwirkung des Wassers erzielen. Je besser das Wasser benetzt, desto besser kann es beim Spülen oder Waschen die Schmutzteilchen ablösen.

1.12.2 Meßverfahren

Bei den folgenden Bestimmungsmethoden ist auf die Reinheit der Flüssigkeiten und die Sauberkeit der verwendeten Geräte zu achten.

Eine Temperierung der Flüssigkeiten ist nicht erforderlich. Die Temperatur der Meßflüssigkeit sollte allerdings ins Meßprotokoll übernommen werden.

1.12.2.1 Bestimmung der Oberflächenspannung aus der Steighöhe in Kapillaren – Grundlagen und Arbeitsanweisung

Bei Berührung einer Flüssigkeit mit der Gefäßwand sind nicht nur die Kohäsionskräfte (Anziehungskräfte zwischen den Flüssigkeitsmolekülen), sondern auch die Adhäsionskräfte von Bedeutung. Die Adhäsionskräfte sind die Anziehungskräfte zwischen den Flüssigkeitsmolekülen und der Gefäßwand. Sind die Adhäsionskräfte größer als die Kohäsionskräfte, zieht sich die Flüssigkeit an der Wand hoch; sie benetzt die Wand (Abb. 1-105). Sind dagegen die Kohäsionskräfte größer als die Adhäsionskräfte, wird die Wand nicht benetzt; die Flüssigkeitsoberfläche ist am Rand nach unten gekrümmt (Abb. 1-106).

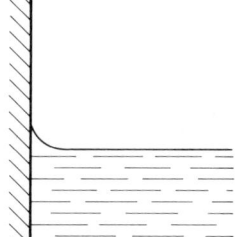

Abb. 1-105. Benetzende Flüssigkeit an einer Gefäßwand.

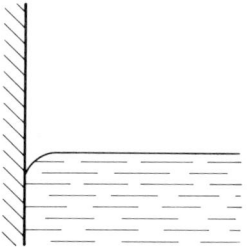

Abb. 1-106. Nichtbenetzende Flüssigkeit an einer Gefäßwand.

In sehr engen Röhren (Kapillaren) ist die Festkörperoberfläche und damit die Adhäsionskraft groß im Vergleich zum Gewicht der Flüssigkeit in der Kapillare. Dadurch steigen benetzende Flüssigkeiten in Kapillaren hoch; man spricht von *Kapillarattraktion* (Abb. 1-107). Nicht benetzende Flüssigkeiten (z. B. Quecksilber) werden in Kapillaren nach unten gedrückt. Diese Erscheinung wird als *Kapillardepression* bezeichnet (Abb. 1-108).

Aus der Steighöhe h einer Flüssigkeit in einer Kapillare kann man die Oberflächenspannung der Flüssigkeit ermitteln. Man geht davon aus, daß die Flüssigkeit nur soweit steigt, bis die Tragfähigkeit der Flüssigkeitsoberfläche mit der Gewichtskraft der an ihr hängenden Flüssigkeitssäule im Gleichgewicht ist.

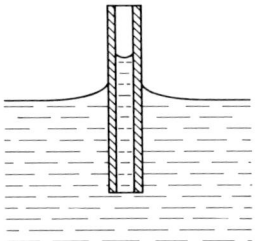

Abb. 1-107. Kapillarattraktion.

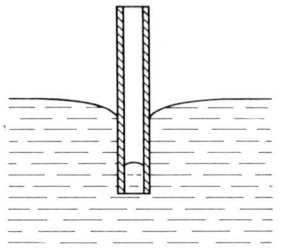

Abb. 1-108. Kapillardepression.

Tragfähigkeit der Oberfläche = Gewichtskraft der Flüssigkeitssäule

$$\sigma \cdot 2 \cdot r \cdot \pi = m \cdot g$$
$$= V \cdot \varrho \cdot g$$
$$= r^2 \cdot \pi \cdot h \cdot \varrho \cdot g$$
$$\sigma = \frac{r \cdot h \cdot g \cdot \varrho}{2}$$

Darin bedeuten:

r Radius der Kapillare

h Steighöhe

g Erdbeschleunigung = 981 cm/s^2

ϱ Dichte der Flüssigkeit

σ Oberflächenspannung

Arbeitsanweisung

Aufgabenstellung: Es sind die Oberflächenspannungen verschiedener Flüssigkeiten aus der Steighöhe in Kapillaren zu bestimmen.

Zubehör: Feinspindelsatz, Standzylinder, kleine Kristallisierschalen, Kapillare, Vakuumschlauchstück, Millimeterskala, Reinigungslösung, Prüfsubstanzen, Stativmaterial.

Durchführung: Um eine vollständige Benetzung der Kapillare zu erreichen, wird sie sorgfältig mit einer fettlösenden Flüssigkeit gereinigt, mit Wasser und Ethanol durchgespült und anschließend trockengesaugt. Danach wird sie am Stativ befestigt und senkrecht in die Meßflüssigkeit eingesetzt. Mit Hilfe eines Vakuumschlauchstückes saugt man die Flüssigkeit in der Kapillare hoch.

Nachdem sich das Gleichgewicht eingestellt hat, mißt man mit der Millimeterskala die Höhe der Flüssigkeitssäule über dem äußeren Flüssigkeitsspiegel. Die Steighöhe ist 10mal zu bestimmen. Die Dichte der Meßflüssigkeit wird mit dem Feinspindelsatz ermittelt.

1.12.2.2 Bestimmung der Oberflächenspannung nach der Tropfenmethode – Grundlagen und Arbeitsanweisung

Läßt man aus einer dickwandigen Kapillare Flüssigkeit auslaufen, so bilden sich am Ende der Kapillare Tropfen, deren Größe von der Oberflächenspannung der Flüssigkeit abhängig ist. Je größer die Oberflächenspannung ist, desto größer und schwerer kann der Tropfen werden. Erst wenn die Gewichtskraft des Tropfens größer wird als die von der Oberflächenspannung ausgeübten Kräfte, findet eine Ablösung des Tropfens statt.

Aus dem Gewicht des Tropfens und seinem Durchmesser kann man direkt die Oberflächenspannung errechnen. Man kann aber auch nacheinander gleiche Volumina einer bekannten und einer unbekannten Flüssigkeit austropfen lassen und die Tropfenzahlen vergleichen. Das dazu benutzte *Stalagmometer* (Abb. 1-109) ist eine Pipette mit kapillarem Auslaufrohr, dessen unteres Ende plan geschliffen ist. Durch die Markierungen A und B ist das Meßvolumen V festgelegt, das während der Messung nicht verändert werden darf.

Bei gleichem Volumen V bildet eine Flüssigkeit mit kleiner Oberflächenspannung mehr Tropfen als eine Flüssigkeit mit großer Oberflächenspannung. Die Massen der Tropfen verhalten sich demnach so wie die Oberflächenspannungen:

$$\frac{m_1}{m_2} = \frac{\sigma_1}{\sigma_2}$$

Da die Masse eines einzelnen Tropfens nicht einfach zu bestimmen ist, ermittelt man sie aus dem konstanten Auslaufvolumen V und der Tropfenzahl Z:

$$\text{Masse eines Tropfens: } m = \frac{V \cdot \varrho}{Z}$$

Daraus ergibt sich:

$$\frac{V \cdot \varrho_1 \cdot Z_2}{Z_1 \cdot \varrho_2 \cdot V} = \frac{\sigma_1}{\sigma_2}$$

$$\sigma_2 = \frac{\sigma_1 \cdot Z_1 \cdot \varrho_2}{Z_2 \cdot \varrho_1}$$

Darin bedeuten:

σ_2 Oberflächenspannung der zu messenden Flüssigkeit
σ_1 Oberflächenspannung der Vergleichsflüssigkeit
ϱ_2 Dichte der zu messenden Flüssigkeit
ϱ_1 Dichte der Vergleichsflüssigkeit
Z_2 Tropfenzahl der zu messenden Flüssigkeit
Z_1 Tropfenzahl der Vergleichsflüssigkeit

Arbeitsanweisung

Aufgabenstellung: Es sind die Oberflächenspannungen verschiedener Flüssigkeiten nach der Tropfenmethode zu bestimmen.

Zubehör: Stalagmometer, kleine Kristallisierschalen, Pipettierhilfe, Schlauchklemme, Feinspindelsatz, Standzylinder, Reinigungslösung, Wasser, Ethanol, Stativmaterial, Prüfsubstanzen.

Durchführung: Das Stalagmometer (Abb. 1-109) wird mit der Reinigungslösung, Wasser und Ethanol durchgespült und anschließend getrocknet (Wasserstrahlpumpe). Die zu messende Flüssigkeit wird bis über die Marke A hochgesaugt. An der Pipettierhilfe ist die Auslaufgeschwindigkeit mit der Schlauchklemme so einzustellen, daß etwa 2 bis 3 Tropfen pro Sekunde austreten. Man zählt die Tropfen, die aus dem Stalagmometer für das Flüssigkeitsvolumen zwischen den Marken A und B austreten.

Abb. 1-109. Stalagmometer.

Die Bestimmung der Tropfenzahl ist zehnmal durchzuführen und der Mittelwert in die Berechnungsgleichung einzusetzen. Die Dichten der Flüssigkeiten sind mit dem Feinspindelsatz zu bestimmen.

1.12.3 Wiederholungsaufgaben

1. In welcher SI-Einheit wird die Oberflächenspannung angegeben?
2. Was sind Kohäsionskräfte und was Adhäsionskräfte? Welche Bedeutung haben sie bei der Benetzung einer Gefäßwand durch eine Flüssigkeit?
3. Was versteht man unter Kapillardepression?
4. Welche Rolle spielt die Oberflächenspannung beim Hochsteigen von Flüssigkeiten in Kapillargefäßen?
5. Wo tritt in der Natur und im täglichen Leben die Kapillarwirkung auf?

1.13 Feuchte

1.13.1 Themen und Lerninhalte

Grundbegriffe der Feuchtemessung

Methoden zur Messung der Feuchte von Luft und von Feststoffen

Die Feuchte – auch Feuchtigkeit genannt – von Gasen, Dämpfen und Luft bezieht sich auf den in einem bestimmten Volumen enthaltenen Wasserdampf.

Unter der Feuchte oder dem Wassergehalt von Flüssigkeiten und Feststoffen versteht man den Anteil an chemisch nicht gebundenem Wasser an der Gesamtmasse.

Die *Luftfeuchte* ist nicht nur für das Wohlbefinden des Menschen, sondern auch in der Technik von großer Bedeutung. Einige Beispiele sollen dies verdeutlichen:

- Lagerung von Nahrungs- und Genußmitteln (Kaffee, Tee, Getreide, Tabak ...),
- Trocknung von Holz, Lacken, Kunstharzen ...,
- Zerkleinerung von Feststoffen,
- Zustandekommen von elektrostatischen Aufladungen,
- Korrosion von Anlageteilen.

Oft ist es notwendig, die Feuchte in einem abgeschlossenen Raum mit Hilfe von Feuchte-Regeleinrichtungen auf einem vorgegebenen Wert konstant zu halten.

Zur Kennzeichnung der Feuchtigkeit von Gasen können folgende Begriffe benutzt werden:

Absolute Feuchte, Formelzeichen f

Sie gibt die in einer Volumeneinheit enthaltene Wasserdampfmenge an. Die Einheit ist kg/m^3 oder g/m^3.

Sättigungsmenge oder *Sättigungskonzentration*, Formelzeichen f_s

Als Sättigungsmenge bezeichnet man die höchstmögliche Wasserdampfmenge in einem festgelegten Volumen bei einer bestimmten Temperatur. Sie wird ebenfalls in kg/m^3 oder g/m^3 angegeben.

Relative Feuchte, Formelzeichen R oder φ

Die Relative Feuchte ist definiert als das Verhältnis der absoluten Feuchte zu der für die Meßtemperatur gültigen Sättigungsmenge. Sie wird in Prozent angegeben.

$$R = \frac{f}{f_s}$$

Taupunkt, Formelzeichen t_D oder τ

Unter dem Taupunkt versteht man die Temperatur, bei der durch Abkühlung der in der Luft enthaltene Wasserdampf zu kondensieren beginnt. Die Sättigungsmenge der Taupunkttemperatur ist dann gleich der absoluten Feuchte. (Beispiele: Tautröpfchen an Gräsern nach nächtlicher Abkühlung; Beschlagen von Fensterscheiben bei niedrigen Außentemperaturen.)

1.13.2 Meßverfahren für Luftfeuchte

Zur Messung der Luftfeuchte finden die verschiedenartigsten Meßeffekte Anwendung. Ausschlaggebend für die Auswahl der Meßmethode ist die Eignung für den jeweiligen Prozeß, der Wartungsaufwand und die erforderliche Meßgenauigkeit.

Die absolute Feuchte kann man unmittelbar mit der Absorptionsmethode bestimmen. Hierbei werden zwei mit Trocknungsmitteln, z. B. Calciumchlorid, gefüllte Trockenröhrchen langsam von einem definierten Luftvolumen, z. B. 500 L, durchströmt. Aus der Massenzunahme der Trocknungsmittel und dem Luftvolumen erhält man die absolute Feuchte f in g/m^3. Die der Meßtemperatur entsprechende Sättigungsmenge f_s entnimmt man einer Tabelle. Aus f und f_s errechnet man die relative Feuchte R.

Von den technischen Methoden sollen nachfolgend das psychrometrische Meßverfahren und zwei der wichtigsten Hygrometerarten beschrieben werden.

1.13.2.1 Psychrometer

Zwei gleichartige Thermometer werden im Luftstrom eines Ventilators angebracht. Die Luftgeschwindigkeit soll mindestens 2 m/s betragen. Das Quecksilbergefäß des einen Thermometers bleibt frei (Trockenthermometer), das des anderen Thermometers wird mit einem leichten Gewebe, z. B. Mull, umwickelt. Diese Umhüllung wird mit Wasser benetzt (Feuchtthermometer). Im Luftstrom verdunstet das Wasser um so stärker, je trockener die Luft ist. Dadurch kühlt sich das Feuchtthermometer ab. Die Temperaturdifferenz zwischen Trockenthermometer und Feuchtthermometer wird als psychrometrische Differenz bezeichnet. Die relative Feuchte ergibt sich in der graphischen Psychrometertafel (Abb. 1-110) als Schnittpunkt aus der gemessenen psychrometrischen Differenz (y-Achse) mit der Temperatur des trockenen Thermometers (x-Achse).

Beispiel:

Temperatur des Trockenthermometers: 30,0 °C
Temperatur des Feuchtthermometers: 20,0 °C
psychrometrische Differenz: 10,0 °C
relative Luftfeuchte: 40,0 %

Es ist darauf zu achten, daß während der Messung die Thermometer keiner Wärmestrahlung ausgesetzt sind.

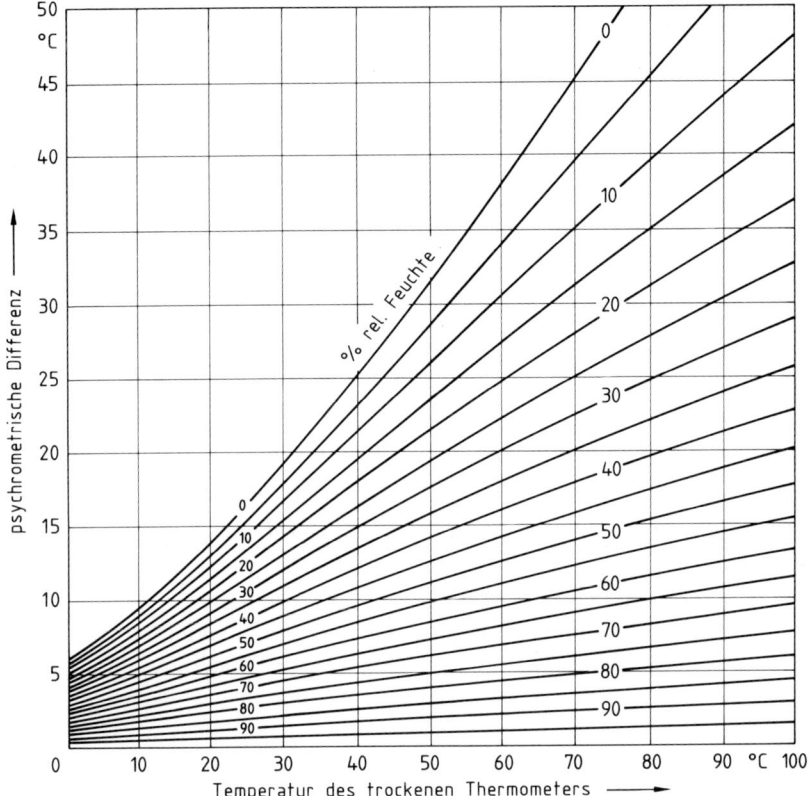

Abb. 1-110. Graphische Psychrometertafel der Firma Lambrecht für die Luftgeschwindigkeit $v = 2$ m/s.

1.13.2.2 Haarhygrometer

Von allen physikalischen Eigenschaften, die von der Luftfeuchte beeinflußt werden, hat sich die Längenänderung bestimmter faseriger Stoffe als besonders geeigneter Meßeffekt erwiesen. Vor allem das Haarhygrometer hat sich wegen seiner einfachen Bauweise und leichten Handhabung bewährt.

Ein Bündel entfetteter und besonders präparierter Menschenhaare ist in einem offenen Gehäuse aufgespannt. Die bei einer Erhöhung der Luftfeuchte eintretende Längenzunahme des Haarbündels wird über ein Hebelwerk auf einen Zeiger übertragen, der die relative Feuchte anzeigt. In trockener Luft stellt sich wieder die ursprüngliche Länge der Haare ein. Bleibt die Luftfeuchte über längere Zeit konstant, zeigt das Haarhygrometer zu hohe Werte an. Daher muß es vor genauen Messungen kalibriert werden, d. h. die Haare müssen sich regenerieren. Dazu wird das Haarhygrometer einige Zeit mit feuchten Tüchern umhüllt. Nachdem der Zeiger mit Hilfe einer Stellschraube auf 100 % (bzw. 95 % je nach Bauart) eingestellt wurde, werden die Tücher entfernt und das Gerät der zu messenden Feuchte ausgesetzt.

Das Haarhygrometer sollte nicht Temperaturen über 70 °C ausgesetzt werden und nicht mit Chemikalien-Dämpfen in Berührung kommen!

In der Atmosphäre von Chemieanlagen haben sich Kunststoff-Folien als Meßwertaufnehmer anstelle von Naturhaarbündeln bewährt. Sie sind wesentlich robuster, allerdings muß die Ausdehnung der Folien durch die Temperatur berücksichtigt werden, was bei Haaren wegen der relativ kleinen Ausdehnungszahl nicht notwendig ist.

Sowohl bei den Haarhygrometern wie auch bei den Folienhygrometern kann die feuchtebedingte Längenänderung durch Hebelbewegung auf einen Widerstandsferngeber übertragen und damit in ein elektrisches Ausgangssignal umgewandelt werden.

1.13.2.3 Kapazitive Hygrometer

Ein Kondensator ist ein elektrisches Bauelement, bei dem sich zwei elektrisch leitfähige Stoffe (z. B. Metallplatten oder Metallfolien) mit geringem Abstand gegenüberstehen. Der Zwischenraum ist mit einem elektrischen Isolator ausgefüllt, der als Dielektrikum bezeichnet wird.

Die Speicherfähigkeit des Kondensators für elektrische Energie wird durch die Kapazität C gekennzeichnet. C hängt direkt proportional von der Größe der Kondensatorplatten und umgekehrt proportional von dem Abstand der Platten ab. Weiterhin wird die Kapazität und damit auch der Widerstand des Kondensators in einem Wechselstromkreis durch die isolierenden Eigenschaften des Dielektrikums beeinflußt. Da diese Eigenschaften wiederum durch eindiffundierende Wassermoleküle verändert werden können, besteht die Möglichkeit, einen Kondensator mit geeignetem Dieelektrikum als Meßelement zur Feuchtemessung einzusetzen (s. Abb. 1-111).

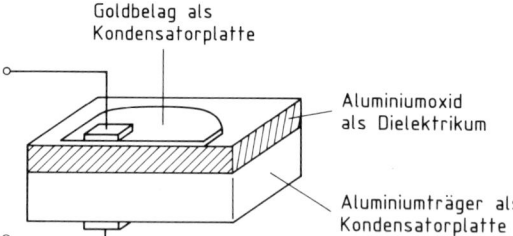

Goldbelag als
Kondensatorplatte

Aluminiumoxid
als Dielektrikum

Aluminiumträger als
Kondensatorplatte

Abb. 1-111. Schematischer Aufbau des Meßfühlers eines kapazitiven Feuchtemessers.

Der Kondensator im Meßfühler eines kapazitiven Feuchtemessers besteht aus einem Aluminiumträger, Aluminiumoxid Al_2O_3 als Dielektrikum und einer auf das Aluminiumoxid aufgedampften wasserdampfdurchlässigen Goldschicht. Die durch den Goldbelag in das Dielektrikum eintretenden Wassermoleküle bewirken eine verzögerungsfreie Änderung des Wechselstromwiderstandes (Impedanz), der gemessen wird.

1.13.3 Feuchtemessung in Feststoffen

Die Wahl der Methode zur Bestimmung des Wassergehaltes von Feststoffen ist von vielerlei Faktoren abhängig: Soll einmalig eine Meßprobe genommen werden oder soll die Messung kontinuierlich sein? Darf das Meßgut verändert werden oder nicht? Ist der Meßeffekt nur vom Wassergehalt abhängig oder auch von anderen Eigenschaften des Produktes?

Im einfachsten Fall wird eine Stoffprobe mit Infrarotstrahlern getrocknet und der Wassergehalt aus dem Unterschied der Massen vor und nach dem Trocknen ermittelt. Es muß allerdings gewährleistet sein, daß bei der Trocknung außer Wasserdampf keine weiteren Bestandteile freigesetzt werden.

Vor allem bei Schüttgütern (Pulver, Granulat usw.) und Folien wird oft eine kontinuierliche Feuchtemessung durchgeführt.

Soll das Produkt nicht verändert werden, bietet sich die *Gleichgewichtsmethode* an. Hierbei wird ein Feuchtegleichgewicht zwischen dem zu untersuchenden Feststoff und der umgebenden Luft erzeugt. Die mit einem der bekannten Hygrometer-Verfahren in der unmittelbar am Feststoff befindlichen Luft gemessene Feuchte ist dann gleich der Feststoff-Feuchte.

Bei hohen Anforderungen an die Meßgenauigkeit werden oft spezielle *Infrarot-Photometer* eingesetzt. Als Maß für das im Meßgut befindliche Wasser dient hier die Absorption von Infrarotstrahlen bestimmter Wellenlängen.

1.13.4 Wiederholungsaufgaben

1. Bei welchen technischen Vorgängen und Prozessen ist die Kenntnis der Feuchte von Bedeutung?
2. Wie ist die Sättigungsmenge f_s definiert?
3. Was versteht man unter der psychrometrischen Differenz?
4. Ein Haarhygrometer zeigt bei einer Temperatur von 22 °C eine relative Luftfeuchte von 55 % an. Wie groß ist die absolute Luftfeuchte?
Die Sättigungsmenge beträgt bei 22 °C 19,4 g/m^3. ($f = 10,67$ g/m^3)
5. Wie ist der Meßfühler eines kapazitiven Hygrometers aufgebaut?

1.14   Elektrische Größen

1.14.1   Themen und Lerninhalte

> Wesen und Wirkungen des elektrischen Stroms
>
> Schaltsymbole
>
> Aufbau und Funktionsweise von elektrischen Meßwerken
>
> Strom-, Spannungs- und Widerstandsmessung
>
> Elektrolytische Abscheidung

Der Name „Elektrizität" kommt vom griechischen Wort „elektron" für Bernstein. Man kannte schon im Altertum das Anziehungsvermögen eines Bernsteinstücks, das man durch Reibung in einen „besonderen Zustand" versetzt hatte. Eine Erklärung für diese Erscheinung hatte man allerdings noch lange nicht, da man den elektrischen Zustand mit keinem Sinnesorgan wahrnehmen konnte. Erst nachdem man sehr viel später den Aufbau der Atome erforscht hatte, war man in der Lage, das Wesen der Elektrizität zu beschreiben.

Jedes Atom besteht aus einem Atomkern, der von einem oder mehreren Elektronen umkreist wird. Dazwischen ist leerer Raum. Alle Elektronen haben die gleiche negative Ladung. Man nennt sie Elementarladung, da keine kleineren Ladungen bekannt sind. Der Atomkern enthält positiv geladene Teilchen (Protonen). Bei einem neutralen Atom ist die Zahl der Protonen im Kern gleich der Zahl der Elektronen in der Hülle. Abb. 1-112 zeigt den stark schematisierten Aufbau eines Kupferatoms mit 29 Protonen im Atomkern und 29 Elektronen in der Hülle.

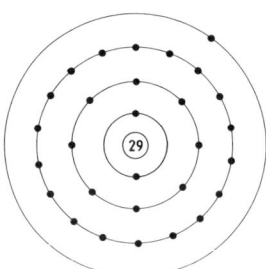

Abb. 1-112. Schematischer Aufbau eines Kupferatoms.

Die Zahl der Protonen im Kern (Kernladungszahl) bestimmt die Stellung des Elements im Periodensystem.

Man kann die chemischen Elemente in zwei große Gruppen einteilen, in Metalle und Nichtmetalle. Die Metalle haben meist nur ein, zwei oder drei Elektronen in der äußeren Schale. Diese Elektronen der äußeren Schale (Valenzelektronen) sind maßgebend für das chemische Verhalten der Elemente.

Ein metallischer Körper besteht aus einzelnen mikroskopisch kleinen Kristallen. In einem solchen metallischen Kristall (Abb. 1-113) haben die Atome einen Teil ihrer Valenzelektronen abgegeben. Zurück bleiben positiv geladene Atomreste (Ionen). Die Valenzelektronen sind innerhalb des Kristallgefüges frei beweglich und können sich durch elektrische Anziehungskräfte an jedes beliebige Metall-Ion binden. Man spricht von einem *Elektronengas*.

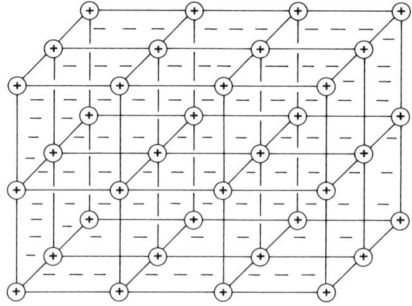

Abb. 1-113. Metallisches Atomgitter.

Wann fließt ein elektrischer Strom?

Verbindet man zwei Stellen unterschiedlicher Ladungsverteilung (Elektronenüberschuß und Elektronenmangel) mit einem elektrischen Leiter, kann ein elektrischer Strom fließen. Dabei werden solange elektrische Ladungen bewegt, bis der Ladungsunterschied aufgehoben ist oder der Stromkreis unterbrochen wird.

Bedingung für das Fließen eines elektrischen Stroms ist also das Vorhandensein einer Einrichtung, die einen Ladungsunterschied erzeugt (Spannungsquelle). Elektrische Leiter sind Metalle, Graphit und Elektrolyte (elektrisch leitende Flüssigkeiten). Während in den Metallen freie Elektronen bewegt werden, übernehmen in den Elektrolyten elektrisch geladene Atome oder Atomgruppen (Ionen) den Ladungstransport.

Welche Wirkung kann ein elektrischer Strom haben?

Wird ein elektrischer Leiter von einem Strom durchflossen, erwärmt er sich. Die *Wärmewirkung* wird in vielen Geräten ausgenutzt (Elektroherd, Heizkissen, Bügeleisen, Tauchsieder, ...). In Glühlampen ist die Wärmeentwicklung in den Wolframdrähten so groß, daß ein Teil der elektrischen Energie als Licht abgestrahlt wird.

Jeder stromdurchflossene Leiter ist von einem magnetischen Feld umgeben. Die *magnetische Wirkung* ist die Grundlage für den gesamten Elektromagnetismus (Elektromagnet, Generator, Elektromotor, Transformator, ...). Auch die wichtigsten elektrischen Meßwerke (Drehspulmeßwerk, Dreheisenmeßwerk) beruhen auf der Erzeugung eines Magnetfeldes in einer stromdurchflossenen Spule.

Läßt man einen elektrischen Strom durch die Lösung einer Säure, einer Base oder eines Salzes fließen, treten chemische Veränderungen auf. In der Technik findet die *chemische Wirkung* des elektrischen Stromes Anwendung z. B. bei der Herstellung von sehr reinen Metallen (Elektrolytkupfer, Elektrolytaluminium). Auch das Überziehen von Metallteilen mit edleren Metallen wird durch elektrolytische Abscheidung in den entsprechenden Metallsalzlösungen vorgenommen (galvanisches Versilbern, Vernickeln, Verchromen). Nach dem sogenannten Amalgam-Verfahren gewinnt man durch Elektrolyse einer wäßrigen Kochsalz-Lösung die Produkte Chlor, Wasserstoff und Natronlauge.

1.14.2 Gefahren des elektrischen Stromes

In allen Laboratorien, Produktionsbetrieben und nicht zuletzt in den Haushalten sind elektrische Geräte oder Anlagen anzutreffen. Damit ist immer die Möglichkeit eines Unfalles durch den elektrischen Strom gegeben. Da diese Unfälle schwerwiegende Folgen haben können, ist alles zu tun, um sie zu vermeiden. Je weniger die entsprechenden Vorschriften und Sicherheitsmaßnahmen bekannt sind und beachtet werden (Haushalt!), desto größer ist die Gefahr eines Unfalls. In diesem Abschnitt soll nur allgemein auf die Gefahren des elektrischen Stromes hingewiesen werden.

Welche Wirkungen kann der elektrische Strom auf den menschlichen Körper haben?

Entscheidend für die Gefährdung des menschlichen Lebens ist die Stärke des Stromes, der durch den Körper fließt. Außerdem spielen die Dauer der Stromeinwirkung und die Frequenz eine Rolle. Die Höhe des Stromes wird durch den Widerstand des menschlichen Körpers und die Spannung bestimmt. Der Widerstand des menschlichen Körpers setzt sich aus dem reinen Körperwiderstand von etwa 3000 Ohm und dem momentanen Hautwiderstand zusammen. Der Hautwiderstand wiederum hängt von der Hautbeschaffenheit (dünn, dick; trocken, feucht) und von der Größe der Berührungsfläche ab. Bei feuchter Haut und großer Berührungsfläche ist er sehr klein; damit wird praktisch nur der reine Körperwiderstand wirksam.

Für eine Spannung von 220 V ergibt sich dann der Körperstrom:

$$I = \frac{220 \text{ V}}{3000 \text{ } \Omega}$$

$$I = 0{,}073 \text{ A}$$

Ein Strom von 73 mA kann durchaus tödlich sein!

In der VDE-Bestimmung 0100 Teil 410 sind die Maßnahmen zum Schutz gegen gefährliche Körperströme festgelegt. Dieser Schutz ist sichergestellt, wenn die Nennspannung *50 V Wechselspannung* oder *120 V Gleichspannung* nicht überschreitet.

Liegt die Nennspannung über 25 V Wechselspannung oder 60 V Gleichspannung, muß bereits ein Schutz gegen direktes Berühren vorhanden sein.

Wenn das Herz in der Strombahn liegt, kann bei Strömen über 50 mA sogenanntes Herzkammerflimmern eintreten. Die Herztätigkeit geht dabei in eine flatternde Bewegung über, die zum Herzstillstand führt. Weitere mögliche Schädigungen durch den elektrischen Strom sind Verbrennungen an der Stromübergangsstelle, Netzhautschädigungen durch Verblitzen, Schädigung der Zellen, Störungen des Gleichgewichtssinnes, der Sehkraft und des Gehörs.

Was ist beim Umgang mit elektrischen Betriebsmitteln zu beachten?

Die wichtigsten Grundsätze sind:

Elektrische Betriebsmittel wie z. B. Kabel, Elektrogeräte und Elektrowerkzeuge dürfen nur in einwandfreiem Zustand und nur für den vorgesehenen Verwendungszweck benutzt werden.

Reparaturen an elektrischen Betriebsmitteln und Elektroanlagen dürfen nur von den dazu befugten Fachkräften durchgeführt werden.

In der Nähe von brennbaren Materialien und in explosionsgefährdeten Bereichen sind besondere Vorschriften zu beachten.

Nicht nur das Berühren, auch die bloße Annäherung an Stromleitungen, Transformatoren und andere Anlagen kann lebensgefährlich sein!

Die Beachtung dieser Richtlinien in Verbindung mit Maßnahmen wie Schutzisolierung, Schutzerdung, Schutzkleinspannung, Schutztrennung und Fehlerstrom (FI)-Schutzschaltungen gewährleisten im allgemeinen ein sicheres Arbeiten.

1.14.3 Schaltzeichen der Elektrotechnik

Schaltzeichen sind vereinfachte (symbolisierte) Darstellungen von Betriebsmitteln aus den verschiedenen Bereichen der Elektrotechnik. Der Ausdruck „Betriebsmittel" wird dabei als Oberbegriff für die Begriffe Bauelemente, Geräte, Maschinen usw. benutzt.

Die Schaltzeichen sind in DIN-Normen zusammengefaßt. Sie werden in den zuständigen Normenausschüssen jeweils dem neuesten Stand der nationalen und internationalen Darstellungstechnik angepaßt.

In der folgenden Übersicht (Tab. 1-10) sind die wichtigsten Schaltzeichen zusammengestellt, die für das vorliegende Arbeitsgebiet von Bedeutung sind. Sie wurden dem DIN-Taschenbuch 7 (8. Auflage 1983) entnommen.

Bei ihrer Anwendung ist stets auf exakte Wiedergabe zu achten!

1.14.4 Elektromagnetisch wirkende Meßwerke

Zur Messung von Stromstärke, Spannung, Leistung und Widerstand werden vorwiegend elektromagnetisch wirkende Meßinstrumente eingesetzt. Ihr Meßprinzip beruht auf der Erscheinung, daß ein stromdurchflossener Leiter von einem magnetischen Feld umgeben ist, sowie auf der Tatsache, daß sich gleichnamige Magnetpole abstoßen und ungleichnamige anziehen.

Das *Drehspulmeßwerk*

Abb. 1-114 zeigt den prinzipiellen Aufbau eines Drehspulmeßwerks. Im homogenen Feld eines kräftigen Dauermagneten ist eine Spule drehbar gelagert. Wird sie von einem Strom durchflossen, bewirkt das entstehende Magnetfeld zusammen mit dem Magnetfeld des Dauermagneten ein Drehmoment. Dieses Drehmoment ist von der Stromstärke abhängig. Ein Weicheisenkern im Spuleninnern verstärkt die magnetische Wirkung. An der Spulenachse ist ein Zeiger angebracht, der sich schwingungsfrei auf den Meßwert einstellt. Zwei Spiralfedern bringen die Drehspule in die Augangslage zurück, sobald kein Strom mehr fließt.

Die Kernmagnetbauweise (Abb. 1-115) beansprucht weniger Raum und ist damit für tragbare Vielfachmeßgeräte geeignet. Der Dauermagnet ist hierbei als Zylinder im Innern der Drehspule untergebracht. Ein Weicheisenmantel bewirkt den magnetischen Schluß. Das Rückstellmoment wird durch die Torsion der Metallbänder bewirkt, an denen die Drehspule aufgehängt ist.

Tabelle 1-10. Übersicht der wichtigsten Schaltzeichen der Elektrotechnik.

Schaltzeichen	Benennung	Schaltzeichen	Benennung
——	Gleichstrom, allgemein	▷⊢	Halbleiter–Diode–Gleichrichter
∿	Wechselstrom, allgemein	(PNP)	PNP–Transistor
▭	Widerstand, allgemein		
⊔	Widerstand, wahlweise Darstellung	(PNP Photo)	PNP–Phototransistor
▱	veränderbarer Widerstand		Photodiode
▱	Widerstand, mit Schleifkontakt		Photowiderstand
▱	stetig veränderbarer Widerstand		Photoelement
▱	einstellbarer Widerstand	(⟋)	Meßinstrument, allgemein ohne Kennzeichnung der Meßgröße
▱ 5	stufig einstellbarer Widerstand, z.B. 5 Stufen	(↕)	Meßinstrument, allgemein mit beidseitigem Ausschlag
Δl	Dehnungsmeßstreifen	(A)	Strommesser, mit Angabe der Einheit Ampère
ϑ	Widerstandsthermometer	(mV)	Spannungsmesser, mit Angabe der Einheit Millivolt
< +	Thermoelement, allgemein	⊠	Gleichrichtergerät

		ohne	mit	Darstellung der Verbindungsstellen
< +	Thermoelement mit Ausgleichsleitung			
⊣⊢ 6V	Element, Akkumulator, Batterie	|	⟍	Einschaltglied, Schließer
⊣⊢	galvanische Meßzelle, z.B. pH-Elektrode	⊥	⟋	Ausschaltglied, Öffner
⏚	Erde, allgemein	⌐|	⟍ ⟋	Umschaltglied Wechsler
⊥	Masse, allgemein	⊢⌐|	⊢⌐⟋	Tastschalter mit Schließer, handbetätigt, allgemein
⌐⌐	Umrahmung für Geräte			
▯ 10A	Sicherung mit Angabe des Nennstromes, z.B. 10 A	=◁	Mikrophon, allgemein
▬	Wicklung, Induktivität, allgemein		
⊔	Wicklung, wahlweise Darstellung	◁		Lautsprecher, allgemein
⌒⌒⌒	Wicklung, wahlweise Darstellung		
⊟	Transformator mit 2 getrennten Wicklung	⊏⊐	Hupe, allgemein
⊣⊦	Kondensator, Kapazität, allgemein	⊗	Glühlampe
⊣▯±	Elektrolytkondensator, gepolt	⊕	Glimmlampe

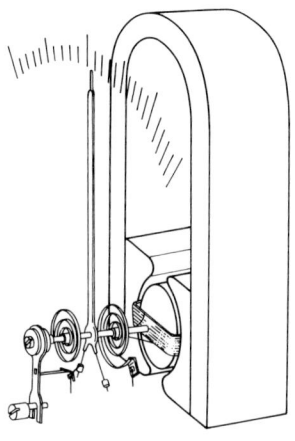

Abb. 1-114. Außenmagnetsystem.

Drehspulmeßwerke haben einen geringen Eigenverbrauch und eine sehr große Genauigkeit. Ohne Zusatzeinrichtungen sind sie nur für Gleichstrom geeignet. Wechselstrom muß erst gleichgerichtet werden.

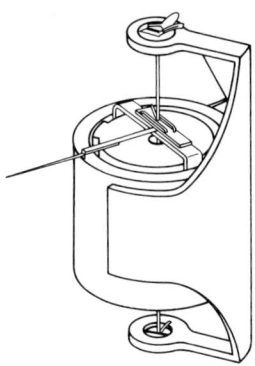

Abb. 1-115. Kernmagnetsystem.

Das *Drehspul-Quotientenmeßwerk*

Zwei unter einem bestimmten Winkel fest miteinander verbundene Spulen (Kreuzspule) sind im *inhomogenen* Feld eines Dauermagneten drehbar gelagert (Abb. 1-116). Ihnen werden über richtkraftfreie Metallbändchen entgegengesetzt gerichtete Ströme zugeleitet. An der einen Spule entsteht ein linksdrehendes, an der anderen ein rechtsdrehendes Drehmoment. Der Zeigerausschlag ist damit vom Quotienten (Verhältnis) der beiden Spulenströme abhängig. Die Größe der anliegenden Gleichspannung kann bis zu 20 % schwanken, ohne die Anzeige zu beeinflussen.

Das Verhältnis der beiden Spulenströme kann auch als Verhältnis zweier Widerstände aufgefaßt werden, an denen die gleiche Spannung anliegt. Damit kann das Drehspul-Quotientenmeßwerk zur Temperaturmessung mittels Widerstandsthermometer eingesetzt werden. Die eine Spule wird hierbei von dem temperaturabhängigen Widerstandsthermometerstrom durchflossen, die andere von einem Strom, der durch einen unveränderlichen Widerstand bestimmt wird. Die Skala wird direkt in Temperatureinheiten eingeteilt.

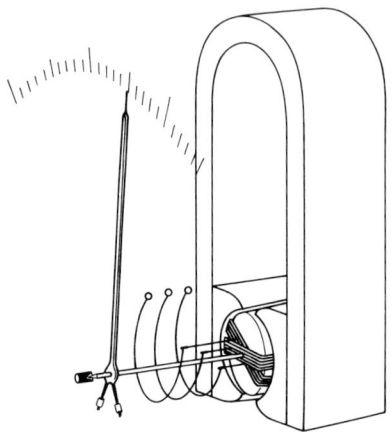

Abb. 1-116. Drehspul-Quotientenmeßwerk.

Ein weiteres Anwendungsgebiet sind die *Widerstandsferngeberschaltungen.* Sie ermöglichen die elektrische Fernübertragung der Zeigerstellung von mechanischen Meßgeräten. In
Abb. 1-117 ist als Beispiel die Kopplung eines Druckmeßgerätes mit dem Abgriff eines Potentiometers dargestellt. Die Potentiometerwicklung wird dadurch in zwei Widerstandszweige
geteilt. Entsprechend dem Meßdruck ändern sich die Widerstände in den beiden Zweigen und
damit das Stromverhältnis, das vom Quotientenmeßwerk angezeigt wird. Jede Druckände-
rung am Meßort kann so ohne merkliche Verzögerung über Entfernungen bis zu 50 km übertragen werden.

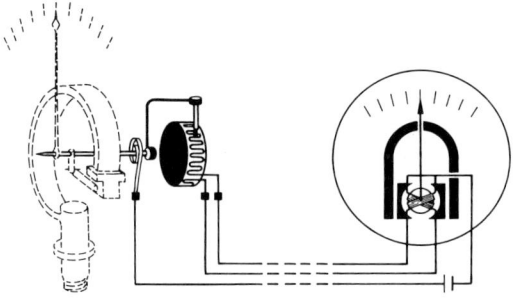

Abb. 1-117. Widerstandsferngeberschaltung.

Das *Dreheisenmeßwerk*

Innerhalb einer festen Ringspule befinden sich zwei Eisenkerne. Der eine ist an dem
Spulenkörper, der andere an der Zeigerachse befestigt. Fließt der Meßstrom durch die Spule,
entsteht ein Magnetfeld, in dem die Eisenkerne gleichnamig magnetisiert werden. Sie stoßen
sich daher gegenseitig ab. Die Gegenkraft wird von einer Spiralfeder geliefert. Das in Abb.
1-118 gezeigte Meßwerk hat Luftdämpfung. Durch den hohen Luftwiderstand des am Zeiger
befestigten offenen Kästchens wird eine schwingungsfreie Zeigereinstellung erreicht.

Dreheisenmeßwerke können für Gleich- und Wechselstrom benutzt werden.

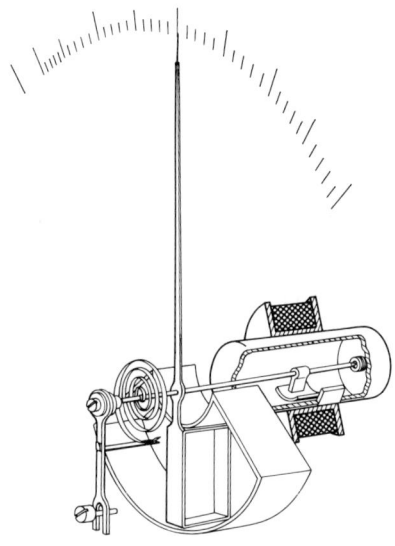

Abb. 1-118. Dreheisenmeßwerk mit Luftdämpfung.

Das *elektrodynamische Meßwerk*

Im Magnetfeld einer festen Spule ist eine Drehspule angebracht. Fließt Strom durch beide Spulen, entsteht ein Drehmoment. Die Drehspule bewegt sich mit dem Zeiger so weit, wie es das Rückstellmoment zweier Spiralfedern zuläßt.

Zu Strom- und Spannungsmessungen sind beide Spulen in Reihe geschaltet. Soll die Leistung gemessen werden, wird an die Drehspule die Spannung angelegt; durch die feste Spule fließt der Strom. Die Anzeige entspricht dem Produkt aus beiden Größen (elektrische Leistung gleich Stromstärke mal Spannung).

Magnetische Fremdfelder – z. B. von starkstromführenden Leitungen – würden die Messung erheblich beeinflussen. Um Fremdfeldeinflüsse weitgehend auszuschalten, werden die Meßwerke durch einen Eisenmantel magnetisch abgeschirmt (Abb. 1-119).

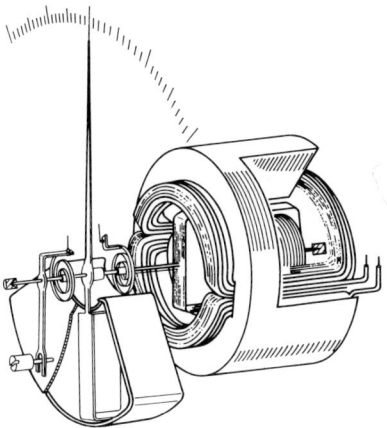

Abb. 1-119. Eisengeschlossenes elektrodynamisches Meßwerk mit Luftdämpfung.

1.14.5 Strom- und Spannungsmessung

Die Wirkungsweise der gebräuchlichsten Strommeßgeräte wurde schon in Abschn. 1.14.4 beschrieben. Für sehr kleine Ströme finden Sondermeßverfahren (z. B. Spiegelgalvanometer) mit Verstärkungseinrichtungen Anwendung. Auch für Messungen im Hochstrombereich (bis 100 kA) sind besondere Verfahren notwendig. Hierzu zählen die Drehspulinstrumente mit externen Nebenwiderständen und die sogenannten Meßwandler. In jedem Fall macht man sich die magnetische Wirkung des Stromes zunutze. Die Wärmewirkung des Meßstromes ist die Grundlage für die nur noch selten eingesetzten Hitzdrahtinstrumente und Bimetallmeßwerke. Im *Hitzdrahtinstrument* ist der Meßeffekt die Längenänderung eines gespannten Drahtes, der vom Meßstrom durchflossen wird. Der Vorteil dieses Meßwerks liegt in der Frequenzunabhängigkeit. Das *Bimetallinstrument* enthält zwei aufeinandergewalzte Metallstreifen (Bimetall) mit unterschiedlichen Längenausdehnungszahlen. Infolge der Erwärmung durch den Meßstrom biegt sich der Bimetallstreifen durch und erzeugt ein großes Drehmoment. Das Meßwerk ist sehr träge und hat keine große Meßgenauigkeit.

Strommeßgeräte werden grundsätzlich in Reihe zum Verbraucher geschaltet (Abb. 1-120).

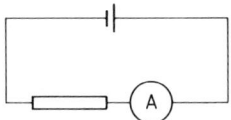

Abb. 1-120. Schaltung eines Ampèremeters.

Da das Amperemeter auch einen eigenen Widerstand hat, beeinflußt es den Gesamtwiderstand und damit den Meßstrom. Aus diesem Grund werden Strommeßgeräte mit möglichst kleinem Eigenwiderstand gebaut. Dem maximalen Zeigerausschlag entsprechend, kann das Meßorgan selbst nur einen bestimmten Strom aufnehmen. Zur Aufnahme des übrigen Stromes werden je nach Meßbereich niederohmige Widerstände (Shunts) parallelgeschaltet.

Beispiel zur Meßbereichserweiterung von Strommeßgeräten:
Ein Drehspulinstrument (Abb. 1-121) hat einen Innenwiderstand $R_S = 5\ \Omega$ und schlägt bei $I_S = 60$ mA voll aus. Wie groß müssen die Nebenwiderstände R_{N_1} und R_{N_2} für die Meßbereiche $I_1 = 0{,}6$ A und $I_2 = 1{,}5$ A sein?

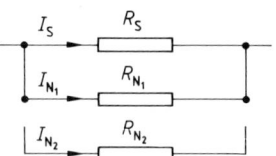

Abb. 1-121. Anordnung der Widerstände zur Meßbereichserweiterung von Strommeßgeräten.

Parallelgeschaltete Widerstände verhalten sich umgekehrt wie die durch sie fließenden Ströme (siehe auch Abschn. 1.14.6):

$$\frac{R_N}{R_S} = \frac{I_S}{I_N} \qquad R_N = \frac{R_S \cdot I_S}{I_N}$$

Der Strom I_N durch den Nebenwiderstand ergibt sich als Differenz aus dem neuen Meßbereich und dem Spulenstrom I_S.

$$R_{N_1} = \frac{R_S \cdot I_S}{I_1 - I_S} = \frac{5\,\Omega \cdot 0,06\,A}{0,6\,A - 0,06\,A} = \underline{0,55\overline{5}\,\Omega}$$

$$R_{N_2} = \frac{R_S \cdot I_S}{I_2 - I_S} = \frac{5\,\Omega \cdot 0,06\,A}{1,5\,A - 0,06\,A} = \underline{0,208\,\Omega}$$

Da nach dem Ohmschen Gesetz Stromstärke und Spannung einander proportional sind, kann jedes elektromagnetisch wirkende Strommeßgerät auch als Spannungsmeßgerät verwendet werden. Unterschiedlich ist lediglich die Skalenbeschriftung und die Zuschaltung von Widerständen.

Spannungsmeßgeräte werden immer parallel zu dem Teil des Stromkreises geschaltet, an dem die Spannung gemessen werden soll (Abb. 1-122).

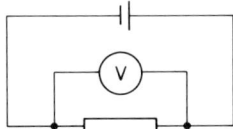

Abb. 1-122. Schaltung eines Voltmeters.

Der Eigenwiderstand eines Spannungsmessers soll möglichst groß sein gegenüber dem Widerstand des Meßobjekts. Dadurch bleibt seine Stromaufnahme klein. Den hohen Innenwiderstand erreicht man durch Vorwiderstände, die an die gewünschten Meßbereiche angepaßt werden.

Beispiel zur Meßbereichserweiterung von Spannungsmeßgeräten:

Der Innenwiderstand eines Drehspulinstruments (Abb. 1-123) ist $R_S = 3\,\Omega$. Es schlägt bei 30 mA voll aus; das entspricht einem Spannungsmeßbereich $U_S = 90$ mV. Der Meßbereich soll auf $U_1 = 10$ V erweitert werden. Wie groß muß der erforderliche Vorwiderstand R_V sein?

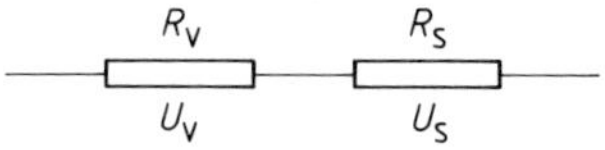

Abb. 1-123. Anordnung der Widerstände zur Meßbereichserweiterung von Spannungsmeßgeräten.

Bei der Reihenschaltung von Verbrauchern verhalten sich die Widerstände wie die an ihnen abfallenden Spannungen (siehe auch Abschn. 1.14.6):

$$\frac{R_V}{R_S} = \frac{U_V}{U_S} \qquad R_V = \frac{R_S \cdot U_V}{U_S}$$

Die Spannung U_V am Vorwiderstand ergibt sich als Differenz aus dem neuen Meßbereich und der am Spulenwiderstand R_S abfallenden Spannung U_S.

$$R_V = \frac{R_S \cdot (U_1 - U_S)}{U_S} = \frac{3\,\Omega \cdot (10\,V - 0,09\,V)}{0,09\,V} = \underline{330,\overline{3}\,\Omega}$$

1.14.6 Widerstandsmessung

1.14.6.1 Allgemeines

Soll ein Strom durch einen metallischen Leiter fließen, muß an die Enden des Leiters eine Spannung gelegt werden. Durch die Spannung werden die freien Elektronen der Metall-kristalle beschleunigt. Sie stoßen mit den positiv geladenen Atomrümpfen zusammen und werden für eine kurze Zeit von ihnen festgehalten. Auf diese Weise entsteht für den fließen-den Strom ein Widerstand. Er wächst bei den Metallen mit steigender Temperatur, da die Atomschwingungen bei Energiezufuhr stärker werden. Dadurch wird die Zahl der Zusam-menstöße größer.

Zur Messung des elektrischen Widerstandes stehen mehrere Meßverfahren zur Auswahl. Ihr Einsatz richtet sich nach der Art der Meßobjekte, der erwarteten Größenordnung und der geforderten Genauigkeit. Nachfolgend werden zwei der wichtigsten Grundschaltungen beschrieben: die Wheatstone-Brücke und die Meßanordnung nach dem Ohmschen Gesetz. Zunächst jedoch sollen noch die wichtigsten Gesetzmäßigkeiten für die Reihenschaltung und Parallelschaltung von Verbrauchern im Gleichstromkreis entwickelt werden.

Reihenschaltung von Widerständen (s. Abb. 1-124).

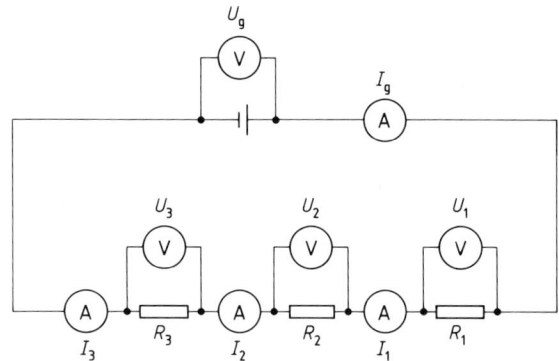

Abb. 1-124. Reihenschaltung von Widerständen.

Alle Verbraucher sind hintereinander (in Serie) geschaltet. Der Gesamtstrom I_g fließt unverändert durch alle Verbraucher durch.

$$I_g = I_1 = I_2 = I_3$$

Der Gesamtwiderstand R_g ist gleich der Summe aller Teilwiderstände (Widerstände, Ampère-meter, Leitungen, Spannungsquelle).

$$R_g = R_1 + R_2 + R_3 + \ldots$$

An jedem Widerstand wird ein Teil der insgesamt zur Verfügung stehenden Spannung ver-braucht. Der gesamte Spannungsabfall U_g ist gleich der Summe aller Spannungsabfälle.

$$U_g = U_1 + U_2 + U_3 + \ldots$$

Drückt man nach dem Ohmschen Gesetz die einzelnen Spannungen durch das Produkt $I \cdot R$ aus und betrachtet das Verhältnis zweier Spannungen, so findet man:

$$\frac{U_1}{U_2} = \frac{I_1 \cdot R_1}{I_2 \cdot R_2} = \frac{R_1}{R_2} \quad \text{oder auch} \quad \frac{U_g}{U_3} = \frac{R_g}{R_3}$$

Bei der Reihenschaltung verhalten sich die Widerstände wie die dazugehörigen Spannungsabfälle.

Parallelschaltung von Widerständen (s. Abb. 1-125).

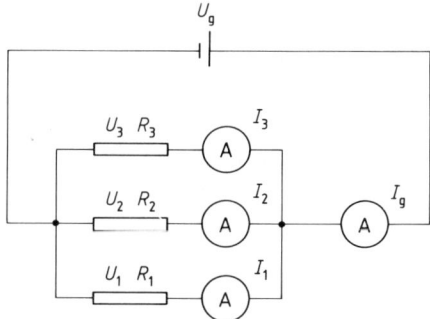

Abb. 1-125. Parallelschaltung von Widerständen.

Soll die Spannung an allen Verbrauchern gleich sein, müssen sie parallel (nebeneinander) geschaltet werden. Im Haushalt z. B. haben alle elektrischen Geräte die gleiche Spannung.

$$U_g = U_1 = U_2 = U_3$$

Der Gesamtstrom I_g verzweigt sich, fließt durch die einzelnen Zweige und erlangt nach der Vereinigung der Teilströme wieder seine ursprüngliche Stärke.

$$I_g = I_1 + I_2 + I_3$$

Ersetzt man in der vorstehenden Gleichung die Ströme nach dem Ohmschen Gesetz, so ergibt sich:

$$\frac{U_g}{R_g} = \frac{U_1}{R_1} + \frac{U_2}{R_2} + \frac{U_3}{R_3}$$

Da die Spannung in allen Zweigen gleich der Gesamtspannung ist, verbleibt nach Kürzen:

$$\frac{1}{R_g} = \frac{1}{R_1} + \frac{1}{R_2} + \frac{1}{R_3}$$

Der Kehrwert des Gesamtwiderstandes ist gleich der Summe der Kehrwerte der Teilwiderstände. Außerdem gilt, daß der Gesamtwiderstand stets kleiner ist als der kleinste Teilwiderstand.

Bildet man das Verhältnis zweier Ströme, drückt die Ströme durch den Quotienten U/R aus und kürzt die Spannungen, so verbleibt:

$$\frac{I_1}{I_2} = \frac{U_1 \cdot R_2}{R_1 \cdot U_2} = \frac{R_2}{R_1} \text{ oder auch } \frac{I_3}{I_g} = \frac{R_g}{R_3}$$

Bei Parallelschaltung verhalten sich die Widerstände umgekehrt wie die durch sie fließenden Ströme.

1.14.6.2 Bestimmung von Widerständen nach dem Ohmschen Gesetz – Grundlagen und Arbeitsanweisung

Kennt man die Spannung U, die an einem elektrischen Verbraucher anliegt, und den Strom I, der durch ihn fließt, so kann man nach dem Ohmschen Gesetz seinen elektrischen Widerstand R berechnen.

$$R = \frac{U}{I}$$

Folgende Schaltungen finden Anwendung:

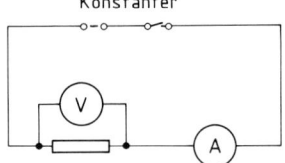

Abb. 1-126. Spannungsrichtige Schaltung.

In der *spannungsrichtigen Schaltung* (Abb. 1-126) wird der Strom fehlerhaft gemessen. Außer dem Strom, der durch R_x fließt, wird auch noch der Strom durch das Voltmeter gemessen. Bei der Berechnung von R_x muß der Voltmeterstrom vom Gesamtstrom abgezogen werden. Ohne Korrektur ist die spannungsrichtige Schaltung nur zur Messung kleiner Widerstände geeignet.

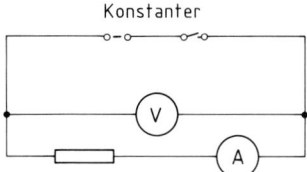

Abb. 1-127. Stromrichtige Schaltung.

Die *stromrichtige Schaltung* (Abb. 1-127) gestattet eine exakte Strommessung, das Voltmeter allerdings zeigt den Spannungsabfall an R_x und am Innenwiderstand des Amperemeters Ri_A an. Der aus U und I errechnete Widerstand entspricht daher dem Gesamtwiderstand $R_g = R_x + Ri_A$. Um R_x zu erhalten, muß Ri_A vom errechneten Gesamtwiderstand abgezogen werden.

$$R_x = \frac{U}{I} - Ri_A$$

Darin bedeuten:

R_x unbekannter Widerstand
U Gesamtspannung
I Stromstärke
Ri_A Innenwiderstand des Amperemeters für den jeweiligen Meßbereich

Arbeitsanweisung

Aufgabenstellung: Es ist der elektrische Widerstand von fünf Verbrauchern zu bestimmen.

Zubehör: Gleichspannungsquelle (Konstanter), zwei Vielfachmeßgeräte, Verbindungskabel, unbekannte Widerstände.

Durchführung: Die stromrichtige Schaltung ist nach Abb. 1-127 aufzubauen. Bei 3,0 V und 6,0 V liest man für jeden Widerstand die Stromstärke möglichst genau ab. Zu den benutzten Strommeßbereichen sucht man aus der Gerätetabelle die Innenwiderstände und rechnet R_x aus. Das Endergebnis ergibt sich als Mittelwert der beiden Messungen bei 3 V und 6 V.
 Vor Beginn jeder Messung und nach Abschluß aller Messungen ist der höchste Strommeßbereich einzustellen.

1.14.6.3 Bestimmung von Widerständen mit der Wheatstone-Brücke – Grundlagen und Arbeitsanweisung

Zum Verständnis der Wheatstoneschen Brückenschaltung sollen die Spannungsverhältnisse der in Abb. 1-128 gezeigten Schaltung untersucht werden. Es ist eine Kombination von zwei Reihenschaltungen, die wiederum parallel geschaltet sind.

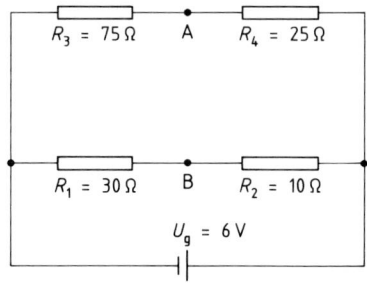

Abb. 1-128. Widerstandsmodell zur Wheatstone-Brücke.

 Das Widerstandsverhältnis im oberen Zweig ist gleich dem Widerstandsverhältnis im unteren Zweig.

$$\frac{R_3}{R_4} = \frac{R_1}{R_2} = \frac{3}{1}$$

Da sich in einer Reihenschaltung die Teilwiderstände wie die dazugehörigen Teilspannungen verhalten, ergeben sich bei einer Gesamtspannung $U_g = 6$ V die folgenden Teilspannungen:

$$U_3 = 4,5 \text{ V} \qquad U_4 = 1,5 \text{ V}$$
$$U_1 = 4,5 \text{ V} \qquad U_2 = 1,5 \text{ V}$$

Ein an den Punkten A und B angeschlossenes Galvanometer würde keinen Stromfluß anzeigen, da zwischen A und B kein Spannungsunterschied besteht.

Die eigentliche Wheatstone-Brücke (Abb. 1-129) enthält als R_1 und R_2 einen Schleifdraht von hohem spezifischem Widerstand und überall gleichem Querschnitt. R_3 ist ein stufig veränderlicher Widerstand (Stöpseldekade). Statt R_4 ist der zu messende Widerstand R_x angeschlossen.

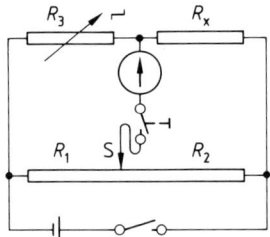

Abb. 1-129. Brückenschaltung nach Wheatstone.

In der Brücke befindet sich außer einem Galvanometer noch ein Taster. Der Schleifkontakt S wird soweit verschoben, bis das Galvanometer bei kurzem Tasten (Schutz vor Überlastung) keinen Ausschlag mehr zeigt. Damit ist der Brückenstrom Null: es liegt wieder das Widerstandsverhältnis der Schaltung in Abb. 1-128 vor.

$$\frac{R_3}{R_x} = \frac{R_1}{R_2}$$

Anstelle des Widerstandsverhältnisses R_1/R_2 kann auch das Verhältnis der entsprechenden Schleifdrahtlängen l_1/l_2 eingesetzt werden.

$$\frac{R_3}{R_x} = \frac{l_1}{l_2}$$

Für den unbekannten Widerstand R_x ergibt sich die Gleichung:

$$R_x = \frac{R_3 \cdot l_2}{l_1}$$

Darin bedeuten:

R_x unbekannter Widerstand
R_3 Widerstand der Stöpseldekade
l_1 Teillänge des Schleifdrahtes unter R_3
l_2 Teillänge des Schleifdrahtes unter R_x

Mit der Stöpseldekade R_3 stellt man das Widerstandsverhältnis so ein, daß der Abgleich etwa in der Mitte des Schleifdrahtes liegt. Dadurch wird die relative Meßunsicherheit verringert.

Arbeitsanweisung

Aufgabenstellung: Fünf unbekannte Widerstände sind mit Hilfe der Wheatstone-Brücke zu bestimmen.

Zubehör: Gleichspannungsquelle (Konstanter), Galvanometer, Taster, Schleifdraht, Stöpseldekade, Verbindungskabel, unbekannte Widerstände.

Durchführung: Zum Aufbau der Schaltung nach Abb. 1-129 sind kurze dicke Verbindungskabel zu nehmen. Die Spannung am Konstanter ist auf etwa 2 Volt einzustellen. Der Widerstand R_3 der Stöpseldekade ist so zu wählen, daß der Abgleich auf dem Schleifdraht zwischen 40 und 60 cm liegt. Durch Verschieben des Schleifkontaktes bei gleichzeitigem Tasten gleicht man die Widerstände so ab, daß die Brücke stromlos ist. Dann gilt die Beziehung

$$R_x = \frac{R_3 \cdot l_2}{l_1}$$

Die Länge l_1 ist als Mittelwert mehrerer Messungen zu bestimmen; l_2 ist die Ergänzung zur Gesamtlänge des Schleifdrahtes.

1.14.7 Bestimmung des elektrochemischen Äquivalents von Kupfer

Lösungen von Säuren, Basen und Salzen sowie deren Schmelzen werden als elektrolytische Leiter oder *Elektrolyte* bezeichnet. Im Gegensatz zu den metallischen Leitern (bewegte Elektronen) übernehmen bei den Elektrolyten *Ionen* den Stromtransport. Ionen sind elektrisch geladene Atome oder Atomgruppen. Sie werden frei bzw. entstehen beim Lösen eines Salzes, einer Säure oder einer Base oder beim Schmelzen. Diesen freiwilligen Zerfall von Verbindungen nennt man *elektrolytische Dissoziation*.

Einige Beispiele:

$$NaOH \longrightarrow Na^+ + OH^-$$
$$KCl \longrightarrow K^+ + Cl^-$$
$$H_2SO_4 \longrightarrow 2\,H^+ + SO_4^{2-}$$
$$Na_2CO_3 \longrightarrow 2\,Na^+ + CO_3^{2-}$$

Die positiv geladenen Ionen heißen *Kationen,* die negativ geladenen *Anionen.*
   Taucht man zwei Elektroden in einen Elektrolyten und legt eine Gleichspannung an, beginnen die Ionen zu wandern. Die mit dem Pluspol verbundene Elektrode wird Anode genannt. Da an ihr ein Mangel an Elektronen herrscht, ist sie das Ziel der negativ geladenen Anionen.

Die Kationen dagegen wandern zu der mit dem Minuspol verbundenen Kathode, die in der Lage ist, ihnen die fehlenden Elektroden zu liefern.

Als *Elektrolyse* bezeichnet man die chemischen Veränderungen, die beim Stromfluß in Elektrolyten auftreten.

Beispiel: In eine Kupfersulfatlösung tauchen zwei Kupferbleche ein. Das Kupfersulfat $CuSO_4$ liegt in der Lösung als Cu^{2+}-Ion und SO_4^{2-}-Ion vor. Wird eine Gleichspannung angelegt, wandern die Cu^{2+}-Ionen zur Kathode, nehmen je zwei Elektronen auf und scheiden sich als neutrales metallisches Kupfer an der Kathode ab, die Masse der Kathode nimmt zu. Die SO_4^{2-}-Ionen wandern zur Anode und verbinden sich mit dem Kupfer der Anode zu Kupfersulfat. Die Masse der Anode nimmt ab; die Konzentration der Lösung aber wird nicht verändert.

Faraday fand heraus, daß die Masse m des an der Kathode abgeschiedenen Stoffes proportional der transportierten Ladung ist, d. h. dem Produkt aus Stromstärke und Zeit.

$$m = \ddot{A} \cdot I \cdot t$$

Der Proportionalitätsfaktor $\ddot{A}$ ist das elektrochemische Äquivalent des abgeschiedenen Stoffes und gibt die Masse des Stoffes an, die von einer Ampèresekunde abgeschieden wird.

$$\ddot{A} = \frac{m}{I \cdot t}$$

Darin bedeuten:

$\ddot{A}$ elektrochemisches Äquivalent

m abgeschiedene Stoffmenge

I Stromstärke

t Zeitdauer der Elektrolyse

Arbeitsanweisung

Aufgabenstellung: Es ist das elektrochemische Äquivalent von Kupfer zu bestimmen.

Zubehör: Gleichspannungsquelle (Konstanter), Kupferelektroden, Kupfersulfatlösung (Oettelsche Lösung), Kunststoffzwischenstück, Becherglas (250 cm^3, breite Form), Ampèremeter, Verbindungskabel, Stoppuhr, Reinigungsflüssigkeiten.

Durchführung: Im Abzug wird die Kathode kurz mit verdünnter Salpetersäure gereinigt, mit Wasser und Ethanol abgespült und an der Luft getrocknet. Auf der Analysenwaage wird ihre Masse bestimmt. Die Schaltung wird nach Abb. 1-130 aufgebaut.

Man läßt den Strom 40 min lang fließen, liest alle 5 min die Stromstärke ab und errechnet daraus den Mittelwert. Nach dem Abschalten werden beide Elektroden mit Wasser und Ethanol abgespült und getrocknet. Die Kathode wird erneut gewogen. Die Differenz zur ersten Wägung ergibt die Masse des abgeschiedenen Stoffes m.

Beim Umgang mit der Oettelschen Lösung ist Vorsicht geboten (Kupfersulfat, Schwefelsäure!). Sie wird nach der Messung wieder in die Vorratsflasche geschüttet.

Während der gesamten Bestimmung ist die Schutzbrille zu tragen.

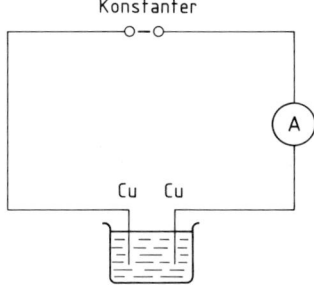

Abb. 1-130. Schaltskizze zur Bestimmung des elektrochemischen Äquivalents.

1.14.8 Wiederholungsaufgaben

1. Welcher Unterschied besteht zwischen der Stromleitung in Metallen und der in Elektrolyten?

2. Welche Wirkungen kann ein elektrischer Strom haben?

3. Welche Aufgabe haben die Spiralfedern im Drehspulmeßwerk?

4. Wie kann ein elektromagnetisch wirkendes Meßwerk gegen ein fremdes Magnetfeld abgeschirmt werden?

5. In den folgenden Sätzen sind die Worte „Voltmeter" bzw. „Ampèremeter" zu ergänzen:

.... werden immer in Reihe zum Verbraucher geschaltet.

.... werden immer parallel zum Verbraucher geschaltet.

.... haben einen großen Innenwiderstand.

.... haben einen kleinen Innenwiderstand.

6. Welche Spannung darf maximal an einen Stöpselwiderstand von 40 Ω gelegt werden, für den als Maximalstrom 0,16 A angegeben sind? ($U = 6,4$ V)

7. Ein Meßwerk hat 8 Ω Innenwiderstand und schlägt bei 60 mA voll aus. Durch welche Maßnahme kann der Meßbereich auf 3 A erweitert werden? ($R_N = 0,163$ Ω).

8. Wieviel Aluminium kann ein Aluminiumofen in 24 h produzieren, wenn durch ihn ein konstanter Strom von 80 000 A fließt?

Das elektrochemische Äquivalent von Aluminium beträgt 0,0936 mg/As. ($m = 647$ kg)

9. Welche Spannung U_g muß in der Schaltung von Abb. 1-131 angelegt werden, damit ein Strom $I_g = 0,12$ A fließt? ($U_g = 12$ V)

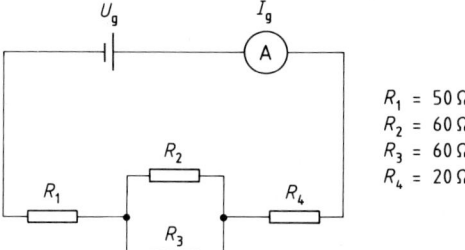

$R_1 = 50\,\Omega$
$R_2 = 60\,\Omega$
$R_3 = 60\,\Omega$
$R_4 = 20\,\Omega$

Abb. 1-131.

10. Wie groß sind in der Schaltung von Abb. 1-132 die Teilspannungen U_1 bis U_6 bei einer Gesamtspannung $U_g = 30$ V? ($U_1 = 15$ V, $U_2 = 3$ V, $U_3 = 2$ V, $U_4 = 1$ V, $U_5 = 4$ V, $U_6 = 10$ V)

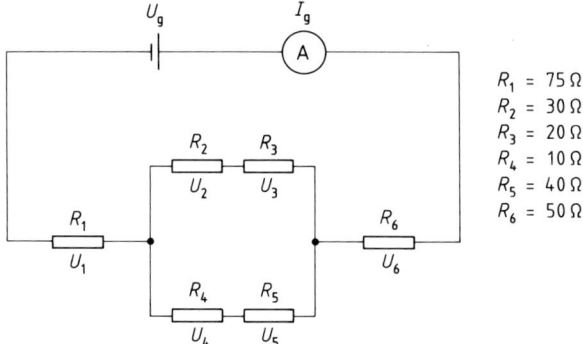

$R_1 = 75\,\Omega$
$R_2 = 30\,\Omega$
$R_3 = 20\,\Omega$
$R_4 = 10\,\Omega$
$R_5 = 40\,\Omega$
$R_6 = 50\,\Omega$

Abb. 1-132.

1.15   Signalverarbeitung

1.15.1   Themen und Lerninhalte

> Standardisieren von Signalen und Signalformen
>
> Elektrisches und pneumatisches Einheitssignal
>
> Umformen von Meßgrößen
>
> Wandeln und Umsetzen von Signalen

Um die Weiterverarbeitung der in den vorangegangenen Abschnitten behandelten Meßgrößen so einfach und effektiv wie möglich zu machen, müssen sie in den meisten Fällen auf eine einheitliche Signalform gebracht werden.

Die Meßgrößen werden durch sogenannte *Meßumformer* in ein genormtes *pneumatisches* (Druckluft) oder *elektrisches Einheitssignal* überführt.

Diese Umformung erlaubt eine Vereinheitlichung nachgeschalteter Verarbeitungsgeräte wie Anzeiger, Schreiber, Regler oder Stellgeräte. Dies bringt viele Vorteile und vor allem Kostenersparnisse bei Herstellung und Lagerhaltung, bei Bedienung, Wartung und Reparatur der Geräte.

Eine Fernübertragung der umgeformten pneumatischen oder elektrischen Signale vom Meßort zur Meßwarte und zurück zum Stellort ist sehr gut möglich.

In Abb. 1-133 sind die möglichen Wege eines Signals aufgezeichnet. Die Meßgröße wird vom Meßfühler erfaßt und gelangt als Meßsignal zum Meßumformer. Dieser bildet das Einheitssignal, das dann zur Verarbeitung in den gezeigten MSR-Geräten zur Verfügung steht.

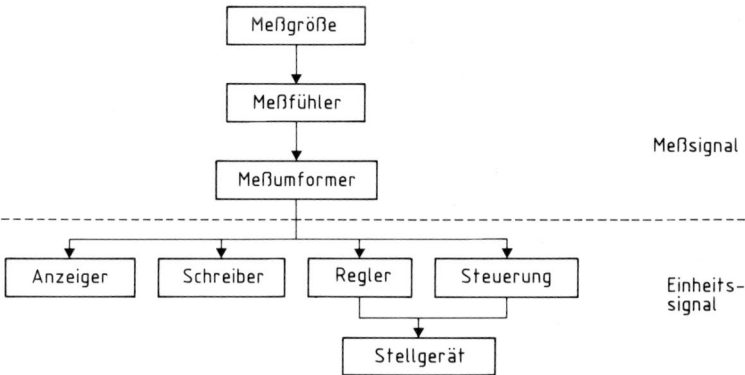

Abb. 1-133. Signalweg von der Meßgröße zur Verarbeitung.

1.15.2 Einheitssignale

Die durch die Umformung entstandenen standardisierten Signale bezeichnet man als Einheitssignale.

Man unterscheidet nach der verwendeten Energieform pneumatische und elektrische Einheitssignale.

1.15.2.1 Pneumatisches Einheitssignal

Besonders in der Chemie wird noch wegen des in vielen Bereichen notwendigen Ex-Schutzes (Explosionsschutz) die Meßwertübertragung durch pneumatische Signale verwirklicht.

Aus einem besonderen Versorgungsnetz mit aufbereiteter Druckluft (gereinigt, getrocknet; $p = 1,4$ bar) wird durch einen Meßumformer eine physikalische Meßgröße (Temperatur, Standhöhe, Druck, . . .) in ein genormtes Drucksignal umgeformt. Eine Fernübertragung dieses Signals ist bis zu Entfernungen von maximal 100 m möglich. Übertragen wird in Kupfer-, Stahl- oder Kunststoffschlauchleitungen.

Das aus der Umformung resultierende Einheitssignal liegt im Bereich:

$$p = 0,2 \ldots 1,0 \text{ bar}$$

Dieser Einheitssignalbereich entspricht dem Meßbereich der zugehörigen physikalischen Größe.

Beispiel:

Die Temperatur eines Behälters wird im Bereich 0 °C bis 180 °C gemessen.

$\quad$ 0 % des Meßbereiches = $\quad$ 0 °C $\to$ 0,2 bar
100 % des Meßbereiches = 180 °C $\to$ 1,0 bar

Abb. 1-134 zeigt das Symbol eines Meßumformers mit den Angaben für dieses Beispiel.

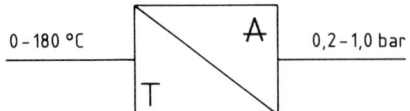

Abb. 1-134. Symbol eines pneumatischen Meßumformers.

Welcher Einheitsdruck entspricht hier einer gemessenen Temperatur von 90 °C?

Der Meßumformer ist so konstruiert, daß eine lineare Beziehung zwischen dem anliegenden Meßsignal und dem gebildeten Einheitsdruck besteht.

Trägt man den Einheitsdruck p_E in Abhängigkeit von der gemessenen Temperatur in ein Diagramm ein, so erhält man eine Gerade (Abb. 1-135). Daraus ergibt sich für die Meßtemperatur $\vartheta_{Meß} = 90$ °C der Einheitsdruck $p_E = 0,6$ bar.

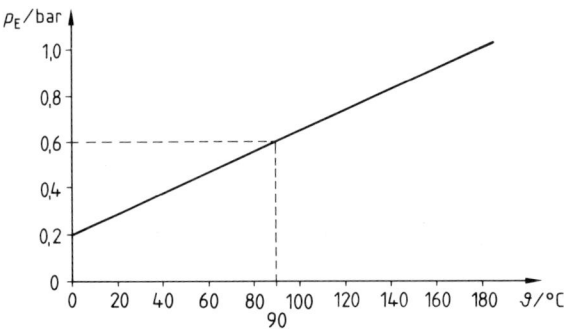

Abb. 1-135. Einheitsdruck in Abhängigkeit von der Temperatur.

Rechnerisch erhält man aus der Gleichung einer Geraden

$$y = mx + b$$

mit:

m Steigung der Geraden
b Ordinatenabschnitt

die Beziehung für den gesuchten Einheitsdruck

$$p_\vartheta = \frac{\Delta p_E}{\Delta \vartheta} \cdot \vartheta_{Meß} + p_A.$$

Es bedeuten:

p_ϑ Einheitsdruck beim anliegenden Meßsignal
Δp_E Einheitsdruckbereich
$\Delta \vartheta$ Temperaturmeßbereich
$\vartheta_{Meß}$ Meßtemperatur
p_A Anfangsdruck des Einheitsdruckbereiches.

Setzt man die Werte ein, erhält man:

$$p_\vartheta = \frac{0{,}8 \text{ bar}}{180\,°C} \cdot 90\,°C + 0{,}2 \text{ bar}$$

$$p_\vartheta = 0{,}4 \text{ bar} + 0{,}2 \text{ bar}$$

$$\underline{p_\vartheta = 0{,}6 \text{ bar}}$$

Die gezeigte grafische und rechnerische Lösung ist in dieser Form auch auf andere Meßgrößen übertragbar.

Betrachtet man alle nachfolgenden Geräte des Meßumformers, so arbeiten alle mit dem Einheitssignal (Abb. 1-133). Das bedeutet, daß ein pneumatischer Regler, der Ist- und Sollwerte einer Regelgröße miteinander vergleicht, immer nur das Verhältnis zweier Einheitsdrücke bestimmt.

Ein Einheitsdruckmanometer, das heute für das Darstellen einer Temperatur benutzt wurde, kann morgen einen Durchfluß anzeigen. Nach dem Wechseln der angeschlossenen Fühler müssen nur die Skalen ausgetauscht werden.

1.15.2.2 Elektrisches Einheitssignal

Der Vorteil der elektrischen Signalübertragung im Vergleich zur pneumatischen ist die praktisch verzögerungsfreie Übertragung über große Entfernungen. Das wohl gebräuchlichste und am meisten benutzte elektrische Einheitssignal ist die Einheitsstromstärke. Es gibt dabei zwei Bereiche:

1. $I = 0 \ldots 20 \text{ mA}$
2. $I = 4 \ldots 20 \text{ mA}$

Entsprechende elektrische Meßumformer des Bereiches von $0 \ldots 20$ mA müssen über zwei zusätzliche Leitungen mit elektrischer Hilfsenergie versorgt werden (Abb. 1-136, oberer Teil).

Der lebende Nullpunkt 4 mA bietet erhebliche meßtechnische Vorteile. Meßumformer mit einem Ausgang von $4 \ldots 20$ mA werden von einem Speisegerät mit einer Hilfsenergie von 4 mA versorgt (Abb. 1-136, unterer Teil). Über die gleiche Leitung wird das Einheitssignal von $4 \ldots 20$ mA über das Speisegerät übertragen (Zweileitertechnik).

Durch diese Technik ist es möglich, elektrische Meßumformer in Ex-Räumen (Kapitel 5) zu installieren. Schaltraum und Meßwarte unterliegen nicht den Ex-Bestimmungen.

Ein anderes, auch benutztes elektrisches Einheitssignal ist die Einheitsspannung:

$$U = 0 \ldots 10 \text{ V} \ .$$

Das elektrische Einheitssignal hat sich in der heutigen Technologie durchgesetzt. Das pneumatische hat nur noch eine geringe Bedeutung.

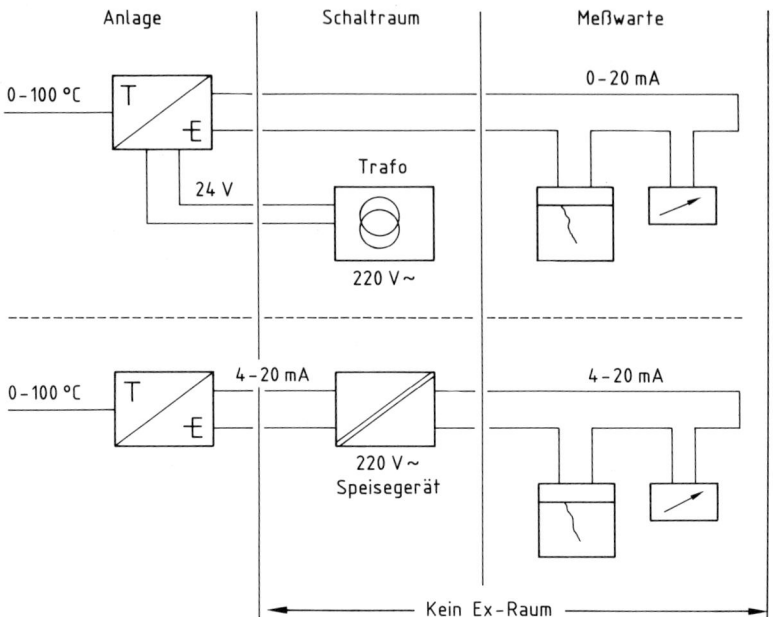

Abb. 1-136. Elektrische Meßumformung.

1.15.3 Meßumformer

Die Geräte zur Bildung des Einheitssignals nennt man, wie schon vorher erwähnt, Meßumformer oder auch Transmitter.

Der Meßumformer ist in seiner Bauart auf die jeweilige Meßmethode abgestimmt. Oft ist der Meßumformer Bestandteil der kompletten betrieblichen Meßeinrichtung. Das Einstellen auf den gewünschten Meßbereich ist Aufgabe des Meß- und Regelmechanikers.

Ohne auf die technischen Einzelheiten von Geräten einzugehen, soll hier je ein Beispiel für das Funktionsprinzip pneumatischer und elektrischer Umformung aufgezeigt werden.

Pneumatischer Meßumformer

Wesentlicher Bestandteil eines pneumatischen Meßumformers ist ein *Düsen-Prallplatten-system* (Abb. 1-137). Eine Düse, aus der Versorgungsdruckluft (maximal 1,4 bar) austritt, wird durch eine Platte, die durch die Meßgröße verstellt wird, mehr oder weniger verschlossen. Je weiter die Düse von der Prallplatte entfernt ist, desto geringer ist der Düseninnendruck und umgekehrt. Die möglichen Abstände Düse – Prallplatte sind so gewählt, daß sich der Innendruck im Einheitsdruckbereich 0,2 ... 1,0 bar verändert. Man hat also selbst bei 0 % des Meßbereiches einen stetigen Luftverbrauch. Durch die Rückführung einer Kompensationsmembrane wird ein proportionaler Zusammenhang zwischen Meßgröße und Düseninnendruck gewährleistet. Die Einstellung des Meßbereiches erfolgt durch Verändern des Drehpunktes.

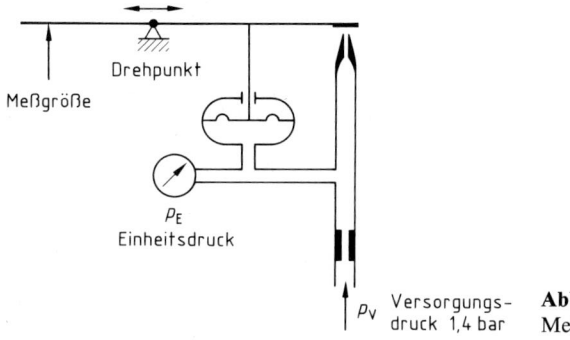

Meßgröße

Drehpunkt

p_E
Einheitsdruck

p_V Versorgungs-
druck 1,4 bar

Abb. 1-137. Prinzip eines pneumatischen
Meßumformers.

Elektrischer Meßumformer

Meßgrößen wie Temperatur, pH-Wert, Leitfähigkeit usw. liegen häufig schon als elektrische
Signale vor und werden in den meisten Fällen durch elektronische Einrichtungen in elektrische Einheitssignale umgeformt.

Zur Aufnahme mechanischer Wegänderungen dienen Widerstände, Induktivitäten (Spulen) oder Kapazitäten (Kondensatoren).

Beispiel 1: Umformung mit einem veränderlichen Widerstand.

Die Stellung eines pneumatischen Regelventils verändert die Position des Schleifdrahtes an
einem Potentiometer (Abb. 1-138). Dadurch verändert sich die gemessene Spannung. Sie ist
ein Maß für den Hub des Ventils.

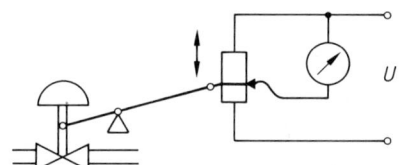

U

Abb. 1-138. Umformung über den Schleifdraht eines
Potentiometers.

Beispiel 2: Induktiver Geber in einem Schwebekörper-Durchflußmesser.

Durch den Eisenstab an einem Schwebekörper wird die Ausgangsspannung U_A eines außerhalb angebrachten Differentialtransformators verändert (Abb. 1-139). Sie ist in diesem Fall
ein Maß für den gemessenen Volumenstrom $\dot{V}$.

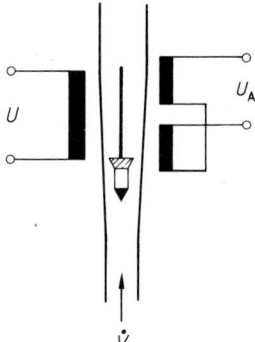

U

U_A

$\dot{V}$

Abb. 1-139. Umformung über einen induktiven Geber.

1.15.4 Signalwandler

Geräte, die ein pneumatisches Einheitssignal in ein elektrisches umwandeln oder umgekehrt, nennt man Signalwandler.

Man unterscheidet

pneumatisch-elektrische Signalwandler

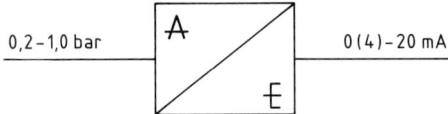

und elektrisch-pneumatische Signalwandler.

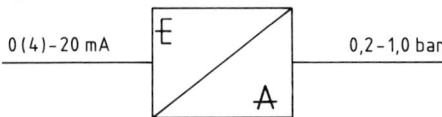

Die Funktion eines elektrisch-pneumatischen Wandlers zeigt Abb. 1-140. Eine Tauchspule bewegt sich in einem Topfmagneten. Fließt ein Strom durch die Tauchspule, wird sie durch das entstehende Magnetfeld in den permanenten Topfmagneten hineingezogen. Die Kraft des Magnetfeldes ist um so stärker, je größer der angelegte Einheitsstrom ist.

Die Auslenkung wird über ein Düsen-Prallplattensystem abgegriffen und in das pneumatische Einheitssignal umgesetzt.

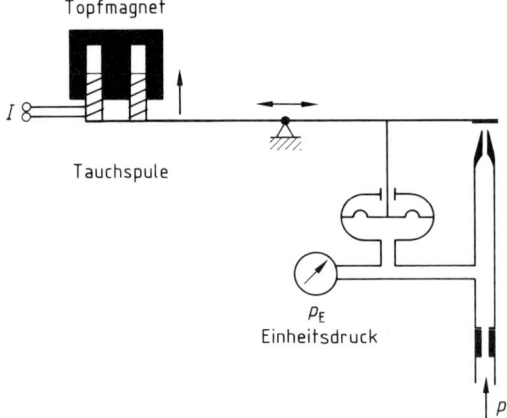

Abb. 1-140. Prinzip eines elektrisch-pneumatischen Signalwandlers.

1.15.5 Signalumsetzer

In modernen elektronischen Steuerungs- und Automatisierungssystemen müssen die Signale zur Verarbeitung in digitaler Form vorliegen (Abschn. 3.1.2).

Die Umsetzung erfolgt weitgehend durch elektronische Schaltungen, deren Beschreibung nicht Bestandteil dieses Buches ist.

Man unterscheidet

Digital-**A**nalog-**U**msetzer (DAU)

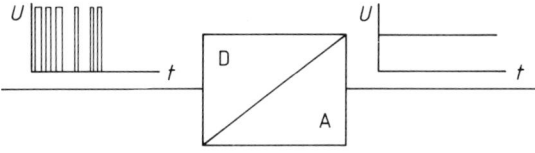

und **A**nalog-**D**igital-**U**msetzer (ADU)

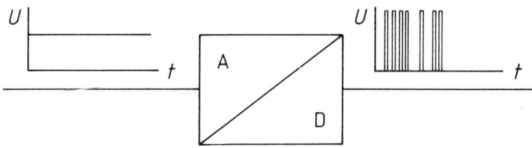

1.15.6 Ausgabe- und Registriergeräte

1.15.6.1 Allgemeines

Werden Meßgrößen, wie vorher beschrieben, in ein elektrisches oder pneumatisches Einheitssignal umgeformt, so brauchen die anzeigenden Geräte nur für dieses entsprechende Signal ausgelegt zu sein. Die Unterscheidung kommt durch den Einsatz von Skalen, die dem Meßbereich der Meßgröße zugeordnet sind, oder es werden Skalen mit Prozentangaben verwendet.

Ist die Vergangenheit, bzw. die Tendenz eines Meßwertes von Bedeutung, so muß man registrierende Ausgabegeräte wie Linien- oder Punktschreiber einsetzen.

Die Möglichkeit, Meßgrößen in einem Prozeßleitsystem anzuzeigen und zu registrieren, wird in Kapitel 4 dieses Buches gezeigt.

1.15.6.2 Anzeiger

Anzeiger zeigen dem Bediener der Anlage den augenblicklichen Wert der Meßgröße. Oft sind sie an einem zentralen Ort, der Meßwarte oder dem Schaltraum, untergebracht. Der Anlagenfahrer kann hier mit wenigen Blicken den optimalen Ablauf des Prozesses kontrollieren.

Die Anzeigegeräte sind entweder in einem Fließbild integriert, um die Zuordnung zur Anlage zu gewährleisten, oder auch nach Anlagenteilen geordnet nebeneinander eingebaut.

Werden diese Anzeiger in einen Frontrahmen eingesetzt, sind sie in der Regel rechteckig oder quadratisch und haben die Maße 72 x 72 mm, 144 x 72 mm oder 144 x 144 mm (Abb. 1-141).

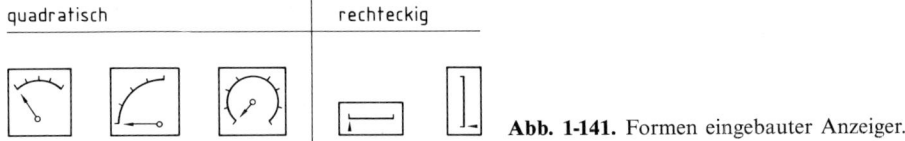

Abb. 1-141. Formen eingebauter Anzeiger.

Die Anzeiger bestehen aus einer Skala, einem Ziffernfeld und einem Zeiger. Der Meßwert wird durch die Stellung des Zeigers zur Skala angezeigt.

Im Gegensatz dazu findet man heute oft optische Anzeigen, die auf mechanische Zeiger verzichten. Bei ihnen wird der Meßwert mit Bändern aus Leuchtdioden längs einer Skala angezeigt (Bargraph).

Digitale Anzeiger stellen den Meßwert als Ziffernfolge dar.

Pneumatische Anzeiger für das Einheitssignal nennt man Einheitsmanometer. Ihr Meßwerk besteht wie auch bei den sonst üblichen Betriebsdruckmanometern (Abschn. 1.5.2) aus einer Rohrfeder oder einem Faltenbalg mit Übertragungsgliedern.

Elektrische Anzeiger der Einheitsstromstärke bestehen in der Regel aus einem Drehspulmeßwerk (Abschn. 1.14.4) mit dem entsprechenden Meßbereich bis $I = 20$ mA.

Oft werden bei der Überwachung von Meßgrößen Grenzsignale zur Alarmierung oder für Steuer- und Sicherheitseingriffe benötigt. Bei pneumatischen Anzeigern sind die Stellkräfte des Meßwerkes so groß, daß bei den entsprechenden Skalenwerten Mikroschalter betätigt werden.

Elektrische Meßwerke können diese Stellkräfte nicht aufbringen und bedürfen daher einer berührungslosen Abtastung durch einen sogenannten Induktivabgriff.

1.15.6.3 Schreiber

Sollen bestimmte Prozeßereignisse (z. B. nach Betriebsstörungen) rekonstruiert werden oder sollen optimale Prozeßabläufe wiederholt werden, so muß der Meßwert über längere Zeit registriert werden. Zu diesem Zweck werden in der Regel zwei Schreibertypen verwendet: Linien- und Punktschreiber (Abb. 1-142).

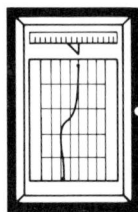
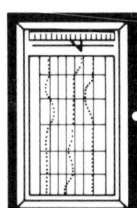

Linienschreiber   Punktschreiber   **Abb. 1-142.** Registriergeräte.

Linienschreiber sind in der Lage, Meßwerte kontinuierlich mitzuschreiben. Durch die Kraft des Meßwerkes wird ein Zeiger mit Schreibfeder über eine Papierrolle geführt. Die Rolle wird über einen Synchronmotor mit einer exakten Geschwindigkeit von z. B. 20 mm/h angetrieben. Es entsteht ein kontinuierlicher Kurvenzug.

Da durch die Stellkraft eines pneumatischen Meßwerkes (Abb. 1-143) die Schreibeinrichtung direkt angetrieben werden kann, werden Linienschreiber vorwiegend zur Registrierung über das pneumatische Einheitssignal verwendet. Aber auch elektrische Meßwerke mit Verstärkereinrichtungen oder Kompensationsschreiber finden Anwendung.

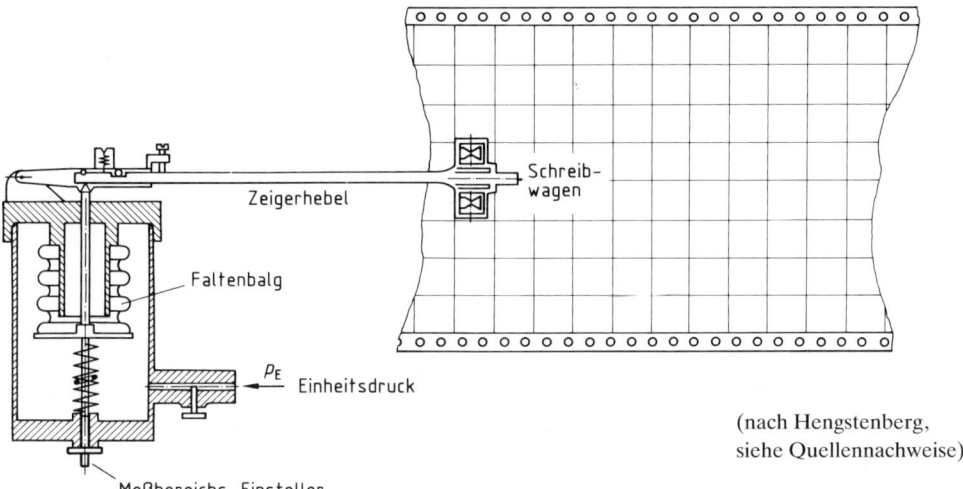

(nach Hengstenberg,
siehe Quellennachweise)

Abb. 1-143. Pneumatisches Meßwerk eines Linienschreibers.

Punktschreiber sind in den meisten Fällen elektrische Mehrfachschreiber mit z. B. 6 Meßstellen.

Bei den einfachen elektrischen Meßeinrichtungen wie Drehspul- oder Kreuzspulmeßwerk ohne zusätzliche Verstärkereinrichtung genügt die Kraft nicht, eine Schreibvorrichtung zu bewegen. Daher wird der frei beweglich gelagerte Zeiger über eine Hilfseinrichtung, einen sogenannten Fallbügel, abgetastet und über ein Farbband als Punkt zu Papier gebracht. Die Zuordnung der Meßstellen erfolgt über verschiedene Farbbänder (Abb. 1-144).

Über einen Meßstellenumschalter wird eine Größe nach der anderen abgefragt und als Farbpunkt registriert. Zwischen zwei Abtastungen wird ein Meßwert nicht erfaßt. Das bedeutet für Meßgrößen, die sich zeitlich sehr schnell ändern (Druck, Durchfluß, Stand), daß diese Schreiberart nicht geeignet ist. Für diese Größen benutzt man besser die vorher genannten Linienschreiber.

Punktschreiber werden sehr gerne für Temperaturmessungen benutzt, da hier der zeitliche Verlauf in den seltensten Fällen schnellen Schwankungen unterliegt.

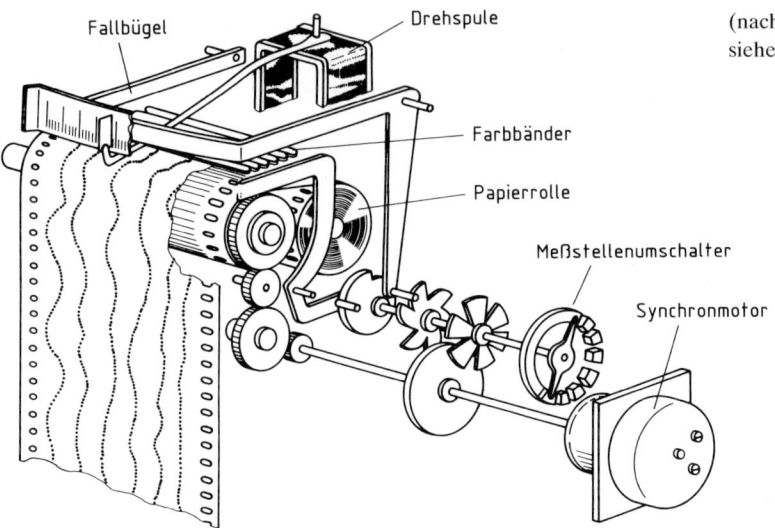

Fallbügel   Drehspule   (nach Hengstenberg, siehe Quellennachweise)

Farbbänder

Papierrolle

Meßstellenumschalter

Synchronmotor

Abb. 1-144. Schematische Darstellung eines Punktschreibers.

Bei Schreibern müssen bestimmte Wartungsarbeiten vom Bedienpersonal übernommen werden.

Zum Beispiel:

– Einlegen einer neuen Papierrolle
– Auffüllen von Tinte und Beseitigen von Verstopfungen der Schreibfeder von Linienschreibern
– Auswechseln von Farbbändern bei Punktschreibern.

Im allgemeinen gilt für alle Wartungsarbeiten, daß man sich vorher an Hand der Bedienvorschrift oder durch einen fachlich Eingewiesenen über das jeweilige Gerät informiert. Es sollte niemals Gewalt angewendet werden.

1.15.7 Wiederholungsaufgaben

1. Warum ist es notwendig, die unterschiedlichsten Meßsignale in Einhcitssignale zu standardisieren?
2. Welche Geräte dienen der Übertragung Meßsignal → Einheitssignal?
3. Wie lautet
a) der pneumatische Einheitssignalbereich?
b) der gebräuchlichste elektrische Einheitssignalbereich?

4. Temperaturmeßwerte werden über einen Meßbereich von 0 °C bis 800 °C in Einheitsdruck-signale umgeformt. Welchem Einheitsdruck entsprechen 300 °C, 500 °C und 600 °C?
(0,5 bar; 0,7 bar; 0,8 bar)

5. Ein Düsen-Prallplattensystem ist wesentlicher Bestandteil eines pneumatischen Meßum-formers. Welche Kraft F wirkt auf die Prallplatte, wenn die Öffnung der Düse einen Durchmesser von $d = 1$ mm besitzt und der Düseninnendruck $p = 0,8$ bar beträgt?
($F = 0,06$ N)

6. Welche Signalformen werden
a) durch einen Signalwandler,
b) durch einen Signalumsetzer übertragen?

7. Die verschiedenen Innentemperaturen einer Kesselkaskade sollen mitgeschrieben wer-den.
Welche Schreiberart wird man zur Registrierung benutzen und warum?

2 Regeln

2.1 Grundlagen der Regelungstechnik

2.1.1 Themen und Lerninhalte

> Kennbuchstaben und Bildzeichen beim Messen, Steuern, Regeln (MSR)
>
> Definitionen der Begriffe Steuern und Regeln
>
> Zeitverhalten von Regelkreis-Gliedern

2.1.2 Kennbuchstaben und Bildzeichen

Niemand käme auf die Idee, die Verschaltung eines Radios in Worten zu beschreiben. Alles Wichtige wird in einem Schaltplan dargestellt, der aus genormten Schaltzeichen besteht. Damit vergleichbar werden in der MSR-Technik allgemeingültige Symbole verwendet, die sich aus Bildzeichen und Kennbuchstaben zusammensetzen. DIN 19227 und DIN 19228 geben an, welche Informationen in den Symbolen enthalten sein sollen:

– die Meßgröße (oder eine andere Eingangsgröße)
– deren Verarbeitung
– die Ortsangaben
– die MSR-Stellen-Nummer
– der Signalflußweg

Die Funktionen einer MSR-Stelle werden üblicherweise in Kreisen mit einem Durchmesser von 10 mm dargestellt. Bei größerem Platzbedarf wird ein Langrund gezeichnet (Abb. 2-1). Eine Umrahmung des Kreises mit einem Quadrat bedeutet, daß die MSR-Aufgabe mit einem Prozeßleitsystem realisiert wird.

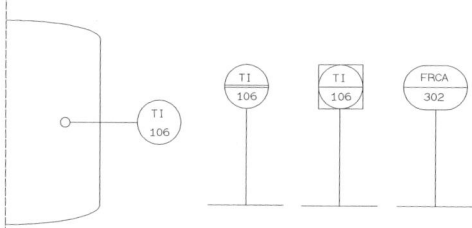

Abb. 2-1. Bildzeichen mit Kennbuchstaben.

Erfolgt die Verarbeitung der Meßwerte am Meß- und Stellort, werden die Kennbuchstaben nicht unterstrichen. Einfach unterstrichene Kennbuchstaben deuten darauf hin, daß die Verarbeitung in einer zentralen Meßwarte erfolgt. Doppelte Unterstriche weisen auf eine Unterwarte hin.

Zusätzlich erhält jede MSR-Stelle eine eigene Nummer und eventuell die genaue Kennzeichnung des Meßortes durch einen kleinen Kreis.

Die großen Druckbuchstaben des lateinischen Alphabets, Schrägstrich, Plus- und Minuszeichen beschreiben die Meßgröße und ihre Verarbeitung (Tab. 2-1). Sie sind in zwei Gruppen unterteilt.

Tabelle 2-1. Kennbuchstaben (DIN 19227).

Kenn-buchstabe	Gruppe 1: Meßgröße oder andere Eingangsgröße als Erstbuchstabe	als Ergänzungs-buchstabe	Gruppe 2: Verarbeitung als Folgebuchstabe Reihenfolge: I, R, C
A	–		Störungsmeldung, Alarm
B	–		
C	–		selbsttätige Regelung
D	Dichte	Differenz	–
E	elektrische Größen		Aufnehmerfunktion
F	Durchfluß, Durchsatz	Verhältnis	–
G	Abstand, Länge, Stellung		
H	Handeingabe, Handeingriff		oberer Grenzwert (High)
I	–		Anzeige
J	–	Meßstellenabfrage	–
K	Zeit		frei verfügbar
L	Stand (auch von Trennschicht)		unterer Grenzwert (Low)
M	Feuchte		frei verfügbar
N	frei verfügbar		
O	frei verfügbar		Sichtzeichen, Ja/Nein-Aussage, (nicht Störungsmeldung)
P	Druck		
Q	Qualitätsgrößen (Analyse, Stoffeigenschaft) (außer D, M, V)	Integral, Summe	–
R	Strahlungsgrößen		Registrierung
S	Geschwindigkeit, Drehzahl, Frequenz		Schaltung, Ablaufsteuerung, Verknüpfungssteuerung
T	Temperatur		Meßumformerfunktion
U	zusammengesetzte Größen		zusammengefaßte Antriebsfunktionen
V	Viskosität		Stellgerätefunktion
W	Gewichtskraft, Masse		
X	sonstige Größen		
Y	frei verfügbar		Rechenfunktion
Z	–		Noteingriff, Sicherung durch Auslösung, Schutzeinrichtung, sicherheitsrelevante Meldung
+			oberer Grenzwert
/			Zwischenwert
–			unterer Grenzwert

Zum Beispiel werden mit dem Buchstaben Q aus der ersten Gruppe Qualifikationsgrößen wie pH-Wert, Konzentration, Leitfähigkeit, Heizwert, Brechungsindex u. a. gekennzeichnet. Es ist aber auch gebräuchlich, deren Bezeichnung direkt einzusetzen.

Die Ergänzungsbuchstaben D, F und Q haben lediglich in der Kombination mit den Erstbuchstaben eine Bedeutung. Als Beispiele seien genannt:

PD = Druckdifferenz-Messung
TD = Temperaturdifferenz-Messung
FF = Durchflußverhältnis-Messung
FQ = Mengenmessung (integrierter oder summierter Durchfluß)

(Zur Erklärung: ein am Schwebekörper-Durchflußmesser gemessener Durchfluß von 0,3 m^3/h ergibt summiert über 10 h das Volumen 3 m^3.)

Die Gruppe 2 der Kennbuchstaben in Tab. 2-1 kennzeichnet in der Reihenfolge I, R, C, die Verarbeitung der Meßgröße. Hinzu kommen oberer (+ oder H) und unterer (− oder L) Grenzwert, sowie Zwischenwert (/).

Beispiele:

a)   P   D   I   C   = Differenzdruck-Messung,
                                           Anzeige und Regelung

Erstbuchstabe ————————┘
Ergänzungsbuchstabe ————————┘
1. Folgebuchstabe ————————┘
2. Folgebuchstabe ————————————┘

b)   S   O$^+$ A$^-$ = Drehzahlmessung;
                                           oberer Grenzwert mit Sicht-

Erstbuchstabe ————————┘   zeichen, unterer Grenzwert
1. Folgebuchstabe ————————┘   löst Störungsmeldung aus
2. Folgebuchstabe ————————————┘

c) In Tab. 2-2 sind weitere Beispiele von MSR-Einrichtungen und ihrer Kennzeichnung aufgelistet.

Tabelle 2-2. MSR-Einrichtungen und ihre Kennzeichnung.

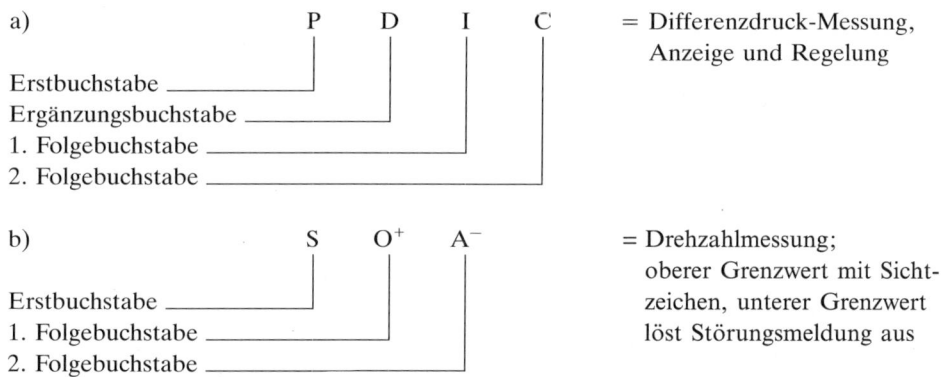

MSR-Einrichtung	Kennzeichnung im Text	im Fließbild	Bemerkungen
Druckmessung Anzeige örtlich	PI 101		z. B. Manometer
Standmessung Anzeige örtlich	LI 102		z. B. Standglas

Tabelle 2-2. MSR-Einrichtungen und ihre Kennzeichnung.

MSR-Einrichtung	Kennzeichnung im Text	im Fließbild	Bemerkungen
Diff.-Druckmessung Anzeige in Meßwarte	PDI 103		
Mengenmessung Anzeige in Meßwarte	FQI 104		z. B. Volumenzähler mit nachgeschaltetem Impulszählwerk in Meßwarte
Durchflußmessung Registrierung in Meßwarte	FR 105		z. B. mit Normblende als Aufnehmer
Temperaturmessung Anzeige in Meßwarte	TI 106		
Temperaturmessung Anzeige und Registrierung in Meßwarte	TIR 107		z. B. auf Sechsfarbenschreiber R 27. Schreibstelle 3 und getrenntem Anzeiger

In Plänen gestrichelt gezeichnete Verbindungslinien kennzeichnen den Signalfluß (Impulsleitungen), so die Verbindung vom Regler zum Stellventil (in Abb. 2-2).

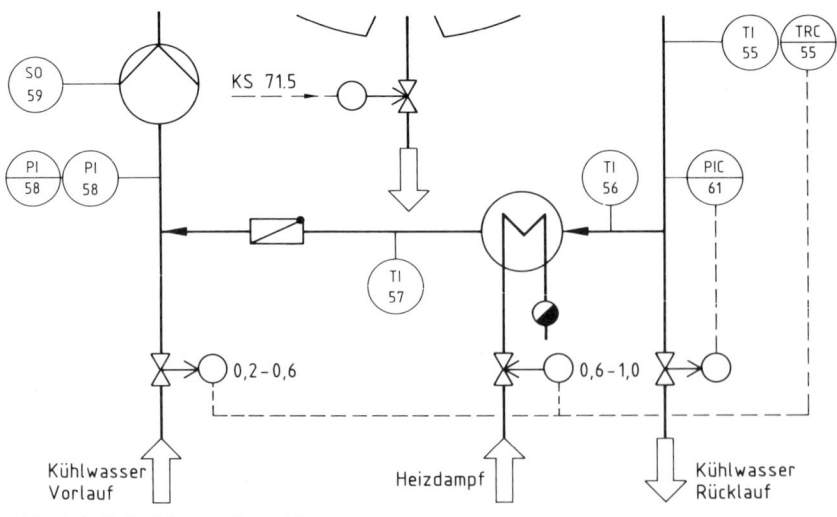

Abb. 2-2. Beispiele von Impulsleitungen.

d) Weitere Bildzeichen für die MSR-Technik sind in DIN 19228 für Geräte, Baugruppen, Bauglieder u. ä. angegeben (Tab. 2-3).

Tabelle 2-3. Auszug aus DIN 19228.

Darstellung	Bedeutung, Benennung	Bemerkungen, Beispiele
o	Meßort, Fühler Der Meßort, an dem die Meßgröße erfaßt wird, wird durch einen Kreis dargestellt. Sofern ein Fühler nicht durch ein eigenes Bildzeichen dargestellt werden soll, kann dieser Kreis zugeich den Fühler kennzeichnen. Andererseits darf der Kreis zur Kennzeichnung des Meßortes wegfallen, wenn ein eigenes Bildzeichen für Fühler zugleich den Meßort genügend genau kennzeichnet. Die Signalleitung soll radial vom Kreis wegführen.	Rohrleitung Behälter
▽	Stellglied, Stellort Das Stellglied wird durch ein gleichseitiges Dreieck dargestellt, dessen eine Spitze zugleich den Stellort angibt. Die Signalleitung wird als Mittelsenkrechte auf der dem Stellort gegenüberliegenden Dreieckseite herangeführt. Sofern ein spezielles Stellglied, z. B. ein Ventil, durch ein eigenes Bildzeichen dargestellt wird, kennzeichnet dieses Bildzeichen auch den Stellort.	Rohrleitung
◯	Stellantrieb Der Stellantrieb wird durch einen Kreis dargestellt. Die Signalleitungen sollen radial vom Kreis wegführen.	
◯▽	Stellgerät	
◻	Signalumformer, Meßumformer	
◻	Regler	
◻	Einsteller	

Die Abb. 2-3 und 2-4 zeigen Anwendungsbeispiele.

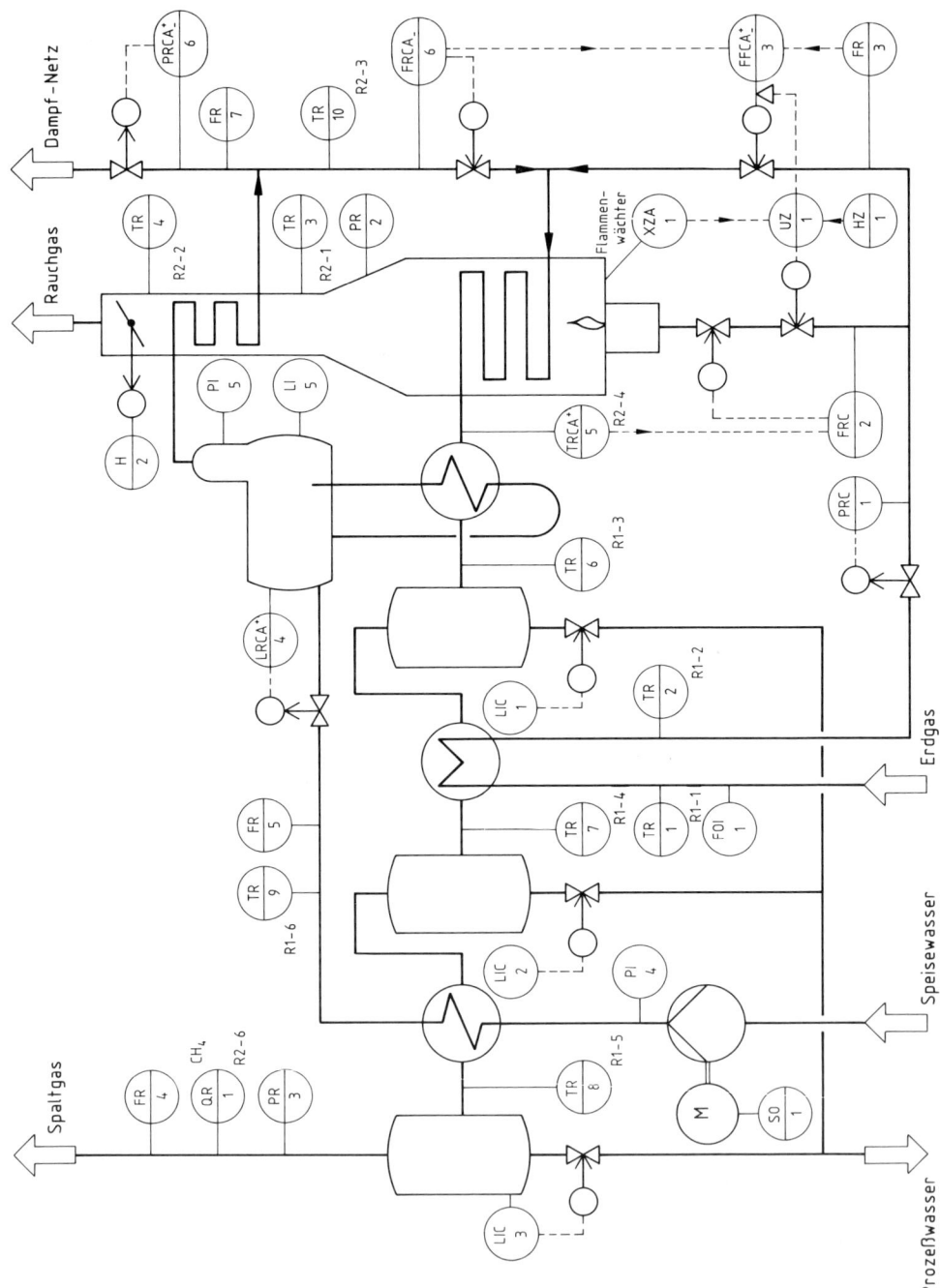

Abb. 2-3. Anwendungsbeispiel Spaltanlage.

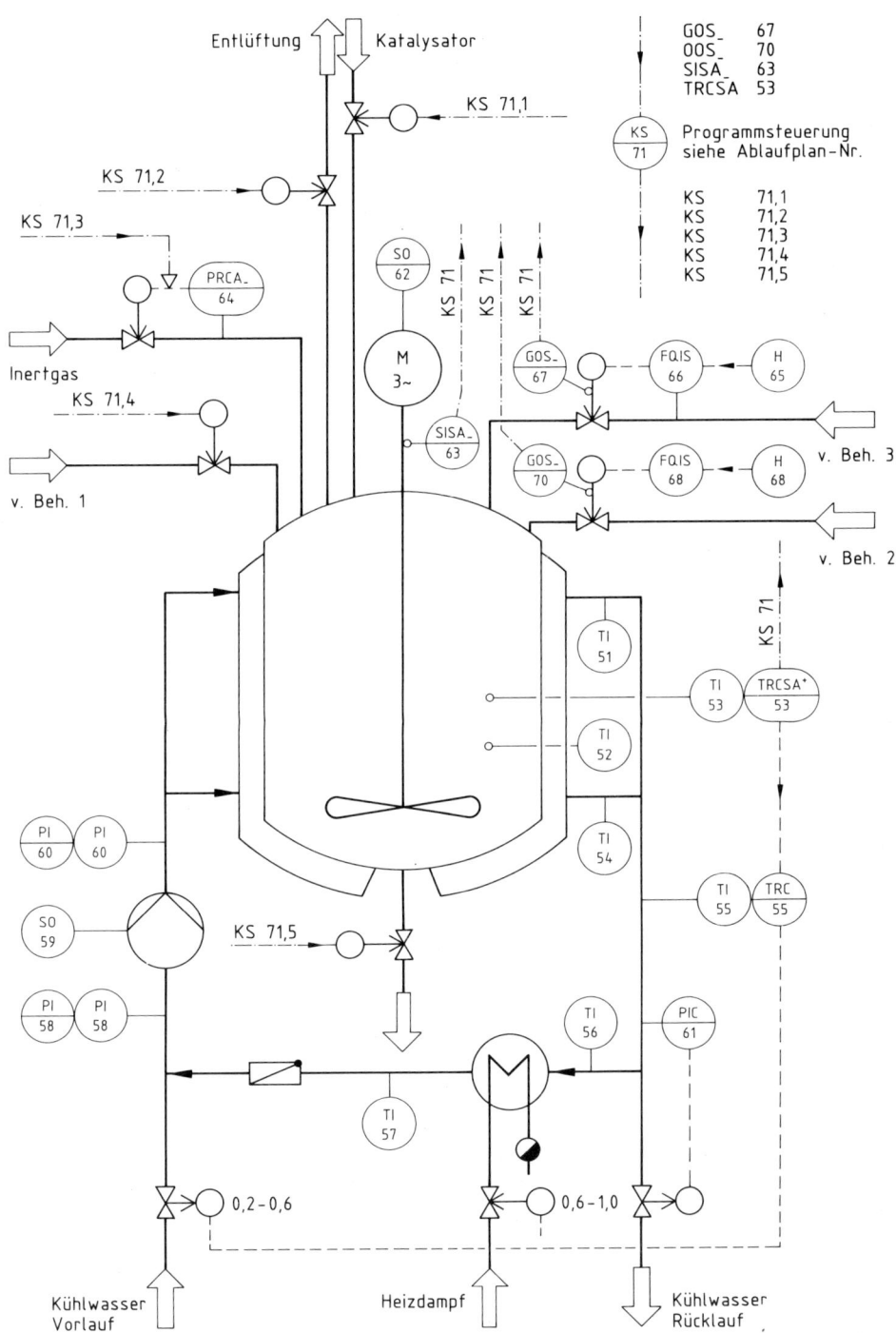

Abb. 2-4. Anwendungsbeispiel Rührkessel-Reaktor.

2.1.3   Wiederholgungsaufgabe

Welche MSR-Einrichtungen liegen in folgenden Fließbildteilen vor (Abb. 2-5)?

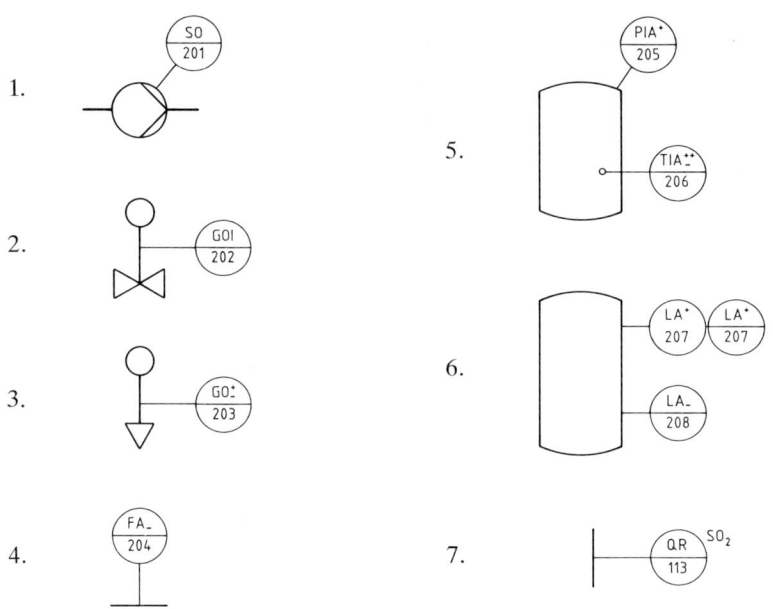

Abb. 2-5.

2.1.4   Grundbegriffe

2.1.4.1   *Allgemeines*

Beim Nennen der Begriffe Messen und Regeln kommt gedanklich sofort das Steuern hinzu. Es fällt einem spontan das „Steuerrad" des Autos ein, und schon ist die Verwirrung komplett, denn das, was ein Rad- oder Autofahrer im Normalfall macht, ist eine *Regelung* seines Kurses und seiner Geschwindigkeit (Abb. 2-6).

Der Autofahrer hat ein bestimmtes Ziel und die Verkehrsvorschrift im Sinn und überprüft ständig die Übereinstimmung mit der momentanen Situation. Zur Erfassung dienen ihm seine Sinnesorgane, vor allem die Augen, zur Beeinflussung Hände und Füße.

Man stelle sich die gleiche Konstellation mit einem Autofahrer vor, dessen Augen verbunden wurden (Abb. 2-7)!

Dies ist die Grundfunktion einer *Steuerung*. Es fehlt dem Fahrer die dauernde Rückmeldung, ob die aktuelle Situation mit seinen Bemühungen übereinstimmt.

Abb. 2-6. Regeln von Kurs und Geschwindigkeit.

Abb. 2-7. Steuern von Kurs und Geschwindigkeit.

2.1.4.2 Steuern, Steuerung

Unter *Steuern* oder *Steuerung* versteht man ganz allgemein Verfahren und Geräte zur planmäßigen Beeinflussung von Abläufen oder Prozessen. Die Normen DIN 19226, 19235 und 19237 geben Auskunft über Einzelheiten:

„Das Steuern – die Steuerung – ist der Vorgang in einem System, bei dem eine oder mehrere Größen als Eingangsgröße andere Größen als Ausgangsgrößen aufgrund der dem System eigentümlichen Gesetzmäßigkeit beeinflussen. Kennzeichen für das Steuern ist der offene Wirkungsablauf über das einzelne Übertragungsglied oder die Steuerkette."

Eine Steuerung (vgl. Kapitel 3) liegt vor, wenn ein Prozeß *ohne Berücksichtigung des Momentanzustandes* auf einen Sollzustand hin beeinflußt wird. Kennzeichen ist die offene Wirkungskette (Abb. 2-8 und Abb. 2-9).

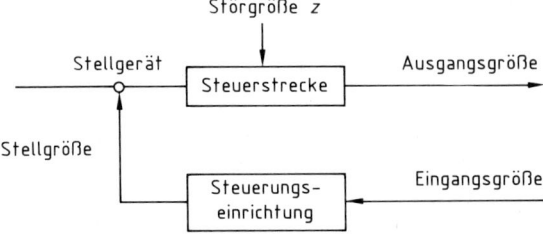

Abb. 2-8. Prinzip einer Steuerung.

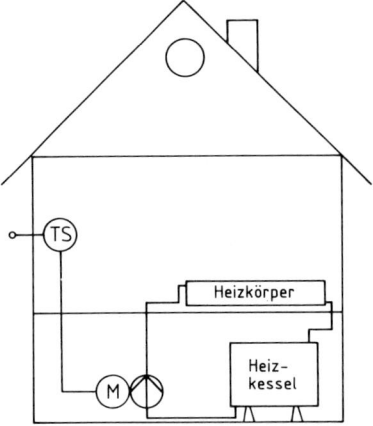

Abb. 2-9. Temperatursteuerung eines Hauses.

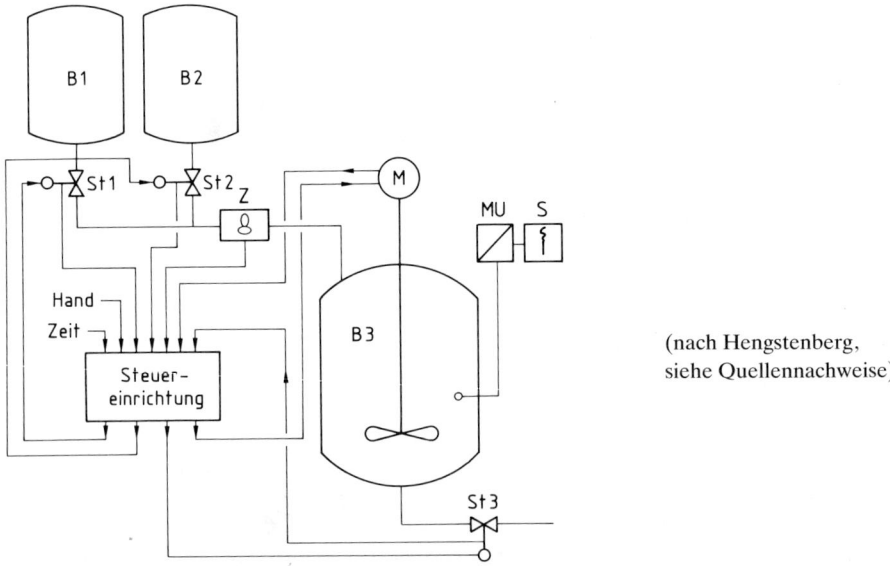

(nach Hengstenberg,
siehe Quellennachweise)

Abb. 2-10. Steuerung einer Behälterbefüllung. — B Behälter, St Stellglieder, Z Mengenzähler,
M Rührmotor, MU Meßumformer, S Schreiber.

Ganz ohne Rückmeldungen einzelner Prozeßgrößen (feed back) kommen Steuerungen nicht aus. Sie enthalten oft auch die Funktionen „Überwachen" und „Melden".

Abb. 2-10 zeigt die periodische Füllung und Entleerung eines Behälters als Beispiel einer Prozeßsteuerung. In den Behälter B 3 sollen nacheinander die Produkte aus den Behältern B 1 und B 2 so eingefüllt werden, daß unter Einhaltung eines bestimmten Volumenverhältnisses ein gewünschter Füllstand in B 3 erreicht wird. Nach einer bestimmten Rührzeit soll die Mischung über das Stellglied 3 in ein Reaktionsgefäß abgelassen werden.

Weitergehende Erklärungen einschließlich praktischer Versuche sind im Kapitel 3 „Steuern" zu finden.

2.1.4.3 Regeln, Regelung

Regeln ist ein Ablauf, der uns ständig (oft unbewußt) begegnet. Ein Beispiel ist der Autofahrer in Abb. 2-6. Auch im menschlichen Körper finden ständig perfekte Regelungen statt, deren technische Nachahmung das hohe Ziel der Regelungstechnik ist. Als Beispiele seien die Regelung der Magensäure-Konzentration oder das banale Ergreifen und Anheben eines leicht zerbrechlichen Gegenstandes genannt.

Das Normblatt DIN 19226 definiert die Begriffe Regeln und Regelung sinngemäß folgendermaßen:

„Das Regeln – die Regelung – ist ein Vorgang, bei dem eine physikalische Größe (z. B. Temperatur, Druck...) fortlaufend erfaßt und mit einem vorgegebenen Wert dieser Größe verglichen wird mit dem Ziel, eine Angleichung zu erreichen."

Daraus ergibt sich ein *geschlossener Wirkungsablauf,* der *Regelkreis* (Abb. 2-11):

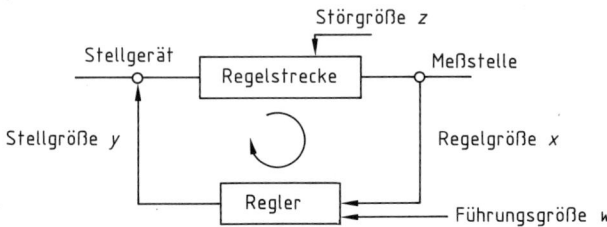

Abb. 2-11. Prinzip einer Regelung.

Die *Regelstrecke* ist der Teil des Regelkreises, in dem die physikalische Größe geregelt wird. Das kann zum Beispiel ein Behälter sein, in dem die Temperatur geregelt wird oder eine Rohrleitung, in der ein bestimmter Durchfluß konstant gehalten werden soll. Auch Stellgerät und Meßfühler sind Teile der Regelstrecke.

Diese physikalische Größe, die dauernd von einer Meßeinrichtung erfaßt wird, nennt man *Regelgröße x.* Ihr Wert wird von dem Regler mit einem vorgegebenen Wert der *Führungsgröße w* verglichen.

Den momentanen Wert der Regelgröße nennt man auch *Istwert der Regelgröße* und den gewünschten Wert der Führungsgröße *Sollwert der Regelgröße.*

Besteht eine Abweichung zwischen Istwert und Sollwert, eine *Regeldifferenz,* so wird der

Massen- oder Energiefluß durch die *Stellgröße y* des Reglers so beeinflußt, daß der angestrebte Sollwert wieder erreicht wird.

Äußere Einflüsse auf die Regelstrecke, sogenannte *Störgrößen z,* bewirken eine unerwünschte Änderung der Regelgröße.

Läuft eine Regelung automatisch ohne Einwirkung des Menschen, so spricht man von *selbsttätiger Regelung,* ansonsten von *Handregelung.*

Eine Regelung liegt also vor, wenn ein Prozeß gezielt auf einen Sollzustand hin beeinflußt wird, abhängig von einem vorangegangenen Vergleich des Sollzustandes mit dem Momentanzustand. Kennzeichen ist der geschlossene Wirkungskreis.

Im Gegensatz zu Abb. 2-9 wird in der in Bild 2-12 dargestellten Temperaturregelung die gewünschte Raumtemperatur mit der tatsächlichen Raumtemperatur verglichen.

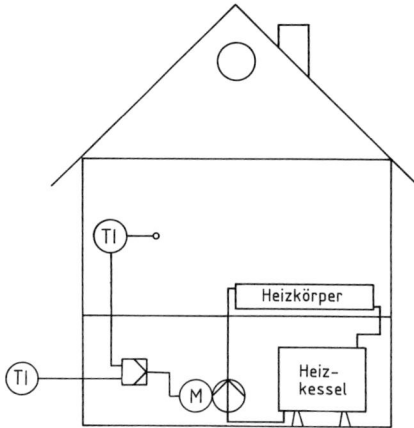

Abb. 2-12. Temperaturregelung.

Am folgenden Beispiel (Abb. 2-13) eines Wärmeübertragers, in dem ein durchfließendes Produkt durch Heizdampf erwärmt werden soll, werden die verwendeten Begriffe noch einmal verdeutlicht:

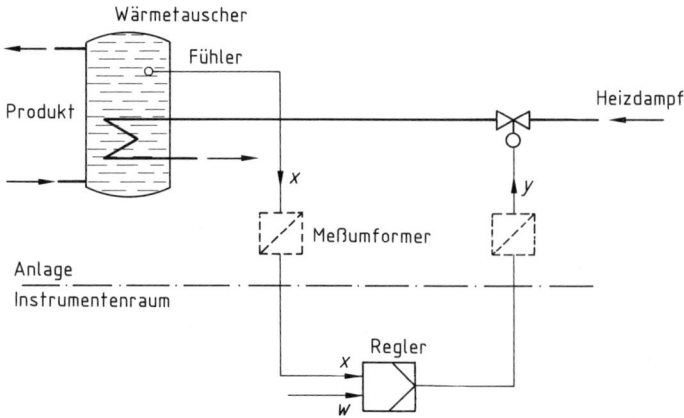

Abb. 2-13. Wärmeübertrager.

In dem Beispiel bedeuten:

Regelstrecke: Behälter mit Produkt
Regler: z. B. pneumatischer Regler (vgl. Abschn. 2.4.2)
Regelgröße x: Temperatur des Produkts
Führungsgröße w: Solltemperatur des Produkts
Meßstelle: Thermometer, z. B. Widerstandsthermometer Pt 100 als Fühler
Stellgröße y: Stelldruck des Heizdampfventils
Stellgerät: pneumatisches Regelventil
Störgröße: – unterschiedlicher Druck des Heizdampfes
                 – Wärmeabstrahlung des Behälters nach außen
                 – ungleichmäßiger Produktfluß

2.1.5 Arbeitsanweisungen zu Abschnitt 2.1.4

2.1.5.1 Allgemeines

Bevor die ersten regelungstechnischen Übungen beschrieben werden, müssen noch einige Anmerkungen zur Arbeitssicherheit und zu den verwendeten Geräten gemacht werden.

Werden die Übungen an betriebsspezifischen Anlagen durchgeführt, sind alle Regeln zur Anlagensicherheit zu beachten. Grundsätzlich gilt hier und für Praktikumsaufbauten:
a) Genehmigung zum Betreiben einholen,
b) Verändern vorgegebener Parameter nur auf Anweisung,
c) Informieren über Maßnahmen im Störfall,
d) Beachtung technischer Vorschriften, z. B. für Druckbehälter,
e) Kenntnisse über Geräte aneignen (Bedienung von Reglern vgl. Abschn. 2.4.2),
f) Überprüfen der Betriebsbereitschaft,
g) Interpretieren bzw. Erstellen eines Fließbildes mit MSR-Stellen,
h) Durchführung der Aufgaben entsprechend der Arbeitsanweisung,
i) Sachgerechtes Beenden der Übung,
j) Wiederherstellen der Betriebsbereitschaft.

Die meisten Praktikumsaufbauten bestehen aus betriebsnahen Kleinstanlagen oder können mit Laborgeräten nachvollzogen werden. Angegebene Parameter sind spezifisch für die von den Autoren verwendeten Geräte und müssen eventuell angepaßt werden.

Vielverwendetes Hilfsmittel ist ein elektronischer Simulator für Regelstrecken (Abb. 2-14; Fa. Eckardt AG, Stuttgart), der eine große Anzahl teurer Aufbauten überflüssig macht.

Der Simulator enthält in einem 19''-Gehäuse ein Netzgerät (220 V), das Signalströme von 0 . . . 20 mA oder 4 . . . 20 mA liefert, vier proportionale Streckenglieder und ein integrales Streckenglied, die zur Nachbildung verschiedenster Regelstrecken dienen. Dazu können die einzelnen Streckenglieder (Verzögerer) alleine oder hintereinander geschaltet mit jeweils drei

Zeitkonstanten verwendet werden. Ein Störwertgeber bietet die Möglichkeit, Störgrößen z als definierte Sprünge von $\pm\ 10\ \%$ oder $\pm\ 20\ \%$ beziehungsweise als externe Signale auf eines der gewählten Streckenglieder aufzuschalten. Ein Endverstärker, der auch den Aufbau einer Kaskadenregelung erlaubt, und ein Geber für Sättigungskennlinien vervollständigen die Einschübe im Gehäuse (Abb. 2-14 und 2-15).

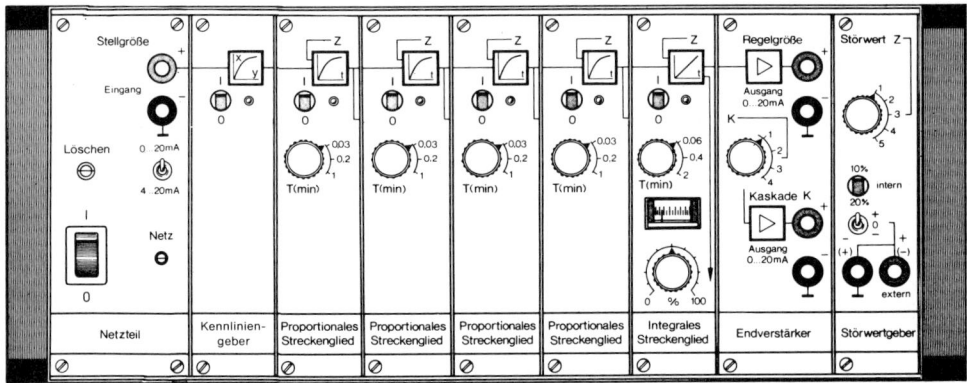

Abb. 2-14. Elektronischer Regelstrecken-Simulator (aus dem Schrifttum der Eckardt AG).

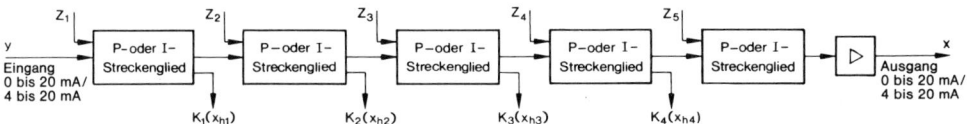

Abb. 2-15. Prinzip des Simulators (aus dem Schrifttum der Eckardt AG).

2.1.5.2   *Arbeitsanweisung für eine Druckregelung*

Am Beispiel einer beliebigen Regelung, hier einer Druckregelung, sollen die Kenntnise aus Abschnitt 2.1.4.3 vertieft werden.

Aufgabenstellung: Mit einem vorgegebenen Versuchsaufbau (wie Abb. 2-16) ist eine Druckregelung in Hand- und Automatikbetrieb durchzuführen.

Zubehör: Regelkreis, bestehend aus Druckbehälter ($V = 20$ L, zugelassen bis $p = 20$ bar) mit Entlüftung, Regelventil ($K_{VS} = 0{,}025$), Manometer, elektrischer oder pneumatischer Regler mit Leitgerät, Meßumformer, Schwebekörper-Durchflußmesser mit Ventil, Linienschreiber, Stoppuhr.

Durchführung: Zunächst wird ein Rohrleitungs- und Instrumentenfließbild (RI-Schema) mit MSR-Symbolen nach Abschnitt 2.1.2 gezeichnet.

Bei der Überprüfung der Betriebsbereitschaft wird auch darauf geachtet, daß Hilfsenergie an der Regeleinrichtung anliegt. Pneumatische Regler benötigen einen Versorgungsdruck von 1,4 bis 1,6 bar.

Man schaltet die Regelung auf Handbetrieb. Bei geschlossenem Regelventil wird das Absperrorgan in der Zuluftleitung des Regelventils geöffnet, das Regelventil aufgefahren und versucht, gegen einen konstanten Verbrauch von 100 L/h einen Druck von 1 bar im Behälter zu erreichen.

Druckspeicher

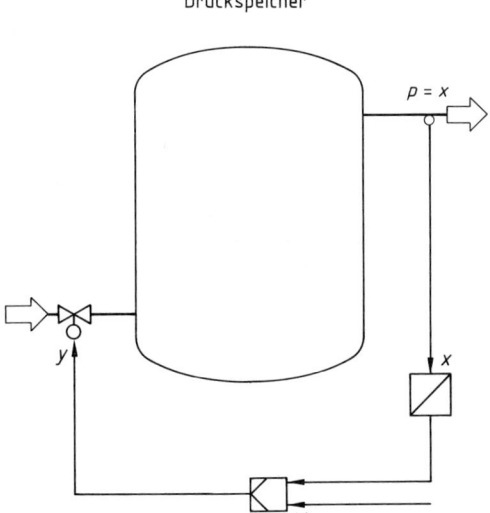

Abb. 2-16. Regelung eines Behälterdruckes.

Durch folgende Schritte wird auf selbsttätige Regelung umgeschaltet:

a) Führungsgröße auf gewünschten Wert (1 bar) einstellen
b) per „Hand" den Behälterdruck auf 1 bar bringen (Anfahrvorgang)
c) Stellsignal „Hand" an Stellsignal „Automatik" angleichen
d) von **H**andbetrieb auf **A**utomatikbetrieb stoßfrei umschalten

Bei Beendigung des Versuches wird durch folgende Schritte wieder auf Handregelung umgestellt:

a) Stellsignal „Hand" dem momentanen Stellsignal „Automatik" angleichen
b) von **A**utomatikbetrieb nach **H**andbetrieb stoßfrei umschalten
c) mit dem Handsteller die Stellgröße nach Belieben verändern

Die folgende Aufgabe beschäftigt sich mit dem Verhalten der selbsttätigen Druckregelung bei Änderung der Führungsgröße. Die Entnahme wird dabei konstant auf 100 L/h gehalten. Jeweils von einem Anfangsdruck von 1 bar ausgehend, wird der Sollwert des Druckes in Schritten von 0,2 bar bis auf 2 bar erhöht; das dem Sollwert zugehörige Stellsignal sowie die Anregelzeit werden notiert (Tab. 2-4).

Anregelzeit t$_{an}$ *ist die Zeit, die vergeht, bis nach einer Änderung der Führungsgröße der Istwert der Regelgröße den Sollwert erreicht.*

Auswertung: Alle Werte sind in einem Meßprotokoll festzuhalten (Tab. 2-4).

In zwei Diagrammen sollen das Stellsignal und die Anregelzeit als Funktion der Führungsgröße dargestellt und das Ergebnis interpretiert werden.

Die Aufgabe wird in einem speziellen Ablaufprotokoll entsprechend einem Musterprotokoll festgehalten (Abb. 2-17).

Protokoll zum Zertifikat   *MSR*

Aufgabe: *Druckregelung*   Op. Nr. *1*

Name: *D. Beyer & M. Wenzel*   Datum: *20.01.89*

Zeit	Druck	Menge	Arbeitsablauf
7:05	0 bar		*Apparatur auf Betriebsbereitschaft überprüft*
			Versorgungsdruck 1,5 bar
7:55	0 bar		*Regler auf "Hand" genommen*
			Regelventil mit "Hand" aufgefahren
8:00	1 bar		*Ventil am Schwebekörper–Durchflußmesser geöffnet*
			bis $\dot{V} = 100$ L/h

Abb. 2-17. Muster eines Ablaufprotokolls.

Tabelle 2-4. Meßprotokoll zur Druckregelung.

w p_{soll} in bar	y Stellsignal in ...	t_{an} Anregelzeit in s
1,0		
1,2		
1,4		
2,0		

2.1.5.3 Regelung einer Druck-Regelstrecke mit dem Simulator

Aufgabenstellung: Die Druckregelung aus der vorhergehenden Aufgabe (s. Abb. 2-16), soll mit dem beschriebenen Simulator nachgebildet werden (Abb. 2-18).

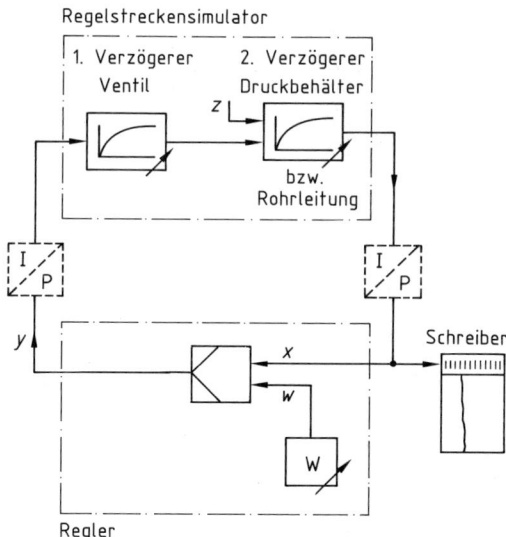

Abb. 2-18. Darstellung einer Druckregelung mit einem Simulator.

Zubehör: Regelstrecken-Simulator (Fa. Eckardt, AG), 1 PI- oder PID-Regler, 1 Kompensations-Linienschreiber (1-Kanal, besser 2-Kanal, z. B. Fa. Metrawatt).
 Bei Verwendung eines pneumatischen Reglers: 1 p/i- und 1 i/p-Umformer, 1 pneumatischer Schreiber.

Durchführung: Die Modellanlage der simulierten Druckregelung ist nach Abb. 2-19 aufzubauen. Wird mit pneumatischem Regler gearbeitet, so müssen vor den Simulator-Eingang und hinter den -Ausgang die Umformer eingebaut werden.

Eingang   Ausgang

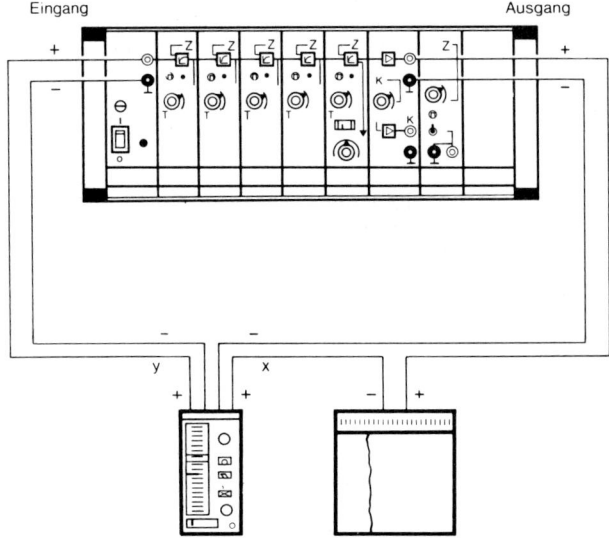

Abb. 2-19. Versuchsaufbau (aus dem Schrifttum der Eckardt AG).

Wie aus Abb. 2-18 ersichtlich, soll der erste Verzögerer (das erste proportionale Strecken-glied des Simulators) die Stellzeit des Regelventils, der zweite Verzögerer die vom Volumen abhängige Füllzeit des Behälters nachbilden. Es soll gelten:

Zeitkonstanten	PS_1 (1. proportionales Streckenglied)	PS_2 (2. proportionales Streckenglied)
$T_1 = 0,03$ min	schnelles Ventil	kleiner Druckbehälter
$T_2 = 0,2$ min	mittelschnelles Ventil	mittelgroßer Druckbehälter
$T_3 = 1,0$ min	langsames Ventil	großer Druckbehälter

Beide Streckenglieder werden eingeschaltet und die Störgröße z auf das 2. Glied, den Druck-behälter, gegeben. Der Regler wird als PI-Regler oder als PID-Regler eingestellt (vgl. Abschn. 2.4). Dazu ist der Regler zu öffnen (evtl. mit Reglerschlüssel), herauszuziehen und die Wahl der Parameter K_P, T_N, T_V vorzunehmen.

Reglertyp	K_P	T_N	T_V
P-Regler	variabel	∞	0
PI-Regler	variabel	variabel	0
PID-Regler	variabel	variabel	variabel

Bei Verwendung eines elektrischen Einheitsreglers sind folgende Parameter für einen PI-Regler einzustellen: $K_P = 14$; $T_N = 0,3$ min; $T_V = 0$ min.

Wenn der Regler mit einem Einheitssignal von 4 ... 20 mA arbeitet, wählt man am Simula-
tor-Netzteil als Stellgröße ebenfalls dieses Signal. Besitzt der Schreiber keinen entsprechenden Meßbereich, stellt man sich aus Millimeterpapier eine Skala her und klebt sie über die
vorhandene. Bei einem Meßbereich des Schreibers von 0 bis 20 mA entsprechen 20 Skalenteile (Skt) des Schreiberpapiers 0 % und 100 Skt 100 % der geschriebenen Größe (Abb. 2-20).

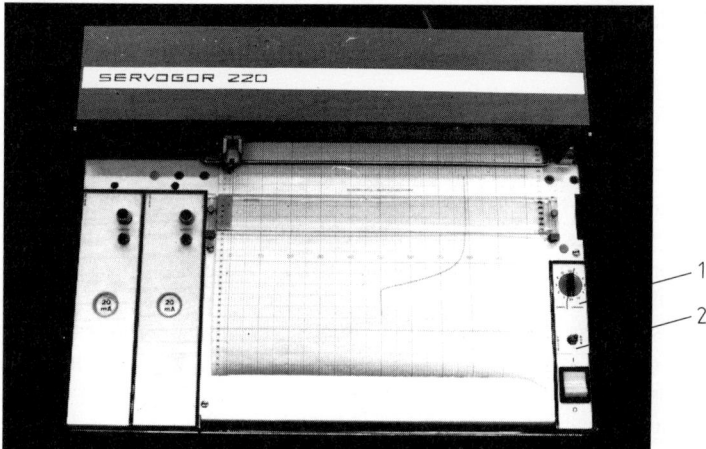

Abb. 2-20. Kompensationsschreiber. — Einstellung des Papiervorschubs, 1 Geschwindigkeit,
2 Richtung.

Der Papiervorschub ist am Schalter 1 auf 3 cm/min und am Schalter 2 auf Vorwärtslauf zu
schalten. Arbeitet man mit einem 2-Kanal-Schreiber, werden die Kanäle mit dem Stellgrößen-
Signal und dem Regelgrößen-Signal belegt, ansonsten wird auf das Mitschreiben der Stellgröße verzichtet.

Die Regelstrecke wird im folgenden Ablauf jeweils in drei Varianten nachgebildet:

a) $PS_1 = T_1$, $PS_2 = T_1$
b) $PS_1 = T_1$, $PS_2 = T_2$
c) $PS_1 = T_2$, $PS_2 = T_3$

Die Entnahme an Druckluft wird durch die Einstellungen 10% und 25% am Störwertgeber in
Schalter-Stellung (−) simuliert.

Jetzt wird der Simulator und der Schreiber eingeschaltet und die Regelung fachgerecht
(vgl. S. 173) in Gang gesetzt.

Bei einer konstanten Störgröße $z = 10 \%$ wird, vom „Druck" 0 % ausgehend, der Sollwert
des Druckes ähnlich der vorhergehenden Aufgabe auf 20 %, 40 % ... 100 % erhöht.

Die Erhöhung erfolgt dabei zum Zeitpunkt des Durchgangs durch einen Papierquerstrich
und wird markiert. Diese Vorgänge werden in Automatik-Betrieb des Reglers durchgeführt.
Der letzte Sollwert-Sprung wird bei einer Störgröße $z = 25 \%$ wiederholt. Danach wird die
„Anlage" fachgerecht abgeschaltet.

Auswertung: Unter Anwendung der Gleichung: Geschwindigkeit v = Weg durch Zeit

$$v = \frac{s}{t}$$

lassen sich bei Kenntnis der Schreibgeschwindigkeit die Zeiten aus den Schreiberdiagrammen entnehmen. Es sollen so die Anregelzeiten mit einer Toleranz für die Regelgröße von $\pm 0{,}5$ Skt ermittelt und in einer Tabelle festgehalten werden (vgl. S. 175).

2.1.6   Zeitverhalten von Regelkreisgliedern

In Steuerungen und in Regelungen werden Signale von Streckenglied zu Streckenglied weitergegeben. Sie werden dabei verzögert, verstärkt oder abgeschwächt, in ihrer Form, ihrer physikalischen Größe und in anderer Art und Weise verändert. Die Norm DIN 19229 „Übertragungsverhalten dynamischer Systeme, Begriffe" spricht vom *Übertragungsverhalten* des einzelnen Gliedes, das insgesamt das Gesamtverhalten einer Steuerkette oder eines Regelkreises ausmacht. In Regelkreisen können komplizierte Verhältnisse auftreten, die dazu führen können, daß die Regelung zu schwingen beginnt. Da das Übertragungsverhalten zeitabhängig ist, spricht man auch von *Zeitverhalten*.

Das Zeitverhalten eines Regelkreis-Gliedes beschreibt den Zusammenhang der Größe am Ausgang des Gliedes bezogen auf die Größe am Eingang des Gliedes.

Dies bedeutet für einen einfachen Regelkreis (Abb. 2-11), daß sich das Zeitverhalten des Reglers aus dem Verhältnis der Stellgrößen-Änderung zur Regelgrößen-Änderung ergibt, während es sich bei der Regelstrecke genau umgekehrt verhält.

Sehr anschaulich läßt sich das Zeitverhalten eines Regelkreis-Gliedes durch eine sprungweise Änderung der Eingangsgröße (bei einer Regelstrecke der Stellgröße) oder einer Störgröße wiedergeben. Der resultierende Verlauf der Ausgangsgröße (bei einer Regelstrecke der Regelgröße) heißt *Sprungantwort* oder *Übergangsfunktion* (vgl. Abb. 2-22, 2-25, 2-26). Wichtig ist dabei, daß sich das einzelne Glied isolieren läßt und daß die Anlage eine solche Manipulation verträgt. Erforderlich ist außerdem ein genügend schneller Schreiber oder ein genügend schnelles Ablesen und Mitschreiben der Werte.

Unter einer Sprungantwort versteht man das Verhalten der Ausgangsgröße eines Regelkreis-Gliedes bei sprungartiger Änderung einer Eingangsgröße.

Weitere Einzelheiten des Zeitverhaltens von Regelstrecken und von Reglern einschließlich praktischer Versuche sind in den folgenden Abschnitten beschrieben.

2.1.7   Wiederholungsaufgaben

1. Wozu dient ein Leitgerät?
2. Wie wird eine Regelung von Hand- auf Automatikbetrieb korrekt umgeschaltet?
3. Gelten die gleichen Regeln bei einer Umschaltung „Automatik"-„Hand"?
4. Welche Punkte sind vor einem solchen Eingriff zu klären?
5. Welchen Einfluß auf das Stellsignal hat eine größere Regeldifferenz?
6. Wo lassen sich die Stellsignale „Hand" und „Automatik" ablesen?
7. Welche Werte nehmen die Stellsignale minimal und maximal bei der Anlagenregelung und bei der Simulation an?
8. Welche physikalische Größe ist das Stellsignal des Reglers bei pneumatischer Regelung, welche bei elektrischer?
9. Welche Hilfsenergie benötigt ein pneumatischer Regler?
10. Welche Größen waren bei der Anlagenregelung Stellgröße, Regelgröße, Führungsgröße, Störgröße?
11. Was versteht man unter dem Zeitverhalten eines Regelkreis-Gliedes?
12. Wie groß ist die jeweils abgelaufene Zeit, wenn bei einer Schreibergeschwindigkeit von $v = 30$ cm/h auf dem Papier folgende Strecken gemessen werden:
    a) 6,0 cm – b) 16,0 cm – c) 18,4 cm – d) 47,2 cm?
    (12 min; 32 min; 36 min, 48 s; 94 min, 24 s)
13. Wie groß ist der Papiervorschub, wenn bei eingestellter Geschwindigkeit von $v = 24$ cm/min folgende Anregelzeiten zu erwarten sind:
    a) 5 s – b) 30 s – c) 1,2 min – d) 5 min?
    (2,0 cm; 12,0 cm; 28,8 cm; 120,0 cm)

2.2   Regelstrecken

2.2.1   Themen und Lerninhalte

Streckenverstärkung

Regelstrecken mit und ohne Ausgleich

Regelstrecken mit Totzeit

Regelstrecken mit unterschiedlichen Regelgrößen

Eine Regelstrecke ist der Teil einer Anlage, in dem eine Regelgröße konstant gehalten oder definiert verändert werden soll. Regelstrecken können sein: eine Rohrleitung, in der ein Durchfluß auf einem bestimmten Wert gehalten werden soll, ein Kessel, in dem ein Produkt in einem vorgegebenen Temperaturprofil erwärmt werden soll, aber auch Motoren, Pumpen und das Auto in Abb. 2-6.

Regelstrecken lassen sich außer nach der *Art der Regelgröße* auch nach ihrem *Zeitverhalten* (vgl. Abschn. 2.2.2) und nach ihrer *Verstärkung* K_S beschreiben und einteilen.

Streckenverstärkung K_S wird das Verhältnis aus Änderung der Ausgangsgröße Δx zur Änderung der Eingangsgröße Δy der Strecke genannt.

$$K_S = \frac{\Delta x}{\Delta y}$$

Beispiel: Bei dem in Aufgabe 2.1.5.2 beschriebenen Druckspeicher ergibt in Stellung „Hand" eine sprunghafte Erhöhung des Stellsignals um 20 % des Signalbereichs einen Anstieg des Behälterdruckes von 1,0 auf 1,4 bar.

$$\Delta y = 20\,\%$$

$$\Delta x = 0,4\ \text{bar}$$

$$K_S = \frac{0,4}{20}\ \frac{\text{bar}}{\%}$$

$$\underline{K_S = 0,02\ \text{bar}/\%}$$

Die Streckenverstärkung beträgt im betrachteten Bereich 0,02 bar pro 1 % Stellgrößenänderung.

2.2.2   Einteilung der Regelstrecken nach ihrem Zeitverhalten

Zur Charakterisierung einer Regelstrecke nimmt man ihre Sprungantwort auf, die *Stell-Sprungantwort* genannt wird, wenn man die Stellgröße sprunghaft verändert und *Stör-Sprungantwort* bei sprunghafter Änderung einer Störgröße. Dazu muß die Regelung auf „Hand" übernommen werden und ein Linienschreiber mit genügend großer Schreibgeschwindigkeit vorhanden sein. Geklärt sein muß auch die Frage, ob die Strecke einen solchen Eingriff der Veränderung einer Eingangs- oder Störgröße um ca. 25 % verträgt, ohne die Anlage in Schwingung zu versetzen.

Das folgende Schema in Abb. 2-21 soll einen Überblick der Einteilung von Regelstrecken geben:

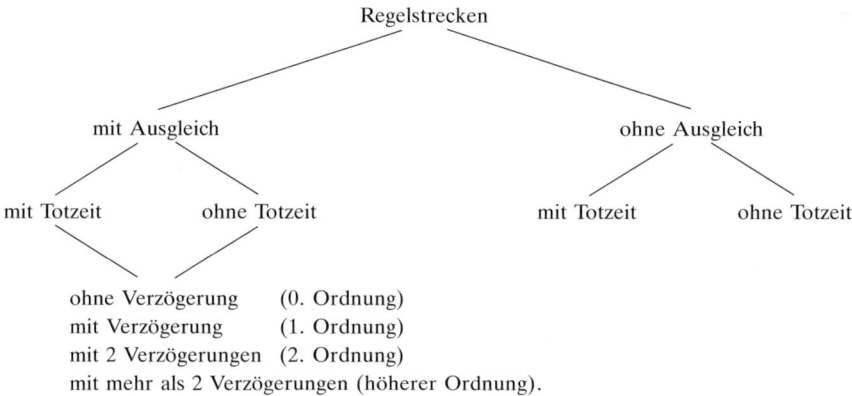

Abb. 2-21. Schematische Einteilung von Regelstrecken.

2.2.2.1   *Regelstrecken ohne Ausgleich*

Nach einer sprunghaften Änderung der Stellgröße y oder einer Störgröße zum Zeitpunkt t_o steigt oder fällt die Regelgröße x, *ohne einem festen Endwert* zuzustreben. Die Sprungantwort nimmt also beispielsweise den in Abb. 2-22 gezeigten Verlauf:

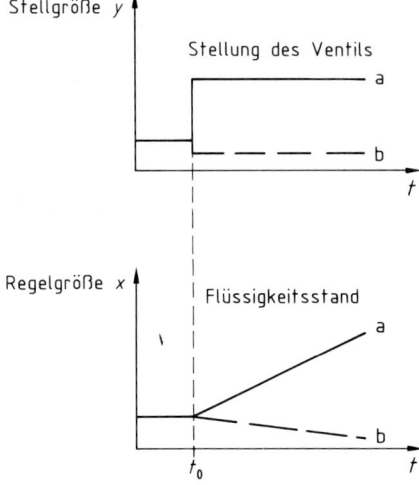

Abb. 2-22. Sprungantwort einer Regelstrecke ohne Ausgleich.

Beispiel: In Abb. 2-23 bleibt der Füllstand auf einem konstanten Wert, solange Ablauf und Zulauf gleich sind. Bei Veränderung des Zulaufs steigt oder fällt der Füllstand, ohne daß sich ein neues Gleichgewicht einstellt.

Die Steigung der Geraden der Sprungantwort in Abb. 2-22 ist ein Hinweis auf die Behältergröße und auf die Größe der Änderung von Stell- oder Störgröße.

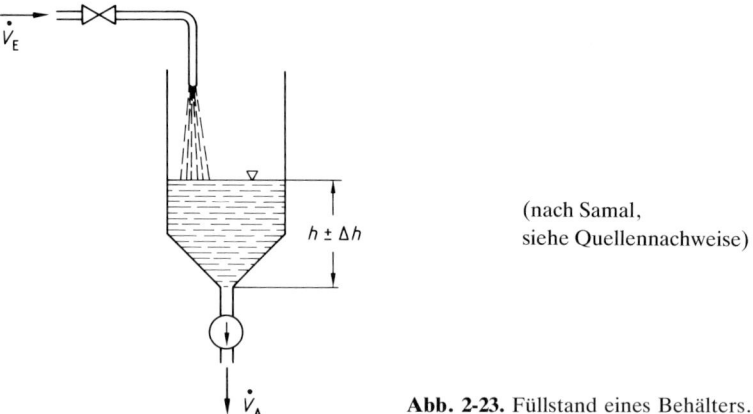

(nach Samal,
siehe Quellennachweise)

Abb. 2-23. Füllstand eines Behälters.

Ein weiteres Beispiel für eine Regelstrecke ohne Ausgleich ist seit dem Unfall im Kernkraftwerk Tschernobyl in aller Munde. Der eigentliche Reaktor stellt eine Strecke ohne Ausgleich dar, die ohne die Wirkung der Bremsstäbe einen unvermeidlichen Temperaturanstieg erfährt. In Tschernobyl sollen für Versuchszwecke die selbsttätigen Regelungen abgeschaltet gewesen sein!

2.2.2.2 Regelstrecken mit Ausgleich

Bei einer Regelstrecke mit Ausgleich strebt die Regelgröße nach einer Änderung der Stellgröße oder einer Störgröße einem neuen festen Wert zu.

Beispiel: Durch Stellgrößenänderung erfolgt ein sprunghaftes Öffnen des Dampfventils an einem Kessel (Abb. 2-24) von 1/4- auf 1/2-Öffnung. Die Temperatur als Regelgröße steigt in dem Kessel charakteristisch an (Abb. 2-25).

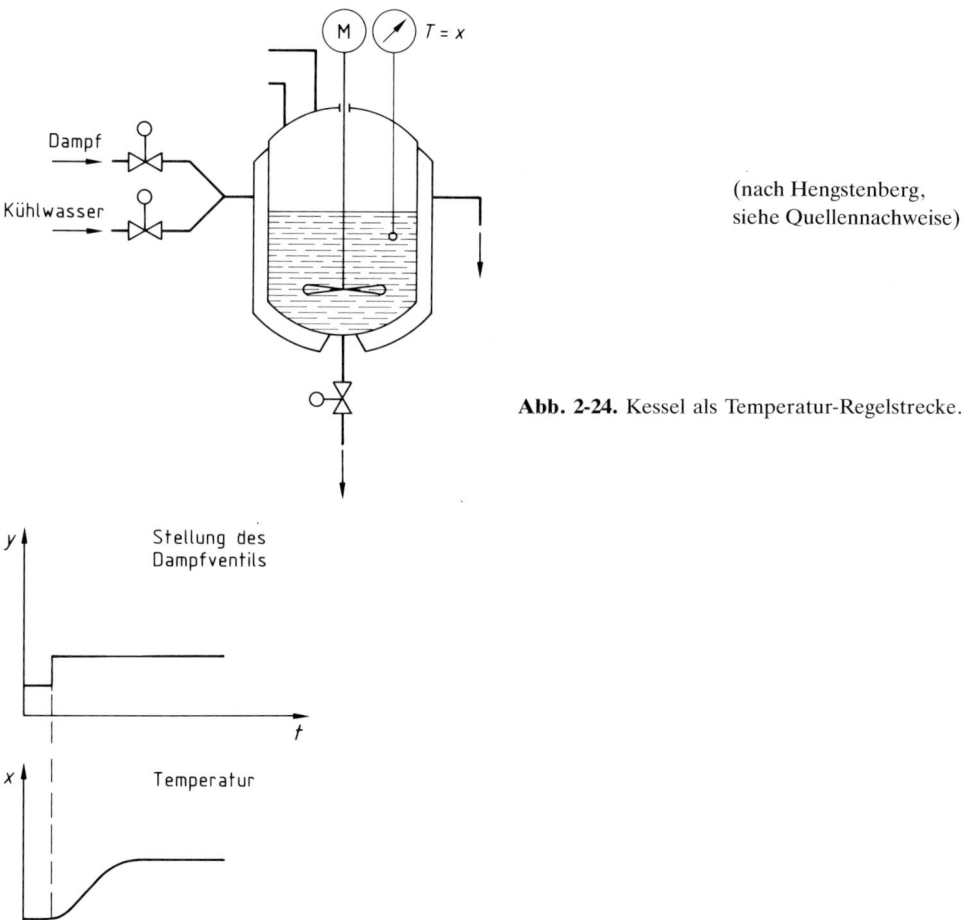

(nach Hengstenberg, siehe Quellennachweise)

Abb. 2-24. Kessel als Temperatur-Regelstrecke.

Abb. 2-25. Stell-Sprungantwort einer Strecke mit Ausgleich.

Die meisten Regelstrecken sind Regelstrecken mit Ausgleich, wie die folgenden Abschnitte auch zeigen. Trotz unterschiedlichen zeitlichen Verlaufs haben sie ein gemeinsames Merkmal:

Die Regelgröße nimmt in Regelstrecken mit Ausgleich nach einer Änderung von Stellgröße oder Störgröße auch ohne Regler einen bestimmten Wert an.

2.2.2.3 *Regelstrecken ohne Verzögerung*

Regelstrecken ohne Verzögerung sind Regelstrecken, bei denen sich die Regelgröße unmittelbar nach der Änderung der Stellgröße oder Störgröße ändert.

Regelstrecken ohne Verzögerung werden auch als ideale Regelstrecken oder als Strecken 0. Ordnung bezeichnet.

Beispiel: Abb. 2-26 zeigt eine Durchfluß-Regelstrecke für Flüssigkeiten. Im gefüllten Rohrleitungs-System folgt der Durchfluß hinter dem Schieber praktisch unverzögert einer Änderung der Schieberstellung. Liegt der Meßort nahe am Stellort, läßt sich dies gut beobachten und leicht regeln.

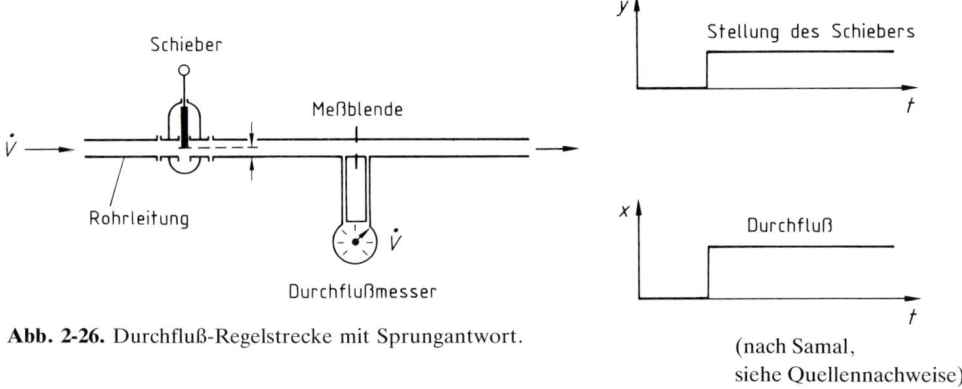

Abb. 2-26. Durchfluß-Regelstrecke mit Sprungantwort.

(nach Samal,
siehe Quellennachweise)

Weitere Beispiele für ideale Regelstrecken sind Glühlampen (zum Beispiel am Fahrrad) und Lautsprecher.

2.2.2.4 *Regelstrecken mit einer Verzögerung*

Regelstrecken mit einer Verzögerung werden auch Strecken 1. Ordnung genannt. Ihr Merkmal ist die Zeitkonstante T_s.

Typisches Beispiel einer Strecke 1. Ordnung ist ein Druckbehälter, der über ein Stellglied verzögerungsfrei mit Druckluft versorgt wird (Abb. 2-27).

Bei sprunghafter Öffnung des Eingangsventils steigt die Regelgröße, der Druck, sofort mit einer bestimmten Anfangsgeschwindigkeit. Die Geschwindigkeit der Druckzunahme wird jedoch immer kleiner, weil der Druckunterschied zwischen Leitungsdruck und Behälterdruck als treibende Größe immer kleiner wird, bis schließlich nach längerer Zeit ein Druckausgleich erfolgt ist.

Verlängert man die Tangente im Anfangspunkt bis zum sich einstellenden Enddruck, so erhält man die *Zeitkonstante* T_S, die neben der Streckenverstärkung die Regelstrecke charakterisiert. Gemäß der vorliegenden mathematischen Funktion, einer e-Funktion, ist die Differenz der beiden Drücke in der Zeit $t = T_S$ um 63 % kleiner geworden.

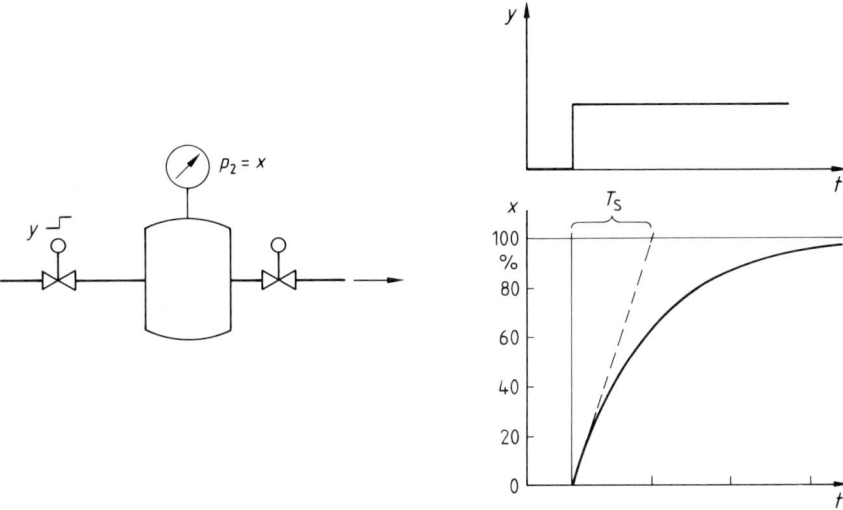

Abb. 2-27. Regelstrecke 1. Ordnung mit Sprungantwort.

Die Zeitkonstante T_s gibt die Zeit an, in der 63% des Endwertes erreicht werden.

In der Praxis geht man davon aus, daß in einer Zeit vom Fünffachen der Zeitkonstanten ($t = 5 \cdot T_S$) der Endwert der Regelgrößenänderung erreicht ist; dies bedeutet 99% der theoretischen Änderung.

Beispiel: Die Zeitkonstante T_s eines direkt beheizten Reaktionskessels (1. Ordnung) ist 10 min. In dieser Zeit wird die Temperatur des Inhaltes von 20,0 °C auf 25,0 °C erhöht. Wie groß ist unter gleichen Bedingungen die Temperatur nach 20 min?

$$\Delta\vartheta_1 = \vartheta_{10} - \vartheta_0$$

$$\Delta\vartheta_1 = (25,0 - 20,0)\,°C$$

$$\Delta\vartheta_1 = 5,0\,°C \triangleq 63\,\% \text{ Änderung}$$

$$\Delta\vartheta_{\text{gesamt}} \quad \triangleq 100\,\% \text{ Änderung (nach } 5 \cdot T_S)$$

$$\frac{\Delta\vartheta_1}{\Delta\vartheta_{\text{ges}}} = \frac{63\,\%}{100\,\%}$$

$$\Delta\vartheta_{\text{ges}} = \frac{\Delta\vartheta_1 \cdot 100\,\%}{63\,\%}$$

$$\Delta\vartheta_{\text{ges}} = \frac{5,0 \cdot 100}{63}\,°C$$

$$\Delta\vartheta_{\text{ges}} = 7,9\,°C$$

Damit beträgt nach längerer Zeit (mindestens 50 min) die erreichbare Endtemperatur:

$$\vartheta_{End} = \vartheta_0 + \Delta\vartheta_{ges}$$

$$\vartheta_{End} = (20{,}0 + 7{,}9)\,°C$$

$$\vartheta_{End} = 27{,}9\,°C$$

Nach 10 min beträgt der nun vorhandene treibende Temperaturunterschied also:

$$\Delta\vartheta = \vartheta_{End} - \vartheta_{10}$$

$$\Delta\vartheta = (27{,}9 - 25{,}0)\,°C$$

$$\Delta\vartheta = 2{,}9\,°C$$

Davon sind nach 20 min erneut 63 % abgebaut:

$$\Delta\vartheta_{ges} = 2{,}9\,°C \;\triangleq\; 100\,\% \;\text{Änderung}$$

$$\Delta\vartheta_2 \qquad\quad \triangleq\; 63\,\% \;\text{Änderung}$$

$$\frac{\Delta\vartheta_2}{\Delta\vartheta_{ges}} = \frac{63\,\%}{100\,\%}$$

$$\Delta\vartheta_2 = \frac{2{,}9\,°C \cdot 63\,\%}{100\,\%}$$

$$\Delta\vartheta_2 = 1{,}8\,°C$$

Die Temperatur hat sich nach 20 min erhöht auf:

$$\vartheta_{20} = \vartheta_{10} + \Delta\vartheta_2$$

$$\vartheta_{20} = (25{,}0 + 1{,}8)\,°C$$

$$\underline{\vartheta_{20} = 26{,}8\,°C}$$

Theoretisch beträgt der Abbau des Temperaturunterschiedes nach $2 \cdot T_s = 20$ min 85 % der Gesamtänderung. (Die beim Nachrechnen festzustellende geringe Differenz erklärt sich aus der Rechengenauigkeit.)

Ein weiteres Beispiel für Regelstrecken mit einer Verzögerung ist ein Kondensator, der über einen elektrischen Widerstand aus einer Spannungsquelle aufgeladen wird.

2.2.2.5   *Regelstrecken mit zwei Verzögerungen*

Regelstrecken mit zwei Verzögerungen werden auch als Strecken 2. Ordnung bezeichnet. Ihre Merkmale sind die Verzugszeit T_U und die Ausgleichszeit T_G.

Abb. 2-28 zeigt eine Druckregelstrecke als Beispiel, die sich von der Strecke in Abb. 2-27 dadurch unterscheidet, daß ein zweiter Behälter als weitere Verzögerung hinzugekommen ist. Gefüllt wird der zweite Behälter über den ersten, Regelgröße ist der Druck im zweiten Gefäß.

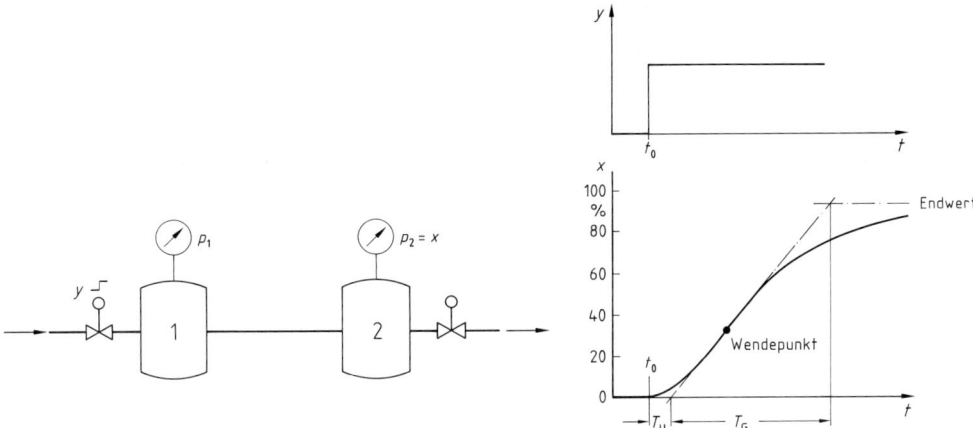

Abb. 2-28. Regelstrecke 2. Ordnung mit Sprungantwort.

Die Kurve beginnt nahezu waagerecht, weil sich zur Erhöhung der Regelgröße (Druck im Behälter 2) erst ein höherer Druck im Behälter 1 aufbauen muß. Dann wird die Steigung immer größer, bis im *Wendepunkt* der steilste Anstieg erreicht ist. Hier wird eine Tangente angelegt, deren Schnittpunkte mit dem Anfangs- und dem Enddruck die Bestimmung der *Verzugszeit* und der *Ausgleichszeit* ermöglichen.

Die Beschreibung des Kurvenverlaufs ist mathematisch nicht so einfach wie bei einer Strecke 1. Ordnung. Sie setzt Kenntnisse über Differential- und Integralrechnung voraus und erfüllt eine Differentialgleichung 2. Ordnung.

Andere Beispiele für Strecken 2. Ordnung stellen ein mantelbeheizter Kesselinhalt, ein Gefäß mit Flüssigkeit auf einer Heizplatte oder eine elektrische Reihenschaltung zweier RC-Glieder dar.

2.2.2.6 Regelstrecken mit vielen Verzögerungen

Solche Regelstrecken höherer Ordnung, die ebenfalls durch ihre Verzugszeit T_U und ihre Ausgleichszeit T_G beschreibbar sind, entstehen leicht durch eine Kombination von Strecken 0. bis 2. Ordnung mit bestimmten Stellgeräten oder Meßfühlern. So stellt beispielsweise ein Regelventil mit pneumatischem Antrieb selbst eine Strecke erster Ordnung dar. Die gleiche Wirkung ruft ein Schutzrohr über einem Temperaturfühler hervor.

Solche Verzögerungen bilden sich aber auch durch geringe Einflüsse in einer schon bestehenden Anlage. Lagert sich zum Beispiel Kesselstein oder Produkt zusätzlich auf dem Schutzrohr an, so kann dies zu einer Erhöhung der Streckenordnung führen, die im Extremfall eine Dauerschwingung in der Anlage zur Folge hat. Auch Umbau-Maßnahmen sollten unter diesem Gesichtspunkt kritisch überprüft werden. Entsprechende Absprachen erleichtern dem zuständigen Meß- und Regelfachmann die Anpassung der Regeleinrichtungen auf die veränderten Bedingungen (vgl. Arbeitsanweisung „Zeitverhalten von Temperaturfühlern").

2.2.2.7   *Regelstrecken mit Totzeit*

Häufig unbeachtet bleibt bei Umbauten eine Eigenschaft von Regelstrecken, die als Totzeit T_t bezeichnet wird.

Die Totzeit ist vor allem bei Transportvorgängen eine wichtige Einflußgröße und verlängert bei Strecken 2. oder höherer Ordnung die Verzugszeit, ohne daß man sie deutlich trennen kann.

Die Totzeit ist die Zeit, die vergeht, bis sich nach einer sprunghaften Änderung der Stellgröße eine Änderung der Regelgröße bemerkbar macht.

Abb. 2-29 zeigt als Beispiel ein Förderband, das mit einer konstanten Geschwindigkeit läuft. Geregelt wird der Massenstrom q durch die Veränderung der Aufgabemenge bei Betätigung des Schiebers am Fülltrichter. Erfaßt wird die neue Aufgabemenge am Ende des Förderbandes erst nach der Laufzeit über die gesamte Länge. Dies entspricht der *Totzeit* der Strecke, die sich leicht aus der Länge und der Fördergeschwindigkeit berechnen läßt:

$$T_t = \frac{\text{Länge des Bandes}}{\text{Geschwindigkeit des Bandes}}$$

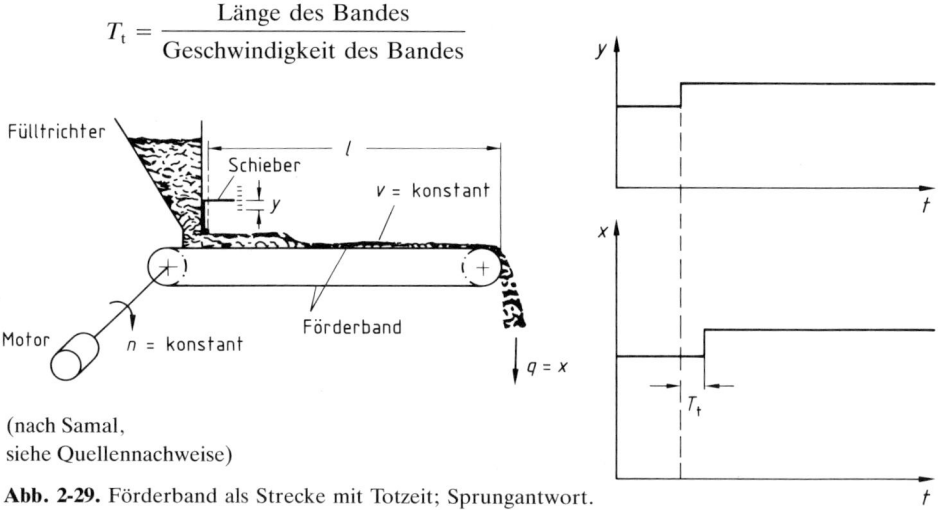

(nach Samal,
siehe Quellennachweise)

Abb. 2-29. Förderband als Strecke mit Totzeit; Sprungantwort.

Auch die pH-Wert-Regelstrecke in Abb. 2-30 ergibt bei der Mischung zweier Volumenströme eine Totzeit, die ihre Regelung sehr schwierig macht und mit einfachen Reglern nicht durchführbar ist.

Eine Verbesserung der Regelbarkeit läßt sich fast immer erzielen, wenn man den Meßort *näher* an den Stellort heranbringt, in Abb. 2-29 eventuell durch den Einbau einer Bandwaage. Hier ist aber auch Abhilfe zu schaffen durch Wahl einer *anderen Stellgröße,* zum Beispiel der Motordrehzahl bei konstanter Schieberstellung.

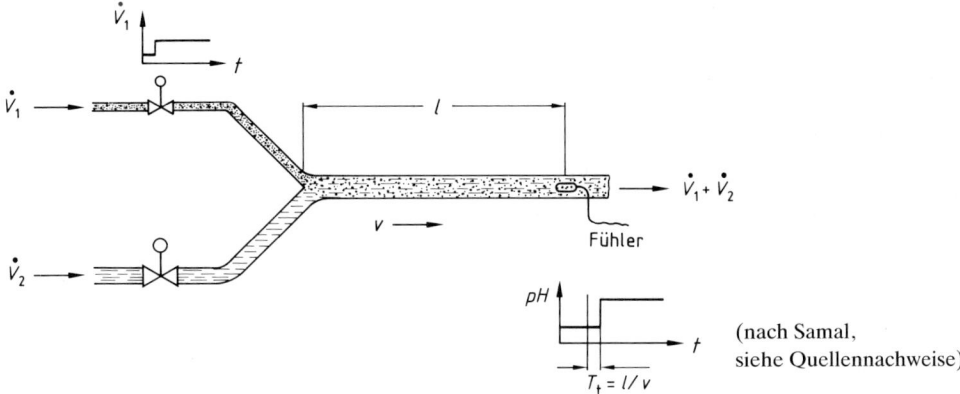

Abb. 2-30. Mischung zweier Flüssigkeiten mit unterschiedlichem pH-Wert.

2.2.3 Arbeitsanweisungen zu Abschnitt 2.2.2

2.2.3.1 *Sprungantworten proportionaler Regelstrecken*

Mit dem elektronischen Regelstrecken-Simulator (Abb. 2-14), Beschreibung in Abschn. 2.1.5, ist es möglich, das zeitliche Verhalten unterschiedlichster Regelstrecken nachzubilden. Die einzelnen Streckenglieder werden dazu einzeln oder hintereinander eingeschaltet und mit ihren jeweils drei Zeitkonstanten belegt. Beim integralen Streckenglied läßt sich zusätzlich am unteren Drehknopf zum Beispiel ein Auslaufventil mit 0 bis 100 % Öffnung simulieren.

Aufgabenstellung: Das Zeitverhalten von Regelstrecken 0. bis 4. Ordnung, das heißt von Strecken ohne Verzögerung bis zu Strecken mit vier Verzögerungen, ist durch Einschalten von bis zu vier proportionalen Streckengliedern am Regelstrecken-Simulator nachzubilden. Die Zeitkonstanten und die Ordnungen der Strecken sollen grafisch und rechnerisch ermittelt werden.

Zubehör: Das verwendete Zubehör entspricht dem in Abschn. 2.1.5.3.

Durchführung: Regelstreckensimulator und Kompensationsschreiber sind einzuschalten. Der Papiervorschub wird auf 24 cm/min eingestellt.
  Am Simulator sind alle Zeitkonstanten auf die kleinste Zeit (0,03 min) einzustellen (kleine Behälter, schnelle Ventile . . .).
  Begonnen wird mit der Regelstrecke 0. Ordnung. Dazu müssen alle Streckenglieder ausgeschaltet bleiben.
  Die Betrachtung des Streckenverhaltens erfolgt ohne Regler, d. h. der Regler muß auf Handbetrieb geschaltet sein. Die Einstellung des anfänglichen Istwertes von 50 % erfolgt mit dem Stellgrößeneinsteller am Regler.
  Der Schreiber wird durch Einschalten des Vorwärtslaufes in Betrieb genommen.

Durch schnelles, einmaliges Verdrehen ohne Nachkorrektur des Stellgrößeneinstellers wird ein Sprung der Stellgröße um etwa 20 Skalenteile (Skt) erzeugt. Der Sprung sollte gerade dann erfolgen, wenn der Istwert einen Querstrich des Papiers erreicht hat.

Ist der neue zugehörige Istwert erreicht, d. h. ist sein zeitlicher Verlauf konstant, wird der Vorwärtslauf des Schreibers abgestellt.

Durch Einschalten des ersten proportionalen Streckengliedes (Verzögerer) wird nun eine Regelstrecke 1. Ordnung nachgebildet. Da am Simulator 4 proportionale Streckenglieder zur Verfügung stehen, können also Strecken bis zur 4. Ordnung simuliert werden.

Für jede Ordnung ist der vorher beschriebene Versuchsablauf zu wiederholen. Für die Regelstrecke 1. und 2. Ordnung wird der Versuch anschließend mit unterschiedlichen Zeitkonstanten durchgeführt.

Auswertung: Die auf dem Schreiber erhaltenen Sprungantworten sind auszuschneiden und ins Protokoll einzukleben. An die jeweilige Kurve ist, wie in untenstehendem Beispiel einer Strecke 3. Ordnung (Abb. 2-31), eine Tangente anzulegen.

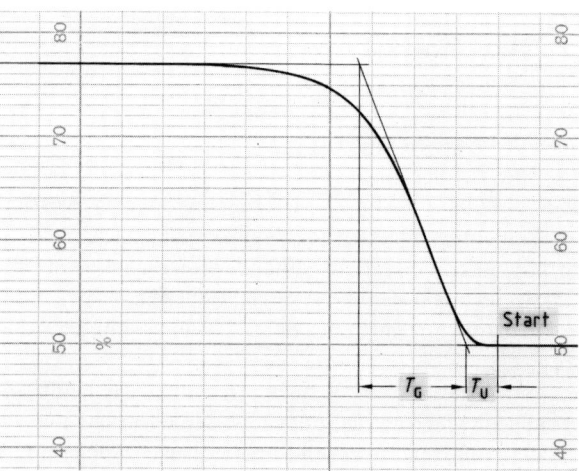

Abb. 2-31. Auswertung einer Sprungantwort.

Über die Schreibgeschwindigkeit können zwei Zeitkonstanten T_s beziehungsweise die Verzugszeit T_U und die Ausgleichszeit T_G ermittelt werden. Aus dem Verhältnis von T_U/T_G kann die Ordnung n der Strecke berechnet, bzw. kontrolliert werden.

$$n = \frac{T_U}{T_G} \cdot 10 + 1$$

Das Verhältnis $\dfrac{T_U}{T_G}$ und damit die Ordnung einer Strecke sind ein Maß für die Regelbarkeit.

Strecken höherer Ordnung verlangen einen großen Regelaufwand.

$$\frac{T_U}{T_G} < \frac{1}{10} \text{ gut regelbar}$$

$$\frac{T_U}{T_G} \text{ ca. } \frac{1}{6} \text{ regelbar}$$

$$\frac{T_U}{T_G} > \frac{1}{3} \text{ schwer regelbar}$$

Die Werte für n sind nach obiger Gleichung auszurechnen und zusammen mit den Werten T_s oder T_U, T_G (jeweils in s), T_U/T_G und der Anzahl der Streckenglieder in einer Tabelle einzutragen.

2.2.3.2 Sprungantworten integraler Regelstrecken

Aufgabenstellung: Durch Aufnahme von Sprungantworten ist das Verhalten einer integralen Strecke (Flüssigkeitsstand in einem Behälter, Abb. 2-32) nachzubilden.

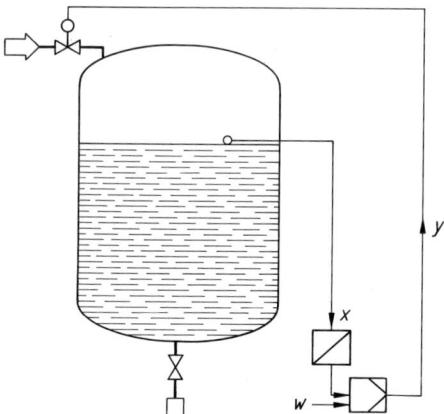

Abb. 2-32. Flüssigkeitsstand in einem Behälter.

Zubehör: Das verwendete Zubehör entspricht dem in Abschn. 2.1.5.3.

Durchführung: Regelstreckensimulator und Kompensationsschreiber sind einzuschalten. Der Papiervorschub wird auf 24 cm/min eingestellt.

Um eine ideale Integralstrecke zu simulieren, wird nur das integrale Streckenglied eingeschaltet. Der Auslauf wird durch das Potentiometer am unteren Teil des Einschubs nachgebildet und auf konstant 50 % belassen.

Der Regler wird auf Handbetrieb geschaltet. Mit dem Stellgrößeneinsteller wird der Istwert auf 50 % eingestellt.

Bleibt der Istwert konstant, so ist der Schreiber zu starten. Die Stellgröße wird sprunghaft um etwa 20 Skalenteile verändert. Ist der zeitliche Verlauf des Istwertes konstant, wird der Vorwärtslauf abgestellt.

Der Versuch ist mit unterschiedlichen Zeitkonstanten (d. h. Größe des Flüssigkeitsbehälters) und mit einem dazugeschalteten proportionalen Streckenglied als Nachbildung eines pneumatischen Regelventils zu wiederholen.

Auswertung: Die auf dem Schreiber erhaltenen Sprungantworten sind auszuschneiden, einzukleben und zu beschriften, die Ergebnisse zu interpretieren.

Wie schon beschrieben, kann man erkennen, daß der Flüssigkeitsstand in einem Behälter zu den Strecken ohne Ausgleich gehört. Der Stand erreicht also nach sprunghafter Stellgrößenänderung keinen neuen Istwert, sondern *der Behälter läuft entweder über oder leer.*

2.2.3.3   Untersuchung des Zeitverhaltens eines Meßfühlers

Das Zeitverhalten von Meßfühlern soll am Beispiel eines Pt100-Widerstandsthermometers untersucht werden. Dazu werden drei identische Fühler benutzt, von denen einer in ein wassergefülltes Reagenzglas und einer in ein leeres Reagenzglas eingebaut sind.

Aufgabenstellung: Es sollen die Widerstands-Zeit-Kennlinien eines Temperaturfühlers aufgenommen werden, der zunächst direkt, dann eingebaut in ein Schutzrohr einem Temperatursprung ausgesetzt wird.

Zubehör: Pt100-Meßfühler blank, Pt100-Meßfühler eingebaut in verschlossenem leeren Reagenzglas, Pt100-Meßfühler eingebaut in verschlossenem wassergefüllten Reagenzglas, Widerstands-Meßgerät mit einem Meßbereich 100 bis ca. 150 Ω, Becherglas, 1/10°-Thermometer (50 bis 100 °C), heizbarer Magnetrührer mit Rührstäbchen, Stoppuhr, Pt100-Grundwerttabelle oder Kalibrierkurve.

Durchführung: Die Temperatur von ca. 0,5 L Wasser wird in einem Becherglas auf 80 °C konstant gehalten. Der Widerstand des Meßfühlers bei Zimmertemperatur wird bestimmt, der Fühler in das Wasserbad getaucht und die Stoppuhr gestartet. In Abständen von 10 s wird der Widerstand solange gemessen, bis sein Wert konstant bleibt.

Alle Werte sind in einer Tabelle zusammenzufassen. Die Messung wird mit den beiden anderen Fühlern in gleicher Weise wiederholt.

Auswertung: Die Ergebnisse sind in einem gemeinsamen Diagramm (Widerstand und zugehörige Temperatur aus Grundwerttabelle oder Kalibrierkurve auf y-Achse, Zeit auf x-Achse) aufzuzeichnen und zu interpretieren.

2.2.4 Einteilung der Regelstrecken nach Art der Regelgröße

In den Abschnitten 2.2.2 und 2.2.3 wurden Regelstrecken nach ihrem *Zeitverhalten* unterschieden. Die Art der Regelgröße wurde nur in den Beispielen erwähnt. Häufig kann der Fachmann schon an der zu regelnden *physikalischen Größe* grob den zu betreibenden Aufwand und die Probleme abschätzen. In allen Fällen gilt:

- Läßt sich die Regelgröße genügend genau messen?
- Läßt sich die gemessene Größe regeln (Negativ-Beispiel: Luftdruck)?
- Welche Stellgröße ist geeignet?
- Welche Störgrößen sind vorhanden, wie kann man sie in den Griff bekommen?

Die Tab. 2-5 zeigt eine Übersicht wichtiger Regelgrößen und ihrer Einheiten:

Tabelle 2-5. Regelgrößen und ihre Einheiten.

Regelgrößen	Einheiten
Temperatur	K, °C
Druck	N/m^2, Pa, bar
Füllstand, Niveau	m, m^3, %
Durchfluß, Volumenstrom	m^3/s, L/h
Massenstrom	kg/s, t/h
Volumen	m^3
Masse	kg, t
Massen-, Volumen-, Stoffmengen-Anteil	%
Massen-Konzentration	kg/m^3
Volumen-Konzentration	%, m^3/m^3
Stoffmengen-Konzentration	mol/m^3
Massen-, Volumen-, Stoffmengen-Verhältnis	%
pH-Wert	-
Feuchte, absolut bzw. relativ	kg/m^3 bzw. %
Geschwindigkeit	m/s, km/h
Drehzahl, Frequenz	1/s
Kraft	N
Drehmoment	Nm
Stellung, Hub	m, Grad
Spannung	V
Stromstärke	A
Leistung	W

2.2.4.1 Druck-Regelstrecken

Abb. 2-33 zeigt eine Rohrleitung als Druck-Regelstrecke. Das einfließende Medium steht unter einem Eingangsdruck p_1 und wird durch das Stellglied 1 beeinflußt. Der Druck p_2 stellt die Regelgröße x dar, während p_3 gleich dem Auslaßdruck ist.

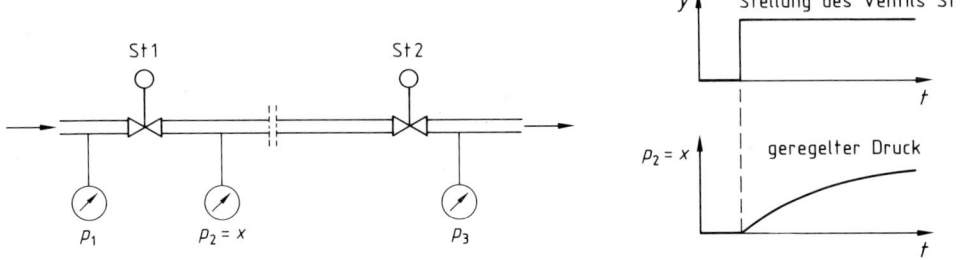

Abb. 2-33. Druckregelstrecke. — St1 Einlaßventil, St2 Auslaßventil, p_1 Vordruck, p_2 geregelter Druck, p_3 Abströmdruck, x Regelgröße, y Stellgröße, t Zeit.

Sind Zufluß und Abfluß konstant, so bleibt auch die Regelgröße konstant, bis die auf das Stellglied 1 wirkende Stellgröße y verändert wird. So ergibt sich die Druck-Stellsignal-Kennlinie in Abb. 2-33, deren Form im wesentlichen von den Strömungsverhältnissen abhängt.

Ändert man den Einlaßdruck oder den Auslaßdruck, verändert sich auch die Kennlinie (Abb. 2-34). Die Drücke p_1 und p_3 sind also wichtige Störgrößen, ebenso die Stellung von Stellglied 2, Dichte und Aggregatzustand des Mediums.

Für Flüssigkeiten stellt die Anordnung eine Strecke 0. Ordnung dar, während sie für Gase bei nicht zu großer Baulänge 1. Ordnung ist. Sonst besitzt sie auch noch Totzeitverhalten. Weitere Beispiele für Druck-Regelstrecken 1. und 2. Ordnung zeigen die Abb. 2-27 und 2-28.

Als Regler für Druckregelstrecken genügen oft schon einfache P-Regler ohne Hilfsenergie (vgl. Abschn. 2.4.2.1), die man als Reduzierstationen oder Druckminderer kennt.

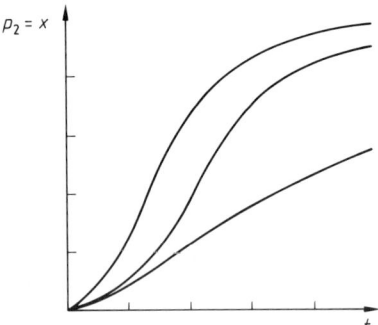

Abb. 2-34. Kennlinien der Druckregelstrecke bei geänderten Drücken p_1 oder p_3.

2.2.4.2 *Durchfluß-Regelstrecken*

Das Verhalten von Regelstrecken für Durchfluß hängt stark vom verwendeten Meßverfahren und von der Kennlinie des eingesetzten Stellgerätes ab (gemessener Durchfluß als Funktion des Stellglied-Signals, vgl. Abschn. 2.3.3). Es soll deshalb angenommen werden, daß das jeweilige Stellgerät einen Durchfluß erbringt, der dem Stellsignal streng proportional ist. Damit ist die Stellglied-Durchflußkennlinie eine Gerade (Abb. 2-35).

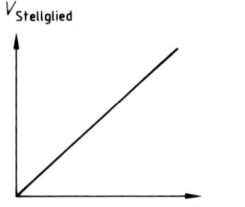

Abb. 2-35. Durchfluß des Stellgliedes.

Wie die Kennlinie der Regelstrecke letztendlich aussieht, hängt vom verwendeten Meßverfahren in Abb. 2-36 ab (vgl. Abschn. 1.6.2).

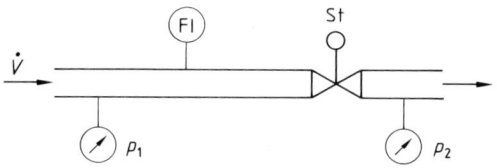

Abb. 2-36. Durchfluß-Regelstrecke.

Der Meßeffekt, also die vom Durchfluß erzielte Wirkung, ist bei Schwebekörper-Durchflußmessern, Turbinenzählern und induktiven Durchflußmessern ebenfalls annähernd linear vom Durchfluß abhängig. Damit liefern diese Meßgeräte Kennlinien für die Strecke, die denen des Stellgerätes entsprechen.

Drosselgeräte wie Meßblenden oder Venturidüsen (vgl. Abschnitt 1.6.2) hingegen liefern als Meßeffekt einen Wirkdruck Δp, der quadratisch mit dem Durchfluß steigt. Die Strecken-Kennlinie hat die in Abb. 2-37 gezeigte Form.

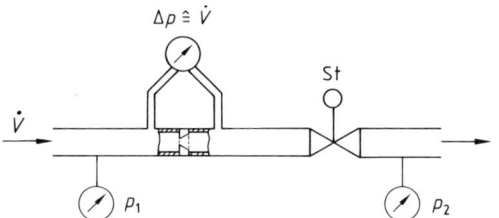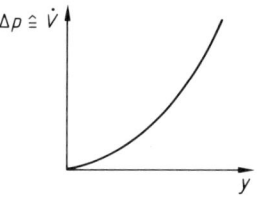

Abb. 2-37. Über Wirkdruck gemessener Durchfluß.   (nach Hengstenberg, siehe Quellennachweise)

Wie bei den Druckregelstrecken sind auch hier der Druck von Zulauf und von Ablauf wichtige Störgrößen. Hinzu kommt die Dichte des Mediums, die selbst stark temperaturabhängig ist.

Durchfluß-Regelstrecken besitzen kaum Verzögerungen; sie werden deshalb als Strecken 0. Ordnung angesehen. Als Regler werden meistens PI-Regler (vgl. Abschn. 2.4.2.3) eingesetzt.

2.2.4.3   Temperatur-Regelstrecken

Regelstrecken für Temperatur können in ihrem Zeitverhalten sehr unterschiedlich sein. Mit wenigen Ausnahmen (Beispiel Kernreaktor) gehören sie allerdings zu den *Strecken mit Ausgleich.* Beeinflußt wird ihr Verhalten sehr stark von ihrer *Größe und Form,* von der *Art des Wärmeaustauschs* zwischen den Stoffen (durch Wärmeleitung, -strahlung, -strömung) und durch die verwendeten *Meßfühler* (vgl. Abschn. 2.2.3.3).

Abb. 2-38 zeigt, daß jeder weitere Wärmeübergang die Kennlinie der Strecke flacher werden läßt. Die Folge ist eine Zunahme der Zeitkonstanten und damit eine erschwerte Regelung. Besondere Probleme treten auf, wenn Temperatureffekte durch chemische Reaktionen, durch Schmelzen, Verdampfen, Kondensieren, Kristallisieren oder Sublimieren hinzukommen.

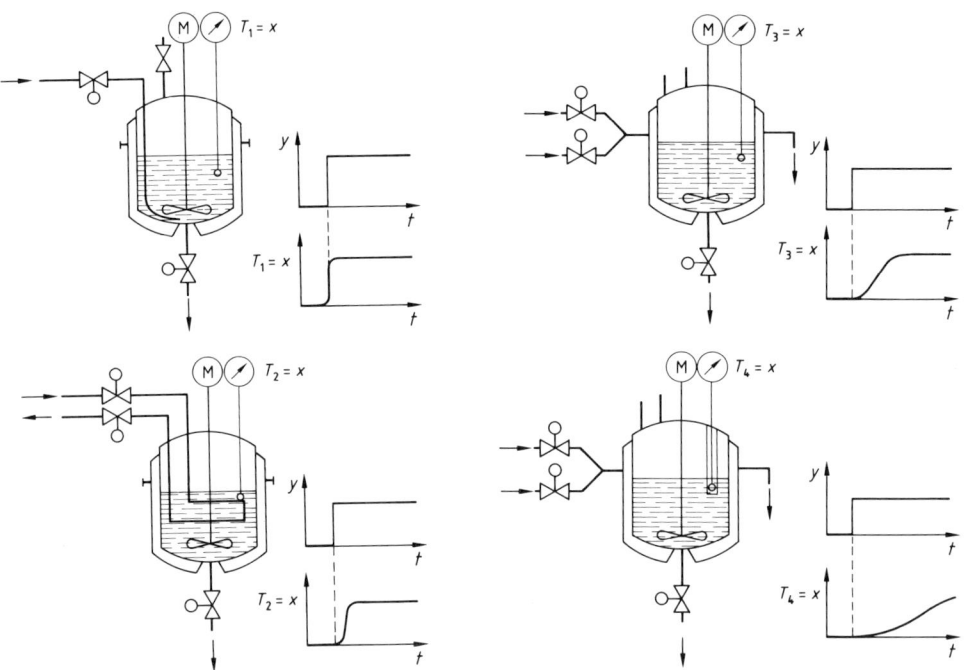

Abb. 2-38. Temperatur-Regelstrecken.

Die bei Temperaturstrecken auftretenden Störgrößen hängen stark von der Anlage ab und können sehr vielfältig sein. Einige Beispiele:

– Zu- und Ablauf des Produkts,
– Menge des Produkts,
– Spezifische Wärmekapazität des Produkts,
– Feuchte eines Trockengutes,
– Temperatur und Druck des Heizdampfes,
– Umgebungstemperatur.

Als Regler lassen sich bei geringen Anforderungen an die Regelgüte, wie bei Bügeleisen oder Kaffeemaschinen, einfache Bimetallregler einsetzen. Als Raumtemperatur-Thermostate setzt man gerne P-Regler ohne Hilfsenergie ein (Abschn. 2.4.6.1), während für Laborzwecke oft elektrische Heizungen und Zweipunktregler mit oder ohne Rückführung (Abschn. 2.4.4) verwendet werden. Für kompliziertere Aufgaben wie beim Wärmetauscher in Abb. 2-13 sind PI-Regler erforderlich, oft sogar PID-Regler (Abschn. 2.4.2.4).

2.2.4.4 Füllstand-Regelstrecken

Abb. 2-39 zeigt eine typische Regelstrecke für Füllstand (Niveau): der Stand soll auf einem bestimmten Wert gehalten werden, Zulauf und Ablauf lassen sich regulieren.

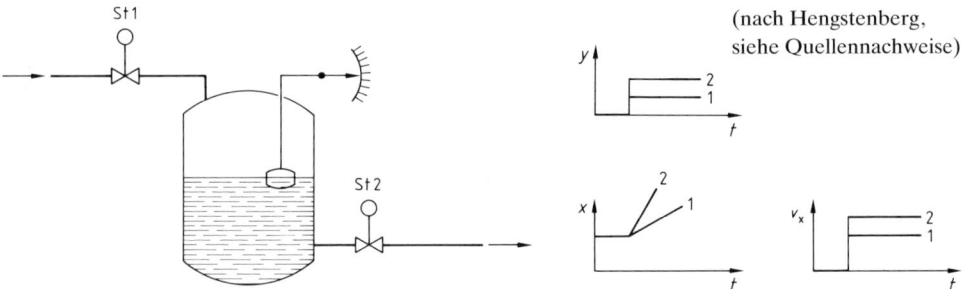

Abb. 2-39. Füllstand-Regelstrecke. — y Stellsignal auf Stellglied St 1 oder St 2, v_x Geschwindigkeit der Änderung des Füllstandes.

Sind Zulauf und Ablauf gleich groß, so bleibt der Stand konstant. Weicht einer der beiden Durchflüsse ein wenig vom anderen ab, so steigt oder fällt der Flüssigkeitsspiegel laufend; es stellt sich kein Endwert ein, der Behälter läuft über oder leer. Man spricht von einer Regelstrecke ohne Ausgleich (vgl. Abschn. 2.2.2) oder von einem integralen Glied; ihre Kenngröße ist der Faktor K_{IS}.

Die Verstärkung K_{IS} einer Strecke ohne Ausgleich beschreibt den Zusammenhang zwischen der Änderungsgeschwindigkeit der Regelgröße und der verursachenden Änderung der Stellgröße.

Je *größer* (Kurve 2) also ein Stellsprung oder Störsprung ist, desto *schneller* läuft ein Behälter leer oder über, wenn kein Regler eingreift. Mögliche Störgrößen sind neben Zu- und Ablauf Druckunterschiede im Behälter und Gasblasen im Produkt.

Ob ein Regler auf das Stellglied im Zu- oder Ablauf eingreift, hängt vom verfahrenstechnischen Problem ab.

Für einfache Aufgaben werden oft Regler ohne Hilfsenergie eingesetzt, zum Beispiel in Kondensatableitern oder bei Toilettenspülungen, bei denen der steigende Wasserspiegel die Stellkräfte zum Öffnen des Ablaufs beziehungsweise zum Schließen des Zulaufs liefert. In Hebeanlagen werden Zweipunktregler benutzt, deren Fühler direkt einen Pumpenmotor schaltet. Da meist aber Sollwerte verändert werden sollen und in definierter Form auf die

Strecken eingegriffen werden soll, setzt man doch lieber stetige Regler mit Hilfsenergie ein, meist als P-Regler eingestellt. Bei PI-Reglern führt ein zu großer I-Anteil leicht zu Instabilitäten, der Regelkreis beginnt zu schwingen.

2.2.4.5 Regelstrecken mit Transportvorgängen

Immer, wenn Stellort und Meßort in einiger Entfernung voneinander liegen, kann es in Regelstrecken zu Zeitverhalten kommen, die eine Regelung wesentlich erschweren. Die Abbildungen 2-29 und 2-30 in Abschnitt 2.2.2.7 zeigen typische Fälle von Strecken mit Totzeiten als Folge von Transportvorgängen. In der Verfahrenstechnik ändert sich in solchen Strecken meist die Zusammensetzung eines Gemisches durch Mischen, Trennen oder chemische Reaktion, wie die folgenden Beispiele zeigen:

– Komponenten für einen kontinuierlichen Prozeßablauf werden in optimalem Verhältnis eingetragen,
– Die Abgasmessung bei einem Verbrennungsprozeß regelt die Menge des zugeführten Sauerstoffs (Auto!),
– Die Bestimmung des Trockengrades von Schüttgütern beeinflußt ihre Trockenzeit,
– Der Brechungsindex eines Destillats bestimmt das Rücklaufverhältnis einer Rektifikation,
– Eine pH-Wert-Messung regelt die Zugabe von Kalkmilch zur Neutralisation von Abwässern.

Das letzte Beispiel zeigt die besondere Problematik, daß neben den Totzeiten auch eine nichtlineare Kennlinie der Strecke auftritt (Abb. 2-40).

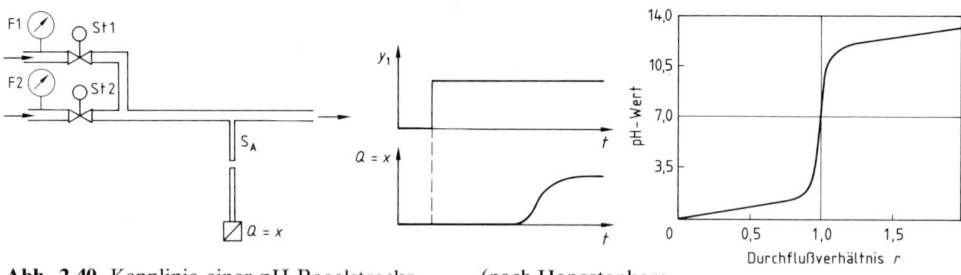

Abb. 2-40. Kennlinie einer pH-Regelstrecke.   (nach Hengstenberg, siehe Quellennachweise)

Der zeitliche Verlauf der Regelgröße ergibt sich aus dem besonderen Verlauf der pH-Kurve, den Transportzeiten in der Regelstrecke, der Transportzeit in der Zuleitung zum Analysengerät, sowie den Aufbereitungs- und Meßzeiten. Er zeigt auch, daß solche Regelungen meist sehr schwierig sind. Es werden vorwiegend stetige PID-Regler oder spezielle Regelkreisschaltungen eingesetzt.

2.2.5 Arbeitsanweisungen zu Abschnitt 2.2.4

2.2.5.1 *Temperatur- und Standregelung in einem Reaktionsgefäß*

Die Regelung von Temperaturen in Reaktionsgefäßen gehört zu den wichtigsten Aufgaben der chemischen Technik und auch zu den schwierigsten. So sollen die Reaktoren, die meist Strecken höherer Ordnung darstellen, temperaturstabil und energiesparend betrieben werden.

Einen typischen Rührkessel-Reaktor zeigt Abb. 2-41. Der Reaktor besteht aus einem Glasgefäß (50 L) mit Rührwerk und Kühlmantel. Geheizt wird mit vier elektrischen Quarz-Heizstäben, die erst ab einem Füllstand von 20 % in Betrieb genommen werden können.

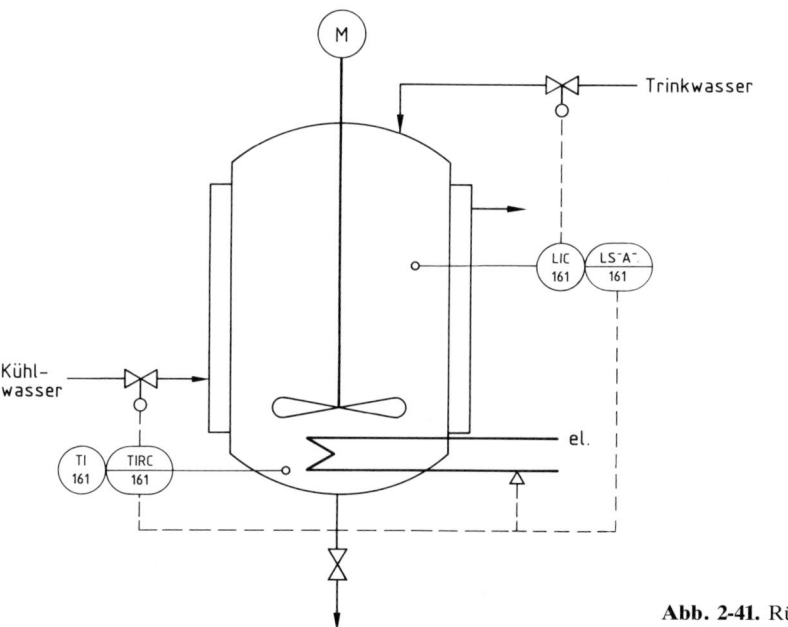

Abb. 2-41. Rührkessel-Reaktor.

Eine Einperlung liefert das Meßsignal der Standmessung, das zur Grenzwert-Überwachung (20 %) und zur Regelung des Standes mit einem üblichen Vor-Ort-Regler gebraucht wird. Die Stellgröße des Standreglers wirkt auf ein pneumatisches Regelventil in der Trinkwasserleitung.

Die Temperatur wird über ein Widerstandsthermometer gemessen und mit einem digitalen Regler im „Split-range"-Verfahren geregelt. Diese Regelung unterteilt den Stellbereich von 0 % bis 100 % in zwei einstellbare Teile „Heizen" und „Kühlen" (Abb. 2-42). Im Stellbereich „Heizen" wird die Leistung der Quarz-Heizkerzen reguliert, im Stellbereich „Kühlen" der Durchfluß durch das zweite pneumatische Regelventil. Bei einem bestimmten Wert des Stellsignals sind sowohl das Ventil geschlossen als auch die Heizkerzen ohne Strom. Im Unterschied zu herkömmlichen Regelungen, bei denen ständig geheizt und gekühlt wird, läßt sich bei ähnlicher Regelgüte erheblich Energie sparen.

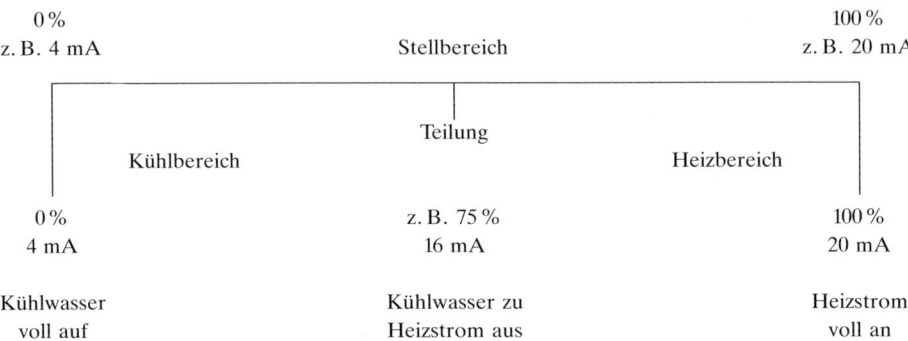

| 0 % | Stellbereich | 100 % |
| z. B. 4 mA | | z. B. 20 mA |

Teilung

Kühlbereich   Heizbereich

| 0 % | z. B. 75 % | 100 % |
| 4 mA | 16 mA | 20 mA |

| Kühlwasser | Kühlwasser zu | Heizstrom |
| voll auf | Heizstrom aus | voll an |

Abb. 2-42. Schematische Darstellung einer „Split-range"-Regelung.

Im gezeigten Beispiel ist der Stellbereich als Einheitssignal 4 mA ... 20 mA ausgelegt und bei 75 % = 16 mA geteilt (gesplittet). Im Stellbereich 75 % bis 0 % wird das Kühlwasser-Regelventil geöffnet, im Stellbereich 75 % bis 100 % der Strom für die Heizkerzen gesteigert.

Digitale Regler lassen sich neben der Anwendung im „Split-range"-Verfahren in sehr vielfältiger Weise parametrieren. Die Anzeigefelder und Bedienfunktionen entsprechen dagegen denen der bekannten analogen Reglertypen (Abb. 2-43).

Der Istwert und der Sollwert der Regelgröße (Temperatur im Reaktor) werden beim abgebildeten Regler durch zwei senkrechte Leuchtbalken, das Stellsignal durch eine waagerechte Leuchtdiodenkette angezeigt. Durch Drücken der Taste (2) läßt sich das Stellsignal auf die

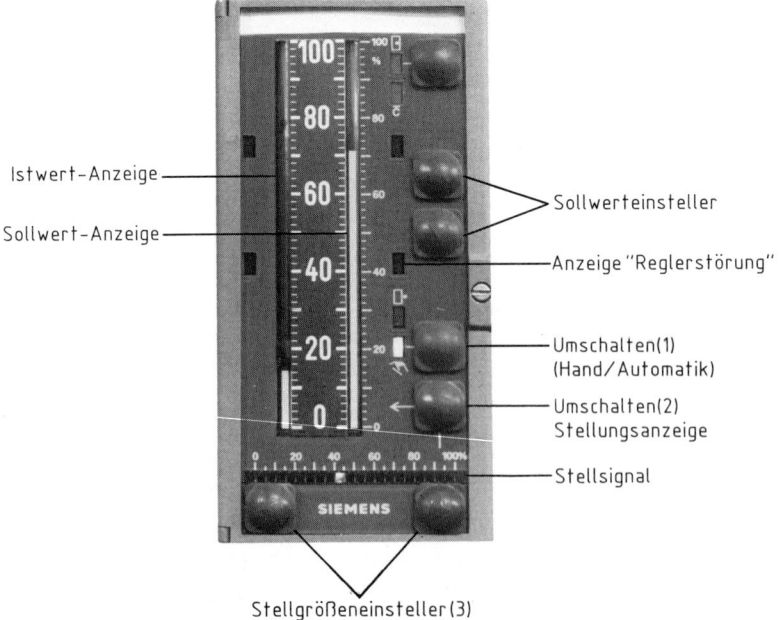

Abb. 2-43. Frontseite eines digitalen Reglers.

Sollwert-Anzeige legen und dort mit besserer Auflösung ablesen. Mit der gleichen Umschalttaste (2) schaltet man die Anzeige „Reglerstörung" ab, die bei Wiedereinschaltung der Netzspannung blinkt.

Die darüberliegende Drucktaste ist die Umschaltung Hand/Automatik; bei Handregelung brennt die danebenliegende Leuchtdiode. Das Stellsignal „Hand" wird durch Drücken der Stellgrößeneinsteller (3) verändert, die Anzeige wandert nach links oder rechts.

Der Sollwert für die automatische Regelung kann durch die Betätigung der Sollwerteinsteller kontinuierlich nach oben (▲) oder nach unten (▼) verstellt werden.

Aufgabenstellung: In einem Rührkessel-Reaktor (Abb. 2-41) ist ein Temperaturprofil durch Handregelung und durch selbsttätige „Split-range"-Regelung zu fahren.

Zubehör: Rührkessel-Reaktor mit Kühlmantel und Quarz-Heizstäben, Rührwerk, Meßfühler Pt 100, Meßumformer, Perlstandmessung, Durchflußmesser und Meßumformer, Analog-Regler, Digital-Regler, Regelventil.

Durchführung: Vom Reaktionsgefäß ist ein RI-Schema mit MSR-Symbolen anzufertigen.

Die Anlage wird auf Betriebsbereitschaft überprüft und fachgerecht in Betrieb genommen. Die Absperrhähne für Druckluft und Kühlwasser sind zu öffnen. Der Durchfluß für das Perlgas der Standmessung wird am Schwebekörper-Durchflußmesser auf 15 L/h eingestellt, das Rührwerk eingeschaltet und das Gefäß über die „Hand"-Bedienung des Standreglers zu 50 % gefüllt. Die Stromversorgung für die Heizstäbe ist einzuschalten.

Mit Handregelung soll folgender Temperaturverlauf erreicht werden:

        Aufheizen auf 35 °C ... 20 min halten
        Aufheizen auf 50 °C ... 20 min halten
        Abkühlen auf 40 °C ... 20 min halten.

Danach ist der Temperaturverlauf mit selbsttätiger Regelung zu wiederholen.

Auswertung: Die Aufgabe wird in einem Ablaufprotokoll (Abb. 2-17) festgehalten. Die Temperatur wird in Abständen von 5 min abgelesen und in Abhängigkeit von der Zeit in ein Diagramm eingezeichnet. Der Teilungspunkt der „Split-range"-Regelung in Prozent des Stellsignals ist zu ermitteln und im Protokoll anzugeben, zu dem auch das gezeichnete RI-Schema gehört.

2.2.5.2 Durchfluß-Regelung

Die Regelung von Durchflüssen von Gasen und Flüssigkeiten kommt in der Technik, vor allem auch in der chemischen Technik, sehr häufig und in vielfältiger Weise vor. Es seien die Kraftstoffzufuhr eines Motors, die Brenngasmenge eines Ofens, die Verhältnisregelung der Komponenten eines kontinuierlichen Prozesses oder die Verteilung von Produkten in Werksnetzen genannt. Der Zugriff kann dabei über die unterschiedlichsten Organe geschehen, die das Verhalten und die Kennlinie einer solchen Regelstrecke wesentlich mitbestimmen. Regelventile sind neben der Drehzahlregulierung von Pumpen eine häufig anzutreffende Lösung.

Aufgabenstellung: An einer Strömungswand, die auch zur Bestimmung des Dosierverhaltens eines magnetisch-induktiven Durchflußmessers benutzt wird (vgl. Abschnitt 1.6.2.3), soll eine Durchfluß-Regelung durchgeführt werden.

Die Aufgabe gliedert sich in die Abschnitte:

1. Inbetriebnahme
2. Führungsverhalten der Regelung (vgl. Abschnitt 2.5.3)
3. Störverhalten der Regelung (vgl. Abschnitt 2.5.4)
4. Alarmierung (vgl. Abschnitt 5.3)

Zubehör: Strömungswand nach Abb. 2-44, Durchflußmesser zur Vor-Ort-Anzeige (Glas-Schwebekörper-Durchflußmesser), Durchflußmesser mit Meßumformer, pneumatischer Regler, Schreiber, Regelventil mit pneumatischem Antrieb, Meldesystem für Alarm.

Durchführung: Bevor mit dem Programm begonnen wird, sind folgende Fragen zu beantworten:

a) Welche physikalische Größe ist die Regelgröße?
b) Welches Meßgerät liefert die Regelgröße *x*?
c) Wie lauten die MSR-Stellennummer und die Kennbuchstaben des Regelkreises?
d) Wird als Stellgerät ein Öffnungs- (öffnet mit Stelldruck) oder Schließventil (schließt mit Stelldruck) verwendet?

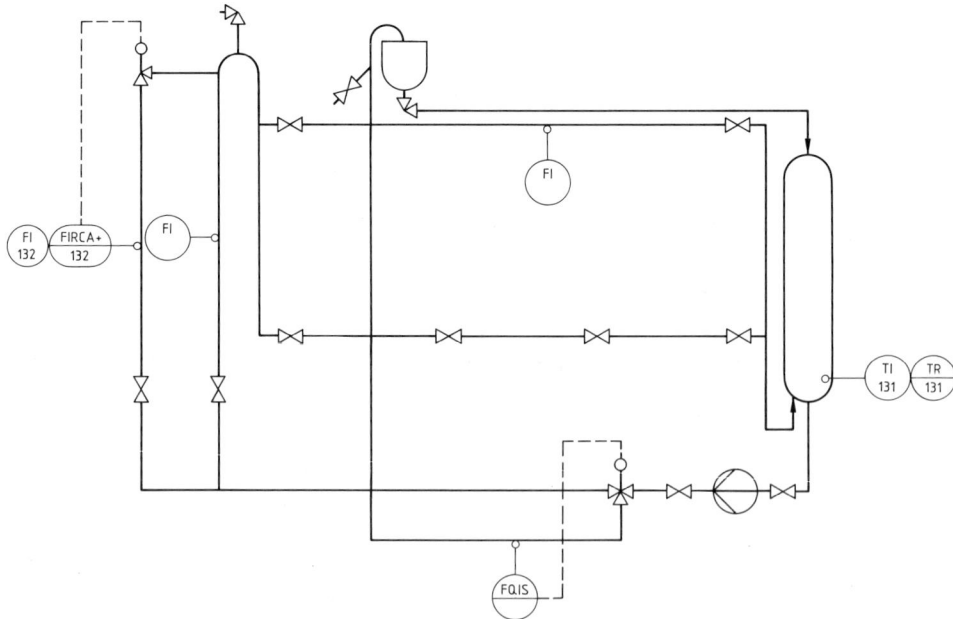

Abb. 2-44. Strömungswand.

1. Inbetriebnahme: Die Anlage wird auf Bereitschaft überprüft und fachgerecht in Betrieb genommen. Dazu wird das Leitungsnetz nachverfolgt und die Hilfsenergie für die Regeleinrichtung angestellt. Der Regler steht auf „Hand", das Regelventil und das Ventil am Glas-Schwebekörper-Durchflußmesser sind geschlossen. Nach korrektem Anfahren der Kreiselpumpe wird der Durchfluß mit Handregelung auf 2000 L/h hochgefahren. Die Anlage ist auf Dichtigkeit zu überprüfen und nötigenfalls zu entlüften.

2. Führungsverhalten: Der Durchfluß wird per Handregelung auf 2500 L/h gesteigert. Zum schonenden Anfahren bringt man die Sollwert-Anzeige mit Hilfe des Sollwert-Einstellers des Reglers mit der Istwert-Anzeige zur Deckung. Nach stoßfreiem Umschalten auf „Automatik" wird 15 min lang ein Durchfluß von 2500 L/h gehalten, bevor auf 3000 L/h erhöht wird.

Dabei ist die Reaktion des Reglers zu beobachten und zu protokollieren:

— Tritt eine Verzögerung auf?
— Nach welcher Zeit kommen neuer Sollwert und Istwert der Regelgröße zur Deckung (Anregelzeit)?
— Kommt es zu Überschwingungen?

Nach weiteren 10 min wird der Sollwert auf 3500 L/h erhöht.

3. Störverhalten: Beim letzten Sollwert aus Abschnitt 2 wird eine definierte Störung erzeugt. Dazu wird durch Öffnen des Ventils am Glas-Schwebekörper-Durchflußmesser eine konstante Bypass-Strömung von 1500 L/h erzeugt.

Auch dabei ist folgendes zu beobachten und zu protokollieren:

– Wie reagiert der Regler?
– Nach welcher Zeit ist der Sollwert wieder erreicht (Ausregelzeit)?
– Kommt es zu Überschwingungen?
– Gibt es Unterschiede zwischen dem Führungs- und dem Störverhalten?

Nach Schließen des Bypass-Ventils wird ein konstanter Durchfluß abgewartet. Danach werden durch schnelles Auf- und wieder Zudrehen des Ventils Kurzzeit-Störungen erzeugt.

Beobachtung:

– Gibt es Unterschiede im Störverhalten bei Kurzzeit-Störungen und bei konstanten Störungen?

4. Alarmierung: Der Sollwert des Durchflusses wird auf 4000 L/h erhöht, der neue Wert 15 min gehalten. Durch schrittweise Erhöhung des Sollwertes um 100 L/h ermittelt man den oberen Grenzwert zur Alarmierung.

Der einlaufende Alarm wird durch Abschalten oder Tastendruck quittiert, die Störung durch Zurückfahren des Sollwertes auf 4000 L/h behoben.

Beobachtung:

– Wo liegt der Grenzwert?
– Wie wird der Alarm dargestellt?
– Was bewirkt die Alarmquittierung?
– Wie wird die Alarmmeldung ganz aufgehoben?

Der Durchfluß wird erneut in den Alarmbereich hochgefahren, es wird aber nicht eingegriffen.

Beobachtung:

– Was geschieht bei Nichtbeachtung des Alarms?

Auswertung: Alle Beobachtungen und Fragen sind im Protokoll unter dem entsprechenden Stichwort auszuarbeiten. Der Ablauf ist in einem Arbeitsprotokoll festzuhalten. Das RI-Schema mit MSR-Stellenbezeichnungen der Durchflußstrecke (Strömungswand) ist zu überprüfen und gegebenenfalls zu ergänzen.

2.2.6   Wiederholungsaufgaben

1. Was versteht man unter einer Störsprung-Antwort, was unter einer Stellsprung-Antwort?
2. Was bedeutet eine Strecken-Verstärkung von a) 0,5   b) 1   c) 2?
3. Wie lassen sich Regelstrecken einteilen?
4. Wie ist eine Regelstrecke mit Ausgleich charakterisiert?
5. Welche Beispiele gibt es für Strecken a) mit Ausgleich, b) ohne Ausgleich?
6. Welche Strecken besitzen üblicherweise eine Totzeit?
7. Wie lassen sich Totzeiten vermeiden oder verkleinern?
8. Kann eine Strecke ohne Ausgleich eine Totzeit besitzen?
9. Wann spricht man von einer idealen Regelstrecke (Beispiel)?
10. Welche Hinweise geben die Zeitkonstanten T_S, T_U und T_G?
11. Welche Strecken sind typische Regelstrecken ohne Verzögerung, mit einer Verzögerung und mit zwei Verzögerungen?
12. Was besagt die Ordnung einer Regelstrecke?
13. Wie kann sich in einer bestehenden Anlage die Ordnung einer Strecke verändern?
14. Welche Voraussetzungen müssen erfüllt sein, um eine physikalische Größe regeln zu können?
15. Welche Störgrößen können bei einer
    a) Druck-Regelstrecke, b) Temperatur-Regelstrecke auftreten?
16. Warum kann die Kennlinie einer Durchfluß-Regelstrecke linear oder quadratisch verlaufen?
17. Welche Faktoren bestimmen wesentlich die Ordnung einer Temperatur-Regelstrecke?
18. Was läßt sich zur Regelbarkeit einer Strecke sagen, deren Verzugszeit 12 min und deren Ausgleichszeit 96 min betragen?

19. Ein wassergekühlter Reaktionskessel hat eine Streckenverstärkung von

$K_S = -2{,}8 \dfrac{°C}{m^3/h}$. Auf welchen Wert geht die Anfangstemperatur $\vartheta = 93{,}5\,°C$ zurück,

wenn der Durchfluß an Kühlwasser um 3 m³/h erhöht wird? (85,1 °C)

20. Wie groß sind im Rechenbeispiel von Abschnitt 2.2.2.4 die Temperaturen nach a) 30 min, b) 40 min?

21. Die Zeitkonstante T_S einer Regelstrecke beträgt 2 min. Nach 4 min war der Anfangsdruck $p_0 = 1{,}0$ bar auf 2,2 bar angestiegen. Wie groß ist der Enddruck p? (2,41 bar)

22. Wie groß ist die Totzeit eines aufgaberegelten Förderbandes von 27 m Länge, das mit einer Geschwindigkeit von 0,54 km/h läuft? (3 min)

2.3 Stellglieder

2.3.1 Themen und Lerninhalte

> Stellglied plus Stellantrieb = Stellgerät
>
> Stellglieder für Stoffströme und für Energieströme
>
> Grundlagen der Strömungstechnik
>
> Kennlinien und Kenndaten von Stellventilen
>
> Öffnungs- und Schließventile
>
> Stellantriebe und Hilfseinrichtungen

Moderne Geräte und Produktionsanlagen sind in hohem Maße automatisiert. Deshalb werden Meßwerte erfaßt und in Steuer- und Regeleinrichtungen mit dem Ziel verarbeitet, Stoff- oder Energieströme zu beeinflussen.

Während bei *Energieströmen* meist elektrische Energie, seltener mechanische gemeint ist, gibt es für *Stoffströme* vielfältige Beispiele: Wasser für die unterschiedlichsten Zwecke, Gase der verschiedensten Art (auch Heizdampf), feste, flüssige und gasförmige Einsatzstoffe und Produkte.

Zur Dosierung von Stoff- oder Energieströmen werden Stellgeräte eingesetzt, die sich aus dem Stellglied und dem Stellantrieb zusammensetzen.

Soll nicht auf spezielle Bauformen von Stellglied oder -antrieb hingewiesen werden, wird im allgemeinen mit folgendem Symbol eines Stellgerätes gearbeitet (Abb. 2-45):

Abb. 2-45. Symbol eines Stellgerätes.

Auf den Stellantrieb (Abschnitt 2.3.4) kann verzichtet werden, wenn der Regler genügend Energie in der richtigen Form bereitstellt, um das Stellglied direkt zu betätigen. Er fehlt deshalb auch oft in Zeichnungen.

In der MSR-Technik der Chemie werden für Stoffströme bevorzugt *Ventile,* aber sehr häufig auch *Hähne, Klappen* und *Schieber* eingesetzt, deren Stelleffekt auf der Veränderung des *Strömungswiderstandes* einer Rohrleitung besteht. Auch Potentiometer, Thyristoren, Transformatoren, sowie Motoren oder Dosierpumpen können Elemente von Stellgeräten sein.

2.3.2   Grundlagen der Strömungstechnik

Die Physik der strömenden Flüssigkeiten und Gase ist nicht ganz leicht zu verstehen (vgl. auch Abschn. 1.6 Durchflußmessung). Es sollen hier nur einige grundlegende Begriffe und Gesetze vereinfacht dargestellt werden. Dabei soll gelten, daß sowohl *Flüssigkeiten* als auch *strömende Gase* nicht zusammendrückbar sind und daß im folgenden Teil nur von „Flüssigkeiten" gesprochen wird.

Außerdem soll es sich bei den betrachteten „Flüssigkeiten" um *ideale Flüssigkeiten* handeln, also um solche, deren Teilchen reibungslos aneinander vorbeigleiten. Nur für spezielle praktische Anwendungen müssen dann den Gleichungen Glieder hinzugefügt werden, die den Einfluß der Reibung erfassen.

Macht man eine ungehinderte oder vorsichtig eingeengte Strömung einer idealen Flüssigkeit in geeigneter Form sichtbar, so erkennt man *Stromlinien,* die getrennt nebeneinander herlaufen und nur ihren Abstand in der Verengung (z. B. Venturidüse) verkleinern. Bei Erweiterung des Querschnitts vergrößert sich ihr Abstand wieder (Abb. 2-46).

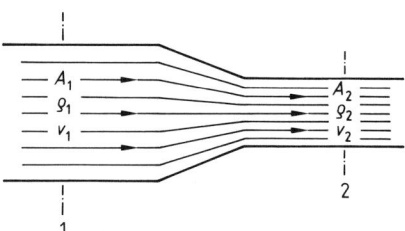

Abb. 2-46. Strömung in einem Rohr mit Querschnittsverengung.

Sieht man bei der Beobachtung der Strömung immer wieder das gleiche Bild, so spricht man von einer *stationären* Strömung, für die die folgenden Beziehungen gelten (vgl. Abschn. 1.6):

a) *Kontinuitätsgleichung:*

$$A_1 \cdot v_1 = A_2 \cdot v_2 \qquad \frac{v_1}{v_2} = \frac{A_2}{A_1}$$

In einer Rohrleitung mit wechselndem Querschnitt verhalten sich die Strömungsgeschwindigkeiten *v* umgekehrt wie die Rohrquerschnitte *A*.

b) *Gesetz von Bernoulli:*

$$p_1 + \tfrac{1}{2}\,\varrho \cdot v_1^2 = p_2 + \tfrac{1}{2}\,\varrho \cdot v_2^2$$

Längs einer Stromlinie auf gleicher Höhe ist die Summe aus dem statischen Druck p und dem Staudruck $\tfrac{1}{2}\,\varrho \cdot v^2$ konstant.
(ϱ Dichte der strömenden Flüssigkeit)

Überall dort, wo Schichten unterschiedlicher Geschwindigkeit aneinander vorbeigleiten, treten *Energieverluste* infolge *innerer Reibung* auf (vgl. Abschn. 1.11), die sich als Druckverluste bemerkbar machen. Sind diese klein, so spricht man von *laminarer* Strömung. Bei Erhöhung der Strömungsgeschwindigkeit kommt es zur Wirbelbildung, die Strömung wird *turbulent* (Abb. 2-47).

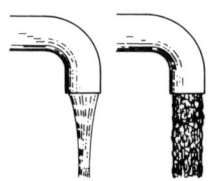

laminar   turbulent   **Abb. 2-47.** Laminare und turbulente Strömung aus einem Wasserhahn.

Ob eine Strömung laminar oder turbulent ist, wird durch die *Reynolds-Zahl* beschrieben.

$$Re = \frac{d \cdot v \cdot \varrho}{\eta}$$

Darin bedeuten:

Re Reynolds-Zahl
d Durchmesser der Strömung
v Strömungsgeschwindigkeit
ϱ Dichte der Flüssigkeit
η dynamische Viskosität

2.3.3 Kenndaten und Kennlinien von Stellventilen

Bei Stellventilen geht man von großen Reynolds-Zahlen (≥ 105) und damit von turbulenten Strömungen aus und führt als Maß für den Durchfluß den K_V-Wert ein (VDI/VDE-Richtlinie 2173; Abb. 2-48).

Der K_V-Wert gibt den Durchfluß $\dot{V}$ in m^3/h von Wasser mit der Viskosität $\eta = 1\ mPa \cdot s$ und der Dichte $\varrho = 1000\ kg/m^3$ bei einem Druckverlust von $\Delta p = 98\,100\ Pa$ im Ventil an.

Für Flüssigkeiten gilt mit genügender Genauigkeit die Gleichung:

$$K_V = \dot{V}_{max} \cdot \sqrt{\frac{\Delta p_o}{\Delta p} \cdot \frac{\varrho}{\varrho_o}} \quad \text{oder} \quad \dot{V}_{max} = K_V \cdot \sqrt{\frac{\Delta p}{\Delta p_o} \cdot \frac{\varrho_o}{\varrho}}$$

Darin bedeuten:

Δp_o Druckverlust am Ventil unter Normbedingungen (98 100 Pa, in der Praxis: 100 000 Pa = 1 bar)

ϱ_o Dichte von Wasser unter Normbedingungen (1000 kg/m³)

Δp Druckdifferenz am Ventil bei Betriebsbedingungen

ϱ Dichte der Flüssigkeit bei Betriebsbedingungen

$\dot{V}_{max}$ Durchfluß durch das Ventil bei voller Öffnung H_{100} bei Betriebsbedingungen in m³/h

K_v Durchfluß unter Normbedingungen in m³/h

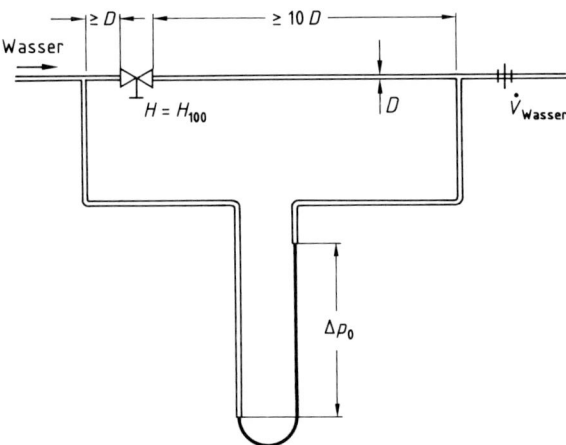

Abb. 2-48. Versuchsanordnung zur Bestimmung des K_V-Wertes nach VDI/VDE-Richtlinie.

Der so ermittelte Durchfluß heißt K_{VS}-Wert und entspricht dem Durchfluß einer ganzen Ventil-Serie bei voller Öffnung und bei Normbedingungen.

Bleibt man im Bereich der turbulenten Strömung, läßt sich die Berechnung sehr vereinfachen, falls sich nur einer der Werte verändert. Es gilt dann:

$$\frac{\text{Neuer maximaler Durchfluß } \dot{V}}{\text{Alter maximaler Durchfluß } \dot{V}} = \frac{\text{Neuer Wert von } K_{VS}}{\text{Alter Wert von } K_{VS}}$$

Beispiel 1: Durch ein Ventil mit $K_{VS} = 1$ sollen 2000 L/h Wasser fließen. Wie groß muß die Druckdifferenz am Ventil werden?

Gegeben:

K_{VS} = konstant
ϱ = konstant
p_{alt} = 1 bar ($K_{VS} = 1$!)
$\dot{V}_{max.\ alt}$ = 1 m³/h ($K_{VS} = 1$!)
$\dot{V}_{max.\ neu}$ = 2 m³/h

Gesucht: p_{neu}

Lösung:

$$\frac{\dot{V}_{max.\ neu}}{\dot{V}_{max.\ alt}} = \sqrt{\frac{\Delta p_{neu}}{\Delta p_{alt}}}$$

$$\left(\frac{\dot{V}_{max.\ neu}}{\dot{V}_{max.\ alt}} \right)^2 = \frac{\Delta p_{neu}}{\Delta p_{alt}}$$

$$\Delta p_{neu} = \Delta p_{alt} \cdot \left(\frac{\dot{V}_{max.\ neu}}{\dot{V}_{max.\ alt}} \right)^2$$

$$\Delta p_{neu} = 1\ bar \cdot \left(\frac{2\ m³/h}{1\ m³/h} \right)^2$$

$$\underline{p_{neu} = 4\ bar}$$

Um einen Durchfluß von 2000 L/h Wasser zu erzielen, muß die Druckdifferenz also 4 bar betragen.

Beispiel 2: Durch ein Ventil mit $K_{VS} = 2$ strömt ein Produkt mit der Dichte $\varrho = 800\ kg/m^3$. Wie groß ist der Durchfluß bei voller Öffnung?

Gegeben:

K_{VS} = konstant
$\dot{V}_{max.\ alt}$ = 2 m³/h ($K_{VS} = 2$!)
ϱ_{alt} = 1000 kg/m³ (Wasser)
ϱ_{neu} = 800 kg/m³

Gesucht: $\dot{V}_{max,\ neu}$

Lösung:

$$\frac{\dot{V}_{max,\,neu}}{\dot{V}_{max,\,alt}} = \sqrt{\frac{\dfrac{1}{\varrho_{neu}}}{\dfrac{1}{\varrho_{alt}}}}$$

$$\dot{V}_{max,\,neu} = \dot{V}_{max,\,alt} \cdot \sqrt{\frac{\varrho_{alt}}{\varrho_{neu}}}$$

$$\dot{V}_{max,\,neu} = 2 \text{ m}^3/\text{h} \cdot \sqrt{\frac{1000 \text{ kg/m}^3}{800 \text{ kg/m}^3}}$$

$$\underline{\dot{V}_{max,\,neu} = 2{,}24 \text{ m}^3/\text{h}}$$

Der Durchfluß des Betriebsstoffes beträgt bei voller Öffnung des Ventils 2,24 m³/h.

Unter der *Kennlinie von Stellventilen* versteht man die *Abhängigkeit der Ventilstellung vom Stelldruck* (Abschn. 2.3.6.1), oder, in der Technik gebräuchlicher, *die Abhängigkeit des K_V-Wertes vom Hub* (Abschn. 2.3.6.2).

Unter der Kennlinie eines Stellventils versteht man die Abhängigkeit des K_V-Wertes (als Prozent von K_{VS}) vom Hub (als Prozent der vollen Öffnung). Die wichtigsten Kennlinienformen sind die lineare Kennlinie und die gleichprozentige Kennlinie (Abb. 2-49 und Tab. 2-6).

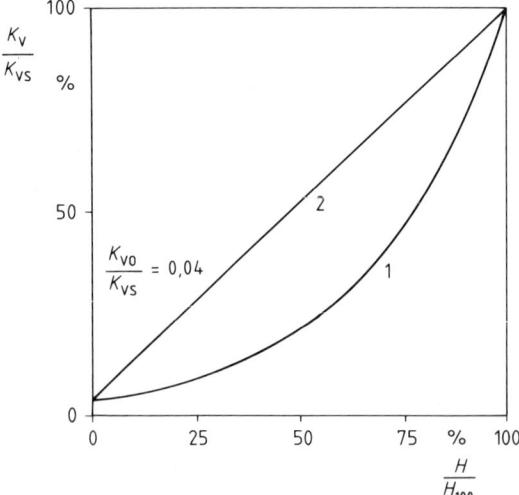

Abb. 2-49. Ventilkennlinien. − 1 gleichprozentig, 2 linear.

Tabelle 2-6. Wertepaare der gleichprozentigen Kennlinie.

Hub in %	K_V in %	ΔK_V in %
10	3,3	
		45,5
20	4,8	
		45,8
30	7,0	
		47,1
40	10,3	
		46,6
50	15,1	
		45,7
60	22,0	
		45,9
70	32,1	
		46,1
80	46,9	
		46,1
90	68,5	
		46,0
100	100	

Die Form der Kennlinie wird durch die Form des Ventilkegels bestimmt. Bei linearen Kennlinien verdoppelt, verdreifacht, vervierfacht ... sich der K_V-Wert und damit der Durchfluß bei Verdopplung, Verdreifachung, Vervierfachung ... des Hubes.

Bei gleichprozentigen Kennlinien eines Stellventils ändert sich der Durchfluß bei gleichen Hubänderungen an jeder Stelle der Kennlinie um den gleichen prozentualen Betrag des letzten Wertes.

Die herrschenden Betriebsbedingungen stellen eine Fülle von weiteren Anforderungen an Stellgeräte. Verschleißerscheinungen durch Erosion, Abrasion oder Kavitation sowie chemische und thermische Belastungen bedingen bestimmte Werkstoffe. Die Anlage erfordert neben der Stellglied-Charakteristik bestimmte Stellantriebe und Hilfseinrichtungen.

2.3.4 Stellantriebe

Stellglieder benötigen zu ihrer automatischen Verstellung Stellantriebe, die bei den herrschenden Bedingungen jede gewünschte Stellung sicher und stabil einstellen können. Um Ventilkegel heben oder Klappen und Hähne drehen zu können, wird Energie benötigt. Die verwendete Hilfsenergie kann pneumatisch, elektrisch oder hydraulisch sein. Ihre wichtigsten Vor- und Nachteile sind in der folgenden Übersicht (Tab. 2-7) zusammengestellt.

Tabelle 2-7. Vor- und Nachteile unterschiedlicher Stellantriebe.

Hilfsenergie	Vorteile	Nachteile
elektrisch	– große Entfernungen leicht überwindbar	– Ex-Schutzmaßnahmen erforderlich
	– hohe Stellgenauigkeit	– Hilfsenergie-Ausfall bringt Sicherheits-Probleme
	– billig verfügbar	
	– schnell	
pneumatisch	– keine Ex-Schutzmaßnahmen erforderlich	– langsames Stellsignal, beeinflußt Streckenordnung
	– Hilfsenergie-Ausfall unproblematisch	– Bereitstellung teuer
hydraulisch	– keine Ex-Schutzmaßnahmen erforderlich	– Übertragungsleitungen problematisch durch große Drücke
	– große Stellkräfte und Geschwindigkeiten	– Bereitstellung teuer

In der chemischen Technik wird die hydraulische Hilfsenergie sehr selten eingesetzt, während pneumatische Antriebe aus Gründen des Ex-Schutzes weit verbreitet sind.

Abb. 2-50 zeigt ein Stellventil mit pneumatischem Membranantrieb. Steigender Druck der

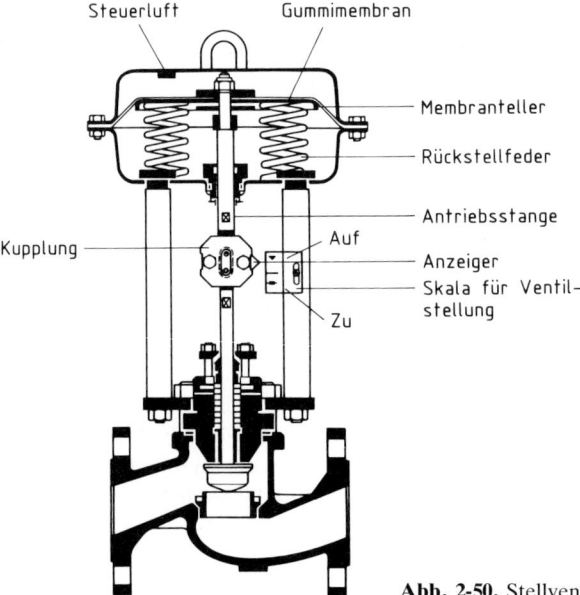

Abb. 2-50. Stellventil mit pneumatischem Membranantrieb.

Steuerluft treibt die Gummimembrane mit Membranteller, die Schubstange und den Ventil-kegel nach unten. Das Ventil schließt, während gleichzeitig die Rückstellfeder gespannt wird. Wird das Stellsignal kleiner oder fällt die Hilfsenergie ganz aus, öffnet die Rückstellfeder das Ventil. Ein solches Ventil wird als *Schließventil* oder als *Ohne-Luft-auf-Ventil* bezeichnet.

Ein einfacher Umbau des Antriebs führt dazu, daß mit steigendem Stelldruck das Ventil öffnet. Man spricht von einem *Öffnungsventil* oder *Ohne-Luft-zu-Ventil*.

Schließventile sind ohne Hilfsenergie offen, Öffnungsventile ohne Hilfsenergie geschlossen.

Welcher der beiden Typen eingesetzt wird, hängt davon ab, welche *Sicherheitsstellung* bei Ausfall der Hilfsenergie oder bei Abstellen der gesamten Anlage gefordert wird. In der Heiz-dampfleitung einer Destillation wird man ein Öffnungsventil einsetzen, das bei Energieausfall den Dampfstrom sperrt. Für einen Kühlwasser-Kreislauf wird man dagegen ein Schließventil wählen.

2.3.5 Hilfseinrichtungen an Stellgeräten

In vielen Fällen ist es erforderlich, Stellgeräte mit Hilfseinrichtungen zu versehen, die ihre Anwendung erweitern oder ihre Funktion verbessern. Sie werden üblicherweise direkt am Stellgerät installiert.

Grenzsignalgeber (z. B. Endschalter) haben die Aufgabe, bei Erreichen von Grenzwerten elektrische oder pneumatische Signale abzugeben, die auch als Weiterschaltbedingung in Steuerungen oder zum Auslösen von Alarmen gebraucht werden.

Will man kurze Öffnungs- oder Schließzeiten bei Stellgeräten mit pneumatischem Antrieb erzielen, baut man ein *elektrisches Magnetventil* in die Zuleitung der Steuerluft ein, das ein Stellsignal eines Reglers viel schneller verarbeitet als eine lange Druckluftleitung.

Ist das vom Regler oder von der Steuerung abgegebene Stellsignal nicht ausreichend, um genügend große Stellkräfte zu entwickeln, baut man *Verstärkerrelais* ein, die es auch in pneu-matischer Ausführung gibt.

Die am häufigsten eingesetzte Hilfseinrichtung ist der *Stellungsregler* (Abb. 2-51), der elek-trisch oder pneumatisch ausgeführt sein kann und je nach Bauform mehr oder weniger gut sichtbar am oder im Antrieb montiert ist.

Er wird dann eingesetzt, wenn die Stellkräfte nicht ausreichen oder wenn die Regelgüte ver-bessert werden soll. Seine Wirkung beruht darauf, daß er die momentane Ventilstellung mechanisch abgreift und mit derjenigen vergleicht, die ein vom Regler abgegebenes Stellsignal erzielen soll. Er bildet also einen *Hilfsregler,* der den Antriebsbefehl auf das Stellglied so beeinflußt, daß die vorgegebene Stellung erreicht und gehalten wird.

Vor allem *in rauher Betriebsumgebung* mit starker Belastung für Antrieb und Stellglied leisten Stellungsregler wertvolle Dienste. Außerdem wirken sie ebenso wie Magnetventile einer Hysterese und dem negativen Einfluß vor allem pneumatischer Stellgeräte auf das Zeit-verhalten von Regelstrecken entgegen, der leicht zu einer Erhöhung der Streckenordnung (Abschn. 2.2.2) führen kann.

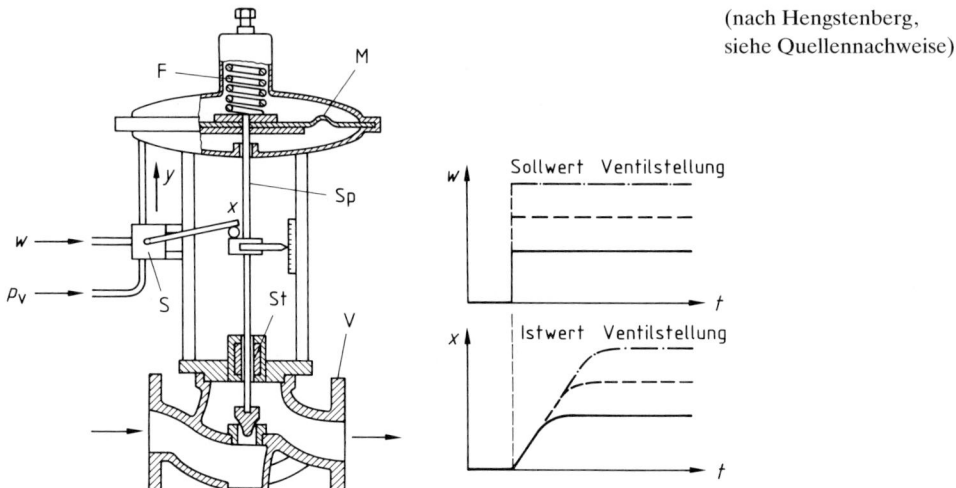

Abb. 2-51. Stellglied mit Antrieb und Stellungsregler, pneumatisch – F Feder, M Membran, Sp Spindel, St Stopfbuchse, V Ventilkörper, S Stellungsregler.

2.3.6   Arbeitsanweisungen zu Abschnitt 2.3.3

Die Abhängigkeit der Stellung eines Stellgliedes (bei Ventilen des Hubes) vom Stellsignal und die Abhängigkeit des Durchflusses von der Stellung sind charakteristische Merkmale des Stellgliedes. Sie sollen in den folgenden Aufgaben dargestellt werden.

2.3.6.1   Schließ- und Öffnungskennlinie eines Stellventils

Aufgabenstellung: Ein pneumatisches Regelventil soll mit Stelldruck im Einheitssignal-Bereich beaufschlagt und der zugehörige Hub emittelt werden.

Zubehör: Regelventil mit pneumatischem Antrieb und Stellungsanzeige, Reduzierstation.

Durchführung: Der pneumatische Antrieb wird mit der Reduzierstation verbunden, der Stelldruck in Schritten von 0,1 bar gesteigert bis $p = 1$ bar.
   Ab einem Stelldruck von 0,2 bar wird die Ventilstellung an einer Skala oder einer Meßuhr abgelesen und in einer Tabelle notiert; der prozentuale Hub und der prozentuale Stelldruck bezogen auf die Endstellung beziehungsweise den Enddruck werden berechnet.
   Die Aufgabe wird in gleicher Weise mit fallendem Stelldruck wiederholt.

Auswertung: Die komplette Kennlinie wird in absoluten und in prozentualen Werten dargestellt, wobei auf der waagerechten Achse (Abszisse) der Stelldruck aufgetragen wird.

Folgende Fragen sind zu beantworten:

– Handelt es sich um ein Öffnungs- oder Schließventil?
– Wie läßt sich seine Wirkung umkehren?
– Unterscheidet sich die Kennlinie bei steigendem Stelldruck von der bei fallendem (Hysterese)?
– Warum beginnt die Öffnung bzw. Schließung erst bei 0,2 bar?

2.3.6.2 Durchfluß-Kennlinie eines Stellventils

Aus Abschn. 2.3.6.1 geht hervor, daß der prozentuale Hub dem prozentualen Stelldruck proportional ist. Bei der neuen Aufgabe soll der Hub deshalb als prozentualer Stelldruck auf der Abszisse aufgetragen werden. Der Druckverlust am Ventil soll konstant auf 1,0 bar gehalten werden, so daß der Durchfluß an Wasser bei 20 °C numerisch dem K_V-Wert entspricht. Bei voller Öffnung des Ventils erhält man somit K_{VS}.

Aufgabenstellung: Es soll die Durchfluß-Kennlinie eines pneumatischen Regelventils und sein K_{VS}-Wert bei einem Druckverlust von $\Delta p = 1$ bar ermittelt werden. Dazu wird ein Aufbau nach Abb. 2-52 benutzt.

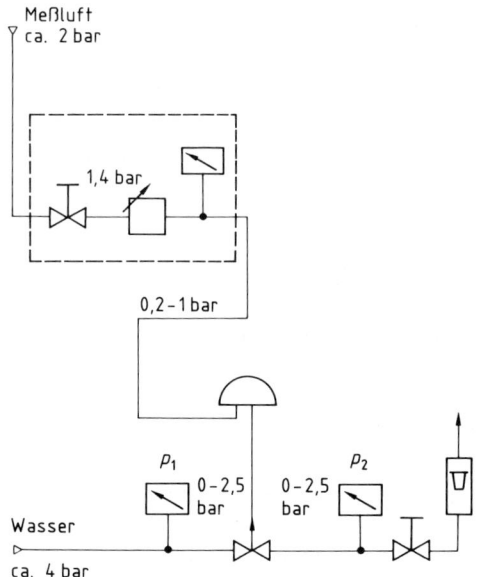

Abb. 2-52. Versuchsaufbau zur Ventilkennlinie.

Zubehör: Reduzierstation, Regelventil mit pneumatischem Antrieb, Handventil für Wasser, 2 Manometer (0 . . . 2,5 bar), Schwebekörper-Durchflußmesser.

Durchführung: Der Versuchsaufbau wird verschaltet und überprüft. Der Stelldruck soll in Schritten von 0,1 bar auf $p = 1$ bar gesteigert und der zugehörige Durchfluß jeweils abgelesen werden, wobei mit dem Handventil eine Druckdifferenz $\Delta p = p_1 - p_2$ von 1 bar gehalten wird.

In einer Tabelle wird ferner der prozentuale Hub ($H\%$) aus berechneten prozentualen Stelldrücken aufgeführt.

Auswertung: Der K_V-Wert wird als Funktion von H in einem Diagramm aufgetragen und der K_{VS}-Wert im Protokoll angegeben. Folgende Fragen sind zu beantworten:

a) Wurde ein Öffnungs- oder ein Schließventil verwendet?
b) Verläuft die Kennlinie linear oder gleichprozentig?

2.3.7 Wiederholungsaufgaben

1. Wozu dient ein Stellgerät?
2. Aus welchen Hauptteilen besteht ein Stellgerät; welche Hilfseinrichtungen können hinzukommen?
3. Wie sehen Beispiele für Stoffströme aus?
4. In welchen Fällen benötigt das Stellglied keinen Stellantrieb?
5. Welches Stellglied wird in der chemischen Technik am häufigsten verwendet?
6. Was ist eine stationäre Strömung?
7. Was sagen Kontinuitätsgleichung und Gesetz von Bernoulli aus?
8. Wann ist eine Strömung turbulent?
9. Welche Bedeutung hat die Reynolds-Zahl?
10. Welcher Unterschied besteht zwischen K_V-Wert und K_{VS}-Wert?
11. Was versteht man unter der Kennlinie eines Ventils?
12. Wann spricht man von linearer Kennlinie, wann von gleichprozentiger?
13. Bei welcher Ventilkennlinie ergibt eine Änderung des Hubes an beliebiger Stelle der Kennlinie jeweils eine Änderung des Durchflusses um den gleichen prozentualen Anteil des alten Wertes?
14. Welche Vorteile, welche Nachteile besitzen pneumatische Stellantriebe?
15. In welcher Stellung bleibt ein Schließventil, wenn die Hilfsenergie ausfällt?
16. Welche Aufgabe hat ein Stellungsregler?
17. Bei welchem Stellgerät wird der Durchfluß durch eine kreisförmige Bewegung verändert?
18. Ein pneumatischer Antrieb ($0,2 \ldots 1$ bar) ist für einen Gesamthub von 380 mm ausgelegt. Die Stellgröße beträgt 0,68 bar. Wie groß ist der Hub? (228 mm)
19. Ein pneumatisches Stellventil hat einen Gesamt-Stellweg von 38 mm. Der momentane Hub beträgt 17,6 mm. Wie hoch ist der Stelldruck in Prozent? ($46,3\%$)
20. Der K_{VS}-Wert eines Ventils beträgt 5,2 m^3/h. Wie hoch ist der maximale Durchfluß eines Mediums mit der Dichte 0,79 g/cm^3 bei einer Druckdifferenz von 0,38 bar? (3,61 m^3/h)
21. Eine Flüssigkeit besitzt eine Dichte von 0,88 g/cm^3. Bei einer Druckdifferenz von 0,35 bar sollen maximal $\dot{V} = 145$ m^3/h durch ein Ventil strömen. Welchen theoretischen K_{VS}-Wert muß das Ventil haben? (230 m^3/h)
22. Welche Druckdifferenz muß in Beispiel 1 (S. 205) bei einem Durchfluß von 500 L/h herrschen? (0,25 bar)
23. Durch das Ventil aus Beispiel 2 sollen bei voller Öffnung 2,1 m^3/h Flüssigkeit mit einer Dichte von 0,79 kg/m^3 fließen. Wie groß muß die Druckdifferenz werden? (0,871 bar)

2.4 Regler

2.4.1 Themen und Lerninhalte

Einteilung der Regler

Stetige Regler (P-, I-, D-Verhalten)

Unstetige Regler

Regler mit und ohne Hilfsenergie

Leitgerät und Kompaktregler

In Abschn. 2.1.4.3 wurde das Prinzip einer Regelung ausführlich erklärt. Während sich der erste Teil des Buches mit der Messung von Größen befaßt, wurden in den Kapiteln 2.2 und 2.3 Regelstrecken und Stellglieder als wesentliche Bestandteile eines Regelkreises abgehandelt. Im folgenden Kapitel soll auf den „Kopf" einer Regelung, den Regler, eingegangen werden.

Um seiner Aufgabe, der Beeinflussung einer Regelgröße, gerecht werden zu können, braucht ein Regler mindestens einen *Sollwerteinsteller* und einen *Vergleicher,* der den Sollwert der Regelgröße mit ihrem Istwert vergleicht (Abb. 2-53). Da oftmals das ankommende Meßsignal eine andere physikalische Größe darstellt als die vom Sollwerteinsteller abgegebene Größe, wird häufig noch eine *Meßeinrichtung* und ein *Umformer* benötigt. Hierfür, für die Regeleinrichtung und für die Betätigung der Stellglieder wird unter Umständen Hilfsenergie gebraucht, so daß man *Regler mit Hilfsenergie* und *Regler ohne Hilfsenergie* unterscheiden kann.

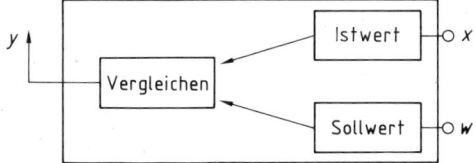

Abb. 2-53. Schema eines Reglers.

Betrachtet man die *zeitliche Beeinflussung* der Stellgröße durch die Regelabweichung, so stellt man fest, daß es Regler gibt, die einen *stetigen* (kontinuierlichen) Zusammenhang herstellen und solche, bei denen die Übertragung *unstetig* (diskontinuierlich, zeitdiskret) erfolgt. Man spricht deshalb auch von *stetigen und unstetigen Reglern.*

Je nach ihrem Aufbau können die genannten Regler auch unterschieden werden in *Regler mit und ohne Rückführung* oder in *Regler mit und ohne Leitgerät,* sowie *digitale und analoge Regler.* Außerdem ist es gebräuchlich, sie nach ihrer Aufgabe zu benennen: Standregler, Temperaturregler, Führungsregler, Folgeregler und ähnliches (Abb. 2-54).

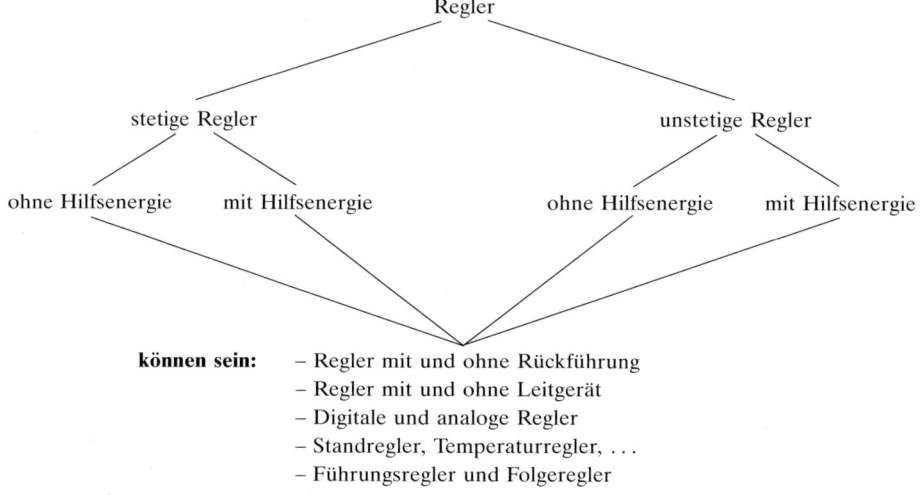

können sein: – Regler mit und ohne Rückführung
– Regler mit und ohne Leitgerät
– Digitale und analoge Regler
– Standregler, Temperaturregler, ...
– Führungsregler und Folgeregler

Abb. 2-54. Einteilung der Regler.

2.4.2   Stetige Regler

Tritt bei einem stetigen Regler eine Regelabweichung $x_w = x - w$ auf, so wird die Stellgröße y vom Regler stetig, also kontinuierlich beeinflußt. Dabei werden *zeitlich andauernd beliebige Stellsignale* zwischen 0 % und 100 % abgegeben. Das volle Stellsignal wird als *Stellbereich Y_h* bezeichnet und entspricht der vollen Öffnung des Stellgliedes. Die zeitliche Beeinflussung des Stellsignals wird bestimmt vom P-(Proportional-)Verhalten, I-(Integral-)Verhalten und D-(Differential-)Verhalten des stetigen Reglers. In der Praxis werden hauptsächlich P-, PI- und PID-Regler benutzt.

2.4.2.1   P-Regler

Beim P-Regler besteht zwischen der Regelabweichung und der typischen *Stellgrößen-Änderung* ein *proportionaler,* also verhältnisgleicher Zusammenhang. Abb. 2-55 zeigt die Sprungantwort des Reglers, wenn sich zum Zeitpunkt t_o die Regelgröße sprunghaft ändert.

Die erfolgte Stellgrößen-Änderung ist ebenfalls für einen großen Bereich proportional dem Beiwert K_p, der die *Verstärkung des P-Reglers* darstellt.

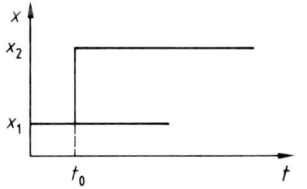 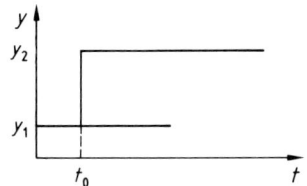

Abb. 2-55. Sprungantwort (P-Regler).

Für diesen Bereich der Regelgröße gilt die Gleichung des P-Reglers:

$$\Delta y = K_p \cdot \Delta x$$

Die Größe der Stellgrößen-Änderung Δy ist gleich dem Produkt aus Verstärkung Kp und Regelgrößen-Änderung Δx.

Am Beispiel einer Standregelung mit einem einfachen P-Regler und einem Schwimmer als Meßfühler sollen die Zusammenhänge verdeutlicht werden (Abb. 2-56). Über ein Gestänge wird ein Ventil so verstellt, daß Zulauf und Ablauf gleich sind.

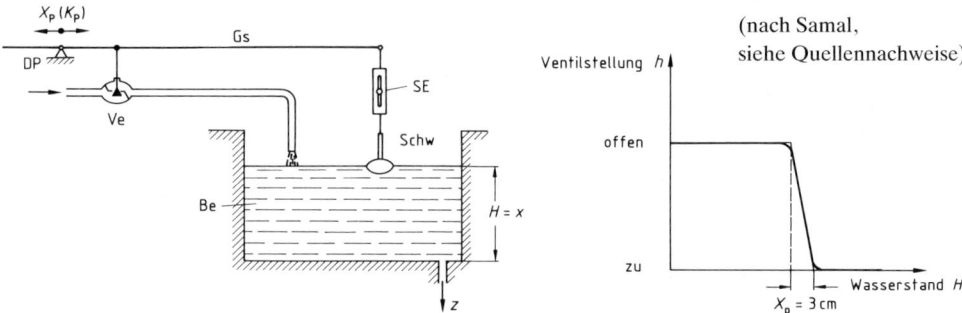

Abb. 2-56. Standregelung mit P-Regler, Kennlinie. − DP Drehpunkt, Gs Gestänge, Ve Ventil, SE Sollwert-Einsteller, Schw Schwimmer, Be Behälter.

Der *Proportionalbereich* X_p ist der Bereich der Regelgröße x, für den die Stellgröße y sich von 0 % auf 100 % verändert, also den *Stellbereich* Y_h durchläuft. Damit gilt:

$$K_p = \frac{Y_h}{X_p}, \text{ mit } Y_h = 100\,\%: \qquad K_p = \frac{1}{X_p} \cdot 100\,\%$$

Verstärkung und Proportionalbereich sind *umgekehrt proportional* zueinander, das heißt, je größer X_p desto kleiner K_p.

Beispiel: Wie groß ist die Verstärkung eines Reglers, wenn der Proportionalbereich 20 % des Regelgrößenbereichs beträgt?

$$K_p = \frac{Y_h}{X_p}$$

$$K_p = \frac{100\,\%}{20\,\%}$$

$$\underline{K_p = 5}$$

Aus Abb. 2-56 läßt sich leicht ersehen, daß die Verstärkung des Reglers größer wird, wenn der Drehpunkt nach links verschoben wird. Eine kleine Zunahme der Füllhöhe führt dann bereits zum vollständigen Schließen des Ventils – der Proportionalbereich ist kleiner geworden.

Noch etwas läßt sich in Abb. 2-56 erkennen: Wird bei einer konstanten Füllhöhe der Abfluß ein wenig verschlossen, steigt der Flüssigkeitsspiegel an, bis über den Schwimmer und das Gestänge der Zufluß dem Abfluß angeglichen ist. Es stellt sich ein Niveau ein, das nicht mehr den Sollwert erreicht. Man spricht von *bleibender Regelabweichung* $X_{w,bl}$, die einen typischen Nachteil des P-Reglers darstellt. Ein weiterer Nachteil des P-Reglers besteht darin, daß man ihn an Strecken mit Totzeit nicht verwenden kann. Am Beispiel des Förderbandes aus Abschn. 2.2.2.7 wird deutlich, daß er den Schieber periodisch öffnet und schließt und eine Regelung des Förderstromes so nur schlecht möglich ist. Der P-Regler ist zu einem unstetigen Regler geworden.

Die Vorteile des P-Reglers liegen in seinem meist recht einfachen Aufbau und im schnellen Eingreifen. Aus einem PID-Einheitsregler läßt sich ein P-Regler parametrieren durch T_N (Nachstellzeit) $= \infty$, T_V (Vorhaltezeit) $= 0$.

Vorteile des P-Reglers:
– oft einfacher Aufbau
– schnelles Eingreifen

Nachteile des P-Reglers:
– bleibende Regelabweichung
– nicht für Strecken mit Totzeit

Einstellungen am Einheitsregler:
– $T_N = \infty$
– $T_V = 0$
– $K_p =$ variabel

Weitere Beispiele für P-Regler sind im Abschnitt 2.4.6 zu finden.

2.4.2.2   I-Regler

Ein Hauptnachteil des P-Reglers ist seine bleibende Regelabweichung, die durch die feste Zuordnung von Stellgröße zu Regelabweichung begründet ist. Ein Regler mit integralem Verhalten ändert sein Eingreifen auf die Stellgröße mit der Zeit. Er ordnet somit jeder *Regelabweichung* eine bestimmte *Stellgeschwindigkeit* v_y zu. Abb. 2-57 zeigt seine Sprungantwort.

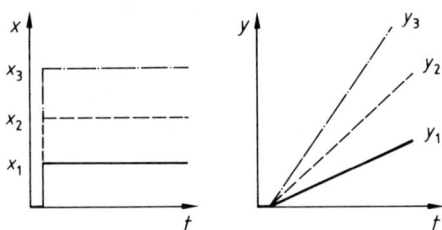

Abb. 2-57. Sprungantwort eines I-Reglers.

Entsprechend der Gleichung des P-Reglers gilt unter Berücksichtigung der Verstärkung K_I für den I-Regler:

$$v_y = K_1 \cdot \Delta x \quad \text{oder:} \quad mit \ v_y = \frac{\Delta y}{t} \quad \Delta y = K_1 \cdot \Delta x \cdot t$$

Darin bedeuten:

v_y Stellgeschwindigkeit

Δy Stellgrößenänderung

Δx sprunghafte Regelgrößen-Änderung

t Zeit, in der die Stellgrößen-Änderung stattfindet

K_I Verstärkung des I-Reglers

Abb. 2-58 zeigt einen *reinen I-Regler,* der in der Praxis nur *selten* verwendet wird. Er hat hier die Aufgabe, den Druck p in einer Rohrleitung durch Verändern der Stellung eines Eingangsventils konstant zu halten. Der Druck wird über eine Membran erfaßt, die gegen eine für Sollwert-Änderungen verstellbare Feder arbeitet und einen Eisenkern verschiebt. Ist die Regelab-

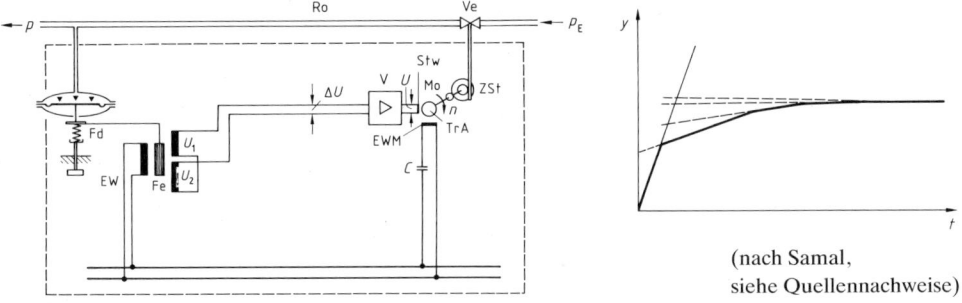

(nach Samal,
siehe Quellennachweise)

Abb. 2-58. Druckregelung mit I-Regler, Kennlinie. – Ro Rohrleitung, Ve Ventil, Fd Feder, Fe Eisenkern, EW Erreger-Wicklung, V Verstärker, EWM Erreger-Wicklung Motor, C Kondensator, TrA Trommelanker, Mo Motor, Zst Zahnstange, Stw Startwicklung.

weichung Null, steht der Kern in Mittelstellung. Die Wirkung der Primärspule auf die Sekundärspulen 1 und 2 ist gleich, der Motor des Ventilantriebes steht.

Ändert sich der Druck *p*, zum Beispiel durch Öffnen eines Ventils, so wird der Eisenkern verschoben, und eine der beiden Spulen 1 oder 2 erzeugt eine größere Induktionsspannung. Die Spannungsdifferenz zur anderen Spule ist proportional der Regelabweichung und treibt den Stellmotor mit entsprechender Geschwindigkeit an. Da nun die Regelabweichung kleiner wird, wird auch die Stellgeschwindigkeit v_y kleiner. Abb. 2-58 zeigt die vereinfachte Kennlinie, die sich soweit abflacht, bis ihre Steigung, die der Stellgeschwindigkeit entspricht, Null geworden ist. Die Kennlinie verläuft dann waagerecht, die Stellung des Regelventils bleibt konstant.

Größere Regelabweichungen ergeben *steilere Kennlinien*, kleinere Regelabweichungen flachere. Innerhalb des Stellbereichs Y_h wird zu jeder Regelabweichung eine bestimmte Ventilstellung erreicht, so daß es *keine bleibende Regelabweichung* geben kann. Als Nachteil dieser genauen Regelung muß in Kauf genommen werden, daß auftretende Störungen im Regelkreis nur *langsam* beseitigt werden. Die geringe Regelgeschwindigkeit des I-Reglers führt auch dazu, daß er nicht für Regelstrecken ohne Ausgleich brauchbar ist. Solche Regelkreise sind grundsätzlich instabil (vgl. Abschn. 2.5.2).

Vorteile des I-Reglers:
– keine bleibende Regelabweichung
– für Strecken mit Totzeit verwendbar

Nachteile des I-Reglers:
– langsame Ausregelung
– nicht für Strecken ohne Ausgleich verwendbar
– komplizierter Aufbau

2.4.2.3   *PI-Regler*

Der PI-Regler kombiniert die Vorteile des P-Reglers mit denen des I-Reglers durch Addition der beiden Verhalten. Seine Sprungantwort und seine Gleichung sind leicht abzuleiten:

Verlängert man die ansteigende Gerade des I-Anteiles in Abb. 2-59 rückwärts, so schneidet sie auf der Waagerechten eine Strecke ab, die ein Maß für die *Nachstellzeit* T_N und unabhängig von der Regelabweichung ist.

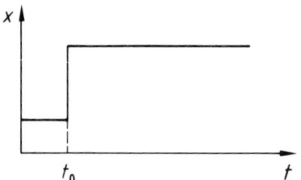 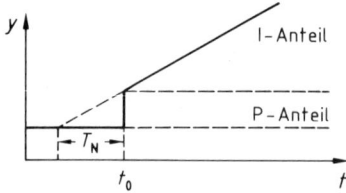

Abb. 2-59. Sprungantwort (PI-Regler), mit Nachstellzeit T_N.

Die Nachstellzeit T_N ist die Zeit, um die ein reiner I-Regler früher eingreifen müßte, um bei sprunghafter Regelgrößenänderung die gleiche Wirkung wie ein PI-Regler zu erzielen.

Die Gleichung des PI-Reglers ist eine Kombination aus P- und I-Anteil:

$$\Delta y = K_\mathrm{p} \cdot \Delta x + K_\mathrm{I} \cdot \Delta x \cdot t \text{ und } K_\mathrm{I} = \frac{Y_\mathrm{h}}{X_\mathrm{p}} \cdot \frac{1}{T_\mathrm{N}}$$

$$\Delta y = K_\mathrm{p} \cdot \Delta x + K_\mathrm{p} \cdot \frac{1}{T_\mathrm{N}} \cdot \Delta x \cdot t$$

$$\Delta y = K_\mathrm{p} \cdot (\Delta x + \frac{1}{T_\mathrm{N}} \cdot \Delta x \cdot t) \text{ oder } \Delta y = K_\mathrm{p} \cdot \Delta x\, (1 + \frac{t}{T_\mathrm{N}})$$

Darin bedeuten:

Δy Stellgrößen-Änderung
K_p Verstärkung des Reglers
Δx sprunghafte Regelgrößen-Änderung
t Zeit, in der die Stellgrößen-Änderung des PI-Reglers stattfindet
T_N Nachstellzeit
Y_h Stellbereich
X_p Proportionalbereich

Die Nachstellzeit ist verantwortlich für den integralen Anteil der Sprungantwort. Sie bestimmt die Steigung der Geraden:

– Kleine Nachstellzeit: steile Gerade: großer I-Anteil
– Große Nachstellzeit: flache Gerade: kleiner I-Anteil
– Unendliche Nachstellzeit: Waagerechte: kein I-Anteil

Die in der Praxis am meisten verwendete Methode zur Erzeugung eines PI-Verhaltens ist der Einbau einer *nachgebenden Rückführung* an einen elektrischen oder pneumatischen P-Regler (Abb. 2-60). Während man bei elektrischen Reglern dazu Kombinationen aus Widerständen und Kondensatoren einbaut, werden in pneumatischen Reglern Drosselventile benutzt (Abb. 2-61).

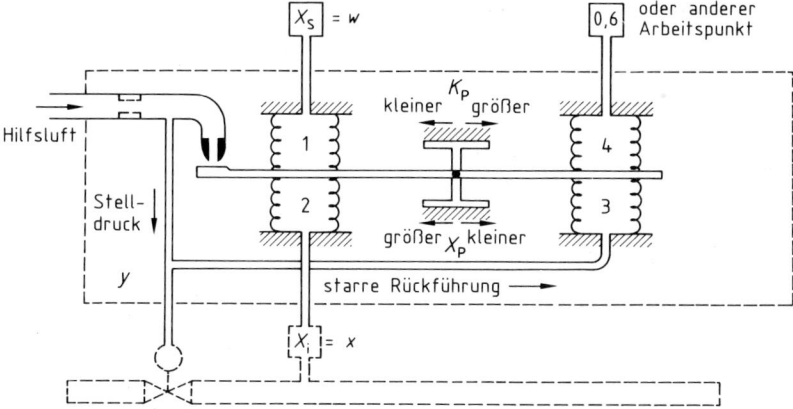

Abb. 2-60. P-Regler (starre Rückführung, K_p einstellbar).

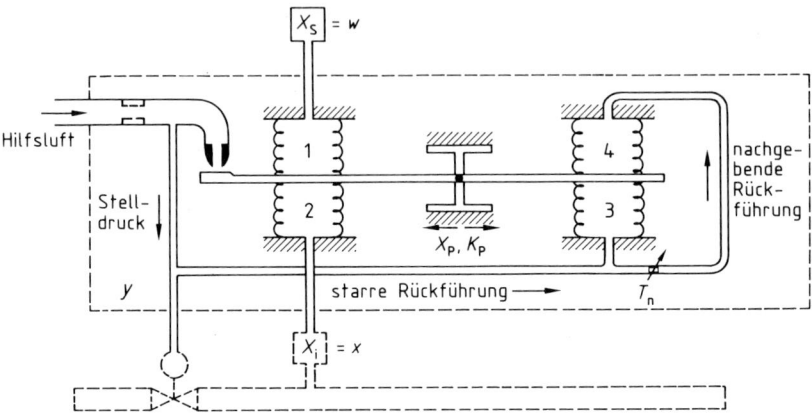

Abb. 2-61. PI-Regler (nachgebende Rückführung, K_p und T_N einstellbar).

Die beiden Bilder zeigen einen pneumatischen Regler mit vier elastischen Bälgen, einem Waagebalken und einem Düse-Prallplatte-System als Hauptbestandteile. Die Verstärkung beziehungsweise der Proportionalbereich sind durch *Verschieben des Drehpunktes* einstellbar. Jedem Gleichgewicht der Bälge ist ein bestimmter Abstand der Prallplatte von der Düse zugeordnet und damit ein bestimmter resultierender Stelldruck auf das Stellgerät. Der Regler soll den Druck in einer Rohrleitung konstant halten, dessen Sollwert (Führungsgröße) als Drucksignal in Balg 1 eingesperrt ist, während Balg 2 das Drucksignal des Istwertes der Regelgröße enthält. Ohne die Bälge 3 und 4 ist das System im Gleichgewicht, wenn der Istwert der Regelgröße dem Sollwert entspricht; es liegt ein einfacher P-Regler vor. Zur Verbesserung, vor allem für die Einstellbarkeit von K_p oder X_p, führt man das Stellsignal durch eine Rückführleitung auf Balg 3 und läßt es gegen eine Feder oder gegen einen festen Druck in Balg 4 arbeiten, der den Arbeitspunkt des Reglers festlegt. Da das Signal in Balg 3 zu jeder Zeit dem Stelldruck entspricht, nennt man diese Rückführung starr. Abb. 2-60 zeigt einen P-Regler mit einer solchen starren Rückführung. Steigt die Regelgröße x an, bringt Balg 2 die Prallplatte näher zur Düse, der Stelldruck steigt, um das Stellgerät zuzufahren und gibt durch die starre Rückführung das gleiche Signal auf Balg 3, der die stärkere Wirkung von Balg 2 aufhebt. Dies führt zu einer neuen Gleichgewichtslage, die nicht der ursprünglichen entspricht. Der P-Sprung des Reglers ist abgeschlossen.

In Abb. 2-61 ist die Rückführung durch einen zweiten Teil ergänzt, der das starre Signal aus Balg 3 mit Hilfe einer einstellbaren Drossel verzögert auf Balg 4 leitet.

Durch die Sperrwirkung der Drossel wird die Rückführung bei auftretender Regelabweichung im ersten Moment wie im vorigen Beispiel wirksam. Erst allmählich baut sich im Balg 4 ein Gegendruck auf und hebt die Rückführung auf, das charakteristische Merkmal der *nachgebenden Rückführung*. Dadurch wird nach einiger Zeit die alte, dem Sollwert w entsprechende Gleichgewichtslage wieder erreicht. Ein PI-Regler ist entstanden, dessen Nachstellzeit T_N durch die Drossel und dessen Verstärkung durch Verschiebung des Drehpunkts verändert werden können.

PI-Regler haben für viele Regelkreise sehr günstige Eigenschaften und werden in der Verfahrenstechnik *am meisten* verwendet.

Vorteile des PI-Reglers:
– keine bleibende Regelabweichung
– schnellere Ausregelung als I-Regler
– für sehr viele Strecken geeignet

Nachteile des PI-Reglers:
– komplizierter Aufbau

Einstellungen am Einheitsregler:
– $T_V = 0$
– K_p = variabel
– T_N = variabel (T_N klein = I-Anteil groß)

2.4.2.4   PID-Regler

Der Autofahrer am Anfang des Kapitels „Regelung" stellt ein gutes Beispiel dafür dar, wie ein PID-Regler wirkt: Taucht vor ihm plötzlich ein Hindernis auf, so versucht ein guter Fahrer die Situation in den Griff zu bekommen, indem er zunächst sehr stark sein Lenkrad oder seine Bremse betätigt, diesen Eingriff recht schnell wieder teilweise zurücknimmt und Kurs und Geschwindigkeit dann langsam den Gegebenheiten anpaßt. Genauso reagiert auch der Bediener einer verfahrenstechnischen Anlage, wenn eine große Störung auftritt oder wenn die Führungsgröße stark verändert wird.

Um mit einem Regler die gleiche Wirkung zu erzielen, wird ihm zusätzlich ein Verhalten eingegeben, das man *D-Verhalten* (Differential-Verhalten oder differentielles Verhalten) nennt. Das D-Verhalten wird nur wirksam, wenn sich die Geschwindigkeit verändert, mit der eine Regelabweichung größer oder kleiner wird. Es ordnet also jeder *Änderungsgeschwindigkeit* der Regelabweichung eine bestimmte Stellgröße zu und bleibt auch unwirksam, wenn die Regelabweichung konstant bleibt. Das bedeutet:

Es gibt keinen reinen D-Regler, das D-Verhalten kann nur auf einen Regler, meistens den PI-Regler aufgepflanzt werden.

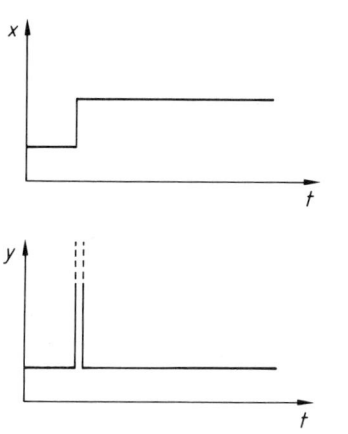

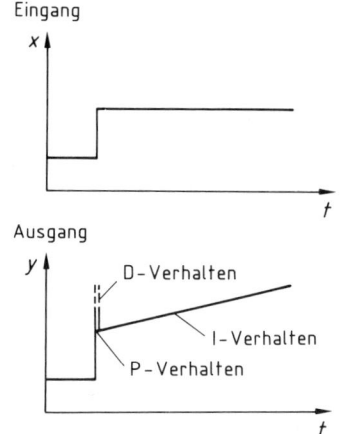

Abb. 2-62. Sprungantwort (D-Glied).   **Abb. 2-63.** Sprungantwort (PID-Regler).

In den Abbildungen 2-62 und 2-63 sind die Sprungantworten eines reinen D-Gliedes und eines PID-Reglers dargestellt.

Die Sprungantwort des D-Gliedes ergibt als Idealfall einen *Nadelimpuls* unendlicher Höhe, in der Praxis eine mehr oder weniger steile Nadelfunktion mit endlicher Höhe.

Die Sprungantwort des PID-Reglers zeigt die Überlagerung von proportionalem, integralem und differentialem Verhalten: bei Auftreten der sprunghaften Regelgrößen-Änderung (Änderung mit sehr großer Geschwindigkeit) wird das Stellsignal sehr schnell vom D-Anteil auf seinen maximalen Wert gebracht und wird dann unwirksam, weil die Regelabweichung konstant bleibt. Das Stellsignal geht zurück auf einen Wert, der dem P-Anteil entspricht, bevor der I-Anteil langsam beginnt, die verbleibende Regelabweichung zu beseitigen. Abb. 2-64 zeigt diesen Übergang fließender.

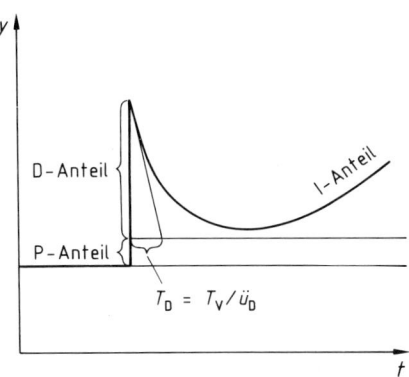

Abb. 2-64. Sprungantwort (PID-Regler), mit Differenzierzeit T_D.

Entsprechend der Gleichung des PI-Reglers lautet die vereinfachte Gleichung des PID-Reglers:

$$\Delta y = K_p \cdot (\Delta x + \frac{1}{T_N} \cdot \Delta x \cdot t + T_V \cdot \frac{\Delta x}{\Delta t})$$

Darin bedeuten:

T_V = Vorhaltezeit

$\dfrac{\Delta x}{\Delta t}$ = Geschwindigkeit der Regelgrößen-Änderung

Die *Vorhaltezeit* T_V ist proportional der *Differenzierzeit* T_D und beschreibt die *Wirkung des D-Anteils*. Abb. 2-64 zeigt, daß die Zeit T_D der Zeitabschnitt ist, den eine Tangente des Impulses auf der Waagerechten abschneidet.

Wie groß T_V ist, hängt von einem Faktor $ü_D$ ab, der durch die Konstruktion des Reglers bestimmt ist.

Allgemein gilt:

Große Vorhaltezeit – großer D-Anteil
Kleine Vorhaltezeit – kleiner D-Anteil
Vorhaltezeit Null   – kein D-Anteil

Zur Erzeugung eines D-Verhaltens wendet man gerne die Methode der verzögerten Rückführung an, die bei elektrischen Reglern ähnlich der nachgebenden Rückführung aus einem RC-Glied besteht. Für einen pneumatischen PID-Regler ist in Abb. 2-65 der PI-Regler von Abb. 2-61 ergänzt worden.

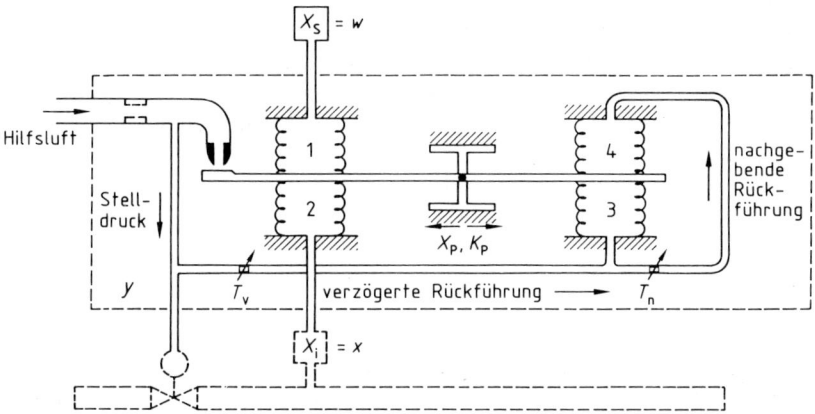

Abb. 2-65. PID-Regler (nachgebende und verzögerte Rückführung, K_p, T_N und T_V einstellbar).

Durch die zweite Drossel, an der T_V einstellbar ist, wird die Wirkung als PI-Regler (Abschn. 2.4.2.3) erst verzögert einsetzen, weil zunächst keine Rückführung des Stellsignals vorliegt. Die Bälge 3 und 4 sind unwirksam; der Regler stellt jetzt einen P-Regler dar und hat eine sehr große, zusätzliche Verstärkung. Erst langsam wird die Rückführung auf Balg 3 und noch langsamer auf Balg 4 wirksam. Die Hauptwirkung des Reglers läuft in der zeitlichen Reihenfolge D-Anteil, P-Anteil, I-Anteil ab.

Ein solcher Regler ist vom Aufbau her komplizierter, was sich aber bei modernen Reglern mit Einheits-Aufbau kaum mehr bemerkbar macht. Er ist schwieriger einzustellen, bietet aber den Vorteil, bei allen *schwierigen Regelaufgaben* mit *hoher Anforderung* eingesetzt werden zu können. Nur reine Totzeitstrecken sind nicht kombinierbar, der Regelkreis schwingt.

Vorteile des PID-Reglers:
– keine bleibende Regelabweichung
– starke Wirkung zu Beginn, daher schnelle Ausregelung
– für Strecken hoher Ordnung geeignet
– hohe Regelgüte

Nachteile des PID-Reglers:
– komplizierter Aufbau
– schwierige Einstellung
– nicht geeignet für reine Totzeit-Strecken

Einstellungen am Einheitsregler:
– T_V – variabel
– T_N – variabel
– K_p – variabel

2.4.3 Arbeitsanweisungen zu Abschnitt 2.4.2

2.4.3.1 *Messung eines Füllstandes mit Auftriebskörper und Regelung mit P- und PI-Regler*

Aufgaben, die sich mit dem Verhalten von Reglern beschäftigen, wurden an mehreren Stellen bereits beschrieben. Dabei war die optimale Reglereinstellung vorgegeben. Mit der praktischen Optimierung von Reglern beschäftigt sich Abschnitt 2.5.5. An dieser Stelle soll die Füllstand-Regelung eines Wasserbehälters mit P- und PI-Regler vorgenommen werden.

Füllstand-Regelstrecken sind Strecken ohne Ausgleich und werden in der Praxis mit P- oder PI-Reglern geregelt, während I-Regler für diese Aufgabe vollkommen ungeeignet sind. Als Meßsystem wird ein Auftriebskörper mit mechanisch-pneumatischem Umformer benutzt.

Aufgabenstellung: Der Füllstand eines Behälters soll mit einem Auftriebskörper erfaßt und mit einem verschieden eingestellten Regler geregelt werden.

Zubehör: Gefäß mit Ablaßventil, Wasser-Vorratsgefäß mit Pumpe, Ringleitung und Absperr-Eckventil, Auftriebskörper mit mechanisch-pneumatischem Umformer, pneumatischer PI-Regler.

Durchführung: Zur Inbetriebnahme der Anlage (Abb. 2-66) wird das Leitungssystem nachverfolgt, die Betriebsbereitschaft überprüft und die Pumpe angefahren. Der Durchfluß in der Ringleitung wird mit dem Eckventil auf minimalem Durchfluß gehalten, während das Bodenablaßventil des Gefäßes so geöffnet bleibt, daß der Ablauf etwa der Hälfte des maximalen Zulaufs entspricht.

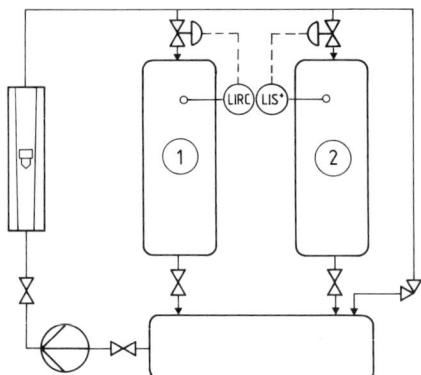

Abb. 2-66. Regelung eines Füllstandes mit stetigem Regler.

Nacheinander werden folgende Punkte abgearbeitet:

– Füllstand in Handregelung auf 40 % hochfahren
– Regler als P-Regler einstellen bzw. vorgeben lassen
– Sollwertanzeige und Istwertanzeige mit dem Sollwerteinsteller zur Deckung bringen (schonendes Anfahren)

– Umschalten auf Automatik
– 10 Minuten auf 40 % fahren
– Sollwertänderung auf 60 %
  Beobachtung: Einschwingvorgang nach Anzahl der Überschwingen, Ausregelzeit, Regel-
  abweichung
– Bei Erreichen des neuen Sollwertes 15 min halten
– Übernahme des Regelkreises auf „Hand"
– Zurückfahren der Standregelung mit „Hand" auf 40 %.

Um die optimalen Reglereinstellungen herauszufinden, wird der Versuch mehrmals mit neuen
Reglereinstellungen (PI-Regler mit unterschiedlichen T_N) und mit geändertem Ablauf
wiederholt.

  Das Führungsverhalten des Regelkreises wird überprüft, indem mit optimaler Reglereinstellung der Füllstand von 40 % in 10 %-Schritten bis 80 % hochgefahren wird. Am jeweiligen
Sollwert 10 min halten und anschließend von 80 % auf 40 % zurückfahren.

  Das Störverhalten des Regelkreises kann man beurteilen, wenn mit Hilfe des Bodenventils
a) kurzzeitige Störungen und b) konstante Störungen eingestellt werden und das Regelverhalten beobachtet wird.

Auswertung: Es ist ein Arbeitsprotokoll mit einem kompletten RI-Schema mit MSR-Stellen
anzufertigen. Alle Beobachtungen sind aufzuführen.

2.4.4   Unstetige Regler

Während bei den bisher behandelten stetigen Reglern jeder Regelabweichung eine bestimmte
Stellgröße y zwischen 0 und 100 % zugeordnet war, sind bei den unstetigen Reglern nur *wenige
Werte* für y möglich. Bei den meistens verwendeten *Zweipunktreglern* sind dies $y = 0$ % und
$y = 100$ % (Y_h). *Dreipunkt-* oder *Mehrpunktregler* gestatten einen oder weitere Zwischen-
werte.

  Obwohl viele dieser unstetigen Regler einfach gebaut sind (vgl. Abschn. 2.4.6), lassen sich
doch recht gute Regelgüten erzielen. Abb. 2-67 zeigt als Beispiel einen Zweipunkt-Bimetall-

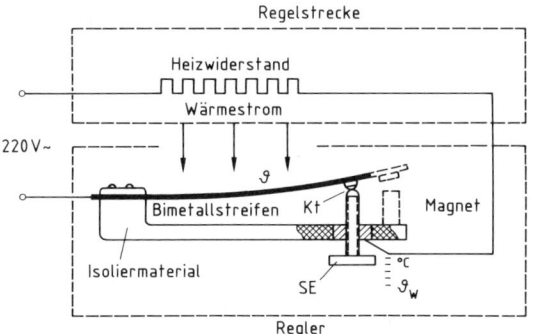
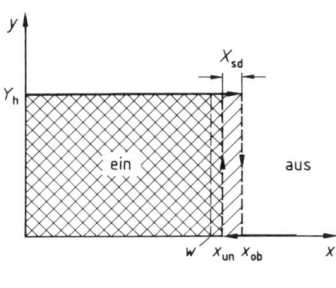

Abb. 2-67. Zweipunktregler mit Kennlinie – Kt Kontakt, SE Sollwert-Einsteller. (nach Samal, siehe Quellennachweise)

regler, der die Heiztemperatur einer Platte oder eines Bügeleisens regeln soll, mit der zugehörigen Kennlinie.

Ein Bimetallstreifen stellt den Meßfühler für die Regelgröße dar. Er krümmt sich bei Erwärmung so, daß der Heizstromkreis unterbrochen wird, wenn die Solltemperatur erreicht ist. Kühlt die Regelstrecke und damit auch der Fühler ab, streckt er sich und schließt erneut den Stromkreis. Zur Einstellung der Führungsgröße wird eine Stellschraube SE benutzt. Zur Verbesserung des Schaltvorgangs dient ein Magnet oder eine Feder.

Wie aus der Kennlinie hervorgeht, schaltet der Regler nicht bei der gleichen Temperatur ein und aus; man spricht von einer *Schaltdifferenz*. Die Stellgröße wird dadurch verändert, daß sich bei größerem Wärmebedarf das Verhältnis zwischen den Zuständen „Ein" und „Aus" zeitlich stärker nach „Ein" verschiebt.

Abb. 2-68 zeigt den gleichen Regler als Dreipunktregler, der den Strom in zwei Stufen schalten kann.

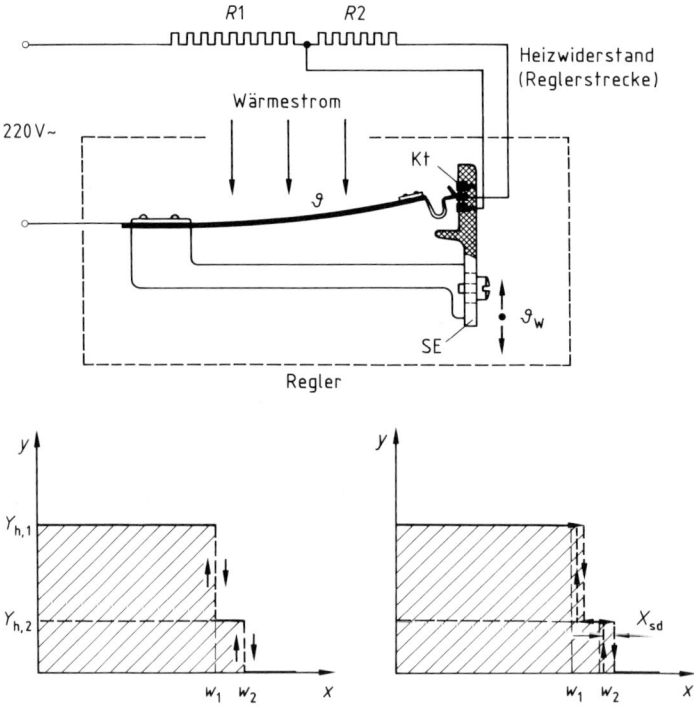

Abb. 2-68. Dreipunktregler mit Kennlinie.

(nach Samal, siehe Quellennachweise)

2.4.5   Arbeitsanweisung zu Abschnitt 2.4.4

Durch die Schaltdifferenz der unstetigen Regler und ihr zeitliches Verhalten ergeben sich Schwankungen der Regelgröße, die von der Regelaufgabe abhängig sind. Dies soll am Beispiel einer Temperatur-Regelung ermittelt werden.

Aufgabenstellung: Es soll die Temperaturkennlinie einer Zweipunktregelung an einer Regelstrecke mit mehreren Verzögerungen unter verschiedenen Bedingungen aufgenommen werden.

Zubehör: Quecksilber-Kontaktthermometer, Tauchsieder, Laborrelais, Rührer, Becherglas 800 mL, 1/10°-Thermometer ($-20\,°C$ bis $+50\,°C$ und $+50\,°C$ bis $+100\,°C$).

Durchführung: An das Laborrelais werden der Tauchsieder und das Kontaktthermometer angeschlossen. Ins Becherglas wird soviel Wasser gegeben, daß die Heizwicklung des Tauchsieders nach Vorschrift bedeckt ist. Nun wird der Rührer eingeschaltet, die Anfangstemperatur abgelesen und am Kontaktthermometer eine Solltemperatur von 60°C eingestellt.

Beginnend mit dem Einschalten des Tauchsieders wird alle 15 s die Temperatur und der Schaltzustand des Relais abgelesen. Die Temperatur soll über vier bis fünf Schaltvorgänge auf dem Sollwert gehalten werden.

Die Aufgabe wird erst mit gleicher, dann mit doppelter Wassermenge bei 80°C wiederholt.

Auswertung: Die Meßwerte werden in einer Tabelle festgehalten und in ein Diagramm eingetragen. Das Ergebnis ist zu kommentieren.

2.4.6   Bauformen von Reglern

In Abschnitt 2.4.1 wurde bereits darauf hingewiesen, daß sich Regler außer in ihrem *zeitlichen* Verhalten (stetig – unstetig) auch in anderen Merkmalen unterscheiden. Ob zum Funktionieren des Reglers *Hilfsenergie* notwendig ist oder nicht, ist eines dieser Merkmale.

2.4.6.1   *Regler ohne Hilfsenergie*

Regler ohne Hilfsenergie können sowohl stetig als auch unstetig arbeiten. Sie sind meist sehr einfach gebaut und beziehen die für das Funktionieren der Regelung notwendige Energie aus ihrem Aufbau und ihrer Umgebung, z. B. aus der Regelstrecke. Ein typisches Beispiel stellt der Zweipunktregler aus Abb. 2-67 dar, dessen Konstruktion es ihm ermöglicht, die Regelgröße zu erfassen, mit der Führungsgröße zu vergleichen und ein so großes Stellsignal abzugeben, daß der Heizstrom geschaltet werden kann.

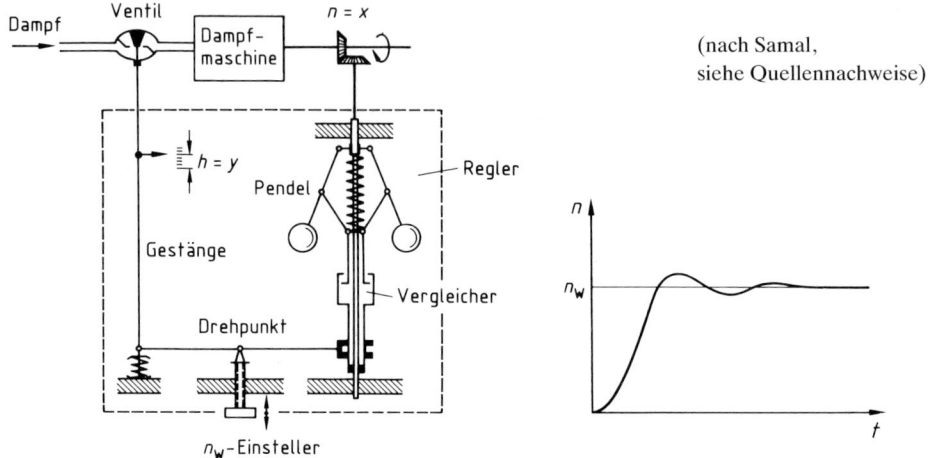

Abb. 2-69. Drehzahlregler nach James Watt.

Abb. 2-69 zeigt als nächstes Beispiel für einen Regler ohne Hilfsenergie den Drehzahlregler von *James Watt,* den ersten industriell eingesetzten Regler.

Die Drehzahl *n* einer Dampfmaschine wird von einem Fliehkraftpendel erfaßt, das sich mit steigender Drehzahl spreizt und über ein Gestänge den Dampfstrom verkleinert, bis Sollwert und Istwert gleich sind.

Auch die Standregelung in Abb. 2-56 stellt einen Regler ohne Hilfsenergie dar, ebenso die vielverwendeten Thermostatventile an Heizkörpern, die verschiedenen Kondensatableiter oder der Druckregler aus Abb. 2-70, der in Reduzierstationen für Druckluft oder andere Gase verwendet wird.

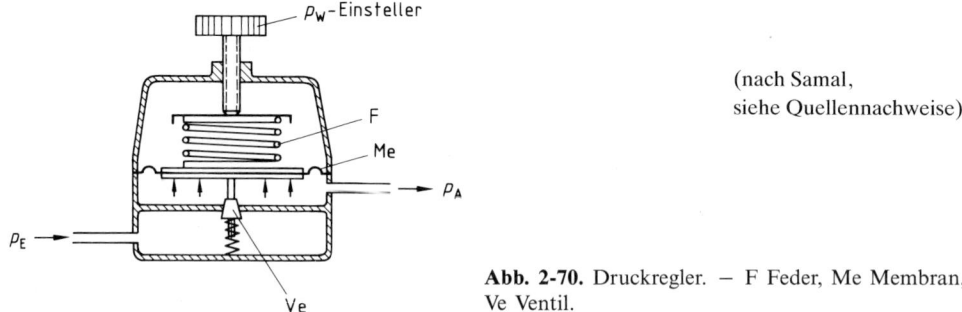

(nach Samal,
siehe Quellennachweise)

Abb. 2-70. Druckregler. − F Feder, Me Membran, Ve Ventil.

Das Gas mit dem Eingangsdruck p_E wirkt auf die Membran Me und eine gespannte Feder F, sodaß das Ventil Ve eine Stellung einnimmt, die den geforderten Ausgangsdruck p_A ergibt.

2.4.6.2 *Regler mit Hilfsenergie*

Reicht die Energie aus Konstruktions- oder Mengengründen nicht aus oder werden Hilfseinrichtungen zur Umformung von Meß- oder Stellsignalen gebraucht, so werden Regler mit
Hilfsenergie eingesetzt (vgl. auch Abschn. 2.3.4 und 2.4.6.4). Die meisten technisch eingesetzten Regler benötigen deshalb eine pneumatische oder elektrische Versorgung. Die
Speisung erfolgt in beiden Fällen über spezielle Hilfseinrichtungen mit Drücken von 1,4 bar
und Spannungen von 6 bis 50 V Gleichspannung beziehungsweise 24 V oder 220 V Wechselspannung. Nur die sachgerechte Benutzung ergibt dabei ein korrektes und sicheres Arbeiten
der Regeleinrichtungen.

Abb. 2-71 zeigt einen unstetigen Regler mit elektrischer Hilfsenergie zur Temperaturregelung eines Glühofens.

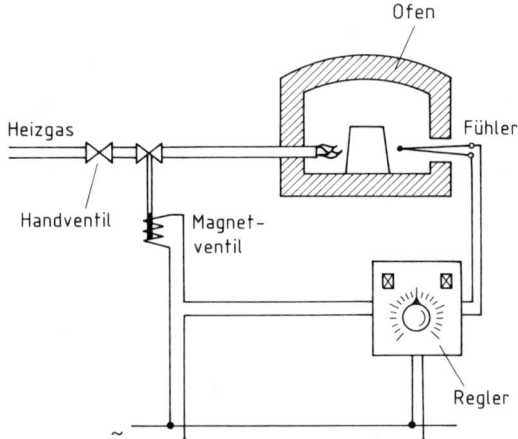

Abb. 2-71. Unstetiger Regler mit Hilfsenergie zur Temperaturregelung.

Regler und magnetischer Stellenantrieb werden mit elektrischer Hilfsenergie versorgt, um
aus dem Meßsignal des Thermoelements als Fühler bei Regelabweichung eine genügend große
Stellkraft auf das Ventil abgeben zu können.

Auch die in der Arbeitsanweisung 2.4.5 verwendete Kombination Kontaktthermometer/
Laborrelais stellt einen unstetigen Regler mit Hilfsenergie dar. Dabei öffnet oder schließt der
Quecksilberfaden des Thermometers über einen dünnen, verschiebbaren Draht in der Kapillare einen Schwachstromkreis, der den Heizstromkreis für den angeschlossenen Tauchsieder
schaltet.

Über stetige Regler mit pneumatischer Hilfsenergie wurde in Abschn. 2.4.2 ausführlich
gesprochen. Abb. 2-72 zeigt eine übliche Bauform.
Moderne stetige Regler mit elektrischer Hilfsenergie (Abb. 2-73) verwenden Operations-
verstärker.

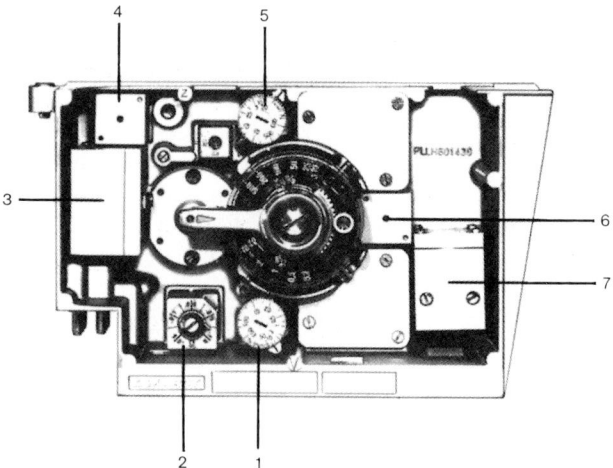

Abb. 2-72. Pneumatischer Regler (aus dem Schrifttum der Eckardt AG). – 1 T_n-Drossel, 2 Begrenzungsrelais min. oder max., 3 D-Relais, 4 T_v-Anfahrrelais, 5 T_v-Drossel, 6 T_n-Anfahrrelais oder Signalgeber zur Arbeitspunkteinstellung, 7 Abgleichrelais zur stoßfreien Umschaltung auf Hand-Automatik.

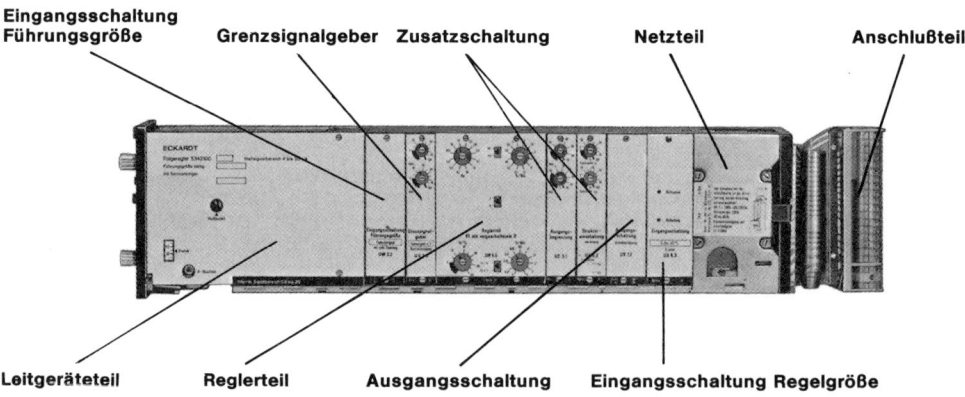

Abb. 2-73. Elektrischer Regler (aus dem Schrifttum der Eckardt AG).

2.4.6.3 Das Leitgerät

Neben dem bisher beschriebenen zeitlichen Verhalten der Regler werden in der Praxis noch weitere Funktionen von einer Regeleinrichtung verlangt. Dazu zählen:

– Umschaltung Hand/Automatik,
– Anzeige des Meßwertes (der Regelgröße), z. B. roter Zeiger,
– Anzeige des Sollwertes, z. B. grüner Zeiger,
– Sollwert-Einsteller,

– Stellgrößen-Einsteller bei Handbetrieb,
– Anzeige des Stellsignals bei Hand- oder Automatikbetrieb,
– Umkehr des Wirkungssinnes, z. B. als Anpassung an ein Öffnungs- oder Schließventil.

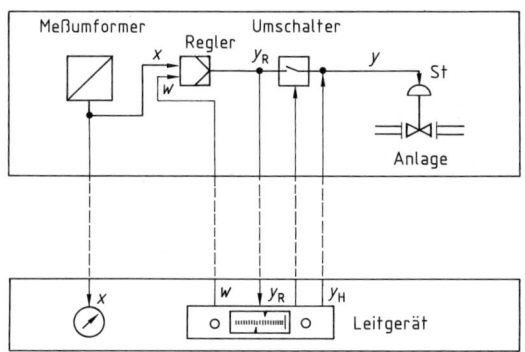

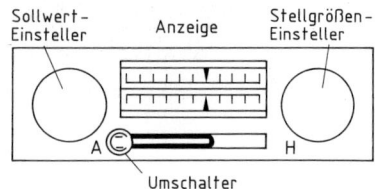

Abb. 2-74. Leitgerät und Regler, Frontplatte eines Leitgerätes.

Diese Funktionen bietet das *Leitgerät,* das in Abb. 2-74 getrennt vom Regler, der an der Anlage sitzt, in der Meßwarte eingebaut ist.

2.4.6.4 Der Einheitsregler

Bei modernen Regeleinrichtungen bilden Regler und Leitgerät eine Einheit. Man spricht dann von *Kompaktreglern* wie bei Abb. 2-75 bis 2-78.

Werden bei solchen Reglern, die auch als Vor-Ort-Regler und speziell als Feldregler in der Anlage sitzen können, alle ankommenden und abgehenden Signale als Einheitssignale (0,2 bis 1 bar, 0 (4) bis 20 mA) gebildet, spricht man von *Einheitsreglern.* Dabei spielt es keine Rolle, ob die Signal-Verarbeitung digital oder analog erfolgt.

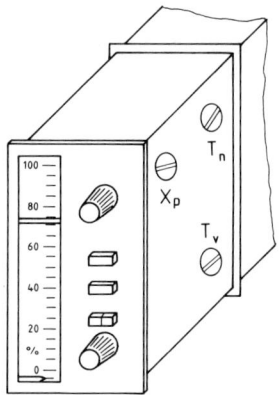

Abb. 2-75. Kompaktregler für Schalttafel-Einbau.

Abb. 2-76. Pneumatischer Kompaktregler (Einheitsregler).

Abb. 2-77. Elektrischer, analoger Kompaktregler (Einheitsregler).

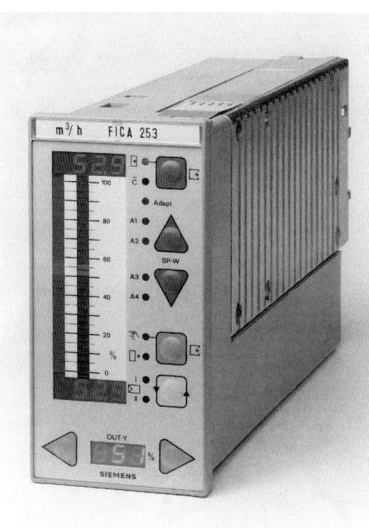

Abb. 2-78. Elektrischer, digitaler Kompaktregler (Einheitsregler).

2.4.7   Wiederholungsaufgaben

1. Nach welchen Gesichtspunkten lassen sich Regler einteilen?
2. Sind Regler ohne Hilfsenergie grundsätzlich unstetige Regler?
3. Welche Bestandteile (schematisch) muß ein Regler mindestens besitzen?
4. Was versteht man unter einem P-Regler, was unter der Verstärkung des P-Reglers?
5. Welcher Zusammenhang besteht zwischen Verstärkung und Proportionalbereich eines Reglers?
6. Welche Vor- und Nachteile besitzt ein P-Regler?
7. Wie läßt sich aus einem Einheitsregler ein P-Regler bilden?
8. Weshalb werden sehr häufig PI-Regler eingesetzt?
9. Wie verändert sich die Stellgröße eines I-Reglers, wenn eine größere Regelabweichung als zuvor entsteht?
10. Was versteht man unter Nachstellzeit, wie wird sie ermittelt?
11. Was versteht man unter einer Rückführung?
12. Wie sieht die Sprungantwort eines PID-Reglers aus?
13. Welchen Vorteil bietet der D-Anteil eines Reglers?
14. Was versteht man unter einem Dreipunktregler?
15. Wie reagiert ein unstetiger Regler auf veränderte Regelabweichungen?
16. Welche Aufgaben hat ein Leitgerät?
17. Was versteht man unter einem Einheitsregler und was unter einem Kompaktregler?

2.5   Regelkreise

2.5.1   Themen und Lerninhalte

Stabiles und instabiles Verhalten im Regelkreis, Regelgüte

Führungsverhalten des Regelkreises

Störungsverhalten des Regelkreises

Optimale Reglereinstellung

Spezielle Regelkreise

Aus den bisher besprochenen Komponenten Regelstrecke, Meßeinrichtung, Regler und Stellgerät wird der *Regelkreis* geschlossen (vgl. Abschn. 2.1.4). In Abb. 2-79 sind die grundsätzlichen Anforderungen an eine Regelung dargestellt.

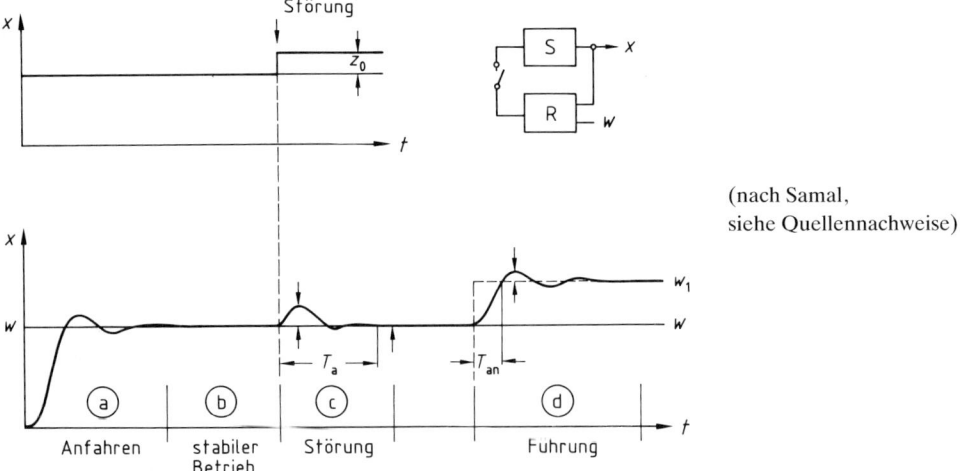

(nach Samal,
siehe Quellennachweise)

Abb. 2-79. Zeitlicher Verlauf der Regelgröße in einem Regelkreis. — T_a Ausregelzeit; Zeit, in der eine Störung beseitigt wird, T_{an} Anregelzeit; Zeit, in der der neue Sollwert erreicht wird.

Nach Einstellung des Sollwertes der Regelgröße wird der Kreis geschlossen. Es beginnt das *Anfahren*, das in der Praxis oft mit großen Schwierigkeiten verbunden ist. Ähnlich stellt sich die *Führung* auf einen anderen Sollwert dar. Dabei soll die Regelgröße der Änderung der Führungsgröße möglichst schnell, mit möglichst geringer Überschwingung und möglichst vollständig folgen. Auftretende *Störungen* während des *stabilen Betriebes* sollen ebenso beseitigt werden.

Weil Regelungen häufig gegen Störungen ausgelegt sind, werden sie während des Anfahrens oder bei starker Änderung der Führungsgröße oft auf Handregelung übernommen.

2.5.2 Stabilität und Regelgüte

Die Schwierigkeiten, die einer guten Regelung gegenüberstehen, liegen in der *Schwingungsfähigkeit* des Regelkreises. Das kann dazu führen, daß die Regelgröße nicht einen bestimmten Wert annimmt, sondern fortlaufend schwankt. Der Regelkreis ist *instabil* geworden (Abb. 2-80). In besonders unangenehmen Fällen wächst der Ausschlag der Schwingung, die Amplitude, fortlaufend an. Dies führt letztlich zum ständigen Öffnen und Schließen der Stellglieder und zu ständig stärker schwankender Regelgröße.

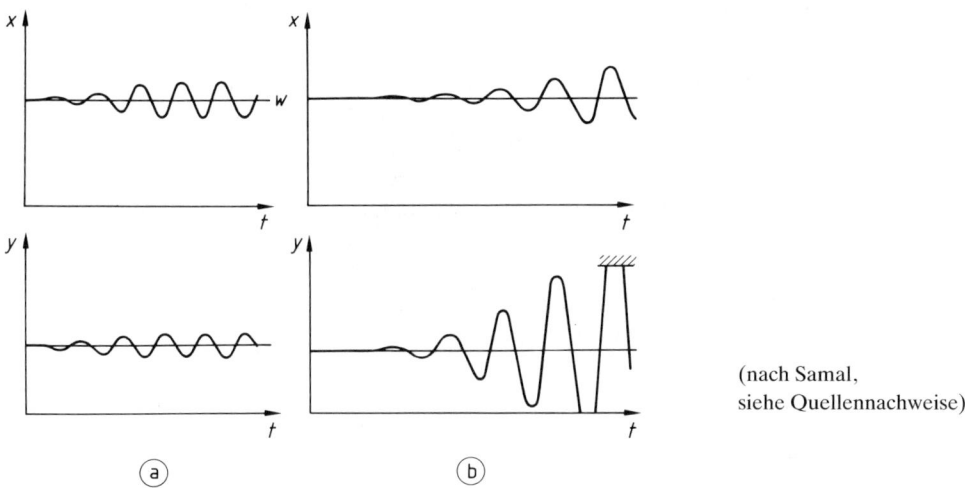

(nach Samal,
siehe Quellennachweise)

Abb. 2-80. Instabiler Regelkreis. — a gleichbleibende Schwingung, b wachsende Schwingung.

Aus dem bisher Gesagten läßt sich als Maß für die *Regelgüte* folgende Faustregel ableiten:

Bei einer guten Regelung sind:
– die maximalen Überschwingweiten der Regelgröße klein,
– die Summe der aus dem Schwingungsverlauf und dem Sollwert gebildeten Flächen klein,
– die Zeiten möglichst klein, in der auftretende Störungen mit einer Abweichung von ca. 1 %
  ausgeregelt werden (Ausregelzeiten) und
– die bleibenden Regelabweichungen gering.

2.5.3   Führungsverhalten des Regelkreises

Bei vielen Regelaufgaben besteht nicht die Hauptnotwendigkeit darin, Störungen zu beseitigen, sondern den Sollwert der Regelgröße ständig zu verändern. So müssen zum Beispiel bei der Durchführung chemischer Reaktionen oft bestimmte Temperaturprofile eingehalten werden, um sicheres Arbeiten und gute Ausbeuten zu erreichen. Das Hauptaugenmerk liegt auf kurzen Anregelzeiten und erfordert eine ganz bestimmte Reglereinstellung (vgl. Abschn. 2.5.5).

Diese Reglereinstellung ist meist recht gut auch für Anfahrvorgänge zu gebrauchen, unterscheidet sich aber unter Umständen stark von derjenigen für ein optimales Ausregeln von Störungen. In der Praxis wird man oft einen Kompromiß wählen.

2.5.4   Störverhalten des Regelkreises

Nach dem Anfahr-Vorgang oder Änderungen des Sollwertes soll sich der Regelkreis in einem stabilen Zustand befinden.

Für den Regelkreis gibt es jetzt einen ganz bestimmten Betriebspunkt, der von der Regelstrecke und dem verwendeten Regler abhängig ist. Für diesen Betriebspunkt läßt sich eine Regler-Einstellung finden (vgl. Abschn. 2.5.5), bei der Störungen mit möglichst hoher Regelgüte unterdrückt werden.

Beim Anfahren wird dieser Betriebspunkt oft so extrem verschoben, daß man lieber per Hand oder mit speziellen Schaltungen (Anfahr-Relais) anfährt und erst in der Nähe des späteren Betriebspunktes auf automatische Regelung umschaltet.

2.5.5   Einstellen der günstigsten Verhältnisse in einem Regelkreis

Werden Regelaufgaben mit stetigen Reglern bewältigt, so kann man mit folgenden eingestellten Parametern am Einheitsregler zu guten Ergebnissen kommen (Tab. 2-8).

Tabelle 2-8. Praxisnahe Einstellwerte am Einheitsregler.

Symbol	Regelgröße	Reglertyp	K_p	T_n	T_v
T	Temperatur	PID	$2 \cdots 10$	$1 \cdots 20$ min	$0,2 \cdots 3$ min
P	Druck	PI	$3 \cdots 10$	$10 \cdots 60$ s	−
F	Durchfluß	PI	$0,5 \cdots 1$	$10 \cdots 30$ s	−
A	Analyse	PID	$0,2 \cdots 0,5$	$10 \cdots 20$ min	$2 \cdots 5$ min
L	Niveau	P	$1 \cdots 20$	−	−
		PI	$2 \cdots 20$	$1 \cdots 10$ min	−

Lassen sich mit den Werten aus der Tab. 2-8 keine vernünftigen Regelgüten erzielen, müssen andere Verfahren der *Regler-Optimierung* angewendet werden (aus den *Kenndaten der Strecke,* mit dem Verfahren von *Ziegler-Nichols* oder mit *empirischen Methoden*) (vgl. Samal, Grundriß der praktischen Regelungstechnik – Band 1). Es sei darauf hingewiesen, daß diese Verfahren einige regelungstechnische Erfahrung erfordern und den Rahmen des vorliegenden Buches übersteigen.

2.5.6 Arbeitsanweisungen zu Abschnitt 2.5.5

Die folgenden Arbeitsanweisungen lassen sich sowohl mit dem beschriebenen Regelstrecken-Simulator (vgl. Abschn. 2.1.5), als auch mit einer praktischen Regelstrecke durchführen, wenn diese die entsprechenden Eingriffe ermöglicht und aus *Sicherheitsgründen* zuläßt.

Ziel der folgenden Aufgaben ist es, das Regelverhalten verschiedener Anlagenbeispiele zu untersuchen.

2.5.6.1 *Druckregelung an einem Behälter*

Das Zeitverhalten eines solchen Druckspeichers kann durch Hintereinanderschalten von 2 proportionalen Streckengliedern nachgebildet werden (Abb. 2-81).

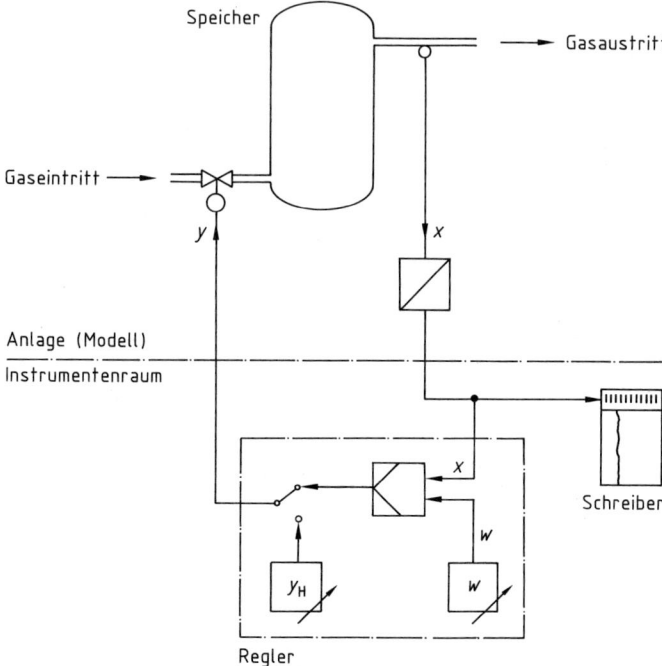

Abb. 2-81. Druckregelung an einem Behälter.

Das Ventil wird vom ersten Streckenglied PS_1 und der eigentliche Druckbehälter vom zweiten PS_2 simuliert.

Die Dimensionierung der Anlage erfolgt über die Zeitkonstante:

$T_1 = 0{,}03$ min – schnelles Ventil – kleiner Druckbehälter
$T_2 = 0{,}2$ min – mittleres Ventil – mittlerer Druckbehälter
$T_3 = 1{,}0$ min – langames Ventil – großer Druckbehälter

Der Regler ist mit dem Reglerschlüssel zu öffnen und herauszuziehen. Mit Hilfe eines Schraubendrehers können die verschiedenen Reglereinstellungen vorgenommen werden.

Reglertyp	K_p	T_N	T_V
P-Regler	variabel	12 min	0
PI-Regler	variabel	variabel	0
PID-Regler	variabel	variabel	variabel

Aufgabenstellung: Bei unterschiedlichster Reglereinstellung und Dimensionierung ist das Führungsverhalten und das Störverhalten des Regelkreises zu untersuchen.

Zubehör: Regelstrecken-Simulator (oder andere Strecke), Einheitsregler, Schreiber.

Durchführung: Die Reglereinstellungen sind nach Tabelle 2-9 vorzunehmen und das Zeitverhalten des Regelkreises zu untersuchen.

Führungsverhalten: Der Istwert der Regelgröße wird mit Hand auf $w_1 = 50\%$ gefahren. Es erfolgt die Umschaltung auf Automatik. Der Vorwärtslauf des Schreibers wird zum Beispiel mit 3 cm/min gestartet. Der Sollwert wird schnell auf exakt $w_2 = 70\%$ verändert.

Bleibt der neue zugehörige Istwert konstant, ist der Vorwärtslauf abzuschalten (Tab. 2-9).

Tabelle 2-9. Reglereinstellungen zur Untersuchung des Führungs- und des Störverhaltens.

Regler	K_p	$T_N/$ min	PS_1	PS_2	Führungsverhalten bleibende Regelabw. in %	Ausregelzeit in s	Störverhalten bleibende Regelabw. in %	Ausregelzeit in s
P	1,0	12	T_1	T_1				
	3,9	12	T_1	T_1				
	9,1	12	T_1	T_1				
	20	12	T_1	T_1				
	9,1	12	T_2	T_1				
	9,1	12	T_3	T_2				
PI	9,1	0,3	T_1	T_1				
	3,9	0,3	T_1	T_1				
	3,9	0,6	T_1	T_1				
	3,9	1,2	T_1	T_1				

Störverhalten: Am internen Störwertgeber stellt man den oberen Einstellknopf auf 2 (2. Streckenglied) und den Schalter „intern" auf 25 %. Der Schalter „+/0/–" steht anfangs auf 0.

Wie vorher beschrieben, wird der Regelkreis auf $x = 50\%$ gefahren und der Schreiber gestartet. Durch Umlegen des Schalters auf „–" erfährt in diesem Fall der Druckbehälter eine sprunghafte Absenkung des Druckes um 25 % (Störung).

Nach Eingreifen des Reglers und zeitlich konstantem Istwert ist der Vorwärtslauf des Schreibers zu stoppen (Tab. 2-9).

Auswertung: Aus den erhaltenen Sprungantworten werden folgende Größen ermittelt und in Tabelle 2-9 eingetragen:

a) bleibende Regelabweichung: Differenz zwischen Istwert und gewünschtem Sollwert in Prozent bezogen auf den Sollwert.
b) Ausregelzeit: Zeit von Beginn der Störung oder Sollwertveränderung bis zum Erreichen des neuen Istwertes.

Die Ergebnisse und Schreiber-Diagramme sind unter folgenden Gesichtspunkten zu diskutieren:

1. Welche Auswirkungen zeigt eine Erhöhung von K_p?
2. Wozu führt eine Änderung der Regelstrecken-Charakteristik bei gleichen Reglern?
3. Wie zeigt sich das Zuschalten des I-Anteils auf den Regler?
4. Welche Auswirkungen zeigt eine Erhöhung von T_N?

2.5.6.2 Füllstandregelung in einem Behälter

Durchführung: Das Zeitverhalten einer Füllstandsregelung kann durch Hintereinanderschaltung einer proportionalen und einer integralen Strecke nachgebildet werden (Abb. 2-82).

Das Ventil wird vom ersten proportionalen Streckenglied PS_1 und der Füllstand im Behälter vom integralen Streckenglied IS_5 simuliert.

Die Dimensionierung erfolgt wie im letzten Beispiel über die Zeitkonstanten. Der Ablauf des Gefäßes ist auf 50 % einzustellen.

Der interne Störwertgeber ist am oberen Einstellknopf auf Strecke 5 einzustellen.

Tabelle 2-10. Reglereinstellung zur Untersuchung des Führungs- und des Störverhaltens.

Regler	K_p	$T_N/$ min	$T_V/$ min	PS_1	IS_5	Führungsverhalten bleibende Regelabw. in %	Ausregelzeit in s	Störverhalten bleibende Regelabw. in %	Ausregelzeit in s
P	1,0	12	0	T_1	T_1				
	9,1	12	0	T_1	T_1				
	9,1	12	0	T_2	T_1				
PI	3,9	0,3	0	T_1	T_1				
	3,9	0,3	0	T_2	T_1				

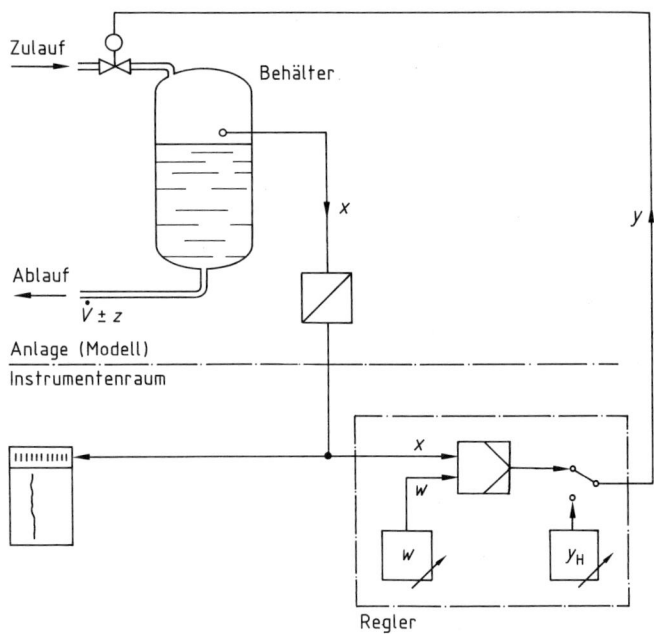

Abb. 2-82. Füllstandregelung in einem Behälter.

Bei unterschiedlichster Reglereinstellung und Dimensionierung ist das Führungs- und Störverhalten des Regelkreises zu untersuchen. Aus den erhaltenen Sprungantworten ist die bleibende Regelabweichung und die Ausregelzeit zu ermitteln.

Die in Tab. 2-10 aufgeführten Reglereinstellungen sind im Versuch durchzuführen. Die beiden gesuchten Größen sind am Schreiber abzulesen und einzutragen.

Auswertung: Bei der Auswertung sind folgende Gesichtspunkte zu beachten:

1. Wie sieht der Vergleich des Reglerverhaltens zwischen Druckspeicher und Füllstandsstrecke bei gleichen Einstellwerten des Reglers aus?
2. Wie unterscheiden sich Führungs- und Störverhalten eines P-Reglers an einer Füllstandsstrecke?

2.5.6.3 Temperaturregelung bei einem Wärmetauscher

Durchführung: Das Zeitverhalten einer Temperaturregelung beim Wärmetauscher kann durch Hintereinanderschaltung von vier proportionalen Streckengliedern nachgebildet werden (Abb. 2-83). Folgende Teile der Regelstrecken werden durch die einzelnen Streckenglieder simuliert:

> PS_1 – Ventil
> PS_2 – Heizung
> PS_3 – Produkt (Behälter)
> PS_4 – Meßfühler

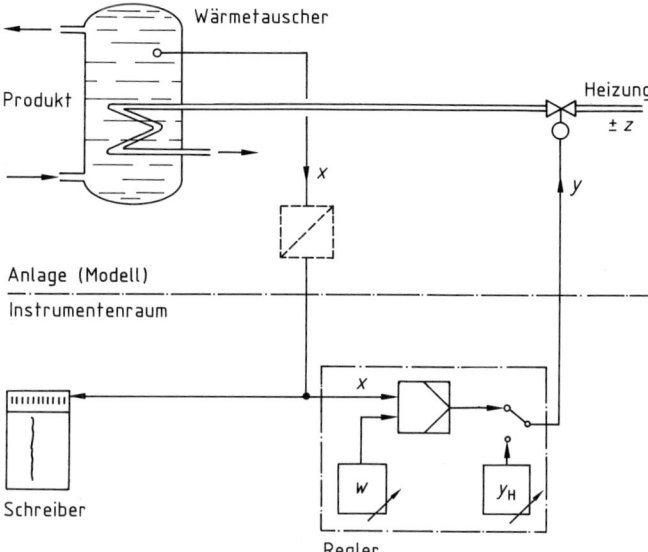

Abb. 2-83. Temperaturregelung bei einem Wärmetauscher.

Die Dimensionierung erfolgt wieder über die Zeitkonstanten. Der interne Störwertgeber ist am oberen Einstellknopf auf Strecke 2 einzustellen (Störung durch Veränderung der Heizleistung).

Bei unterschiedlichster Reglereinstellung und Dimensionierung ist das Führungs- und Störverhalten des Regelkreises zu untersuchen.

Die in Tab. 2-11 aufgeführten Reglereinstellungen sind durchzuführen. Bleibende Regelabweichungen und Ausregelzeiten sind am Schreiber abzulesen und einzutragen.

Auswertung: Bei der Auswertung sind folgende Gesichtspunkte zu beachten:

1. Welche Auswirkungen hat eine Erhöhung des D-Anteils?
2. Wie zeigt sich das veränderte Zeitverhalten von PS_4 im letzten Beispiel (z. B. durch Verkalkung eines Meßfühlers) im Regelkreis bei optimalen Reglerparametern?

Tabelle 2-11. Reglereinstellung zur Untersuchung des Führungs- und des Störverhaltens.

Regler	K_p	$T_N/$ min	$T_V/$ min	PS_1	PS_2	PS_3	PS_4	Führungsverhalten bleibende Regelabw. in %	Ausregelzeit in s	Störverhalten bleibende Regelabw. in %	Ausregelzeit in s
PID	1,6	0,2	0,02	T_1	T_2	T_2	T_1				
	1,6	0,2	0,04	T_1	T_2	T_2	T_1				
	1,6	0,2	0,7	T_1	T_2	T_2	T_1				
	1,6	0,2	0,04	T_1	T_2	T_2	T_2				

2.5.7   Spezielle Regelkreise

In der Praxis kommt es vor, daß trotz aller Bemühungen zur Verbesserung der Regelgüte wie z. B. Veränderung der Reglerparameter, Verbesserungen an der Regelstrecke oder Verlegung des Meßpunktes keine ausreichenden Ergebnisse erzielt werden.

Hier können unter Umständen *mehrschleifige Regelkreise* Abhilfe schaffen. Dazu seien ein paar Beispiele genannt:

a) Beim geregelten Beheizen eines Behälters mit Dampf ist die Eingangstemperatur des Dampfes eine Störgröße. Mit einem Hilfsregler läßt sie sich konstant halten. Man spricht von *Störgrößen-Konstanthaltung.*

b) Dieses Verfahren läßt sich bei einer Raumtemperatur-Regelung mit der Außentemperatur als Störgröße nicht anwenden. Hier wird eine *Störgrößen-Aufschaltung* benutzt, bei der die Störgröße umgeformt direkt auf den Reglereingang mit aufgeschaltet wird und diesen quasi vorab von der zu erwartenden Veränderung der Raumtemperatur unterrichtet.

c) Ein weiteres Beispiel für einen mehrschleifigen Regelkreis ist die *Kaskadenschaltung* (englisch: *master-slave).* Dabei verwendet man einen Hauptregler, der die eigentliche Regelgröße konstant halten soll und einen Hilfsregler, der in einem schnell arbeitenden Hilfsregelkreis sitzt und vom *Ausgang des Hauptreglers* die Führungsgröße *w* geliefert bekommt. Als Beispiel sei eine betriebliche Rektifizierkolonne (Abb. 2-84) genannt, deren Hauptregler die *Destillationstemperatur* zu regeln hat. Ein Hilfsregler regelt den *Abfluß* des Produktes und wird vom Temperaturregler geführt. Schwankungen in der Abnahme der Kolonne lassen sich über den Hilfsregler schneller ausregeln, ohne daß das gesamte Temperatursystem aus dem Gleichgewicht kommt.

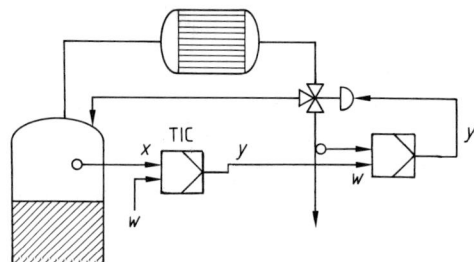

Abb. 2-84. Kaskadenregelung an einer Rektifizierkolonne.

2.5.8   Wiederholungsaufgaben

1. Was versteht man unter den Begriffen Anfahren und Störungsverhalten?
2. Welche grobe Regel gilt für die Reglereinstellung zu den Begriffen aus Frage 1?
3. Warum werden Regelkreise oft von Hand angefahren?
4. Was ist die Ausregelzeit eines Regelkreises?
5. Welche Kriterien gelten für eine hohe Regelgüte?
6. Was versteht man unter dem Betriebspunkt eines Regelkreises?
7. Was sind mehrschleifige Regelkreise?

3. Steuern

3.1 Grundlagen der Steuerungstechnik

3.1.1 Themen und Lerninhalte

Grundbegriff Steuern

Steuern mit unterschiedlichen Signalformen

Zahlenverarbeitung mit Dual- und Hexadezimalsystem

Mit dem Fortschreiten der Automatisierung begann auch die Bedeutung der Steuerungstechnik sprunghaft anzusteigen. Der Automatisierungsgrad einer Produktionsanlage kann soweit gehen, daß die oft sehr komplizierten Meß-, Regel- und Steuerungseinrichtungen teurer sind als die eigentlichen verfahrenstechnischen Apparaturen.

Im Kapitel 2 wird im Vergleich zur Regelung die Steuerung nach DIN 19226 wie folgt definiert:

Das *Steuern* – die *Steuerung* – ist der Vorgang in einem System, bei dem eine oder mehrere *Eingangsgrößen* andere Größen als *Ausgangsgrößen* auf Grund der dem System eigentümlichen Gesetzesmäßigkeiten beeinflußen. Kennzeichen für das Steuern ist der *offene Wirkungsablauf* über das einzelne Übertragungsglied oder die *Steuerkette*.

Nach dieser Definition kann man eine Steuerung wie in Abb. 3-1 schematisch darstellen.

Abb. 3-1. Blockschaltbild einer einfachen Steuerung.

Eingangsgrößen einer Steuerung (z. B. das Grenzwertsignal für einen bestimmten Füllstand, Befehl durch Tastendruck) wirken über Stellglieder auf die eigentliche Steuerstrecke (Apparatur, Aggregat), in der sich eine zugehörige Ausgangsgröße (z. B. Temperatur) einstellt.

Eine Rückmeldung, wie sich der Eingriff in die Strecke für die Ausgangsgröße bemerkbar gemacht hat, bekommt die Steuerung nicht.

Beispiel: Handsteuerung eines dampfbeheizten Wärmetauschers.

Eingangsgröße: Dampfmenge, die durch die Stellung eines Ventils bestimmt wird; Ausgangsgröße: Produkttemperatur.

Jede Ventilstellung entspricht einer bestimmten Temperatur des Produktes. Schaut der Bediener nicht auf das Thermometer, so erhält er keine Rückmeldung, ob die zugehörige Temperatur auch wirklich erreicht wird oder ob sie sich im Laufe der Zeit durch anfallende Störgrößen verändert.

Oft stellt sich eine Steuerung aber sehr viel komplexer dar. Die Beeinflussung der Steuerstrecke geschieht meistens durch das logische Verknüpfen (Abschn. 3.2) von Eingangsgrößen mit Prozeßsignalen oder Rückmeldungen von Stellgliedern (Abb. 3-2).

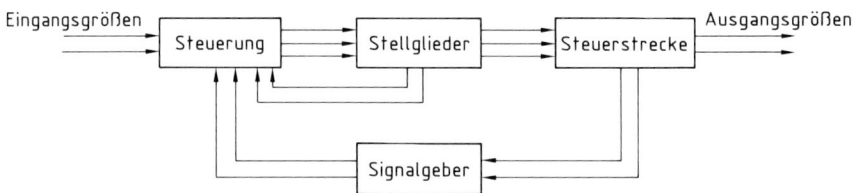

Abb. 3-2. Blockschaltbild einer erweiterten Steuerung.

Beispiel: Waschmaschine.

Ein Beispiel für solche verzweigten Steuerketten gibt es auch im privaten Bereich, nämlich das Waschprogramm für Waschmaschinen. Ein vorgegebenes Programm wird auf Knopfdruck gestartet, und anschließend wird der Waschvorgang selbsttätig gesteuert.

Bei der Vielzahl von unterschiedlichen Steuerungssystemen steht heute eindeutig die digitale Steuerung im Vordergrund. Die Basis dieser Systeme ist das binäre Signal, das nur zwei Signalzustände (Ein oder Aus) kennt (vergl. Abschn. 3.1.2).

Die einfachste Möglichkeit, solche Signale zu verarbeiten, ist das Verschalten von elektrischen Relais, bzw. Schützen. Das bedeutet, daß früher große technische Steuerschaltungen aus mehreren Schaltschränken voll mit einer Unzahl von Relais bestanden. Aus dieser Technik folgt natürlich ein hoher Platzbedarf, große Reparaturanfälligkeit und nicht zuletzt ein nicht zu unterschätzender Energieverbrauch. Auf diesem technischen Stand hätte die Steuerung nicht den heutigen Stellenwert erlangt.

Von entscheidender Bedeutung in ihrer Entwicklung war, wie auch in der Computertechnik, die Erfindung des Transistors als elektronisches Schaltelement. Mit Transistoren und Dioden können Steuerschaltungen wesentlich platzsparender auf Platinen aufgelötet werden. Auch der Energieverbrauch beträgt nur ein Bruchteil der herkömmlichen Technik. Heute gelingt es, eine Vielzahl von elektronischen Bauteilen auf einer einzigen Siliciumscheibe zu integrieren. Das fertige Produkt im dazugehörigen Gehäuse bezeichnet man als einen integrierten Schaltkreis oder kurz „IC".

In allen bisher beschriebenen Ausführungen liegt die Steuerung durch die Verdrahtung zwischen den einzelnen Elementen fest vor. Man spricht von einer *verbindungsprogrammierten Steuerung*. Aber auch ein Mikroprozessor als Zentraleinheit eines Computers ist sehr gut in der Lage, die Elemente und Funktionen einer Steuerung zu verwirklichen. Die Steuerung liegt in diesem Fall als Programm (Software) vor. Dieses wird mit Hilfe eines Programmiergerätes im Computer eingegeben. Das komplette Automatisierungsgerät nennt man eine *Speicher-programmierbare Steuerung „SPS".* Bei solchen Steuerungen ist man in der Lage, bestehende Programme schnell und ohne großen Aufwand zu ändern, um so eine Anpassung an geänderte Prozeßbedingungen zu bekommen.

Abb. 3-3 zeigt eine mögliche Einteilung verschiedener Steuerungssysteme. Die grundsätzliche Unterscheidung beruht auf den beiden Signalformen analog und digital. Als Beispiel für analoge Steuerungen sind hier ein Handventil und eine Kurvenscheibe als Signalgeber aufgeführt.

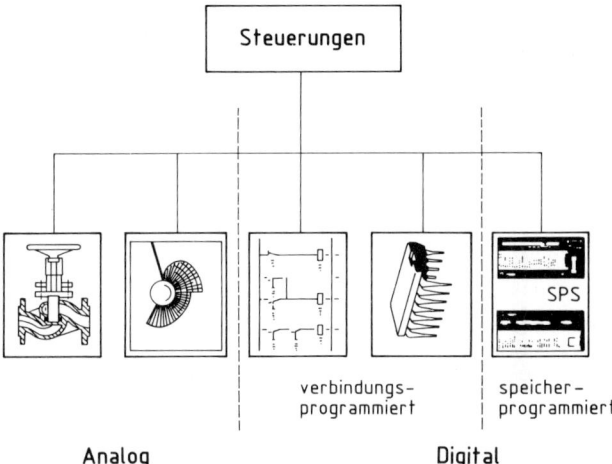

Abb. 3-3. Einteilung von Steuerungssystemen.

Relaisschaltungen und Schaltungen mit elektronischen Bauteilen zählen zu den verbindungsprogrammierten Steuerungen. Das Bild der speicherprogrammierbaren Steuerung zeigt ein komplettes Automatisierungsgerät mit Ein- und Ausgabeebene.

Im nächsten Abschnitt wird auf die schon erwähnten grundlegenden Signalformen von Steuerungen eingegangen.

3.1.2 Signale

Der Informationsaustausch zwischen Mensch <–> Mensch, Mensch <–> Maschine oder Maschine <–> Maschine geschieht durch Übermittlung von Signalen.

Die physikalische Form der Signale wird entweder der Übertragung zwischen Sender und Empfänger angepaßt, oder sie liegt als jeweilige Signalform bereits vor (Abb. 3-4).

Abb. 3-4. Informationsübertragung.

Die Begriffe Sender und Empfänger sind ganz allgemein gehalten. Signale können zum Beispiel von den in Kapitel 1 beschriebenen Meßwertaufnehmern kommen. Empfänger der Signale können alle Verarbeitungsgeräte vom Anzeiger und Regler bis hin zum Automatisierungsgerät sein.

Signalformen sind:

Analoge Signale

Sie können zwischen 0 und 100 % der zu messenden Größe jeden beliebigen Zahlenwert annehmen. Eine Veränderung der analogen Meßgröße geschieht kontinuierlich. Abb. 3-5 zeigt ein Thermometer als Beispiel einer Anzeige mit einem analogen Signal. Der Wert jeder beliebigen Temperatur des Meßbereiches entspricht einer bestimmten Länge der Flüssigkeitssäule.

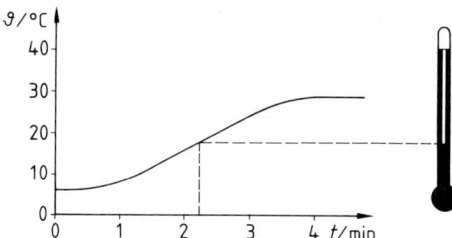

Abb. 3-5. Temperatur als analoges Signal.

Binäre Signale

Sie können nur die beiden Signalzustände EIN oder AUS [Spannung vorhanden oder Spannung nicht vorhanden; 0 oder 1; 0 % oder 100 %; High(H) oder Low(L)] annehmen. Da nur zwei verschiedene Zustände zu unterscheiden sind, eignen sich binäre Signale hervorragend zur sicheren Übertragung, Speicherung und Verarbeitung von Informationen in einem Rechnersystem. Durch die beiden Stellungen eines Schalters ergibt sich ebenfalls ein binäres Signal.

Den Informationsgehalt eines binären Signals (0/1) bezeichnet man auch als *bit* (engl.: *bi*nary dig*it* = Binärziffer). Eine Einheit von 8 bit entspricht einem *byte*.

Weitere Vielfache sind:

1 kbyte = 1024 byte
1 Mbyte = 1024 kbyte = 1048576 byte

Digitale Signale

Sie bestehen aus einer Kombination mehrerer binärer Signale. Man kann diesen Signalen nur einzeln vorgegebene, gestufte Werte zuordnen. Abb. 3-6 zeigt die Meßgröße *X*, die durch die Digitalisierung in einzelne Grundschritte zerlegt wird.

Erhöht man die Anzahl der Grundschritte pro Meßbereich, so verbessert sich die Auflösung des digitalen Signals.

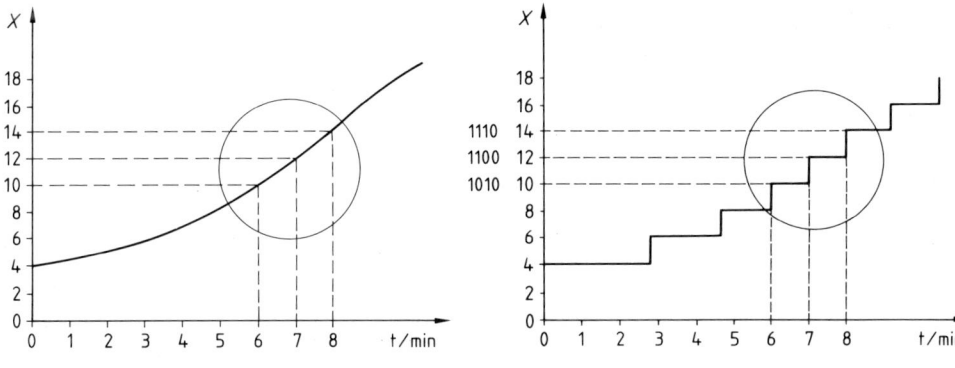

Abb. 3-6. Digitalisierung einer Meßgröße *X*.

Für den ausgesuchten Bereich erhält man folgende Wertetabelle (Tab. 3-1):

Tabelle 3-1. Wertetabelle der Digitalisierung.

t/min	*X*/digital	*X*/binär
.	.	.
.	.	.
6	10	1010
7	12	1100
8	14	1110
.	.	.
.	.	.

Jedem Zeitwert ist ein fester Wert der Meßgröße *X* zugeordnet. Im Gegensatz zum analogen Signal ist durch die schrittweise Auflösung der Signalabstand, in obigem Beispiel 2 Einheiten, betragsmäßig festgelegt. Dazwischen ist kein anderer Wert, wie zum Beispiel 10,4, möglich.

Zur digitalen Verarbeitung in mikroelektronischen Systemen wird jeder Zahlenwert als Binärzahl ausgedrückt. Elektrisch gibt dies eine Folge von Spannungsimpulsen gleicher Höhe, die zum Beispiel nacheinander übertragen werden. Man spricht dann von einer *seriellen Datenübertragung*. Werden mehrere binäre Signale gleichzeitig über je eine Datenleitung transportiert, nennt man dies eine *parallele Datenübertragung*.

Bei digitalen Anzeigen (*digit* = Ziffer, Dezimalstelle) dieser Signale findet man die Grundschritte als kleinste Stelle einer ziffern- oder zahlenförmigen Darstellung wieder.

Grundlage der Digitalisierung sind die im folgenden Abschnitt aufgezeigten Zahlensysteme.

3.1.3   Systeme der Zahlendarstellung

3.1.3.1   Allgemeines

In der Digitaltechnik werden alle Zahlen mit Hilfe binärer Signale übertragen, gespeichert und verarbeitet. Dazu muß die anfallende Information eindeutig verschlüsselt werden. Hierzu wird ausschließlich das Dualsystem bzw. zur übersichtlicheren Darstellung das Hexadezimalsystem verwendet.

Die Unterscheidung beruht auf der jeweiligen Basis und der damit verbundenen Anzahl der Grundelemente eines Zahlensystems.

Allgemein gilt:
Die Anzahl der Grundelemente entspricht immer der Basis des Zahlensystems.

3.1.3.2   Dezimalsystem

Die Basis unseres Dezimalsystems (Zehnersystems) ist die Zahl 10.

Basis: 10

Grundelemente: 0, 1, 2, 3, 4, 5, 6, 7, 8, 9

Jede Zahl in diesem System kann als Summe von Zehnerpotenzen dargestellt werden.

Beispiel:

$$1234_{10} = 1 \cdot 10^3 \quad + 2 \cdot 10^2 \: + 3 \cdot 10^1 + 4 \cdot 10^0$$
$$= 1 \cdot 1000 + 2 \cdot 100 + 3 \cdot 10 \: + 4 \cdot 1$$

Die Zugehörigkeit einer Zahl zu einem bestimmten Zahlensystem erkennt man durch die tiefgestellte Basis.

3.1.3.3   Dualsystem

Die Basis des Dualsystems (Zweiersystem) ist die Zahl 2.

Basis: 2

Grundelemente: 0, 1

Jede Zahl im Dualsystem kann als Summe von Potenzen zur Basis 2 dargestellt werden. Durch das Dualsystem können Zahlen nur mit Hilfe der beiden Schaltzustände „0" und „1" dargestellt werden.

Beispiel:

$$1101_2 = 1 \cdot 2^3 + 1 \cdot 2^2 + 0 \cdot 2^1 + 1 \cdot 2^0$$
$$= 1 \cdot 8 \: + 1 \cdot 4 \: + 0 \cdot 2 \: + 1 \cdot 1 = 13_{10}$$

Bei den folgenden *Beispielen* betrachtet man nur die Umwandlung von ganzen Zahlen.

a) Umwandeln einer Dualzahl in eine Dezimalzahl:

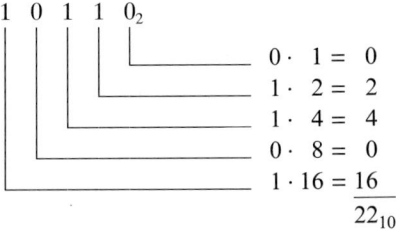

$$1 \quad 0 \quad 1 \quad 1 \quad 0_2$$

$$
\begin{aligned}
0 \cdot 1 &= 0 \\
1 \cdot 2 &= 2 \\
1 \cdot 4 &= 4 \\
0 \cdot 8 &= 0 \\
1 \cdot 16 &= \underline{16} \\
& 22_{10}
\end{aligned}
$$

Die Summe der Potenzwerte ergibt die zugehörige Dezimalzahl.

b) Umwandeln einer Dezimalzahl in eine Dualzahl:
Die gegebene Dezimalzahl wird durch 2 geteilt. Es entsteht ein Ergebnis und ein Rest 0 oder 1.
   Das Ergebnis wird wiederum durch 2 geteilt. Der Vorgang wird solange wiederholt, bis das Ergebnis 0 Rest 1 lautet. Die Reste von unten nach oben gelesen ergeben die Dualzahl.

25_{10}:

$$
\begin{aligned}
25 : 2 &= 12 \text{ Rest } 1 \\
12 : 2 &= 6 \text{ Rest } 0 \\
6 : 2 &= 3 \text{ Rest } 0 \\
3 : 2 &= 1 \text{ Rest } 1 \\
1 : 2 &= 0 \text{ Rest } 1
\end{aligned}
$$

$$1 \quad 1 \quad 0 \quad 0 \quad 1_2$$

3.1.3.4 Hexadezimalsystem

Große Dualzahlen sind für den Menschen schlecht überschaubar. Deshalb faßt man vier Dualstellen zu einer Hexadezimalstelle zusammen.
   Die Basis des Hexadezimalsystems ist die Zahl 16, d. h. man benötigt 16 Grundelemente zur Darstellung in diesem Zahlensystem. Zu den Ziffern 0 bis 9 hat man die ersten 6 Buchstaben des Alphabets hinzugenommen.

Basis: 16

Grundelemente: 0, 1, 2, 3, 4, 5, 6, 7, 8, 9, A, B, C, D, E, F

Beispiel:

$$
\begin{aligned}
7B1_{16} &= 7 \cdot 16^2 + 11 \cdot 16^1 + 1 \cdot 16^0 \\
&= 7 \cdot 256 + 11 \cdot 16 + 1 \cdot 1 = 1969_{10}
\end{aligned}
$$

Beispiele für Umwandlungen:

a) Umwandeln einer Dualzahl in eine Hexadezimalzahl:
Eine Dualzahl wird von rechts nach links in Viererblöcke eingeteilt und jeder Block für sich gewertet.

101101111010_2

1011	0111	1010
B	7	A

b) Umwandeln einer Hexadezimalzahl in eine Dualzahl:
Für jede Stelle einer Hexadezimalzahl wird eine vierstellige Dualzahl gebildet.

$17F_{16}$

1	7	F
0001	0111	1111

Die nachfolgende Tab. 3-2 zeigt die Darstellung der Zahlen von 0 bis 15 in diesen drei Zahlensystemen.

Tabelle 3-2. Zahlendarstellung in verschiedenen Zahlensystemen.

Dezimal	Dual	Hexadezimal
0	0000	0
1	0001	1
2	0010	2
3	0011	3
4	0100	4
5	0101	5
6	0110	6
7	0111	7
8	1000	8
9	1001	9
10	1010	A
11	1011	B
12	1100	C
13	1101	D
14	1110	E
15	1111	F

3.1.4 Arbeitsanweisung zu Abschnitt 3.1.3

Aufgabenstellung: Die Zahlen von 1 bis 15 sind durch 4 Kippschalter im Dualsystem und über eine Sieben-Segmentanzeige im Hexadezimalsystem darzustellen.

Zubehör: Diese Schaltung und auch die später benötigten Logikschaltungen können mit einem Lernsystem logischer Steckbausteine, wie sie zum Beispiel die Firmen Leybold und Siemens vertreiben, aufgebaut und ausgetestet werden (Abb. 3-7).

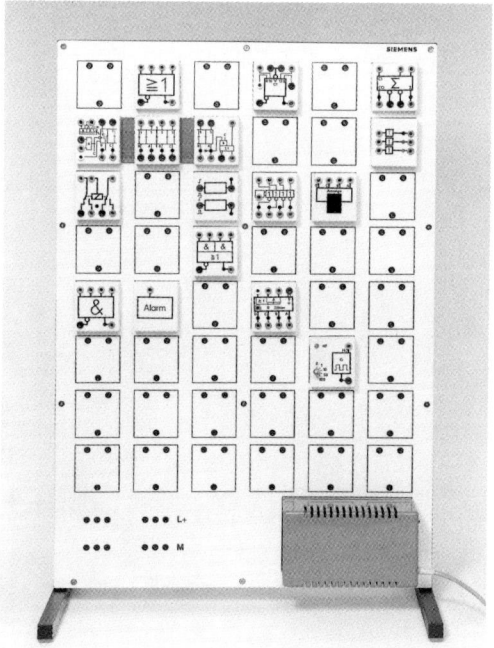

Abb. 3-7. Steckbrett mit logischen Bausteinen (Werksfoto: Siemens AG).

Für die gestellte Aufgabe werden folgende Teile benötigt:
1 Aufbauplatte mit Netzgerät 24 V;
2 Taster-Bausteine mit je zwei Schaltern;
1 Anzeige-Baustein mit Decoder und Sieben-Segmentanzeige.

Durchführung: Nachdem am Netzgerät die Spannung eingeschaltet wurde, steckt man die benötigten Bausteine auf die Platte. Durch die drei Steckstifte zur Spannungsversorgung der Bausteine können keine Verpolungsfehler gemacht werden.

Die Ausgänge der vier Schalter sind mit den 4 Eingangsbuchsen des Anzeigebausteins zu verbinden. Die an den Schaltern dargestellten Dualzahlen werden über den Decoder im Anzeige-Baustein in Hexadezimalzahlen umgewandelt und durch die Sieben-Segmentanzeige dargestellt.

3.1.5   Wiederholungsaufgaben

1. Worin liegt der Unterschied zwischen einer „Steuerung" und einer „Regelung"?
2. Welche Signalformen kennt man, und wodurch sind sie charakterisiert?
3. Die Tab. 3-3 ist zu vervollständigen:

Tabelle 3-3.

Dezimalsystem	Dualsystem	Hexadezimalsystem
11		
36		
	010 1101	
	110 1001	
		7A
		B3

3.2   Logische Funktionen

3.2.1   Themen und Lerninhalte

Darstellung logischer Funktionen durch Funktionstabelle, Funktionssymbol und Boolesche Mathematik

Grundfunktionen:	– Identität
	– Negation
	– UND
	– ODER
Erweiterte Funktionen:	– UND-NICHT
	– ODER-NICHT
	– EXKLUSIV-ODER

Als Grundlage der digitalen Steuerungstechnik dienen sogenannte *logische Grundfunktionen*.
Die Darstellung einer logischen Funktion erfolgt durch ein genormtes Funktionssymbol. Die Schaltzustände und Verknüpfungsergebnisse werden in einer Funktionstabelle (Wahrheitstabelle) erfaßt.
Mit Hilfe der Booleschen Algebra können Funktionen und Verknüpfungen mathematisch ausgedrückt werden.

Dabei bedeutet:

∧   UND – verknüpft
∨   ODER – verknüpft
$\overline{E1}$ Negation eines Signalwertes
   ($\overline{E1}$ = Negation des Signalwertes von E1).

3.2.2   Grundfunktionen

3.2.2.1   Identität

Der Ausgang A führt nur dann den Signalwert „1", wenn auch der Eingang E den Signalwert „1" hat.

Funktionssymbol:

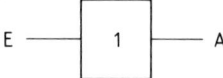

Funktionstabelle:

E	A
0	0
1	1

Funktionsgleichung: E = A (E gleich A)

Beispiel (Abb. 3-8):

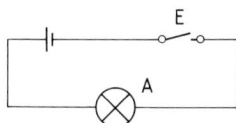

Abb. 3-8. Einschalter für ein elektrisches Gerät.

3.2.2.2   Negation

(Inversion, Umkehrung, NICHT-Funktion)

Der Ausgang A führt nur dann den Signalwert „1", wenn der Eingang E den Signalwert „0" hat. Damit ist auch A = 0, wenn E = 1.

Funktionssymbol:

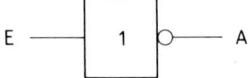

Funktionstabelle:

E	A
0	1
1	0

Funktionsgleichung: $E = \overline{A}$

(E gleich nicht A oder E gleich A nicht)

Beispiel (Abb. 3-9):

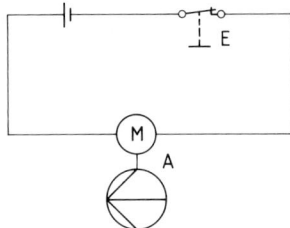

Abb. 3-9. Sicherheitsschaltung einer Pumpe.

3.2.2.3   *UND-Funktion (AND-Funktion)*

Der Ausgang A führt nur dann den Signalwert „1", wenn an allen Eingängen gleichzeitig der Signalwert „1" anliegt.

Das UND-Glied kann zwei oder mehr Eingänge besitzen. Für zwei Eingänge erhält man:

Funktionssymbol:

Funktionstabelle:

E1	E2	A
0	0	0
0	1	0
1	0	0
1	1	1

Funktionsgleichung: $E1 \wedge E2 = A$

Beispiel: Das Rührwerk (A) eines Kessels soll in Betrieb genommen werden. Dazu müssen der Sicherheitsschalter (E1) und der Einschalter (E2) geschlossen („1") werden (Abb. 3-10).

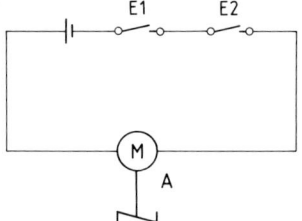

Abb. 3-10. Sicherheitsschaltung eines Rührwerks.

3.2.2.4 ODER-Funktion (OR-Funktion)

Der Ausgang A führt nur dann den Signalwert „1", wenn mindestens an einem Eingang der Signalwert „1" anliegt.

Das ODER-Glied kann zwei oder mehr Eingänge besitzen. Für zwei Eingänge erhält man:

Funktionssymbol:

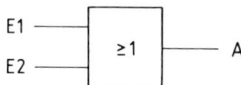

Funktionstabelle:

E1	E2	A
0	0	0
0	1	1
1	0	1
1	1	1

Funktionsgleichung: $E1 \vee E2 = A$

Beispiel: Die Pumpe (A) in der Anlage (Abb. 3-11) läuft, wenn der Schalter (E1) vor Ort oder der Schalter (E2) in der Meßwarte oder beide zusammen betätigt wurden.

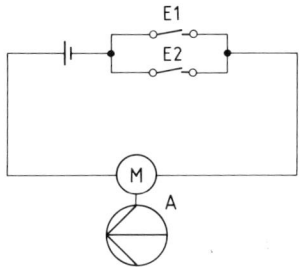

Abb. 3-11. Bedienung einer Pumpe über zwei Schalter.

3.2.3 Erweiterte Funktionen

3.2.3.1 *UND-NICHT-Funktion (NAND-Funktion)*

Der Ausgang A führt nur dann den Signalwert „1", wenn mindestens an einem Eingang der Signalwert „0" anliegt.

Die UND-NICHT-Funktion ist die Negation (Umkehrung) der UND-Funktion. Die Negation wird mit einem kleinen Kreis am Ausgang gekennzeichnet.

Funktionssymbol:

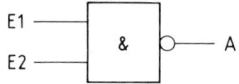

Funktionstabelle:

E1	E2	A
0	0	1
0	1	1
1	0	1
1	1	0

Funktionsgleichung: $E1 \wedge E2 = \overline{A}$ oder

$\overline{E1 \wedge E2} = A$

Beispiel: Ein Kessel (Abb. 3-12) wird durch zwei parallel arbeitende Kühlwasserpumpen („1"-Signal bei laufenden Pumpen E1 und E2) gekühlt. Fällt eine der beiden Pumpen oder fallen beide zusammen aus, wird ein Alarm (A = „1") ausgelöst.

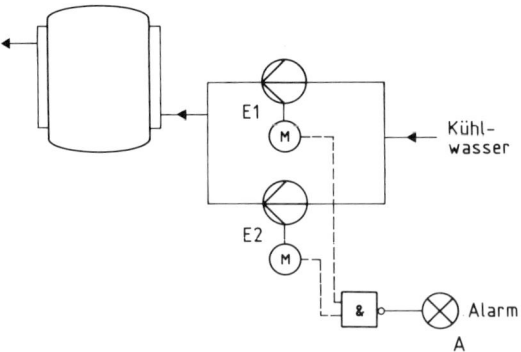

Abb. 3-12. Alarmschaltung einer Kessel-kühlung.

3.2.3.2 ODER-NICHT-Funktion (NOR-Funktion)

Der Ausgang A führt nur dann den Signalwert „1", wenn an allen Eingängen der Signalwert „0" anliegt.
    Die ODER-NICHT-Funktion ist die Negation (Umkehrung) der ODER-Funktion.

Funktionssymbol:

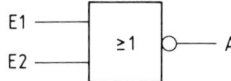

Funktionstabelle:

E1	E2	A
0	0	1
0	1	0
1	0	0
1	1	0

Funktionsgleichung: $E1 \vee E2 = \overline{A}$ oder

$$\overline{E1 \vee E2} = A$$

Beispiel: Nur, wenn beim vorigen Beispiel beide Pumpen des Kühlwassersystems gleichzeitig ausfallen, wird ein Alarm ausgelöst.

3.2.3.3 EXKLUSIV-ODER-Funktion (XOR-Funktion)

Als letztes Beispiel der erweiterten Funktionen sei hier noch die XOR-Funktion genannt, da sie sich wegen ihrer häufigen Anwendung hervorhebt.
    Der Ausgang A führt nur dann den Signalwert „1", wenn an einem einzigen Eingang der Signalwert „1" anliegt. Das EXKLUSIV-ODER (XOR)-Glied besitzt in der Regel zwei Eingänge:

Funktionssymbol:

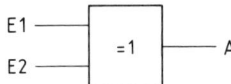

Funktionstabelle:

E1	E2	A
0	0	0
0	1	1
1	0	1
1	1	0

Funktionsgleichung: Da die XOR-Funktion kein eigenes algebraisches Zeichen besitzt, setzt sich die Gleichung aus der Kombination anderer Grundfunktionen zusammen.

$$(E1 \wedge \overline{E2}) \vee (\overline{E1} \wedge E2) = A$$

Beispiel: In ein Rohrleitungssystem (Abb. 3-13) können zwei unterschiedliche Lösungen eingebracht werden. Ein Ventil in der Hauptleitung öffnet nur (A = „1"), wenn entweder Lösung 1 (E1 = „1") oder Lösung 2 (E2 = „1") gefördert wird.

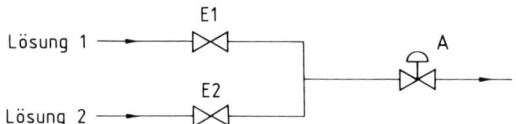

Abb. 3-13. Förderung zweier Flüssigkeiten.

3.2.4   Arbeitsanweisung zu Abschnitt 3.2.2 und 3.2.3

Aufgabenstellung: Alle behandelten Grundfunktionen und erweiterten Funktionen sind mit dem Stecksystem aufzubauen und auszutesten.

Zubehör: 1 Aufbauplatte mit Netzgerät 24 V; Taster/Schalter-Bausteine; UND-, ODER-, Negations-Bausteine; Ampel-Baustein; Verbindungsleitungen.

Durchführung: Alle Funktionen werden mit den oben angeführten Bausteinen aufgebaut. Die Funktionstabellen sind zu überprüfen. Für die Eingangssignale werden die Taster/Schalter-Bausteine benutzt. Am Ausgang der Bausteine befindet sich eine Leuchtdiode, an der der Signalzustand der Funktion bei den entsprechenden Eingangssignalen direkt abgelesen werden kann.

Der Signalzustand der UND-NICHT- und ODER-NICHT-Funktion wird am negativen Ausgang, gekennzeichnet durch den kleinen Kreis, abgegriffen und mit Hilfe einer Leuchtdiode des Ampelbausteins angezeigt.

Die EXKLUSIV-ODER-Funktion besitzt keinen eigenen Baustein und muß als Ersatzschaltung (Beispiel 5 in Abschn. 3.4.2.1) aufgebaut werden.

3.2.5   Wiederholungsaufgaben

1. Wie lauten Funktionssymbol und Funktionstabelle folgender logischer Verknüpfungen:
   a) UND,
   b) ODER,
   c) ODER-NICHT?

2. Ein Kessel wird durch zwei parallel arbeitende Kühlwasserpumpen gekühlt (E1 = „1" und E2 = „1").
Durch welche logische Verknüpfung wird angezeigt, daß
a) beide Pumpen gleichzeitig ausgefallen sind,
b) nur eine der beiden Pumpen ausgefallen ist,
c) beide Pumpen gleichzeitig laufen?
3. Die elektrische Heizung eines Reaktionsgefäßes ist nur dann in Betrieb (A = „1"), wenn der Einschalter betätigt (E1 = „1") wird, maximaler Füllstand erreicht ist (E2 = „1") und wenn der Rührmotor läuft (E3 = „1"). Die logische Verknüpfung für diese Steuerung ist zu skizzieren.

3.3 Weitere Elemente der Steuerungstechnik

3.3.1 Themen und Lerninhalte

Verhalten von statischen und dynamischen Speichern

Funktionsweise binärer Zähler

Über die logischen Funktionen hinaus werden zur Steuerung von dynamischen, das heißt zeitabhängigen Vorgängen, noch andere Elemente benötigt. Durch Speicher können kurzzeitig auftretende Signale, wie sie zum Beispiel durch einmaliges Überschreiten eines Grenzwertes entstehen, über längere Zeit festgehalten und abgefragt werden. Zur Verarbeitung von Frequenzen oder zum Beispiel beim Aufsummieren von Spannungsimpulsen zur Messung des Volumens benötigt man bestimmte Zählerelemente.

3.3.2 Speicher

3.3.2.1 RS-Speicher

Die Aufgabe des RS-Speichers besteht darin, ein kurzzeitiges Signal solange zu speichern (Setzen eines Signals), bis durch ein erneutes Signal dieser anfangs gespeicherte Signalzustand wieder gelöscht wird (Rücksetzen eines Signals).

Funktionssymbol:

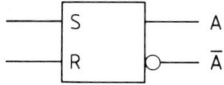

Funktionsweise:

Liegt am Eingang „S" kurzzeitig (z. B. über einen Taster) der Signalwert „1" an, so nimmt der Ausgang A zeitlich unbegrenzt den Signalwert „1" an.

Der Speicher ist *gesetzt.*

Liegt am Eingang „R" kurzzeitig der Signalwert „1" an, so nimmt der Ausgang A zeitlich unbegrenzt den Signalwert „0" an.

Der Speicher ist *rückgesetzt.*

Der Zustand, bei dem an beiden Eingängen „1"-Signal anliegt, ist nicht definiert. Durch eine entsprechende Verriegelung kann man entweder dem Setzsignal Vorrang geben oder dem Rücksetzsignal.

Funktionstabelle:

S	R	A	$\overline{A}$
0	0	kein Signalwechsel	
0	1	0	1
1	0	1	0
1	1	nicht definiert	

Ein RS-Speicher kann auch durch Verknüpfen zweier ODER-NICHT-Funktionen (NOR) aufgebaut werden (Abb. 3-14).

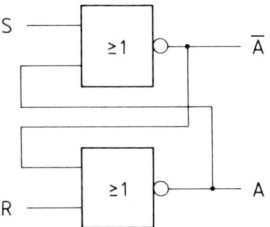

Abb. 3-14. Verknüpfung zweier ODER-NICHT-Funktionen zum RS-Speicher.

Das zeigt wieder, daß man alle Steuerfunktionen aus den Grundfunktionen aufbauen kann.

Beispiel: Eine Pumpe wird über den Taster EIN eingeschaltet und über den Taster AUS ausgeschaltet.

Einschaltvorzugslage:
Je nach Ausführung des RS-Speichers ist der Speicherbaustein beim Einschalten der Betriebsspannung gesetzt oder rückgesetzt.

Speicher mit definierter Grundstellung werden durch den Zusatz I = 0 oder I = 1 innerhalb des Symbols gekennzeichnet.

Einschaltvorzugslage „Setzen":

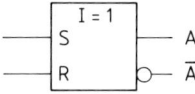

Einschaltvorzugslage „Rücksetzen":

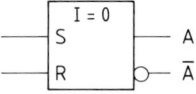

Dominanz (Vorherrschen) *des Eingangssignals:*
Treten gleichzeitig die Signalwerte S = „1" und R = „1" auf, ist der Signalzustand des Speicher-
ausgangs allgemein nicht definiert.

Ist aber die Dominanz des jeweiligen Eingangssignals festgelegt, wird dies durch ein
Beschreiben der Ein- und Ausgänge mit den jeweiligen Signalzuständen gekennzeichnet. Man
kann eine entsprechende Dominanz auch durch eine Verriegelung mit einer UND-Funktion
erreichen.

„Setzen" dominiert:

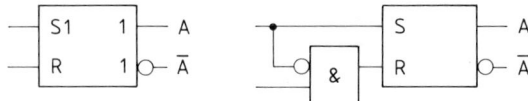

„Rücksetzen" dominiert:

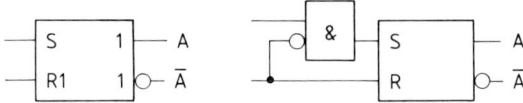

Durch eine Verriegelung kann man den Speicher so schalten, daß das „Erstsignal" dominiert
(Abb. 3-15).:

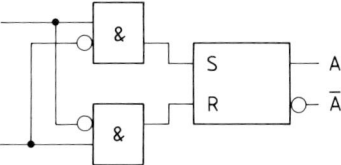

Abb. 3-15. Dominanz des Erstsignals.

3.3.2.2 Dynamische Speicher

T-Flipflop

Beim T-Flipflop (Zählflipflop) ändert sich der Signalzustand des Ausgangs A nach jedem Impuls am Takteingang T.

Das T-Flipflop wirkt dadurch als Frequenzteiler, d. h. die anliegende Taktfrequenz wird halbiert (Abb. 3-16).

Funktionssymbol:

Signal-Zeit-Plan (Abb. 3-16):
Beim abgebildeten T-Flipflop ändert sich der Signalzustand des Ausgangs mit steigender Flanke. Bei negiertem Takteingang ist dies bei fallender Flanke der Fall.

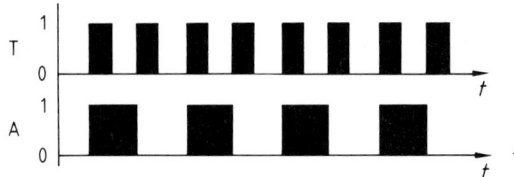

Abb. 3-16. Signal – Zeit – Plan eines T-Flipflops.

J-K-Flipflop

Beim J-K-Flipflop entspricht der Setzeingang S dem J-Eingang und der Rücksetzeingang R dem K-Eingang.

Der Setz-(J) bzw. Rücksetzbefehl (K) wird jedoch erst bei einem Taktflankenwechsel wirksam. Es gibt drei Zustände:

a) „1"-Signal am J-Eingang: Das Flipflop wird beim nächsten wirksamen Taktflankenwechsel gesetzt (A = „1").

b) „1"-Signal am K-Eingang: Das Flipflop wird beim nächsten wirksamen Taktflankenwechsel rückgesetzt (A = „0").

c) „1"-Signal am J- und K-Eingang: Flipflop schaltet bei jeder wirksamen Taktflanke um in den jeweils anderen Zustand (—> T-Flipflop).

Funktionssymbol:

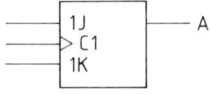

Signal-Zeit-Plan (Abb. 3-17):

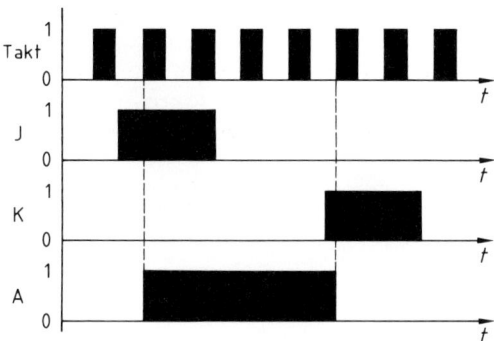

Abb. 3-17.
Signal – Zeit – Plan eines J-K-Flipflops.

3.3.3   Vorwärtszähler

Ein asynchroner Vorwärtszähler wird aus in Reihe geschalteten T-Flipflops aufgebaut. Er zählt eine Impulsfolge in Richtung auf den höchsten Zählerstand. Ist der höchste Zählerstand erreicht, so setzt der nächste Zählimpuls den Zähler auf „0".

Die Zahlen werden als Dualzahlen dargestellt.

$$A0 - 2^0$$
$$A1 - 2^1$$
$$A2 - 2^2$$
$$A3 - 2^3$$

Funktionsplan (Ausbaugrad 4-Bit, Abb. 3-18):

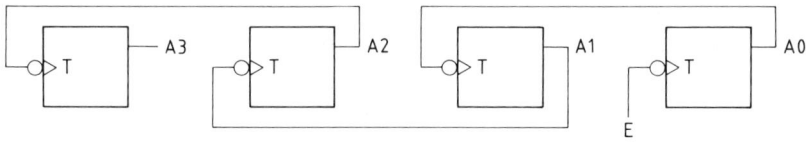

Abb. 3-18. Funktionsplan eines Vorwärtszählers.

Werden die Rücksetzeingänge (R) der Flipflops miteinander verbunden und auf einen Schalter gelegt, kann dadurch der Zählerwert gelöscht werden. Über die S-Eingänge kann eine Zahl voreingestellt werden.

Der Aufbau mit 4-T-Flipflops kann auch zu einer Funktionseinheit zusammengefaßt werden, dem 4 Bit-Zähler (Abb. 3-19).

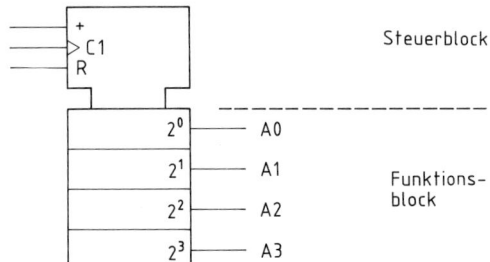

Abb. 3-19. Funktionssymbol eines 4-Bit-Zählers.

3.3.4   Arbeitsanweisung zu Abschnitt 3.3.2 und 3.3.3

Aufgabenstellung: Alle Speicher, einschließlich ihrer Verriegelungsschaltungen, und der 4-Bit-Vorwärtszähler sind aufzubauen. Ihre Funktion ist zu überprüfen.

Zubehör: 1 Aufbauplatte mit Netzgerät 24 V; Taster/Schalter-Bausteine; UND-, ODER-, Negations-Bausteine; Speicher-Bausteine; Zähler-Baustein; Taktgeber-Baustein; Verbindungsleitungen.

Durchführung:
a) *Speicher:* Auf den verwendeten Logikbausteinen sind das T-Flipflop, das J-K-Flipflop und der RS-Speicher auf einem Baustein integriert. Der RS-Speicher wird mit seinen möglichen Verriegelungsschaltungen aufgebaut. Deren Funktion ist zu überprüfen. Die Einschaltvorzugslage des benutzten Speicher-Bausteins ist durch wiederholtes Aufstecken des Bausteins auf die Platte oder durch mehrmaliges Ein/Aus-Schalten der Netzversorgung zu ermitteln.
   Der Taktgeber-Baustein liefert den Eingangstakt für T- und J-K-Flip-Flop. Ihre Funktion ist entsprechend dem angegebenen Signal-Zeit-Plan zu überprüfen.
b) *Zähler:* Der 4-Bit-Vorwärtszähler ist einmal aus T-Flip-Flops und zum anderen mit dem eigentlichen Zähler-Baustein aufzubauen und seine Funktion zu überprüfen.
   Frage: Wie muß man die Schaltung der T-Flipflops verändern, um einen Rückwärtszähler zu verwirklichen?

3.3.5   Wiederholungsaufgaben

1. Wie sehen Funktionssymbol und Funktionstabelle des RS-Speichers aus?
2. Was versteht man
     a) unter der Einschaltvorzugslage eines RS-Speichers und
     b) unter der Dominanz eines Eingangssignals?
     Wie werden beide im Funktionssymbol dargestellt?
3. Weshalb bezeichnet man das T-Flipflop auch als Frequenzteiler?
4. Durch welches Funktionssymbol wird ein 4-Bit-Vorwärtszähler dargestellt?

3.4 Steuerungsarten

3.4.1 Themen und Lerninhalte

> Einteilung von Steuerungen
>
> Erstellen von Funktionstabellen und Funktionsplänen für gegebene Steuerungsbeispiele

In Abschn. 3.1.1 werden Steuerungen nach zwei Gesichtspunkten eingeteilt: zum einen nach ihrer Informationsdarstellung in analog, binär und digital und zum anderen nach ihrer Programmverwirklichung in verbindungs- und speicherprogrammierbare Steuerungen.

Ein weiteres Unterscheidungsmerkmal ist die Art der Signalverarbeitung. Man spricht von Verknüpfungs- und Ablaufsteuerung.

3.4.2 Verknüpfungssteuerungen

Eine Verknüpfungssteuerung ordnet den Signalzuständen der Eingangssignale bestimmte Signalzustände der Ausgangssignale im Sinne logischer Verknüpfungen zu.

Diese Art von Steuerungen nannte man früher auch Verriegelungssteuerungen. Abhängig von entsprechenden Eingangsbedingungen wird ein zugehöriger Ausgang verriegelt.

Der nächste Abschnitt zeigt das Erstellen von Funktionsplänen und Funktionstabellen mit Grundfunktionen.

3.4.2.1 Verknüpfungssteuerungen mit logischen Funktionen

Erstellen einer Funktionstabelle bei gegebenem Funktionsplan

In diesem Abschnitt soll anhand von vier Beispielen die Analyse von Steuerungsaufgaben gezeigt werden. Beschrieben wird die Steuerung durch den Funktionsplan (Abb. 3-20 bis 3-23).

Die zugehörige Funktionstabelle (Tab. 3-4 bis 3-7) wird so angelegt, daß in Zwischenergebnissen jede Verknüpfung einzeln betrachtet wird, bis sich schließlich der Ausgangszustand ergibt.

Beispiel 1:

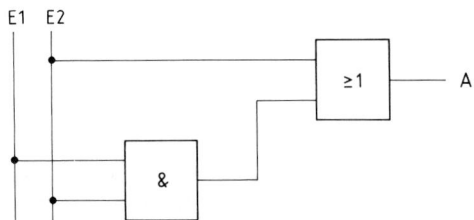

Abb. 3-20. Funktionsplan 1.

Jede Verknüpfung der Gesamtschaltung (Abb. 3-20) wird in der Funktionstabelle (Tab. 3-4) einzeln betrachtet und dann zusammengefaßt. In unserem Beispiel werden zuerst die Eingänge E1 und E2 „UND"-verknüpft. Das Ergebnis „ODER"-verknüpft mit E2 führt zum Signalzustand des Ausgangs A.

Tabelle 3-4. Funktionstabelle 1.

E1	E2	E1 $\wedge$ E2	(E1 $\wedge$ E2) $\vee$ E2 = A
0	0	0	0
0	1	0	1
1	0	0	0
1	1	1	1

Beispiel 2:

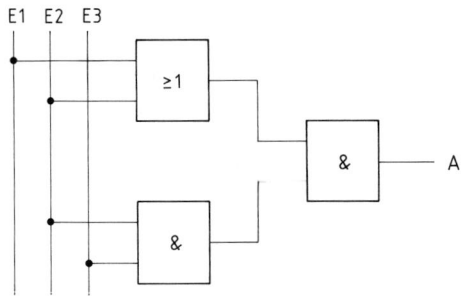

Abb. 3-21. Funktionsplan 2.

Tabelle 3-5. Funktionstabelle 2.

E1	E2	E3	E1 ∨ E2	E2 ∧ E3	(E1 ∨ E2) ∧ (E2 ∧ E3) = A
0	0	0	0	0	0
0	0	1	0	0	0
0	1	0	1	0	0
0	1	1	1	1	1
1	0	0	1	0	0
1	0	1	1	0	0
1	1	0	1	0	0
1	1	1	1	1	1

Frage: Wie kann diese Schaltung vereinfacht werden?

Beispiel 3:

E1 E2 E3

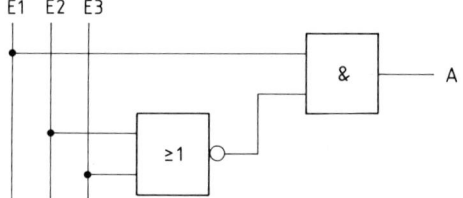

Abb. 3-22. Funktionsplan 3.

Tabelle 3-6. Funktionstabelle 3.

E1	E2	E3	$\overline{E2 \vee E3}$	$(\overline{E2 \vee E3}) \wedge E1 = A$
0	0	0	1	0
0	0	1	0	0
0	1	0	0	0
0	1	1	0	0
1	0	0	1	1
1	0	1	0	0
1	1	0	0	0
1	1	1	0	0

Beispiel 4:

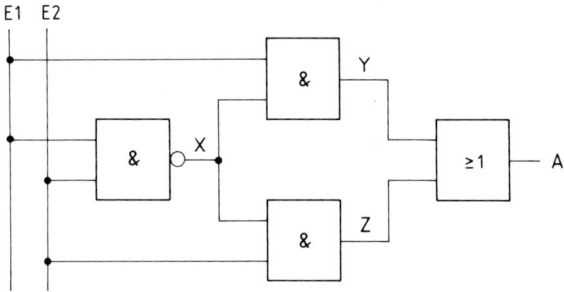

Abb. 3-23. Funktionsplan 4.

Tabelle 3-7. Funktionstabelle 4.

E1	E2	$\overline{E1 \wedge E2} = X$	$X \wedge E1 = Y$	$X \wedge E2 = Z$	$Y \vee Z = A$
0	0	1	0	0	0
0	1	1	0	1	1
1	0	1	1	0	1
1	1	0	0	0	0

Erstellen eines Funktionsplans bei gegebener Funktionstabelle

Steuerungsaufgaben mit logischen Elementen können mit Funktionstabellen sehr gut beschrieben werden. Zur schaltungstechnischen Realisierung benötigt man den zugehörigen Funktionsplan.

Die nachfolgenden vier Beispiele (Abb. 3-24 bis 3-28 und Tab. 3-8 bis 3-11) zeigen ein Vorgehensschema, welches den Booleschen Ausdruck für die Steuerung ergibt. Daraus läßt sich sehr leicht der entsprechende Funktionsplan zeichnen.

Häufig läßt sich der Ausdruck noch vereinfachen. Die Regeln der Booleschen Algebra, die man dafür benötigt, sind nicht Bestandteil dieses Buches.

Beispiel 5:

Für das Steuerbeispiel der EXKLUSIV-ODER-Funktion (Abschn. 3.2.3.3) mit den beiden unterschiedlichen Zuflüssen soll ein Funktionsplan mit UND- und ODER-Funktionen erstellt werden.

Die Steueraufgabe wird zuerst in einer Funktionstabelle ausgedrückt.

Tabelle 3-8. Funktionstabelle 5.

E1	E2	A	
0	0	0	
0	1	1	1. Zeile
1	0	1	2. Zeile
1	1	0	

Die Eingänge jeder Zeile, deren Ausgang ein „1"-Signal hat, werden mit dem entsprechenden Signalzustand UND($\wedge$)-verknüpft.

1. Zeile: $\overline{E1} \wedge E2$ (E1 nicht und E2)
2. Zeile: $E1 \wedge \overline{E2}$ (E1 und E2 nicht)

Die so entstandenen Ausdrücke (Boolesche Ausdrücke) werden miteinander ODER-verknüpft. Man erhält die entsprechende Gleichung (Boolesche Gleichung) für diese Steueraufgabe:

$$(\overline{E1} \wedge E2) \vee (E1 \wedge \overline{E2}) = A$$

Diese Gleichung kann in den Funktionsplan umgesetzt werden.

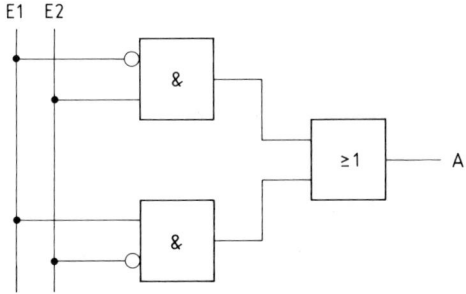

Abb. 3-24. Funktionsplan 5.

Beispiel 6:

In einem elektrisch beheizten Kessel (Abb. 3-25) ist die Heizung nur dann eingeschaltet, wenn der Kessel mit Wasser gefüllt ist (LS = E1 = „1"), die Temperatur den Maximalwert noch nicht erreicht hat (TS = E2 = „0") und der Einschalter (E3 = „1") geschlossen ist.

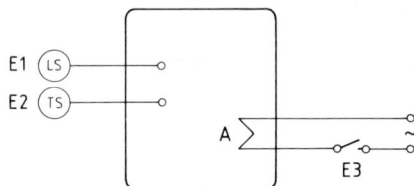

Abb. 3-25. Sicherheitsschaltung einer Kesselheizung.

Tabelle 3-9. Funktionstabelle 6.

E1	E2	E3	A
0	0	0	0
0	0	1	0
0	1	0	0
0	1	1	0
1	0	0	0
1	0	1	1
1	1	0	0
1	1	1	0

Funktionsgleichung: $A = E1 \wedge \overline{E2} \wedge E3$

Funktionsplan:

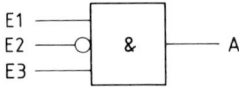

Beispiel 7:

Eine „2- aus 3-Leiterschaltung" ist eine Sicherheitsschaltung, bei der ein Meß- oder Grenzwert dreifach erfaßt wird.

Signalisieren mindestens zwei dieser drei Meßsysteme eine Überschreitung des Grenzwertes („1"-Signal), so liegt mit hoher Wahrscheinlichkeit kein Fehlalarm vor, es wird eine Sicherheitsabschaltung ausgelöst.

Tabelle 3-10. Funktionstabelle 7.

E1	E2	E3	A
0	0	0	0
0	0	1	0
0	1	0	0
0	1	1	1
1	0	0	0
1	0	1	1
1	1	0	1
1	1	1	1

Funktionsgleichung:
$A = (\overline{E1} \wedge E2 \wedge E3) \vee (E1 \wedge \overline{E2} \wedge E3) \vee (E1 \wedge E2 \wedge \overline{E3}) \vee (E1 \wedge E2 \wedge E3)$

Solche großen Gleichungen können durch Methoden der Booleschen Algebra oder auch nur durch Überlegen vereinfacht werden.

Vereinfachung: $A = (E1 \wedge E2) \vee (E1 \wedge E3) \vee (E2 \wedge E3)$

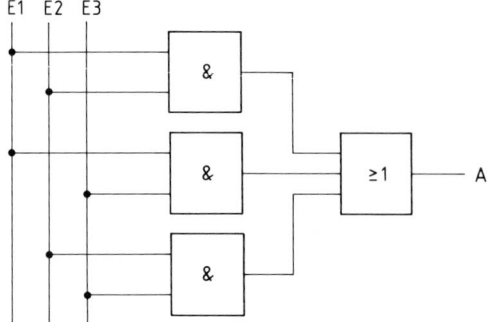

Abb. 3-26. Funktionsplan 7.

Beispiel 8:

Ein Elektroanschluß (Abb. 3-27) ist für eine maximale Leistung von $P = 12$ kW bemessen. Die drei Verbraucher werden bezeichnet mit E1 (4 kW); E2 (8 kW); E3 (12 kW).

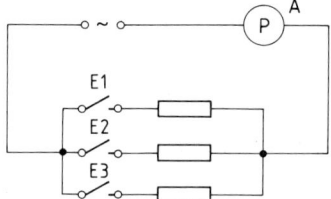

Abb. 3-27. Elektroanschluß dreier unterschiedlicher Verbraucher.

Es ist eine Steuerung zu entwerfen, die am Ausgang dann ein „1"-Signal liefert, wenn die Gesamtleistung größer als 12 kW ist.

Tabelle 3-11. Funktionstabelle 8.

E1	E2	E3	P/kW	A
0	0	0	0	0
0	0	1	12	0
0	1	0	8	0
0	1	1	20	1
1	0	0	4	0
1	0	1	16	1
1	1	0	12	0
1	1	1	24	1

Funktionsgleichung:

$A = (\overline{E1} \wedge E2 \wedge E3) \vee (E1 \wedge \overline{E2} \wedge E3) \vee (E1 \wedge E2 \wedge E3)$

Vereinfachung: $A = (E2 \wedge E3) \vee (E1 \wedge E3)$

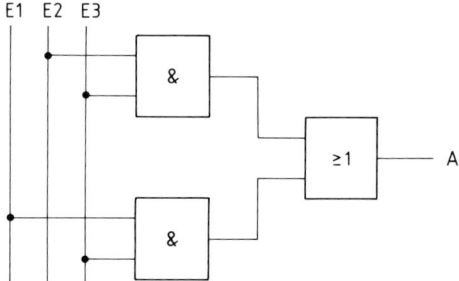

Abb. 3-28. Funktionsplan 8.

3.4.2.2 Verknüpfungssteuerungen mit anderen Steuerungselementen

Im vorhergehenden Abschn. 3.4.2.1 wurden Beispiele für Verknüpfungssteuerungen mit Grundfunktionen behandelt.

In den nächsten Beispielen kommen zusätzlich Speicher und Zeitelemente dazu. Bei diesen dynamischen Elementen ist die Darstellung der Steuerungsaufgabe durch eine Funktionstabelle nur schwer möglich.

Aus der Beschreibung der Steuerungsaufgabe wird der Funktionsplan entwickelt. Man ordnet jedem Aggregat (Ventile, Pumpen) oder jedem Zustand (Motor-Linkslauf, -Rechtslauf) einen Speicher, bzw. Speicherausgang zu und verriegelt diese mit logischen Elementen entsprechend der Beschreibung der Steuerungsaufgabe.

Beispiel 1:

In einer Abfüllanlage (Abb. 3-29) soll ein Meßgefäß periodisch gefüllt und entleert werden. Die Endschalter LS führen „1"-Signal, wenn sie in die Flüssigkeit eintauchen. „1"-Signal am Ausgang bedeutet AUF für eines der beiden Ventile.

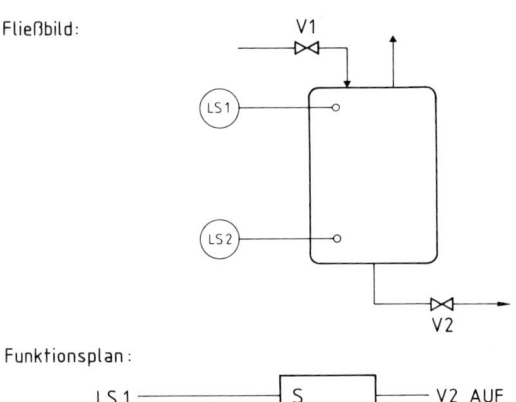

Abb. 3-29. Abfüllanlage. – Fließbild und Funktionsplan.

Beispiel 2:

Ein Elektromotor soll durch kurzzeitiges Betätigen von Drucktasten in Drehrichtung Links- oder Rechtslauf eingeschaltet und durch eine dritte Taste ausgeschaltet werden. Das Einschalten der entgegengesetzten Drehrichtung darf erst nach einer Ausschaltung möglich sein (Abb. 3-30).

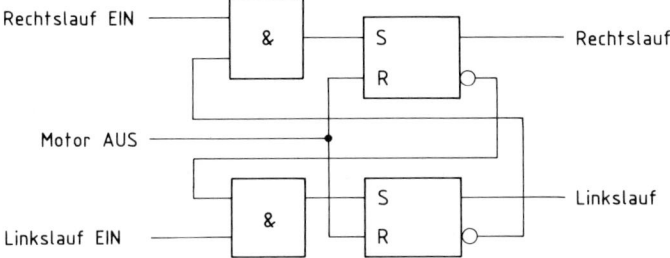

Abb. 3-30. Funktionsplan einer Motorschutzschaltung mit Rechts- und Linkslauf.

Beispiel 3:

Pumpensteuerung durch ein Zählwerk: Nach Betätigung einer Starttaste soll eine Dosierpumpe genau 15 s lang laufen.

Solche Zeitsteuerungen können mit einem Dualzähler aufgebaut werden. Die Frequenz des benutzten Takt-Generators beträgt 1/s. Nach 15 Sekunden ist die Dualzahl $1111_2 = 15_{10}$ erreicht (Abb. 3-31). Am Dualzähler (4-Bit) können auch verschiedene Zeiten über die entsprechenden Dualzahlen bis 15 vorgewählt werden.

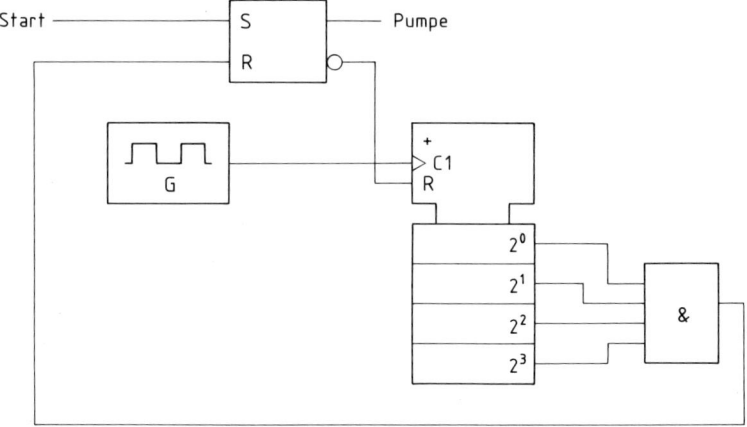

Abb. 3-31. Funktionsplan einer Pumpensteuerung durch ein Zählwerk.

Beispiel 4:

Es soll eine Alarmschaltung (Abb. 3-32) entworfen werden, die folgende Eigenschaften aufweist:

a) Beim Eintreffen einer Störungsmeldung („1"-Signal) blinkt eine Lampe mit einer Frequenz von 1 Hz. Zusätzlich soll noch eine Hupe dazugeschaltet werden.

b) Wird über einen Taster quittiert, also die Meldung zur Kenntnis genommen, solange die Störung noeh anliegt, so geht die Lampe in Dauerlicht über und die Hupe verstummt.

c) Die Lampe geht erst dann aus, wenn nach quittierter Störungsmeldung kein Störsignal mehr anliegt.

E1 – Quittierung
E2 – Störung

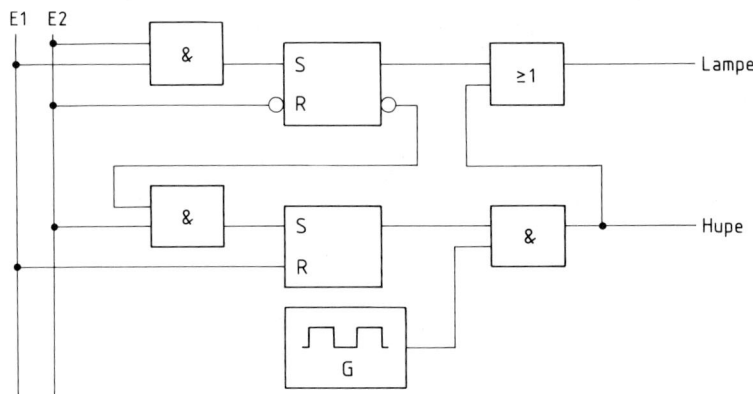

Abb. 3-32. Funktionsplan einer Alarmschaltung.

3.4.2.3 Arbeitsanweisung zu Abschnitt 3.4.2.1 und 3.4.2.2

Aufgabenstellung: Alle Verknüpfungssteuerungen sind mit Logikbausteinen aufzubauen und zu überprüfen.

Zubehör: 1 Aufbauplatte mit Netzgerät 24 V; Taster/Schalter-Bausteine; UND-, ODER-, Negations-Bausteine; Speicher-Bausteine; Zähler-Baustein; Takt-Generator; Ampel-Baustein; Verbindungsleitungen.

Durchführung: Es empfiehlt sich, die Lösungen der Steuerungsbeispiele (Funktionsplan, Funktionstabelle) z. B. durch Abdecken nicht einzusehen. Die Schaltung, bzw. die Tabelle ist theoretisch zu entwickeln und mit Logikbausteinen zu überprüfen.

3.4.3   Ablaufsteuerung

3.4.3.1 Allgemeines

Unter einer Ablaufsteuerung versteht man eine Steuerung mit zwangsläufig schrittweisem Ablauf, bei der das Weiterschalten von einem Schritt auf den programmgemäß folgenden in Abhängigkeit von einer oder mehreren Bedingungen, wie Zeiten oder Prozeßzuständen, erfolgt.

Ein sich immer wiederholender Ablauf eines *diskontinuierlichen Prozesses,* wie man ihn auch im privaten Bereich von Wasch- und Spülmaschinen her kennt, kann in dieser Art über elektrische Schaltwerke oder elektronische Steuerungssysteme zwangsweise gesteuert werden.

Die Steuerung eines solchen Prozesses läßt sich sehr übersichtlich mit Ablaufketten projektieren. Jeder Schritt der Ablaufsteuerung entspricht einem verfahrenstechnischem Schritt. Das bedeutet, daß die Ablaufkette ein Abbild des Prozeßgeschehens ist.

3.4.3.2 Funktionsplan einer Ablaufsteuerung

Der Funktionsplan einer Ablaufsteuerung wird nach DIN 40719/Teil 6 erstellt. Er beschreibt die Steuerung unabhängig von Signalformen, diskreten Funktionen oder Einzelverdrahtungen.

Jeder Schritt wird als vorgefertigte Einheit dargestellt. Sie besteht aus den *Übergangsbedingungen* (Transitionen), dem eigentlichen *Schrittbaustein* und den *Ausgangsbefehlen* (Aktionen) (Abb. 3-33).

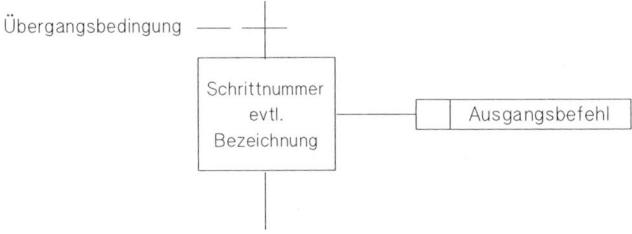

Abb. 3-33. Funktionsplan einer Ablaufsteuerung.

Ein Schritt wird speichernd gesetzt, wenn der Übergang erfüllt ist. Wenn ein Schritt gesetzt ist, führen der oder die Ausgänge „1"-Signal.

Das Schrittsymbol des Anfangsschrittes einer Kette wird doppelt umrahmt.

Übergangsbedingungen

Grundsätzlich gilt, daß der nächste Schritt erst gesetzt wird, wenn die Übergangsbedingung erfüllt ist und der vorhergehende Schritt gesetzt ist.

Ein Übergang wird symbolisch durch einen kurzen Strich dargestellt, der in die Wirkverbindung zwischen zwei beteiligten Schrittsymbolen gezeichnet wird.

Mehrere Übergangsbedingungen können UND- bzw. ODER-verknüpft eingehen, z.B.:

Ausgangsbefehle

Ein Ausgangsbefehl wird rechts an den Schrittbaustein angehängt. Weitere Befehle werden fortlaufend nach unten angefügt.

BA = Befehlsart

Die Befehlart wird durch Buchstaben in einem separaten Feld beschrieben.

Es bedeuten:

N Nichtspeichernd. Befehl wird nur im zugehörigen Schritt ausgeführt. Bei Beginn des nächsten Schrittes wird dieser Befehl zurückgenommen.

S Speichernd (stored). Befehl wird speichernd gesetzt. Er muß in einem der folgenden Schritte wieder speichernd zurückgenommen werden.

D Verzögert (delayed). Befehl wird um eine bestimmte Zeit verzögert ausgegeben.

L Zeitbegrenzt (time limited). Befehl wird nur zeitlich begrenzt ausgegeben.

C Bedingt (conditional). Befehl wird nur ausgeführt, wenn eine zusätzliche Bedingung erfüllt ist.

F Freigabebedingt. Befehl wird nur ausgeführt, wenn eine zusätzliche Freigabe erfolgt.

Die Befehlsarten können kombiniert werden, wodurch neue Funktionen entstehen.

3.4.3.3 Aufbau einer Ablaufsteuerung

Der Aufbau einer solchen Ablaufsteuerung geschieht durch einzelne hintereinander ablaufende Schritte.

Jeder Schritt entspricht einem Speicherglied mit den für die Programmverwirklichung notwendigen Verknüpfungen. Die einzelnen Schritte werden zu Ablaufketten zusammengefaßt.

Am Beispiel 1 soll der grundsätzliche Aufbau einer einfachen Ablaufkette mit drei Schritten gezeigt werden.

Pro Schritt gibt es hier nur einen Ausgangsbefehl, eine externe Weiterschaltbedingung und die interne Bedingung, daß der vorhergehende Schritt erfüllt ist. Alle Ausgangsbefehle sind nicht speichernd, d. h. der aktuelle Speicher setzt den vorigen zurück.

3.4.3.4 Beispiele für Ablaufsteuerungen

Beispiel 1:

Die im Fließbild (Abb. 3-34) dargestellte Apparatur soll mit einer Ablaufsteuerung betrieben werden. Die Schaltung soll folgende Funktionen beinhalten:

1. Im Gefäß 1 ist Wasser vorgelegt. Der Schwimmerhalter LS1 zeigt ein „1"-Signal. Über das Ventil V wird das Wasser in das Gefäß 2 abgelassen, bis der Schwimmerschalter LS2 ein „1"-Signal hat.

2. Über die Pumpe P wird das Wasser wieder in das Gefäß 1 zurückgepumpt, bis LS1 wieder ein „1"-Signal führt.

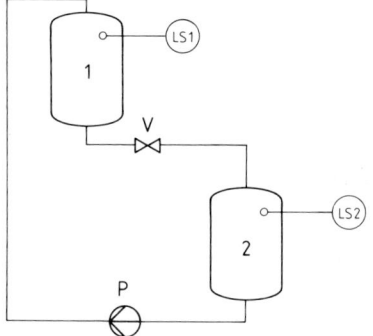

Abb. 3-34. Apparatur zu Beispiel 1.

Der Funktionsplan ist in Abb. 3-35 dargestellt.

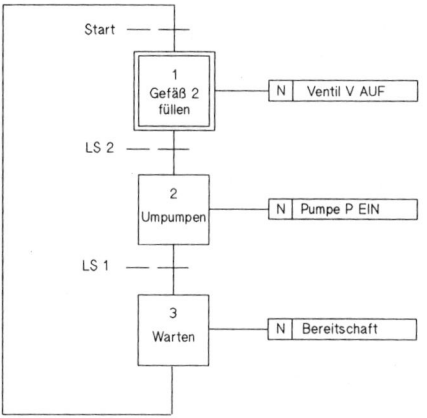

Abb. 3-35. Funktionsplan zu Abb. 3-34.

Dieser Funktionsplan kann in eine Schaltung umgesetzt werden (Abb. 3-36).

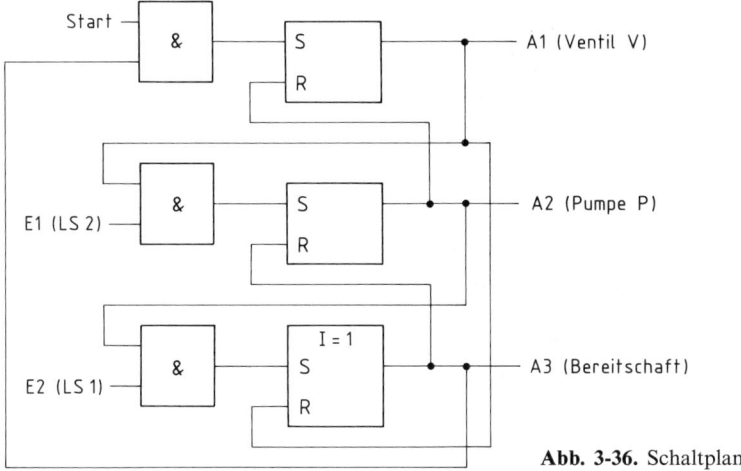

Abb. 3-36. Schaltplan zu Abb. 3-34.

Beispiel 2:

Das vorhergehende Beispiel (Abb. 3-34) soll um folgende Funktionen (s. Abb. 3-37) erweitert werden:

1. Nach dem Füllen des Rührgefäßes (LS2 = „1") werden der Rührer und die Heizung eingeschaltet, falls die Solltemperatur nicht erreicht ist.

2. Ist die eingestellte Solltemperatur (TS = „1") erreicht, wird das Wasser in das Vorratsgefäß zurückgepumpt.

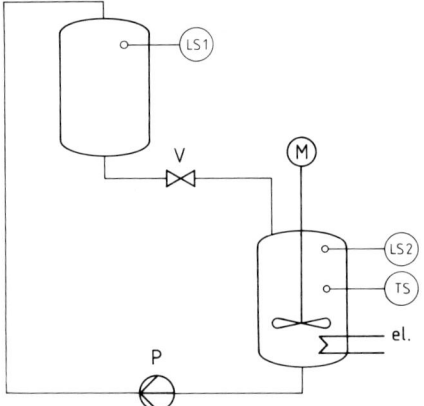

Abb. 3-37. Befüllen und Beheizen eines Kessels.

Der Funktionsplan zu Abb. 3-37 ist in Abb. 3-38 dargestellt.

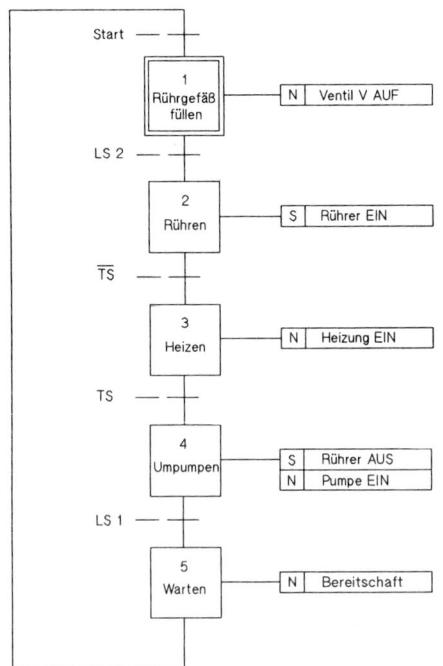

Abb. 3-38. Funktionsplan zu Abb. 3-37.

Beispiel 3:

Beispiel 2 soll noch um folgenden zeitabhängigen Schritt erweitert werden:
Nachdem der Temperatursollwert erreicht ist, wird nur die Heizung ausgeschaltet; der Rührer bekommt an dieser Stelle eine Nachrührzeit von 15 s.

Der Funktionsplan dieser erweiterten Anlage ist in Abb. 3-39 abgebildet.

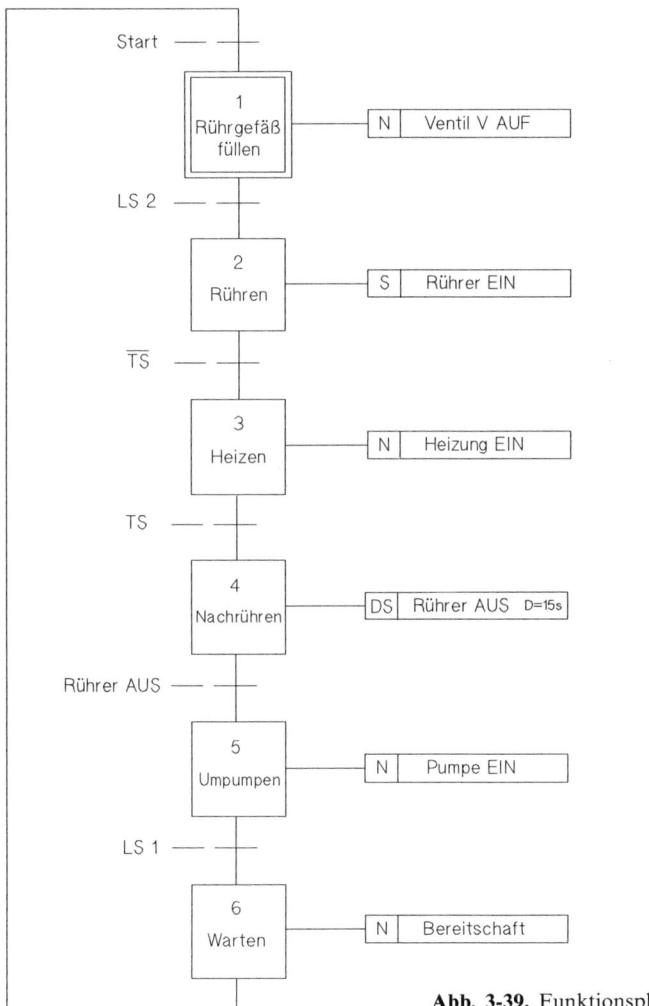

Abb. 3-39. Funktionsplan zu Beispiel 3.

3.4.4 Arbeitsanweisung zum Aufbau einer Ablaufsteuerung

Aufgabenstellung: Die Ablaufsteuerung nach Beispiel 1 ist mit Logikbausteinen aufzubauen. Die Schritte aus Beispiel 2 und 3 sind zu ergänzen. Die Schaltungen sind an einer verfahrenstechnischen Apparatur zu überprüfen (z. B. Abb. 3-40).

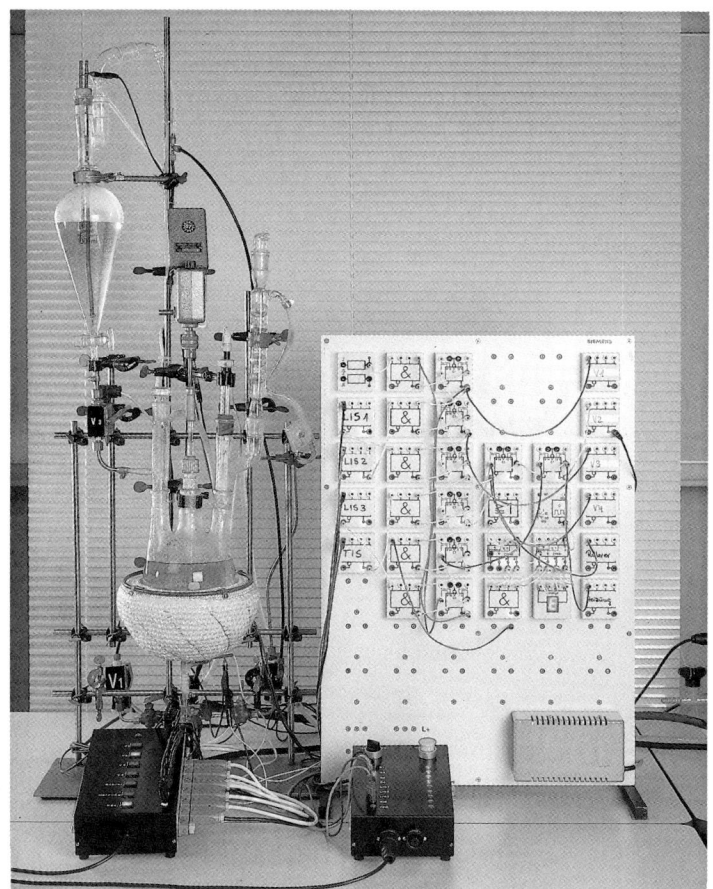

Abb. 3-40. Ablaufsteuerung an einem verfahrenstechnischen Modell (Werksfoto: Siemens AG).

Zubehör: 1 Aufbauplatte mit Netzgerät 24 V; Taster/Schalter-Bausteine; UND-, ODER-, Negations-Bausteine; Ampel-Baustein; Speicher-Bausteine; Zähler-Baustein; Relais-Baustein; Schnittstellenbaustein-Prozeß und -Steuerung; verfahrenstechnisches Modell nach Fließbild Abb. 3-37 und Abb. 3-34; Verbindungsleitungen.

Durchführung: Die Ablaufsteuerung nach Beispiel 1 wird mit Logikbausteinen und verfahrenstechnischem Modell verschaltet und geprüft. Dazu sind die zugehörigen Grenzwertgeber für Stand und Temperatur über den Schnittstellen-Baustein ‚Steuerung' als Eingänge auf die Ablaufsteuerung zu schalten. Die Ausgänge verbindet man über den Schnittstellen-Baustein ‚Prozeß' mit den zugehörigen Aggregaten wie Pumpe, Magnetventil, Heizung oder Rührer. Im Ausgangszustand liegt im Gefäß 1 Wasser vor, und der Schwimmerschalter LS1 führt ein „1"-Signal. Durch einen Startschalter wird der erste Schritt der Ablaufsteuerung aktiviert. Die Ablaufkette ist an der Apparatur zu verfolgen.

3.4.5 Wiederholungsaufgaben

1. In den MSR-Plänen zu einer betrieblichen Apparatur findet man folgenden Funktionsplan
(Abb. 3-41):

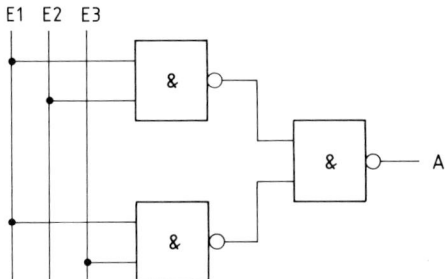

Abb. 3-41. Funktionsplan.

Die Funktion dieser Schaltung ist mit einer Funktionstabelle darzustellen.

2. Durch logisches Verknüpfen zweier Eingangssignale sollen am Ausgang jeweils eine der
Dualzahlen von 1 bis 15 dargestellt werden (s. Tab. 3-12).

Tabelle 3-12. Übungsaufgabe.

E1	E2	A1	A2	A3	. . . . .	A15	
0	0	0	0	0	. . . . .	1	2^3
0	1	0	0	0	. . . . .	1	2^2
1	0	0	1	1	. . . . .	1	2^1
1	1	1	0	1	. . . . .	1	2^0

Für jede Ausgangskombination von A1 bis A15 ist der zugehörige Funktionsplan zu zeichnen.

3. Die zwei Förderbänder in Abb. 3-42 werden jeweils über einen Taster EIN und AUS
geschaltet. Es soll eine Steuerschaltung entwickelt werden, die die Bedingungen a, b und c
berücksichtigt.

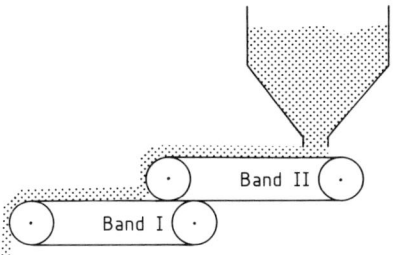

Abb. 3-42. Feststofftransport mit zwei Förderbändern.

a) Förderband 2 darf man erst einschalten können, wenn Band 1 bereits läuft.
b) Förderband 1 darf man erst ausschalten können, wenn Band 2 ausgeschaltet ist.
c) Ein NOT-AUS-Schalter schaltet beide Bänder gleichzeitig aus.

4. Ein Anlagenfahrer bekommt durch ein Prozeßleitsystem den Schritt einer Ablaufkette im Funktionsplan folgendermaßen dargestellt (Abb. 3-43):

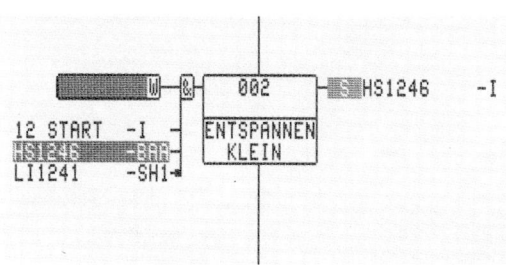

Abb. 3-43. Schritt einer Ablaufkette.

Den einzelnen Bestandteilen dieser Schrittdarstellung sind folgende Begriffe zuzuordnen:
a) Übergangsbedingung
b) Ausgangsbefehl
c) Schrittbaustein
d) Befehlsart

3.5   Speicherprogrammierbare Steuerung

3.5.1   Themen und Lerninhalte

> Aufbau einer speicherprogrammierbaren Steuerung (SPS)
>
> Programmierarten einer SPS
>
> Programmieren mit Anweisungsliste
>
> Bedienfunktionen einer SPS

Wird eine Steuerung wie früher üblich, als Schützsteuerung oder durch Verdrahtung einzelner elektronischer Bauteile (Logik-Bausteine) aufgebaut, so spricht man von einer *verbindungsprogrammierten Steuerung*.

Bei einer *speicherprogrammierbaren Steuerung* (SPS) geht man von einem standardisierten Gerät aus, an dem die Eingabe- und Ausgabeelemente angeschlossen werden (vgl. Abschn. 3.1.1). Das Programm, nach dem die Steuerung ablaufen soll, wird durch Eingabe mit einem Programmiergerät festgelegt. Das fertige Programm wird dann in den Programmspeicher des Automatisierungsgerätes eingelesen.

Die Steuerung arbeitet dann selbsttätig das eingelesene Programm (Software) ab. Das Programmiergerät wird nicht mehr benötigt. Erst bei einer Programmänderung wird mit dessen Hilfe der Inhalt des Programmspeichers korrigiert. Der interne Aufbau des Gerätes (Hardware) wird hierbei im Gegensatz zur verbindungsprogrammierten Steuerung nicht verändert.

Die Einsatzgebiete von speicherprogrammierbaren Steuerungen liegen in allen Bereichen der Industrie.

3.5.2 Aufbau einer SPS

Das Automatisierungsgerät (SPS) ist eine in sich geschlossene Einheit. Es besteht aus folgenden wesentlichen Baugruppen:

Der *Programmspeicher* speichert die gesamten Verknüpfungsanweisungen. Die Gesamtheit der Anweisungen bezeichnet man als das Programm. Für den Programmspeicher benutzt man einen elektrisch löschbaren Festwertspeicher, einen sogenannten EEPROM (Tab. 3-13).

Tabelle 3-13. Aufstellung der wichtigsten elektronischen Speicher.

Speichertyp		Löschen	Program- mieren	Speicherinhalt bei Stromabschaltung
RAM	**R**andom **A**ccess **M**emory Schreib/Lese Speicher	elektrisch	elektrisch	flüchtig
ROM	**R**ead **O**nly **M**emory Nur Lese-Speicher Festwertspeicher	nicht möglich	beim Herstellen	nicht flüchtig
PROM	**P**rogrammable **ROM** Programmierbarer Festwertspeicher	nicht möglich	elektrisch	nicht flüchtig
EPROM	**E**rasable **PROM** Löschbarer Festwertspeicher	durch UV-Licht	elektrisch	nicht flüchtig
EEPROM	**E**lectrically **E**rasable **PROM** Elektrisch löschbarer Festwertspeicher	elektrisch	elektrisch	nicht flüchtig

Im *Signalspeicher* müssen alle Signale zwischengespeichert werden, die von der Prozeßperipherie (Taster, Endschalter) kommen und in der SPS verarbeitet werden. Auch die Zustände der Verknüpfungen werden hier aufbewahrt.

Die *Zentraleinheit* führt die im Programmspeicher abgelegten Anweisungen aus. Je nach Aufbau kann sie einzelne Bits oder Worte (zusammengesetzt aus mehreren Bits) verarbeiten.

Zum Betreiben der SPS benötigt man ein *Grundprogramm* (Grund-Software, Betriebssystem), das zum einen den Dialog (Unterhaltung) zwischen Bediener und Steuerung und zum anderen die Steuerung des Datenverkehrs zwischen den einzelnen Funktionsblöcken überwacht. Die Anpassung der SPS an die jeweilige Steuerungsaufgabe geschieht durch das *Anwenderprogramm* (Anwender-Software), das der Betreiber selbst schreiben muß.

Für die verschiedenen Funktionen (Programme und Signale abspeichern) werden elektronische Speicher verwendet. Tabelle 3-13 zählt die wichtigsten Speichertypen und deren Funktionen auf.

Die nachfolgende Funktionsübersicht (Abb. 3-44) bezieht sich auf eine SPS, die rein als binäre Steuerung ausgelegt ist. Als Beispiel einer solchen Kleinsteuerung, und auch als Grundlage der Ausführungen über Bedienfunktionen und Programmierung, wurde die Steuereinheit Logistat A020 von AEG ausgewählt.

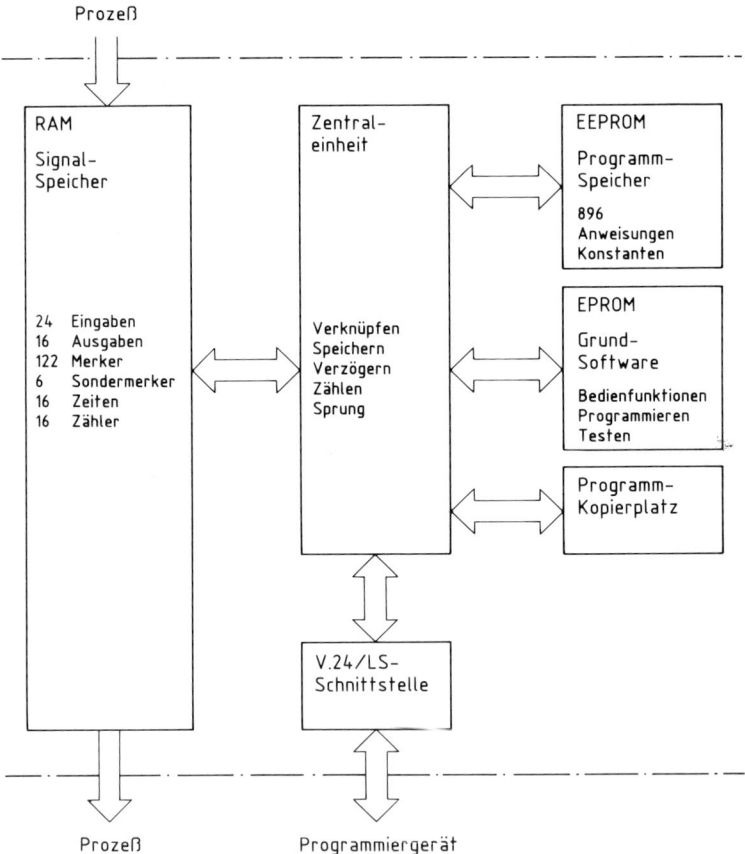

Abb. 3-44. Funktionsübersicht (Logistat A020).

Die vorliegende speicherprogrammierbare Steuerung besteht aus folgenden Einzelkomponenten (Abb. 3-45):

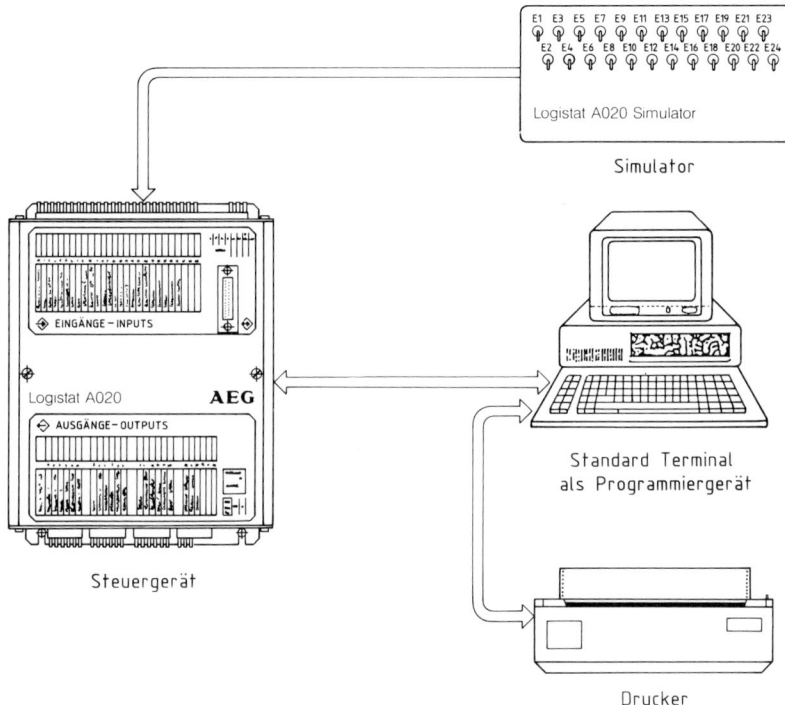

Abb. 3-45. Peripherie zum Steuergerät „LOGISTAT A020".

Steuergerät LOGISTAT A020

Das Steuergerät A020 besteht intern aus den im vorigen Kapitel beschriebenen Einzelbauteilen einer SPS. Es besitzt 24 Eingänge und 16 Relaisausgänge. Im Programmspeicher können 896 Anweisungen abgelegt werden.

Das eingegebene Programm wird zyklisch in einem festgelegten Zeittakt in der Reihenfolge der Eingabe abgearbeitet. Zwischenausgänge, die nicht angezeigt werden, bezeichnet man als Merker (M). 124 Merker sind zur Speicherung von vorläufigen Verknüpfungsergebnissen frei benutzbar; weitere 4 Merker sind reserviert für spezielle Signale oder für bestimmte Taktfrequenzen. Außerdem können 16 Zeit- und 16 Zähleradressen angesprochen werden.

Programmiergerät

Das Steuergerät A020 besitzt eine eigene Programmierintelligenz, d. h. man kann als Programmiergerät jeden handelsüblichen Kompaktcomputer, PC oder ein nicht intelligentes Datensichtgerät benutzen. Das entsprechende Programmiergerät dient hier zur Programmierung in der sogenannten *Anweisungsliste* und zum Testen von Programmen. Zum eigentlichen Betrieb der Steuerung wird es nicht benötigt. Beim Einschalten der Versorgungsspannung wird das zuletzt im Programmspeicher des Steuergeräts abgelegte Steuerprogramm benutzt. Über das Programmiergerät besteht weiterhin die Möglichkeit, einen Drucker zur Programmdokumentation anzuschließen.

Simulator S020

Mit Hilfe des Simulators hat man die Möglichkeit, über Schalter bzw. Taster die Signalzustände „0" und „1" an den 24 Eingängen zu simulieren.

Außerdem enthält diese Einheit auch das Netzteil zur Versorgung mit Gleichspannung von 24 V, Ein/Aus-Schalter und die entsprechenden Sicherungen.

3.5.3   Programmierung einer SPS

Die Funktion einer Steuerung wird mit der Programmierung festgelegt.

Bevor mit der Programmierung begonnen wird, muß die Steueraufgabe bezogen auf Einschaltbedingungen, Verriegelungen usw. bekannt sein und in Form eines Stromlauf- oder Funktionsplans festgelegt werden. Bei herkömmlichen Steuerungen mit Relais und Schützen legt dieser Stromlaufplan die Verdrahtung der einzelnen Bauteile und damit das Programm fest.

Im Gegensatz zu höheren Programmiersprachen wie Basic, Pascal, Fortran usw. bezeichnet man die Programmiersprache einer SPS auch als *Fachsprache*.

Als Fachsprachen haben sich drei Arten entwickelt:

– Programmieren nach „Kontaktplan"
– Programmieren nach „Funktionsplan"
– Programmieren nach „Anweisungsliste".

3.5.3.1   *Kontaktplan*

Die Programmierung nach Kontaktplan wurde von amerikanischen Herstellern eingeführt und orientiert sich am Stromlaufplan einer festverdrahteten Schützensteuerung. Die Stromwege – im Stromlaufplan senkrecht – verlaufen im Kontaktplan üblicherweise waagerecht.

Am folgenden Beispiel (Abb. 3-46) sieht man die Umsetzung eines Stromlaufplans in einem Kontaktplan (Abb. 3-47) nach der in Deutschland von einigen Firmen benutzten Fachsprache DOLOG 80 K.

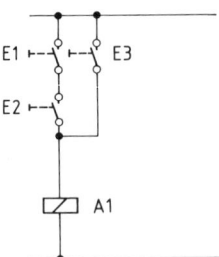

Abb. 3-46. Stromlaufplan.

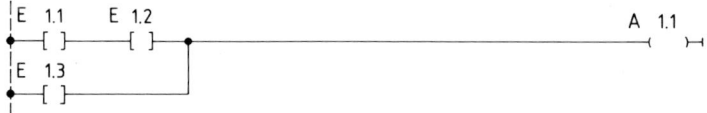

Abb. 3-47. Programmierung nach Kontaktplan.

Die Kontaktplan-Darstellung eines SPS-Programmes ist nur mit entsprechenden Programmiergeräten bzw. unterstützender Software in Verbindung mit einem PC (Personal Computer) möglich. Sie findet hauptsächlich Anwendung bei den SPS-Benutzern aus dem Bereich der herkömmlichen Schützsteuerung (Elektroberufe).

3.5.3.2 Funktionsplan

Im Funktionsplan werden die Reihen- und Parallelschaltungen eines Stromlaufplans in logische Symbole wie UND und ODER umgewandelt

Auch neue komplexere Funktionsblöcke für Arithmetik (Rechnen) und Meßwertverarbeitung können hier geschaffen werden.

In dieser *alphanumerischen Fachsprache* (z. B. DOLOG 80 B) werden die Funktionen aus dem Funktionsplan in Listenform in der Reihenfolge ihrer Abarbeitung dargestellt.

Das vorige Beispiel (Abb. 3-46) als Kontaktplandarstellung sieht im Funktionsplan und entsprechender Programmiersprache folgendermaßen aus:

```
UND
    E E1
    E E2
    A M1

ODER
    E M1
    E E3
    A A1
```

Bei verschiedenen Anbietern ist es möglich, mit entsprechender Software und Hardware bzw. PC die einzelnen Funktionsblöcke graphisch darzustellen (z. B. Abb. 3-48), um so den Funktionsplan direkt in die Programmierung umzusetzen.

Abb. 3-48. Computerunterstützte graphische Darstellung eines Funktionsplans.

3.5.3.3   Anweisungsliste

Als Vorlage für die Anweisungsliste (AWL) dient sowohl der Stromlauf- als auch der Funktionsplan.

Die Anweisungsliste arbeitet mit leicht merkbaren Abkürzungen (Mnemoniks). Da nicht mit graphischen Symbolen gearbeitet wird, genügt zur Eingabe eine international genormte Tastatur und zur Kontrolle der Eingabe eine einzeilige, besser mehrzeilige Anzeige.

Programmieren mit dieser Fachsprache (DOLOG 80 A) ist die universellste Programmiermethode und wird auch bei der vorliegenden Steuereinheit A020 angewandt.

Das bisher behandelte Beispiel stellt sich in einer Anweisungsliste folgendermaßen dar:

Adresse	Anweisung
1	UE1
2	UE2
3	OE3
4	=A1
5	PE

Die einzelne Anweisung ist immer wie folgt aufgebaut:

U	**E1**
Operationsteil	Operandenteil
(was ist zu tun?)	(mit wem?)
UND-Verknüpfung	mit Eingang Nr. 1
(Reihenschaltung)	

Nicht alle Einzelanweisungen müssen unbedingt einen Operandenteil enthalten (z. B.: PE-Programmende).

Jede Eingabe, ob Bedienfunktion oder Anweisungsliste, muß mit der Taste <RETURN> oder <ENTER> abgeschlossen werden.

3.5.4   Bedienfunktionen der A020

An einer schon im vorigen Kapitel behandelten Steuerungsaufgabe werden die einzelnen Bedienfunktionen erklärt:

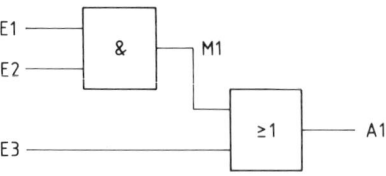

Die zugehörige Anweisungsliste lautet:

Adresse	Anweisung
1	UE1
2	UE2
3	=M1
4	UM1
5	OE3
6	=A1
7	PE

Diese Anweisungsliste wird vorgegeben. Hierbei wird auch einer von den schon vorher erwähnten 122 frei wählbaren Merkern benutzt. Den eigentlichen Aufbau einer Anweisungsliste beschreibt der Abschn. 3.5.5.

Die nachfolgende Form der Beschreibung erlaubt ein paralleles Durcharbeiten und Üben der Bedienfunktionen an der gewählten Steuereinheit „Logistat A020" von AEG. Die Art der hier verwendeten Bedienfunktionen ist auch für andere Systeme typisch.

3.5.4.1 Programm eingeben

Um die Anweisungsliste in die Steuerung zu programmieren, sind folgende Schritte notwendig

Ausgabe/ Anforderung	Eingabe/ \<ENTER\>	Bedeutung
FUS:		Nach dem Einschalten meldet sich die Steuerung im allgemeinen mit „FUS". Das bedeutet, die Bedienfunktion wurde richtig eingegeben, es liegt kein Fehler vor, die Steuerung ist funktionsbereit. Bei Meldung mit „*FUS" liegt ein Bedienfehler vor, d. h. die Funktion ist falsch eingegeben oder kann nicht abgearbeitet werden. Wird die \<ENTER\>Taste betätigt, meldet sich das System wieder mit „FUS" und die Befehlseingabe kann erneut vorgenommen werden.
FUS:	HE	Beim Einschalten der Steuerung wird immer das aktuelle Programm im Programmspeicher abgearbeitet. Das System meldet „A020 läuft OK". Bevor eine Befehlseingabe vorgenommen werden kann, muß das Programm durch Eingabe von „HE" (Halt bei Programmende) angehalten werden.
FUS:	SBN	Soll ein neues Steuerprogramm eingegeben werden, muß der Programmspeicher (EEPROM) mit der Funktion „SBN" normiert (gelöscht) werden. Die Adressen 1 bis 895 werden mit der „NO"-Operation (keine Operation vorhanden) überschrieben und auf der letzten Adresse (896) wird ein „PE"-Programmende-, eingetragen.

Ausgabe/ Anforderung	Eingabe/ <ENTER>	Bedeutung
PROGRAMM LOESCHEN (J)	J	Da der Befehl SBN bei irrtümlicher Anwendung großen Schaden anrichten kann, wird vor Ausführung noch einmal gefragt: „PROGRAMM LÖSCHEN ?". Löschbefehl wird ausgeführt bei Eingabe von „J".
FUS:	M	Die Funktion „M" dient zum Erstellen oder Ändern des Anwenderprogrammes. Nach Ausführung meldet sich die Steuerung mit „ADR:"
ADR:	1	Hier kann an eine beliebige Adresse (1-895) gesprungen werden, um eine Anweisung zu ändern. Bei einem neuen Programm wird üblicherweise mit „1" begonnen.
1:NO	UE1	Eingabe der ersten Anweisung
2:NO	UE2	Eingabe der nächsten Anweisung
3:NO	=M1	Zuordnung auf den Merker M1
4:NO	UM1	Eingabe der nächsten Anweisung
5:NO	OE3	Eingabe der nächsten Anweisung
6:NO	=A1	Zuordnung auf den Ausgang A1
7:NO	PE	Eingabe Programmende
8:NO	E	Mit „E" wird das Anwenderprogramm abgeschlossen, die Steuerung geht in den Befehlsmodus über, und meldet sich mit „FUS". „E" kann auch nach jeder Änderung mitten im Programm eingegeben werden.
FUS:	PRZE	Bei Eingabe „PRZE" werden über den gesamten Inhalt des EEPROM (Programmspeicher) Prüfzeichen ermittelt, d. h. das Anwenderprogramm wird in den EEPROM übernommen. „PRZE" muß nach jeder Neuerstellung und Änderung eines Programms eingegeben werden.
FUS:	S	Gestartet wird die Abarbeitung des Steuerprogrammes mit „S". Die gelbe Anzeigelampe an der Steuerung brennt.
A020 NS LAEUFT O.K.		Bestätigung

Nach Eingabe von <ENTER> meldet sich die Steuerung wieder mit „FUS". Es kann eine erneute Befehlseingabe vorgenommen werden.

3.5.4.2 Programm ändern

Das Beispiel wird so umgeändert, daß man statt dem Eingang E3 den Eingang E4 ODER-verknüpft. Das Verknüpfungsergebnis soll im Ausgang A2 angezeigt werden.

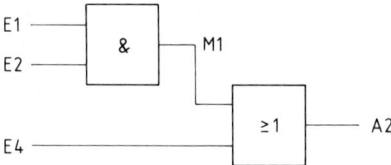

Um ein laufendes Programm zu ändern, müssen folgende Befehle eingegeben werden:

Ausgabe/ Anforderung	Eingabe/ <ENTER>	Bedeutung
FUS:	HE	Programm anhalten
FUS:	M	AWL eingeben/ändern
ADR:	6	Man springt auf die Adresse 6, um zuerst den neuen Ausgang festzulegen.
6:=A1	=A2	Die neue Anweisung kann direkt hinter die bestehende überschrieben werden.
7:PE		Nach <ENTER> hat die Steuerung die neue Anweisung überschrieben und springt zur nächsten Adresse,
	N	Mit <N> kann man eine neue Adresse zur Änderung erfragen.
ADR:	5	Adresse der bestehenden ODER-Verknüpfung.
5:OE3	OE4	Mit der neuen Anweisung überschreiben.
6:=A2	E	Abbruch der Funktion „M"
FUS:	PRZE	Das geänderte Programm muß neu im EEPROM abgelegt werden.
FUS:	S	Starten der A020
A020 NS LAEUFT O.K.		Bestätigung

Das neue Programm kann jetzt am Simulator entsprechend seiner Funktionstabelle ausgetestet werden.

Als nächstes soll das Programm um den Eingang E5 in folgender Weise erweitert werden:

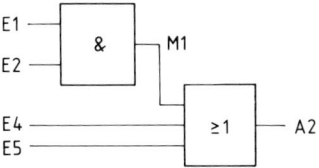

Die zugehörige Anweisungsliste ist:

Adresse	Anweisung
1	UE1
2	UE2
3	=M1
4	UM1
5	OE4
6	OE5
7	=A2
8	PE

Um diese neue Anweisung hinzuzufügen, müssen die nachfolgenden Anweisungen um eine Adresse nach oben verschoben werden.

Die Funktion *MK* erlaubt ein Verschieben ganzer Programmteile auf höhere oder niedrigere Adressen.

Ausgabe/ Anforderung	Eingabe/ <ENTER>	Bedeutung
FUS:	HE	Programm enthalten.
FUS:	MK	Programmteile verschieben.
VON:	6	Anfangsadresse des zu verschiebenden Programmteiles.
NACH:	7	Zieladresse
FUS:	M	Über die Funktion M wird die freigewordene Adresse neu angewählt und kann überschrieben werden.
ADR:	6	Anwahl der freien Adresse.
6:NO	OE5	Erweitern der Anweisungsliste.
7:=A2	E	Abbruch der Funktion M.
FUS:	PRZE	Das geänderte Programm muß neu im EEPROM abgelegt werden.
FUS:	S	A020 starten.
A020 NS LAEUFT O.K.		Bestätigung

Das geänderte Programm ist über den Simulator auszutesten.

3.5.4.3 Programm anzeigen

Mit der Funktion DM besteht die Möglichkeit, das eingegebene Programm anzuzeigen, ohne in den Programmiermodus M zu gehen.

Man unterscheidet dabei die Anzeige bei ruhendem und bei laufendem Programm.

a) Anzeige bei laufendem Programm:

Ausgabe/ Anforderung	Eingabe/ <ENTER>	Bedeutung
FUS:	DM	Anzeigen der Anweisungsliste (zeilenweise).
VON:	1	Anfangsadresse von der aus angezeigt wird.
1:UE1		Anzeige der ersten Anweisung.
2:UE2		Anzeige der zweiten Anweisung.
usw.		
8:PE		Anzeige der Programmende-Anweisung
9:NO	E	Abbruch der Funktion DM.
FUS:		Befehlsmodus

b) Anzeige bei ruhendem Programm:

Bei ruhendem Programm (angehalten durch HE) kann die Anweisungsliste komplett mit einer entsprechenden Beschreibung der Anlage in den Kopfzeilen angezeigt werden.

Ausgabe/ Anforderung	Eingabe/ <ENTER>	Bedeutung
FUS:	DM	Anzeigen der Anweisungsliste.
Zeilenweise Ausgabe (J)?	N	Bei N (NEIN), Anzeige der kompletten Anweisungsliste.
VON:	1	Anfangsadresse
BIS:	8	Endadresse
ANLAGE:	UEBUNG	Beschreibung der Steueraufgabe.
DATUM:	24.12.86	Eingabe des Datums.
SEITE:	1	Eingabe der Seitennummer: 55 Anweisungen gehen auf eine Seite. Bei größeren Programmen werden die weiteren Seiten automatisch durchnumeriert.
		Mit <ENTER> quittieren, um die Anzeige vorzunehmen. Es erscheint danach die komplette Anweisungsliste mit den beiden Kopfzeilen.
VON:	E	Abbruch der Funktion DM, wenn man keine weiteren Programmteile mehr anzeigen möchte.
FUS:		Befehlsmodus

Schließt man an die A020 einen Drucker an, kann man über die Funktion DM die Anweisungsliste auch parallel zur Anzeige ausdrucken lassen (Abb. 3-51).

3.5.4.4 Signale anzeigen

Signalzustände von Eingängen, Ausgängen, Merkern usw. werden im Signalspeicher abgelegt
und können sowohl bei ruhendem als auch bei laufendem Programm mit der Funktion AS
angezeigt werden.

Bevor man die Funktion aufruft, belegt man die Eingänge E1 und E2 über den Simulator mit
einem „1"-Signal.

Ausgabe/ Anforderung	Eingabe/ <ENTER>	Bedeutung
FUS:	AS	Signale anzeigen
ADR:	E1	Anzuzeigende Adresse
E1:1		Nach <ENTER> zeigt die Steuerung den Zustand des nächsten Eingangs.
E2:1	N	Mit N wird eine neue Adresse erfragt.
ADR:	M1	
M1:1	N	
ADR:	A2	
A2:1	Z	Nimmt man jetzt Eingang E1 auf „0", kann der geänderte Signalzustand von A2 nach Eingabe von Z erfragt werden.
A2:0	N	Um auch die übrigen geänderten Adressen anzuzeigen, dient erneut die Funktion N.
ADR:	M1	Neue Adresse
M1:0	E	Abbruch der Funktion AS
FUS:		Befehlsmodus

Die Funktion AS hat besonders bei den Operanden eine Bedeutung, deren Signalzustand
nicht extern angezeigt wird, wie es bei Ein- und Ausgängen der Fall ist.

3.5.4.5 Suchlauf

Der Suchlauf SUL ermöglicht ein schnelles automatisches Finden aller Anweisungen, in
denen der vorgegebene Suchbegriff vorkommt.

Als Suchbegriff sind neben Operanden (z. B. E1) auch Operationen (z. B. U*) und ganze Anweisungen (z. B. = A2) zugelassen.

Der Suchlauf ist nur bei ruhendem Programm möglich (HE).

Ausgabe/ Anforderung	Eingabe/ <ENTER>	Bedeutung
FUS:	SUL	Starten des Suchlaufs
VON:	1	Suchbeginn ab Adressen-Nr. 1
BIS:	8	Suchlauf bis Adressen-Nr. 8
SUCHBEGRIFF	E4	Eingabe des gesuchten Operanden
5:OE4		Beenden von SUL mit <ENTER>

Der Suchlauf ist mit der Suche nach einer Operation (Eingabe von U* und Weiterschalten mit <ENTER> und einer Anweisung (= A2) zu wiederholen.

3.5.4.6 Zeit- und Zählwerte eingeben

Über die Zeit- und Zählfunktionen können Ein- und Ausschaltverzögerungen und das Zählen von Signalimpulsen realisiert werden.

Um die Zeit- und Zählfunktionen an dieser Stelle sinnvoll zu behandeln, muß man zuerst ein neues Programm eingeben (siehe Abschn. 3.5.4.1). Auf dessen Bedeutung wird aber erst an späterer Stelle eingegangen.

Folgendes *Zeit- und Zählbeispiel* soll eingegeben werden:

Mit Eingang E1 ist über die Zeitadresse T1 eine Einschaltverzögerung von 4 s auf den Ausgang A2 zu schalten. Mit Eingang E6 ist über die Zähladresse Z1 ein Rückwärtszähler mit 5 Impulsen auf den Ausgang A5 zu schalten. Die Zählerlöschung und Sollwertübernahme erfolgt über Eingang E5.

Die folgende Anweisungsliste ist, wie in Abschn. 3.5.4.1 beschrieben, einzugeben:

Adresse	Anweisung
1	UE1
2	=T1
3	UT1
4	=A2
5	UE5
6	=L1
7	UE6
8	=I1
9	UZ1
10	=A5
11	PE

Die Zeit(T1)- und Zählwerte(Z1) können nun bei laufendem oder ruhendem Programm mit der Bedienfunktion AW eingegeben werden.

Ausgabe/ Anforderung	Eingabe/ \<ENTER\>	Bedeutung
FUS:	AW	Zeit- und Zählwerte anzeigen oder ändern.
SOLL- ODER ISTWERTE (S/I)	S	Sollwerte (S) sollen angezeigt bzw. eingegeben werden. (Istwerte nur bei externem Zeitgeber).
ADR:	T1	Anfordern der Zeitadresse T1.
T1:0	40	Eingabe des Zeitwertes 40 (entsprechend 40 x Zeittakt 100 ms = 4 s).
T2:0	N	Anfordern einer neuen Zeit- oder Zähladresse.
ADR:	Z1	Anfordern der Zähladresse Z1.
Z1:0	5	Eingabe des Zählwertes 5 (Anzahl Impulse)
Z2:0	E	Abbruch der Funktion AW
SOLLWERTE INS EEPROM(J)?	J	Übernahme der eingegebenen Sollwerte in den Programm-speicher.
FUS:		Befehlsmodus.

Das eingegebene Programm soll nun mit dem Simulator getestet werden.

3.5.4.7   Übersicht der Bedienfunktionen

Eine Übersicht über die wichtigsten im Steuergerät A020 eingebauten Bedienfunktionen zeigt nachfolgende Tabelle:

Programm erstellen

SBN	Speicher normieren (löschen)
M	Programm eingeben, ändern
MK	Programmteile verschieben
AW	Zeit- und Zählwerte eingeben
PRZE	Prüfzeichen ermitteln

Programm testen

S	Programm starten
HE	Programm anhalten
SUL	Suchlauf
AS	Signale anzeigen

Programm dokumentieren

DM   Anzeige der Anweisungen

Befehle im Programmiermodus

N   Neue Adresse erfragen
E   Abbruch einer Funktion
PE   Programmende

Jede Eingabe eines Befehls wird mit der Taste <ENTER> abgeschlossen.

3.5.4.8 Arbeitsanweisung zum Bedienen einer SPS

Aufgabenstellung: Die Bedienfunktionen des Abschn. 3.5.4 sind mit der Steuereinheit „Logistat A020" durchzuarbeiten und auszutesten.

Zubehör: Steuergerät „Logistat A020"; Programmiergerät; Simulator; Drucker.

Durchführung: Die Verdrahtung der Steuerung mit den einzelnen Komponenten und der elektrische Anschluß sind zu überprüfen. Alle beschriebenen Bedienfunktionen werden in der beschriebenen Reihenfolge erarbeitet. Die benutzten Programmbeispiele werden über die Eingangsschalter des Simulators getestet. Über die Funktion DM (Dokumentation) wird ein Programmausdruck vorgenommen.

3.5.5 Aufbau einer Anweisungsliste

3.5.5.1 Allgemeines

Wie bereits im vorigen Abschnitt beschrieben, besteht eine Anweisung immer aus dem Operationsteil und dem Operandenteil.

Die beiden nachfolgenden Tabellen (Tab. 3-14 und 3-15) zeigen alle möglichen Operationen und Operanden des Steuergerätes A020.

Tabelle 3-14. Operationen.

Operationsart	Operationen	Wirkung	Mögliche Operanden
Verknüpfungs-Operationen	U	UND-Verknüpfung, Signalabfrage bejaht	Exx, Axx, Mxxx, Txx, Zxx
	UN	UND-Verknüpfung, Signalabfrage negiert	Exx, Axx, Mxxx, Txx, Zxx
	O	ODER-Verknüpfung, Signalabfrage bejaht	Exx, Axx, Mxxx, Txx, Zxx
	ON	ODER-Verknüpfung, Signalabfrage negiert	Exx, Axx, Mxxx, Txx, Zxx
	U(	UND-Verknüpfung, Klammer auf	
	O(	ODER-Verknüpfung, Klammer auf	
	)	Klammer zu, bejaht	
	)N	Klammer zu, negiert	
Ausgabe-Operationen	=	Ausgabe bejaht	Axx, Mxxx
	=N	Ausgabe negiert	Axx, Mxxx
	SL	Setzen Speicher	Axx, Mxxx
	RL	Rücksetzen Speicher	Axx, Mxxx
Zeit- und Zähl-Operationen	=T	Zeit-Eingang (. . T Zeit-Ausgang)	xx
	=L	Zähler-Sollwertübernahme (Löschen)	xx
	=I	Zähler-Eingang (. . Z Zähler-Ausgang)	xx
Operationen zur Programm-organisation	SW	Sprung bei „1" (bedingt bejaht)	xxx
	LS	Lade sofort (in Signalspeicher)	Exx, Axx
	NO	keine Wirkung, Nulloperation	
	PE	Programmende	

Tabelle 3-15. Operanden.

Operandenart	Operand	Bedeutung	Bemerkung
Eingänge	E1 E2 : : E24	24 Eingänge	
Ausgänge	A1 A2 : : A16	16 Ausgänge	
Merker	M1 M2 : : M122	122 Merker (Zwischenergebnisse) frei zur Verfügung	Vorläufige Verknüpfungs- ergebnisse, die nicht benutzt werden, um Schütze und Relais direkt anzusteuern
	M123 M124		Reserviert
	M125 M126 M127	1 Blinktakt 1,25 Hz 1 Blinktakt 2,50 Hz 1 Blinktakt 5,00 Hz	
	M128	1 Rücksetzbares „1" Signal	Wird im 1. Programmdurchlauf (1. Zyklus) gesetzt; z. B. für Einschaltnormierung
Zeiten	T1 T2 : : T8	8 Zeitadressen mit Grundtakt 100 ms	Größter Zeitwert 110 min
	T9 T10 : : T16	8 Zeitadressen mit Grundtakt 25 ms	Kleinster Zeitwert 25 ms
Zähler	Z1 Z2 : : Z16	16 Zähladressen	Zählbereich: 1 bis 65 536 Impulse Zählfrequenz: min ca. 7 Hz max 50 Hz abhängig von der Programmlänge

3.5.5.2 *Grundregeln zum Erstellen einer Anweisungsliste*

a) Jede Anweisungsliste muß mit der Operation U beginnen und mit PE abgeschlossen werden.

Adresse	Anweisung
1	U . .
.	.
.	.
n	PE

b) Bei Anweisungen mit den Operationen =, =N, =T, =I, =L, SL, RL, PE wird das Ergebnis im Signalspeicher abgelegt. Zur weiteren Verwendung muß es von dort z. B. mit U wieder angefordert werden. Jede nachfolgende Anweisung muß dann ebenfalls mit der Operation U beginnen.

Adresse	Anweisung
1	UE1
2	=A2
3	UE2
4	OE3
5	=A3
6	PE

3.5.5.3 *Identität*

Identität bedeutet in diesem Fall, daß ein Eingang direkt auf einen Ausgang durchgeschaltet wird. Zum Deklarieren des Eingangs benutzt man hier die Operation „U".

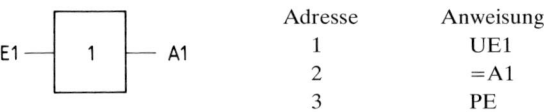

Adresse	Anweisung
1	UE1
2	=A1
3	PE

3.5.5.4 *Negation*

Um einen Signalzustand zu negieren, fügt man zwischen Operation und Operand ein „N" ein.

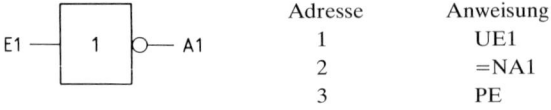

Adresse	Anweisung
1	UE1
2	=NA1
3	PE

3.5.5.5   UND-Funktion

Jeder Eingang wird durch Voranstellen der Operation „U" UND-verknüpft und das Ergebnis mit „=" einem Ausgang zugewiesen.

Adresse	Anweisung
1	UE1
2	UE2
3	=A1
4	PE

E1 — & — A1 (E2)

3.5.5.6   ODER-Funktion

Bei der ODER-Verknüpfung gilt die Regel: Jede neue Anweisung beginnt mit „U". Am Eingang E2 wird dann durch die Operation „O" die eigentliche ODER-Verknüpfung festgelegt. Jedem weiteren Eingang einer ODER-Funktion steht dann ebenfalls die Operation „O" voran.

Adresse	Anweisung
1	UE1
2	OE2
3	=A1
4	PE

E1 — ≥1 — A1 (E2)

3.5.5.7   Merker

Bei der Verknüpfung zweier Funktionsglieder wird der Ausgang des ersten zum Eingang des zweiten. Für diese Zwischenzustände stehen im System 122 frei programmierbare Merker (M) zur Verfügung (Abb. 3-49).

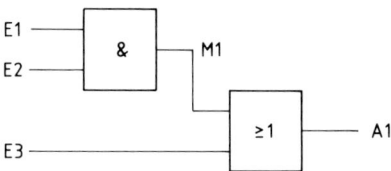

Abb. 3-49. Funktionsplan mit Merker.

5 weitere Merker sind für bestimmte Funktionen reserviert (siehe Abschn. 3.4.2). In der Anweisungsliste werden Merker wie Ausgänge behandelt.

Adresse	Anweisung
1	UE1
2	UE2
3	=M1
4	UM1
5	OE3
6	=A1
7	PE

3.5.5.8 RS-Speicher

Bei den RS-Speichern muß man zwischen der Dominanz des Setz- oder Rücksetzeingangs und der Einschaltvorzugslage „0" oder „1" unterscheiden.

Für alle Speicher gilt:

1. Jeder Operand (E, M, A) wird durch die Operation U dem entsprechenden Eingang (Setzen S oder Rücksetzen R) zugewiesen. Die Operation SL steht für „Setzen", RL für „Rücksetzen".
2. Die Kennzeichnung des Speichers erfolgt über die Zuordnung des Ausgangs (SLA1/RLA1) oder Merkers.

Beispiel: E1 ist der Setzeingang des Speichers mit dem Ausgang A1, und E2 ist Rücksetzeingang des Speichers mit dem Ausgang A1.

> UE1
> SLA1
> UE2
> RLA1

3. Die Anweisung (SL oder RL), die dem Programmende am nächsten steht, bestimmt die Dominanz des Speichers.

Im folgenden werden die vier möglichen Kombinationen mit Funktionsplan und Anweisungsliste aufgeführt.

a) Setzen dominiert; Einschaltvorzugslage „0":

Adresse	Anweisung
1	UE2
2	RLA1
3	UE1
4	SLA1

b) Rücksetzen dominiert; Einschaltvorzugslage „0":

Adresse	Anweisung
1	UE1
2	SLA1
3	UE2
4	RLA1

Zur Realisierung der Einschaltvorzugslage „1" wird einer der reservierten Merker benutzt. M128 besitzt beim Einschalten der Steuerung immer den Signalzustand „1". Am Ende der Anweisungsliste muß dieser Merker (M128) wieder mit seinem eigenen „1"-Signal zurückgesetzt werden.

c) Rücksetzen dominiert; Einschaltvorzugslage „1":

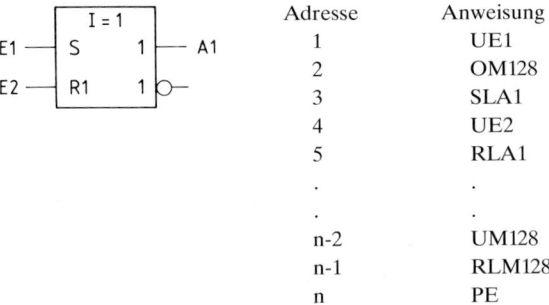

Adresse	Anweisung
1	UE1
2	OM128
3	SLA1
4	UE2
5	RLA1
.	.
.	.
.	.
n-2	UM128
n-1	RLM128
n	PE

d) Setzen dominiert; Einschaltvorzugslage „1":

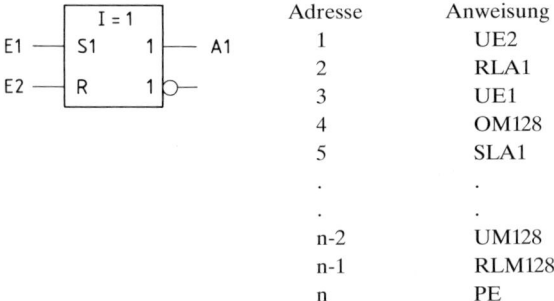

Adresse	Anweisung
1	UE2
2	RLA1
3	UE1
4	OM128
5	SLA1
.	.
.	.
.	.
n-2	UM128
n-1	RLM128
n	PE

3.5.5.9 Einschaltverzögerung

Mit UE1 wird der Eingang E1 dem Zeiteingang T1 zugeordnet.
Den Zeitausgang gibt man auf den Ausgang A1.

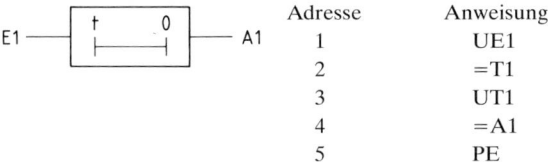

Adresse	Anweisung
1	UE1
2	=T1
3	UT1
4	=A1
5	PE

Bevor das Programm gestartet wird, muß der Zeitwert T1 über die Bedienfunktion AW eingegeben werden (Abschn. 3.5.4.6).

3.5.5.10 Zähler

Mit Hilfe der in der A020 eingebauten Zählfunktion kann die Anzahl von Impulsen (Signaländerungen) abgefragt werden. Zuerst wird durch E2 mit der Anweisung „=L1" der vorherige Zählerwert gelöscht, bzw. der Sollwert übernommen.

Der Eingang E1 wird dem Zähleingang I1 zugeordnet. Die Zählerabfrage Z1 (Zählerausgang) gibt man auf den Ausgang A1.

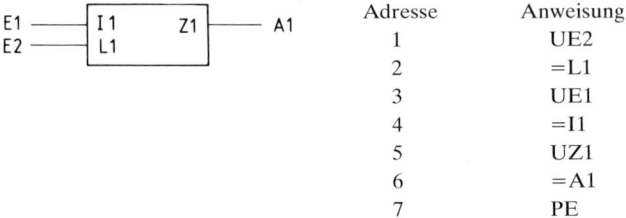

Adresse	Anweisung
1	UE2
2	=L1
3	UE1
4	=I1
5	UZ1
6	=A1
7	PE

Der Zählwert Z1 ist vor dem Starten der Steuerung ebenfalls über die Bedienfunktion AW einzugeben.

3.5.5.11 Taktgeber

Die Merker M125, M126, M127 sind als Taktgeber unterschiedlicher Frequenzen reserviert (Abb. 3-50).

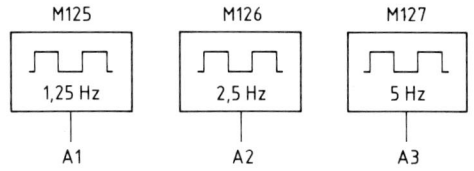

Abb. 3-50. Funktionsplan von Taktgebern.

Sie können direkt einem Operanden zugeordnet werden.

Adresse	Anweisung
1	UM125
2	=A1
3	UM126
4	=A2
5	UM127
6	=A3
7	PE

3.5.5.12 Arbeitsanweisung zum Erstellen einer Anweisungsliste

Aufgabenstellung: Für alle Steuerfunktionen und Beispiele der Abschnitte 3.2, 3.3 und 3.4 sind die zugehörigen Anweisungslisten zu programmieren.

Zubehör: Steuergerät „Logistat A020“; Programmiergerät; Simulator; Drucker.

Durchführung: Für die jeweiligen Funktionen und Beispiele der genannten Abschnitte sind die Anweisungslisten zuerst schriftlich zu erstellen. Das Steuergerät A020 mit seinen Komponenten wird in Betrieb genommen. Über die gezeigten Bedienfunktionen wird die einzelne Anweisungsliste mit dem Programmiergerät eingegeben. Die Steuerung wird gestartet und das Programm über die Eingangsschalter des Simulators getestet. Mit der Bedienfunktion DM werden die Programme mit dem Drucker ausgegeben. Einen fertigen Programmausdruck für das Beispiel der Motorschutz-Schaltung zeigt die folgende Dokumentation (Abb. 3-51).

```
AEG-TELEFUNKEN LOGISTAT A020        SEITE:       1
ANLAGE:  2R-MOTOR         DATUM:  30.01.89


       1:  U    E     1
       2:  UN   A     2
       3:  SL   A     1
       4:  U    E     3
       5:  RL   A     1
       6:  U    E     2
       7:  UN   A     1
       8:  SL   A     2
       9:  U    E     3
      10:  RL   A     2
      11:  PE
```

Abb. 3-51. Dokumentation einer Anweisungsliste.

3.5.6 Wiederholungsaufgaben

1. Welche Vorteile bietet bei der Realisierung einer Ablaufkette eine speicherprogrammierbare Steuerung (SPS) im Vergleich zu festverdrahteten Steuerungssystemen?

2. Was versteht man unter einem EEPROM, und zu welchem Zweck wird er in einer SPS eingesetzt?

3. Welche Fachsprachen benutzt man zur Programmierung einer SPS?

4. Eine Anweisung im Programm einer SPS lautet: UE3. Was versteht man bei diesem Beispiel unter dem Operanden- bzw. unter dem Operationsteil der Anweisung?

5. Der Funktionsplan zu folgender Anweisungsliste ist zu zeichnen:

> UE1
> OE2
> =M1
> UM1
> UE3
> =A1
> PE

6. Im Beispiel der Aufgabe 5 ist eine Änderung vorzunehmen. Welche Möglichkeiten gibt es über die Bedienfunktionen einer SPS?

4   Prozeßleittechnik

4.1   Themen und Lerninhalte

Einsatz von Prozeßleitsystemen im Vergleich zur konventionellen Technik

Aufbau eines Prozeßleitsystems

Darstellung und Bedienung

4.2   Einsatz von Prozeßleitsystemen

In einem modernen Betrieb stehen bei der Errichtung neuer Produktionsanlagen bzw. bei der Optimierung bestehender Verfahren folgende Kriterien im Vordergrund:

– Sicherheit des Personals und der Anlage,
– Wirtschaftlichkeit bei Bau und Betrieb,
– hohe Produktqualität bei optimaler Ausnutzung der Einsatzstoffe und der benötigten Energien,
– minimale Umweltbelastungen,
– Flexibilität der Anlage.

Die genannten Kriterien sind mit herkömmlicher Automatisierungstechnik nur bedingt und unter großem gerätetechnischen Aufwand zu realisieren. Bei dieser Gerätetechnik (Abb. 4-1)

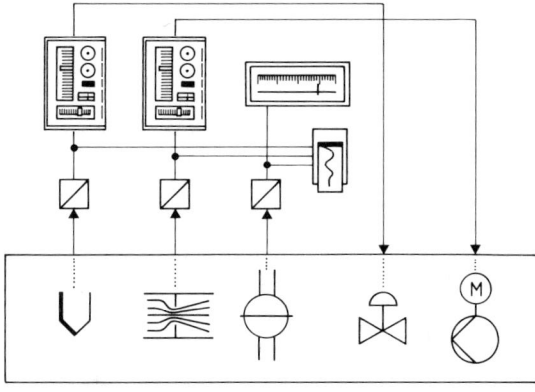

Abb. 4-1. Konventionelle Gerätetechnik.

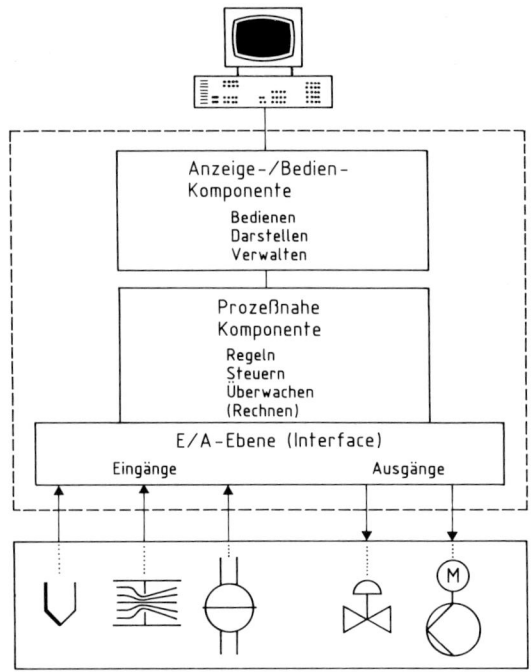

Abb. 4-2. Aufbau eines Prozeßleitsystems.

ist jedem Meßfühler, bzw. jedem Stellglied der Anlage ein Gerät (Regler, Schreiber, Anzeiger) in der Meßwarte (Abb. 4-3) zugeordnet. Man spricht daher auch von *rein paralleler Gerätetechnik*.

Aus dieser Konzeption ergibt sich ein hohes Maß an Zuverlässigkeit gegenüber auftretenden Störungen.

Sieht man von einer Vor-Ort-Bedienung ab, befinden sich die zentralen Bedien- und Anzeigeelemente in einer Meßwarte.

Nachteile dieser Technologie sind:

– mangelnde Übersichtlichkeit bei wachsender Anlagengröße,
– geringe Flexibilität gegenüber Änderungen im Automatisierungskonzept bzw. beim Erweitern der Anlage,
– eingeschränkter Automatisierungsgrad.

Eine Veränderung der Gerätetechnik begann mit der Entwicklung von Prozeßrechnern und speicherprogrammierbaren Steuerungen. Sie führte zum Einsatz von *Prozeßleitsystemen* (PLS).

Alle Meßfühler hängen an einem System, dem PLS, das die Informationen abfragt, verarbeitet und an die entsprechenden Stellgeräte und Ausgabeeinheiten ausgibt. Feste Baugruppen wie Regler, Trendschreiber und Anzeiger sind in der sogenannten Systemsoftware verfügbar und frei einsetzbar.

Darstellung und Bedienung der Produktionsanlage erfolgen nahezu ausschließlich von Bildschirmen aus mit entsprechenden Bedienelementen wie Tastatur, Lichtgriffel oder Mouse

Abb. 4-3. Bild einer konventionellen Meßwarte (Werksfoto: Hoechst AG).

Abb. 4-4. Leitstand eines Prozeßleitsystems (Werksfoto: Hoechst AG).

(Abb. 4-4). Bedieneingriffe, Betriebszustände oder Alarme werden oft durch einen Drucker protokolliert. Die verschiedenen Meßgrößen können in Trends auch über einen Zeitraum bis zu mehreren Tagen erfaßt und in Kurvenform dargestellt werden.

Die Zuverlässigkeit solcher Systeme ist durch *Redundanz* wesentlich erhöht worden, d. h. alle entscheidenden Komponenten sind in doppelter Ausführung vorhanden. Im Falle einer Störung übernimmt das Reservesystem oder Teile davon die Funktion der ausgefallenen Systemeinheit.

Die beiden Abbildungen 4-1 und 4-2 zeigen den wesentlichen Unterschied zwischen der Struktur eines konventionellen Gerätesystems und dem Aufbau eines Prozeßleitsystems.

4.3   Aufbau eines Prozeßleitsystems

4.3.1   Ein- und Ausgangsebene (E/A-Ebene)

In der E/A-Ebene (Abb. 4-5) müssen Eingangs-Signale erfaßt und nach der Verarbeitung als entsprechende Signale wieder ausgegeben werden.

Zur Meßwerterfassung gehört das Lesen von Signalen aus dem Prozeß. Ein Prozeßleitsystem bekommt drei Arten von Signalformen bzw. stellt sie dem Prozeß als Ausgangssignale für Stellgeräte zur Verfügung.

Analogsignale kommen als Strom- oder Spannungswerte direkt von Sensoren oder von Meßumformern vor. Zur Verarbeitung müssen analoge Signale digitalisiert werden. Sie kommen über einen *Analog-Digital-Umsetzer* (ADU) in das Rechensystem (Prozeßstation). Die *digitalen Signale* aus der Verarbeitung werden über *Digital-Analog-Umsetzer* (DAU) als Analogwerte zum entsprechenden Stellglied ausgegeben.

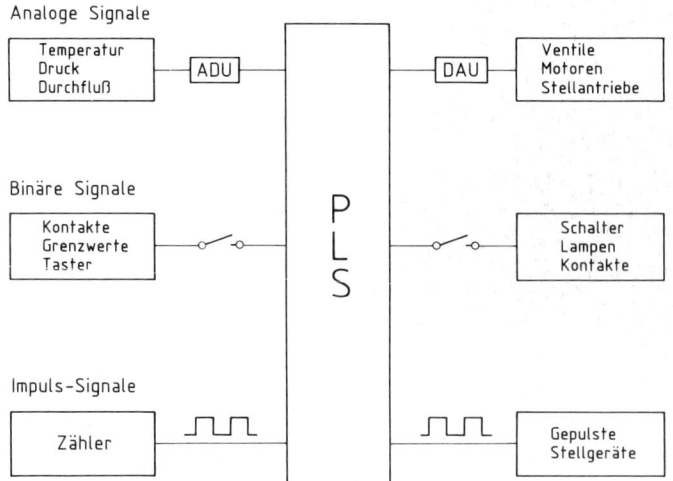

Abb. 4-5. Ein-/Ausgangsebene eines PLS.

Binärsignale stammen von Relaiskontakten, Grenzwertgebern, Tastern und Schaltern. Sie können direkt verarbeitet und auf Kontakte, Schalter oder Lampen wieder ausgegeben werden.

Impulssignale sind z. B. Eingangssignale von Zählern, die dann als binäre Signale leicht verarbeitet werden können.

Alle Meßwerte werden zyklisch erfaßt, d. h. sie werden in einer bestimmten zeitlichen Reihenfolge abgefragt. Die Zykluszeit ist abhängig vom dynamischen Verhalten der Meßstrecke. Durchfluß und Druck verlangen z. B. kürzere Abtastzeiten als Stand und Temperatur.

Jeder Meßwert wird vor der Verarbeitung auf seine Gültigkeit überprüft (z. B. Fehler durch Leitungsbruch).

Die Ein-/Ausgangsebene eines Prozeßleitsystems bezeichnet man auch als *Prozeßschnittstelle* oder *Prozeßinterface* (*PI*).

4.3.2 Prozeßnahe Komponente PNK

Dieser Teil des Rechners ist die eigentliche Basis des Prozeßleitsystems. Hier werden die drei grundlegenden Automatisierungsfunktionen realisiert:

– Überwachen
– Regeln
– Steuern

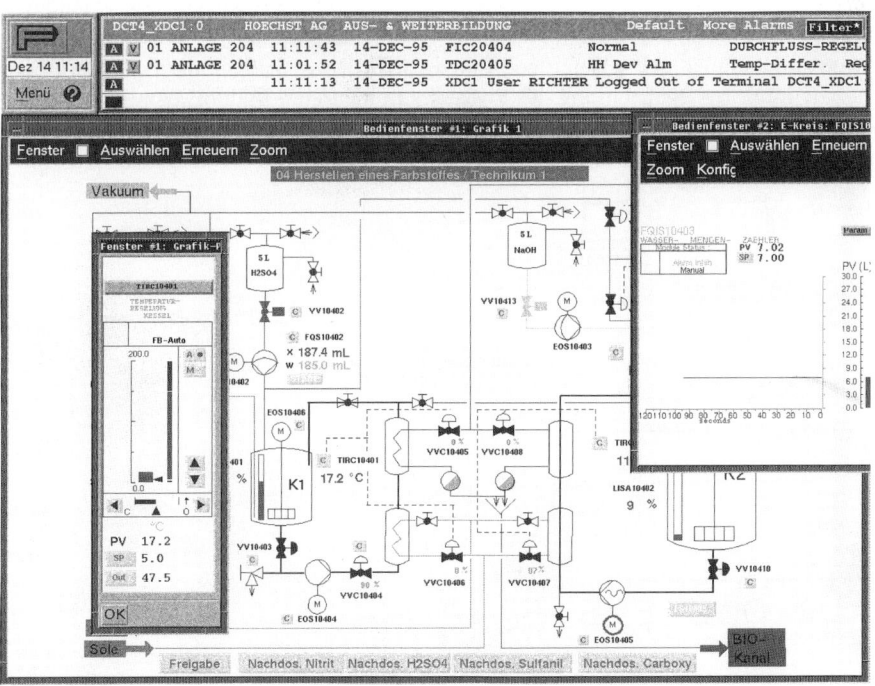

Abb. 4-6. Windows-Benutzeroberfläche im Prozeßleitsystem.

Die E/A-Ebene (Prozeßschnittstelle) ist Bestandteil jeder prozeßnahen Komponente. Die Organisation der Station erfolgt durch Konfigurierung vorgegebener Softwarebausteine, wie Reglerfunktionen, Steuerfunktionen und Überwachungsfunktionen.

Jede PNK wirkt selbständig und ist in den meisten Fällen einem Anlagenteil zugeordnet.

Die Zentraleinheit ist heute in der Regel ein 32-Bit-Mikroprozessor für die genannten Verarbeitungsfunktionen. Funktionsmodule und das firmenseitig entwickelte Betriebssystem sind in einem PROM abgelegt.

Konfigurierung und Parametrierung erfolgen online im RAM der Station. Der interne Datenaustausch wird über einen Stationsbus abgewickelt.

4.3.3   Anzeige- und Bedienkomponente ABK

Eine solche Station mit zugehörigem Video-System ermöglicht einerseits das Bedienen des Prozesses und andererseits den Zugriff auf die verschiedensten Daten der Prozeßstation und deren Darstellung auf einem Bildschirm.

Daten, Bilder, Funktionen usw. können auf einem Massenspeicher (Festplatte), einer Kassette oder auf Disketten archiviert werden.

An die ABK sind periphere Einheiten wie Monitore, Bedienelemente, Drucker und die eben erwähnten Speichermedien angeschlossen.

Moderne Systeme benutzen heute eine sogenannte Workstation als Anzeige- und Bedienkomponente. Als Betriebssystem findet das amerikanische UNIX-System dabei die größte Anwendung. Es können bis zu 5 Bedienplätze an eine Station angeschlossen werden. Als Benutzeroberfläche findet immer mehr „Windows" Einzug in die Prozeßleittechnik (Abb. 4-6). Dies ermöglicht eine intensive Beobachtung des Prozesses in mehreren Bildern, bzw. eine flexible und schnelle Bedienung über die Mouse.

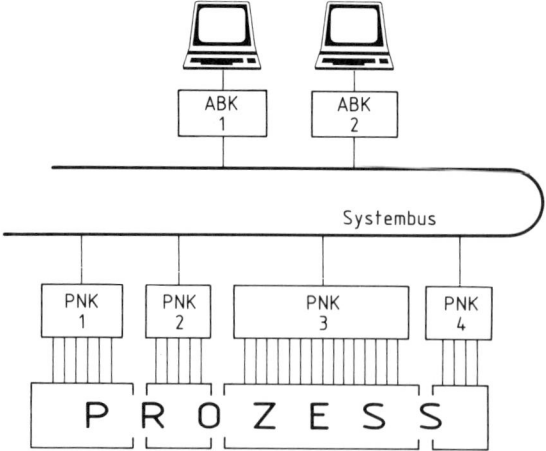

PNK – Prozeßnahe Komponente
ABK – Anzeige-u. Bedienkomponente

Abb. 4-7. Beispiel für die verteilte Struktur eines Prozeßleitsystems.

Abb. 4-7 zeigt eine in voneinander unabhängige Komponenten aufgeteilte Struktur eines Prozeßleitsystems. Diese Struktur gewährleistet, daß bei Ausfall einer Komponente nicht der gesamte Prozeß lahmgelegt wird.

4.4   Aufgaben eines Prozeßleitsystems

Die Aufgaben und Darstellungsmöglichkeiten der Funktion eines Prozeßleitsystems werden am Beispiel des Systems DCI-SYSTEM-SIX von Bailey F&P Automation erläutert. Die Beschreibungen sind so allgemein gehalten, daß sie in Grenzen auch auf andere Systeme übertragbar sind.

4.4.1   Überwachen

Die wichtigste Aufgabe der Prozeßüberwachung ist das möglichst frühzeitige Erkennen von Störungen oder gefährlichen Betriebszuständen. Durch eine geeignete Darstellung der Meßwerte soll der Anlagenfahrer die geeignete Gegenmaßnahme ergreifen können. Beim Eintreten von Störungen können die verschiedensten Maßnahmen ausgelöst werden:

– Störmeldungen auf Bildschirm und Drucker
– Schutz- und Sicherheitsschaltungen werden aktiv
– Notabschalten der Anlage.

Störmeldungen erscheinen in einem aktuellen Bildschirmausschnitt, der auch als *Alarm-* oder *Meldezeile* (Abb. 4-8) bezeichnet wird und in allen Bildern auftrifft.

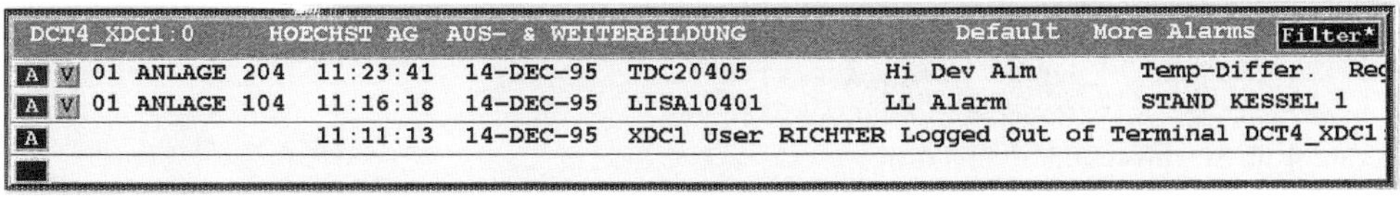

DCT4_XDC1:0	HOECHST AG	AUS- & WEITERBILDUNG			Default More Alarms Filter*
A V	01 ANLAGE 204	11:23:41 14-DEC-95	TDC20405	Hi Dev Alm	Temp-Differ. Re
A V	01 ANLAGE 104	11:16:18 14-DEC-95	LISA10401	LL Alarm	STAND KESSEL 1
A		11:11:13 14-DEC-95	XDC1 User RICHTER Logged Out of Terminal DCT4_XDC1		

Abb. 4-8. Alarmzeile.

Die eintreffenden Meldungen werden häufig entsprechend ihrer Priorität in unterschiedlichen Farben sowie mit Namen und Störstatus der MSR-Stelle dargestellt.

Eine Übersicht über alle anstehenden Meldungen liefert die sogenannte *Alarmseite* (Abb. 4-9). Sie enthält eine zeitorientierte Auflistung von Stör-, Schalt- oder Systemfehlermeldungen. Jede Meldung enthält Störstatus, Uhrzeit, MSR-Stelle, Klartext und Fehlerbeschreibung wie z. B. verletzter Grenzwert (LL Alarm). Nach Quittierung werden nicht mehr anstehende Alarme aus der Darstellung gelöscht.

Zur Langzeitüberwachung eines Prozesses dient die Dokumentation von Störungen, Ereignissen, Zuständen oder Prozeßabläufen in Form von ausgedruckten Protokollen (Abb. 4-10 bis 4-12).

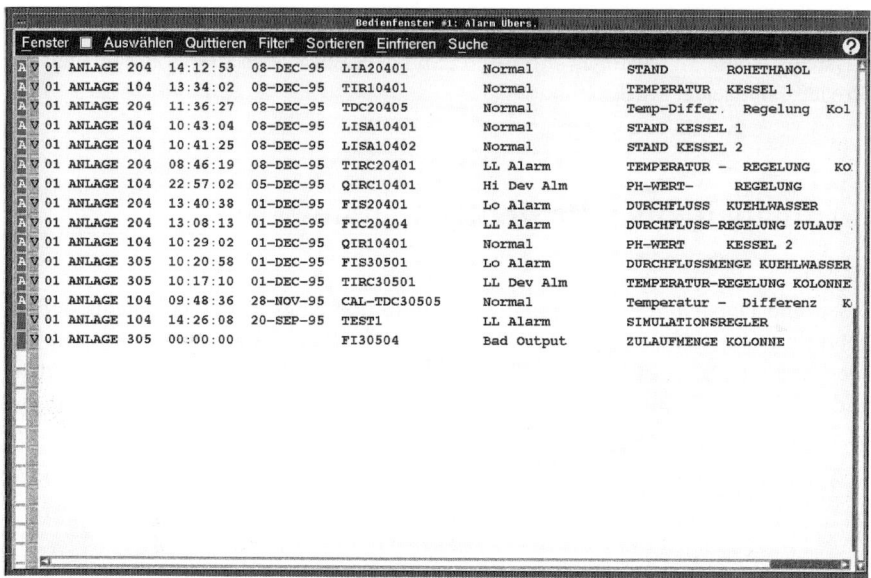

Abb. 4-9. Alarmseite.

```
1-STOERP       STOERPROTOKOLL PLATZ 1                    DATUM: 30.01.1989

+10:19:48 A    PIC1231    (3) P-Regler Produktbeh.       3.50  BAR    GH1
+10:19:54 A    PIC1231    (3) P-Regler Produktbeh.       3.90  BAR    GH2
-10:20:18 A    PIC1231    (3) P-Regler Produktbeh.       3.90  BAR    GH2
-10:20:18 A    PIC1231    (3) P-Regler Produktbeh.       3.50  BAR    GH1
+10:29:29 A    LI1231     (3) Stand Produktbeh.          97.0  %      GH2
+11:05:19 A    PIC1231    (3) P-Regler Produktbeh.       3.50  BAR    GH1
+11:05:21 A    PIC1231    (3) P-Regler Produktbeh.       3.90  BAR    GH2
-11:06:23 A    PIC1231    (3) P-Regler Produktbeh.       3.90  BAR    GH2
+11:10:14 A    12ABLK     ABLAUFKETTE DRUCKNUTSCHE                    STU
-11:10:14 A    12ABLK     ABLAUFKETTE DRUCKNUTSCHE                    STU
+11:37:14 A    12ABLK     ABLAUFKETTE DRUCKNUTSCHE                    STU
-11:37:14 A    12ABLK     ABLAUFKETTE DRUCKNUTSCHE          ·         STU
```

Abb. 4-10. Störprotokoll.

```
1-BEDPRO       Bedienprotokoll Platz 1                   DATUM: 30.01.1989

12:00:09   B HS1231    (3) Ventil Reinwasser                      0
12:00:17   B HS1232    (3) Ventil ZAR               .0 %          GW1
12:00:21   B HS1234    (3) Ventil Steigrohr                       I
12:00:53   B PIC1231   (3) P-Regler Produktbeh.     3.20  BAR     VWI
12:00:58   B PIC1231   (3) P-Regler Produktbeh.                   BAA
12:04:10   B PIC1231   (3) P-Regler Produktbeh.                   BHH
12:04:16   B PIC1231   (3) P-Regler Produktbeh.                   0
12:04:24   B HS1232    (3) Ventil ZAR              100.0 %        GW1
12:04:27   B HS1234    (3) Ventil Steigrohr                       0
12:05:56   B HS1232    (3) Ventil ZAR               .0 %          GW1
12:05:59   B HS1234    (3) Ventil Steigrohr                       I
```

Abb. 4-11. Bedienprotokoll.

```
1-BETRIE   Betriebsprotokoll Platz 1                16.02.1989    08:40  SEITE:  1


         1    LI1211        (1) Stand Vorlagebeh.                 %
         2    PI1211        (1) Druck Vorlagebeh.                 BAR
         3    LI1221        (2) Stand Filtratbeh.                 %
         4    PI1221        (2) Druck Filtratbeh.                 BAR
         5    LI1231        (3) Stand Produktbeh.                 %
         6    PIC1231       (3) P-Regler Produktbeh.              BAR
         7    LI1241        (4) Stand Drucknutsche                %
         8    PI1241        (4) Druck Drucknutsche                BAR


  ZEIT       1         2         3         4         5         6         7         8

  08:40    98.0 *    4.00      2.0       .00      20.2       .01      71.4       .03
  08:55    98.0 *    4.00     15.3       .01      20.2       .01      59.3      3.95
  09:00    98.0 *    4.00     72.8       .02      20.2       .01       8.0      3.95
  09:05    98.0 *    4.00     82.4       .09      20.2       .01        .0      1.02
  09:10    98.0 *    4.00     82.4       .09      20.2       .01        .0      1.02
  09:15    98.0 *    4.00     82.4       .09      20.2       .01        .0      1.02
  09:20    98.0 *    4.00     82.4       .09      20.2       .01        .0      1.02
  09:25    55.7      3.97     33.6      3.97      20.2       .01      38.4       .03
```

Abb. 4-12. Betriebsprotokoll in Matrixform.

Man unterscheidet:

a) Störprotokolle: Grenzwertüberschreitungen, Systemfehlermeldungen
b) Bedienprotokolle: Bedieneingriffe, Konfigurier- und Parametriereingriffe,
c) Betriebsprotokolle: Betriebsdaten, Betriebszustände.

Protokolle können entweder spontan bei jedem Ereignis oder zyklisch durch eine bestimmte Uhrzeit oder Bedienhandlung abgerufen werden.

4.4.2 Regeln

Die Regelung von Betriebszuständen, vor allem bei kontinuierlichen Prozessen, ist eine weitere wichtige Aufgabe des PLS. Regler in einem modernen Prozeßleitsystem sind reine Softwarebausteine, mit denen einfache und komplexe Regelaufgaben gelöst werden können.

Mit Hilfe eines solchen Funktionsblocks „Regler" sind eine Vielzahl von zusätzlichen Funktionen wie Grenzwertmeldungen und Steuereingriffe möglich. Diese Art „Softwareregler" führen zu einer flexiblen Anwendung und zur preisgünstigen und optimalen Anpassung an jede Regelaufgabe.

Mögliche Funktionen:

– Festwertregelung,
– Kaskadenregelung,
– Verhältnisregelung,

– PID – Regelalgorithmus,
– Störgrößenaufschaltung,
– 2-Punkt-/3-Punkt-Regelung,
– Stellgrößenbegrenzung

Abb. 4-13 zeigt eine Reglerdarstellung mit den für den Bediener wichtigen Daten eines Reglers.

Der Anlagenfahrer hat die Möglichkeit, Istwert und Sollwert, Stellgröße und Betriebsart (Manuell/Automatik) abzulesen und zu verändern.

Die Parameter des Reglers sind in einem *Kreisbild* einzusehen und nur über seine Zugriffsberechtigung vom zuständigen MSR-Techniker zu verändern.

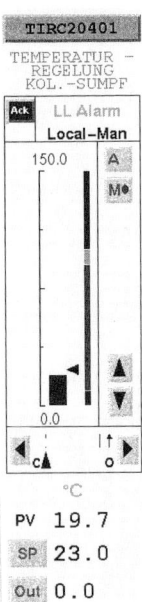

Abb. 4-13. Darstellung eines Reglers.

4.4.3   Steuern

Diskontinuierliche Produktionsanlagen (Chargenprozesse) enthalten oft wiederkehrende Abläufe. Bei der Automatisierung solcher Anlagen dominieren Ablauf- und Verknüpfungssteuerungen.

Für das Verwirklichen solcher Steuerungsaufgaben stehen ebenfalls vorgefertigte Funktionsblöcke zur Verfügung:

Steuerfunktionen (Schalter/Taster)
Die Steuerfunktion (Abb. 4-14) steuert und überwacht technische Einrichtungen wie Magnetventile, Motoren, Stellantriebe usw.

Schutzeingriffe und Verriegelungen ähnlich der schon behandelten Motor-Schutzschaltung (Beispiel 2 in Abschn. 3.4.2.2) können innerhalb des Funktionsblockes konfiguriert werden.

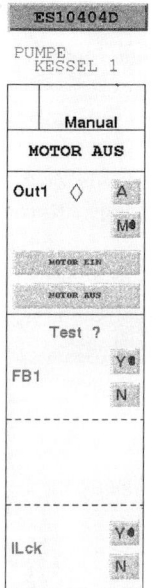

Abb. 4-14. Steuerfunktion.

Dosierkreis

Im Funktionsblock Dosierkreis (Abb. 4-15) werden Mengen bzw. Zählerstände während eines Dosiervorganges erfaßt.

Nach Erreichen des vorgewählten Volumens wird die Dosierung beendet.

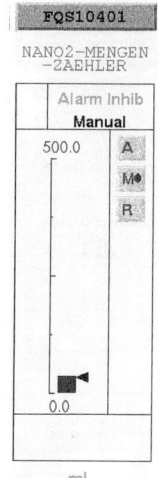

Abb. 4-15. Dosierkreis.

Verknüpfungssteuerung
Durch logische Verknüpfungen, Zeit- und Zählfunktionen (vgl. Kapitel 3) können lineare, analoge und digitale Prozeßsignale verknüpft und verarbeitet werden.

Ablaufsteuerung
In der Funktionseinheit Ablaufsteuerung können Einstrang- und parallel verlaufende Zweistrangketten konfiguriert werden. Alternativschritte und Verzweigungen innerhalb der Kette sind möglich. Es stehen verschiedene Betriebsarten der Kette zur Verfügung:

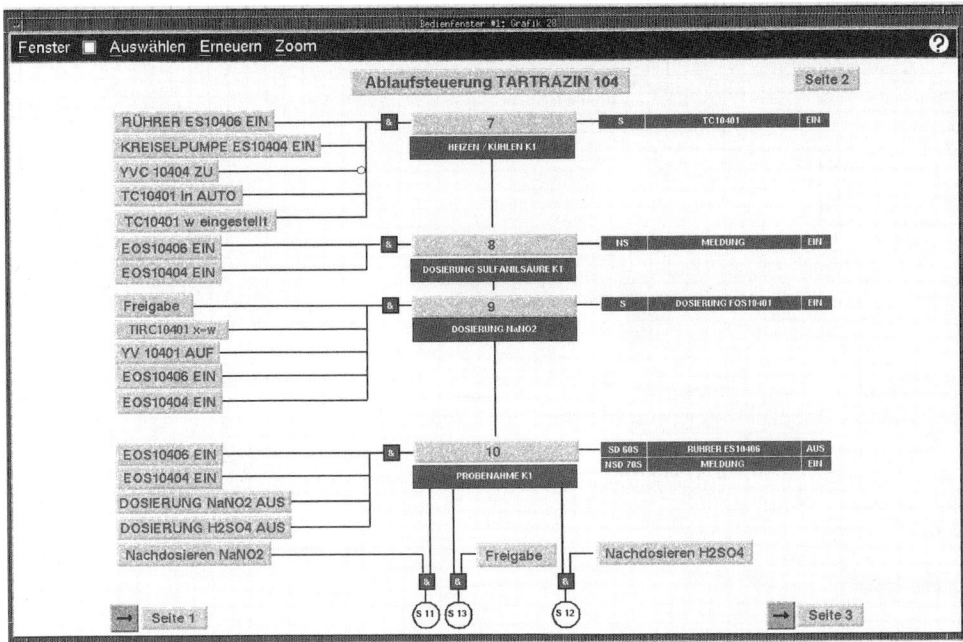

Abb. 4-16. Ablaufkette.

Will man nacheinander in einer Anlage unterschiedliche Produkte herstellen, arbeitet man heute mit einer Rezeptursteuerung. Man faßt mehrere Schritte einer Ablaufkette zu sogenannten Grundoperationen zusammen. Aus diesen stellt man dann das Rezept für das jeweilige Produkt her.

4.5   Darstellung im Prozeßleitsystem

4.5.1   Allgemeines

In herkömmlichen Meßwarten besteht die Informationsdarstellung aus Fließbildern mit Symbolen, Zustandsanzeigen, Alarmanzeigen, Kurven oder Zahlenwerten auf Anzeigegeräten, Schreibern u. a. Das Bildschirmsystem eines Prozeßleitsystems muß dieses ersetzen können und auf Grund seiner Struktur neue Darstellungsformen mit verändertem Text und grafischen Bildern ermöglichen.

Ein Prozeßleitsystem sollte daher über folgende Möglichkeiten verfügen:

– Darstellung von Alarmen und Fließbildern mit aktualisierten Meßwerten,
– Balkendiagramme als parallele Anzeige,
– Kurvenbilder zum Erkennen von Trends.

Die Verarbeitung von Störungen und Alarmen wurde bereits in Abschnitt 4.4.1 behandelt. In den nachfolgenden Abschnitten sollen an Hand von Beispielen (DCI-SYSTEM-SIX von Bailey F&P Automation) die Möglichkeiten eines PLS aufgezeigt werden.

Man unterscheidet grundsätzlich 2 Arten von Bilddarstellungen:

a) *Konfektionierte Bilder* sind in der Struktur vom Lieferanten vorgefertigte Abbildungen, bei denen der Informationsumfang (Istwert, Sollwert, Betriebsart usw.) vorgegeben ist.
b) *Freikonstruierbare Bilder* dienen zur anlagenspezifischen Darstellung des Prozesses z. B. als Fließbilddarstellung.

4.5.2   Übersichtsbild

Das Übersichtsbild enthält die Prozeßinformationen über die Funktionen der Gesamtanlage oder eines Anlagenbereiches.

Es erlaubt mit einem Blick eine Struktur des dargestellten Anlagenbereiches zu erfassen. Zusammenhängende Funktionen sind zu einer inhaltlichen Gruppe zusammengefaßt. Durch Anwahl einer dieser Gruppen gelangt man schnell in die verschiedenen Darstellungsformen der gesuchten Funktionen.

Dies ist besonders bei Störungen wichtig. Die Alarmzustände der Funktionen innerhalb einer Gruppe werden durchgängig im System durch verschiedene Farben dargestellt.

Das Übersichtsbild aus Abb. 4-17 enthält Informationen über maximal 192 MSR-Stellen, die in 24 Gruppen mit bis zu 8 MSR-Stellen aufgeteilt werden können.

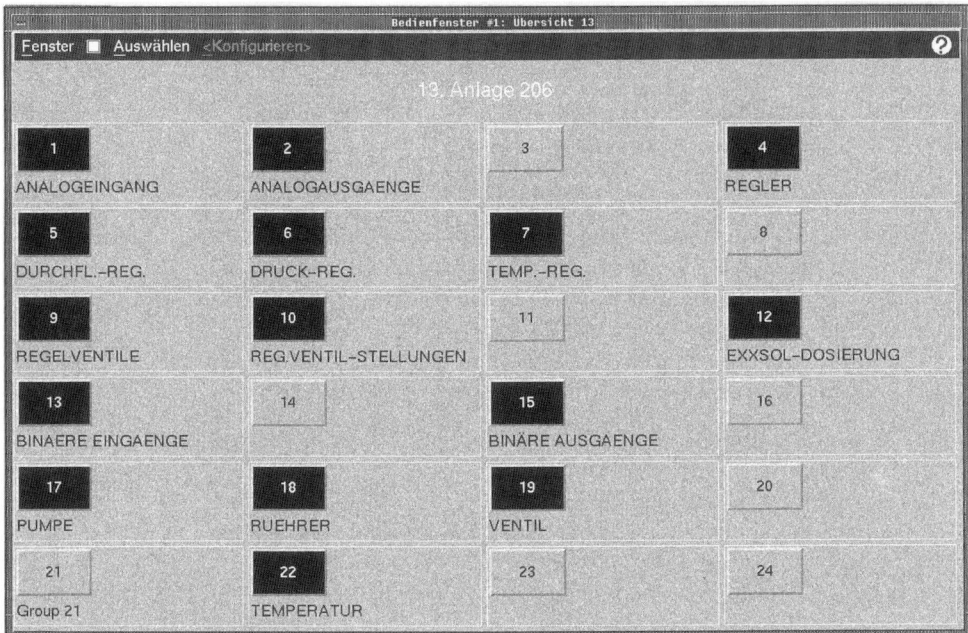

Abb. 4-17. Beispiel eines Übersichtsbildes.

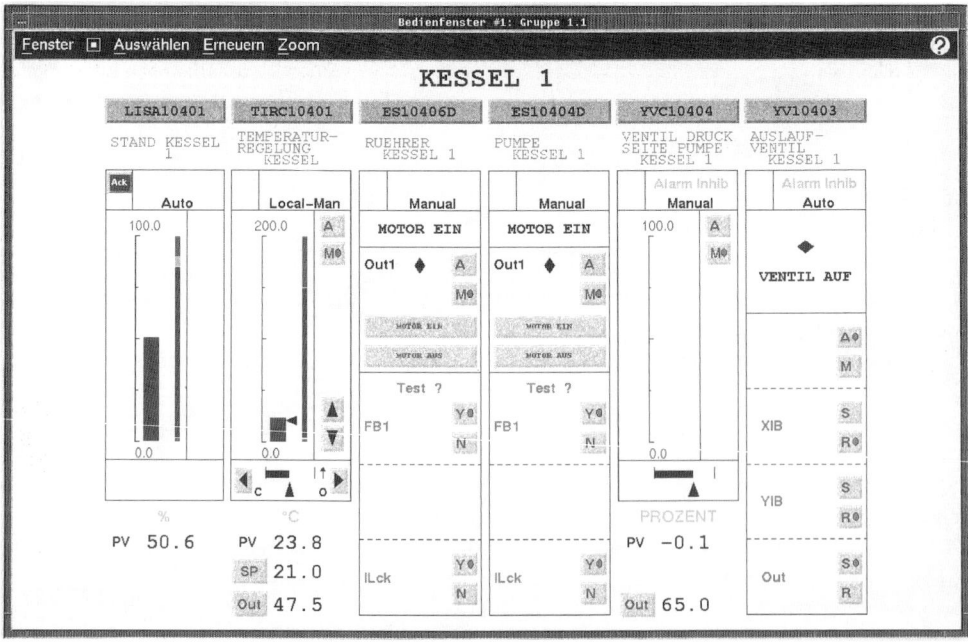

Abb. 4-18. Gruppenbild.

4.5.3 Gruppenbild

Gruppenbilder enthalten Detailinformationen über einzelne MSR-Stellen. Die Darstellungsform ist für die entsprechenden Größen und Funktionstypen (Analogwerte, Regler, Schalter, . . .) so gewählt, daß sie dem Erscheinungsbild in konventionellen Anlagen weitgehend entspricht.

In Abb. 4-18 sieht man, daß Analogwerte als Säulen (Bargraphen) und zusätzlich als digitaler Wert mit den physikalischen Einheiten dargestellt werden. Anstehende Funktionsstörungen werden durch Farbumschlag und Blinken erkennbar. Der Informationsgehalt dieses Bildes entspricht dem Gesichtsfeld eines Anlagenfahrers in unmittelbarer Nähe einer konventionellen Meßtafel.

4.5.4 Kurvendarstellung

Der zeitliche Verlauf analoger Prozeßgrößen läßt sich in einem *Kurvenbild* darstellen. Durch Archivierung der Meßwerte sind Prozeßabläufe auch noch nach mehreren Tagen und Wochen nachvollziehbar. Dadurch kann diese Darstellungsform als Ersatz für herkömmliche Schreiber angesehen werden.

Im Beispiel aus Abb. 4-19 können bis zu acht Meßgrößen gleichzeitig in unterschiedlichen Farben dargestellt werden. Zu jeder Kurvenfarbe wird die zugehörige Meßstelle mit aktuellem Meßwert angegeben. Verschiedene Zeitmaßstäbe sind möglich.

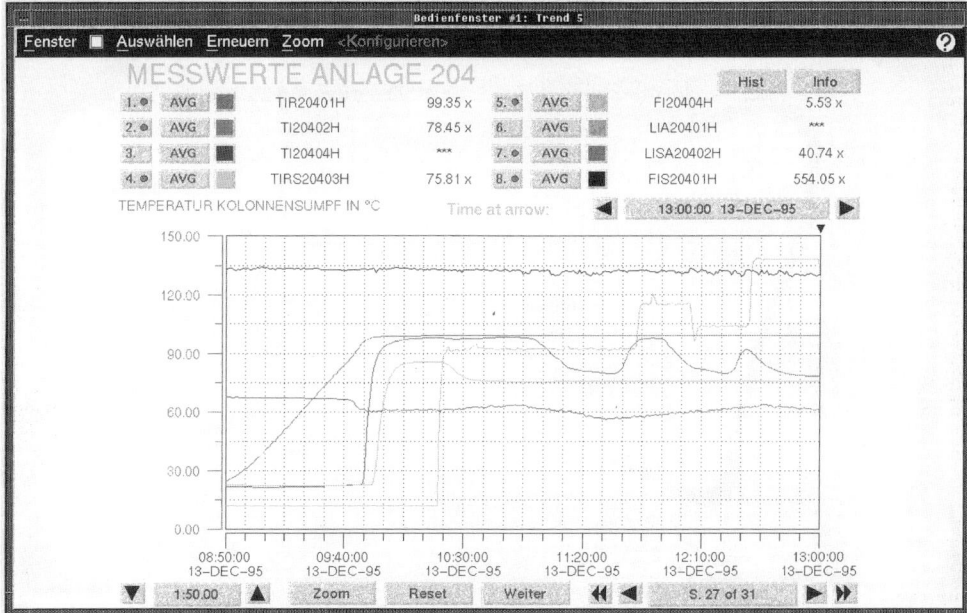

Abb. 4-19. Kurvenbild verschiedener Temperaturverläufe.

Durch Verschieben eines Zeigers längs der Zeitachse oder durch Anwahl eines gesuchten Kurvenpunktes lassen sich anstelle der aktuellen Meßwerte die Vergangenheitswerte in der numerischen Darstellung ablesen.

Bei gleichzeitiger Darstellung von bis zu acht Funktionen gibt es, wie auch von herkömmlichen Trendschreibern bekannt, immer wieder Probleme mit der Übersichtlichkeit. Zum genauen Beobachten einzelner Kurvenverläufe können andere Kurven des Bildes ganz ausgeblendet werden.

Kurvenausschnitte können durch eine Zoom-Funktion im Detail betrachtet werden.

4.5.5   Freie Grafikbilder

Alle bisher behandelten Bilder sind konfektionierte (vorgefertigte) Darstellungen. Zur anlagenspezifischen Prozeßdarstellung dient das freie Grafikbild (Abb. 4-20).

Mit Hilfe eines Zeichenprogrammes können aus einem Vorrat von vorgefertigten oder frei konstruierten Zeichen die entsprechenden Bilder nach den Wünschen des Betriebes oder Bedieners konstruiert werden. Solche Darstellungen bestehen im wesentlichen aus zwei Teilen.

Im *statischen* Teil werden Behältnisse, Apparaturen, Rohrleitungen usw. in Anlehnung an das RI-Fließbildschema gezeichnet. Sie bleiben in ihrer Symbolik immer gleichartig.

In dieses statische Bild werden nun die *dynamischen* Prozeßvariablen eingebracht. Analogwerte können als Ziffern, Säulen, Balken oder auch als Kurven dargestellt werden.

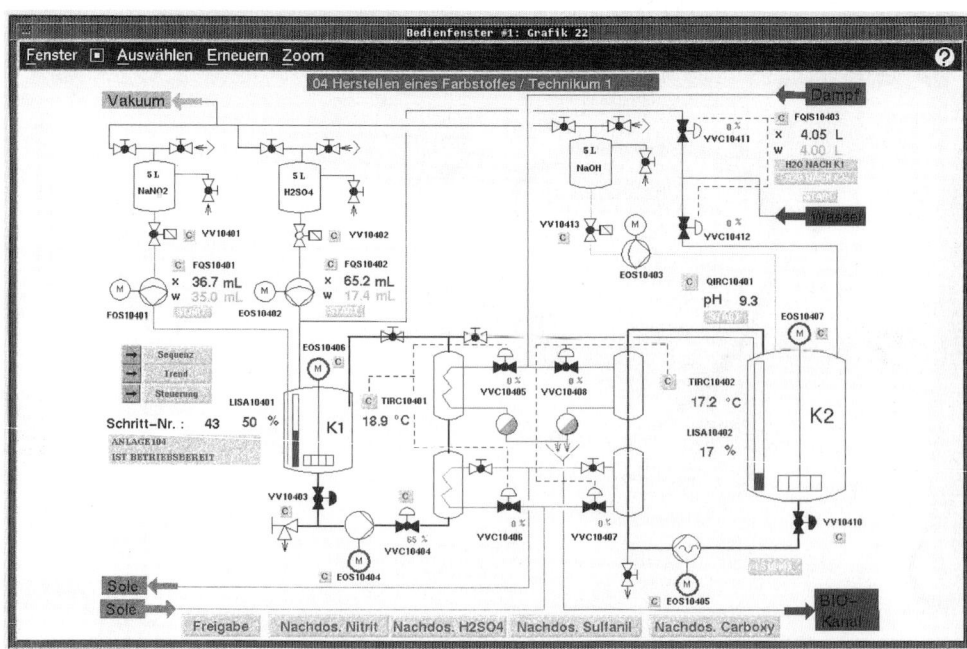

Abb. 4-20. Beispiel eines freien Grafikbildes.

Binärinformationen wie z. B. Ventil-, Schalter- oder Motorstellungen werden durch entsprechende Symbole dargestellt. Der jeweilige Zustand der Funktion kann durch Farb- bzw. Symbolwechsel oder mit Textelementen (AUF/ZU) angezeigt werden.

Innerhalb von Grafikbildern lassen sich an beliebiger Stelle Anwahlfelder definieren, um direkt in zugehörige Unterdarstellungen (Gruppenbilder, Trends) zu gelangen, oder um Bedienfunktionen (Abschn. 4.6) anzuwählen. Wird die Darstellung des Grafikbildes z. B. durch das gleichzeitige Aufrufen von mehreren Bildern zu klein, erlaubt hier ebenfalls eine Zoom-Funktion die Detailbetrachtung.

4.6   Bedienung

Die Bedienung des Prozesses vom zentralen Leitstand aus umfaßt im wesentlichen folgende Punkte:

– Anwählen und Steuern der Bilder,
– Anwählen und Bedienen der MSR-Stelle,
– Quittieren von Störmeldungen und Alarmen,
– Bedienen von peripheren Einheiten (Drucker).

Jeder Bedienplatz (Abb. 4-21) besteht daher in der Regel aus einem hochauflösenden, vollgrafikfähigen 21-Zoll-Monitor und einer PC-Tastatur mit Bedientasten oder einer speziellen Funktionstastatur, die auch bei starker Verschmutzungsgefahr als Folientastatur ausgeführt sein kann.

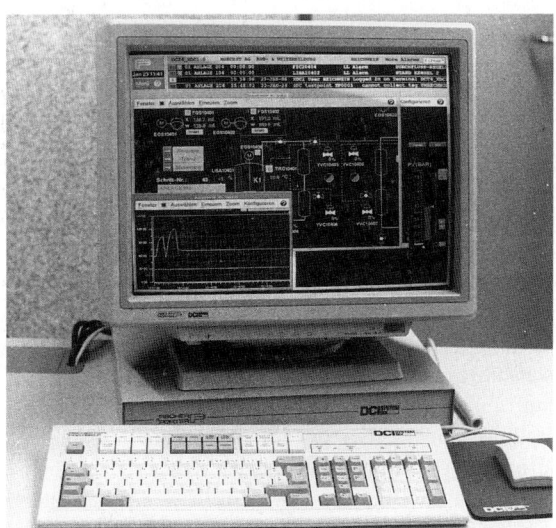

Abb. 4-21. Bedienplatz mit Monitor, Tastatur und Mouse.

Ein weiteres wichtiges Bedienelement kann entweder Lichtgriffel (Lightpen), Mouse oder Rollkugel sein. Sie werden meistens zur Unterstützung der Tastatur, aber auch als Ersatz einer solchen benutzt.

Auch ein Touch-Screen (Berührungsbildschirm), bei dem man mit dem Finger unmittelbar auf oder direkt vor dem Bildschirm eine Anwahl auslöst, wird vereinzelt eingesetzt.

Für jeden Bediener ist eine Zugriffsberechtigung für die jeweilige Funktion festgelegt. Bei älteren Tastaturen geschieht dies noch durch einen Schlüsselschalter. In vielen modernen Systemen meldet sich der Bediener mit Namen und Passwort an. Damit wird ihm ein definierter Zugriff auf bestimmte Funktionen und Anlagenteile ermöglicht.

Mit einem sogenannten *Hard-Copy-Drucker* läßt sich der jeweilige Bildschirminhalt ausdrucken. So können z. B. Kurvenbilder zur Langzeitarchivierung abgelegt werden. Zur Archivierung von Programmen, Bildern, Meßwerten, Ereignissen, Systemdaten usw. dient der *Massenspeicher*, ein Festplattensystem mit einer Speicherkapazität von z. B. 1 Gbyte. Zum Erstellen von Sicherungskopien dienen *Kassettenlaufwerke* oder *Floppy-Disk-Systeme*.

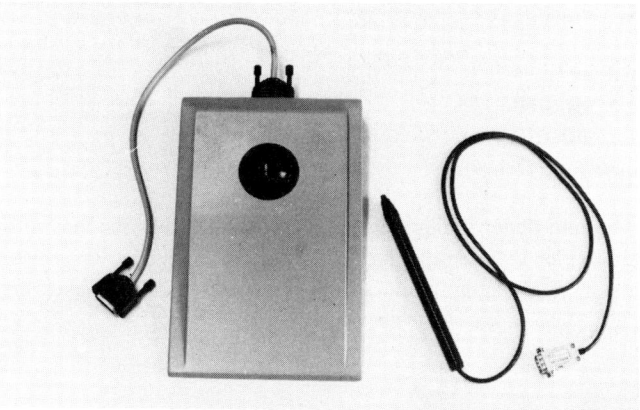

Abb. 4-22. Lichtgriffel und Rollkugel.

4.7   Wiederholungsaufgaben

1. Welche Gründe führen zum Einsatz eines Prozeßleitsystems (PLS), und wodurch unterscheidet es sich von konventioneller Gerätetechnik?
2. Wie ist ein Prozeßleitsystem aufgebaut, und wodurch begründet sich seine verteilte Struktur?
3. Welche drei Hauptaufgaben der Prozeßführung muß ein PLS erfüllen?
4. Das Überschreiten eines Temperaturgrenzwertes soll als Störung gemeldet werden. Welche Möglichkeiten der Alarmdarstellung gibt es in einem PLS, und wie kann man diese Störung auch noch nach einem größeren Zeitraum nachvollziehen?
5. Eine Reglerfunktion soll zum Überwachen und Bedienen dargestellt werden. Welche Darstellungsmöglichkeiten bietet dafür ein PLS?
6. Welche grundsätzlichen Bedieneingriffe muß ein Anlagenfahrer am PLS vornehmen, und welche Bedienelemente können ihm dafür zur Verfügung stehen?

5 Sicherheitsmaßnahmen

5.1 Themen und Lerninhalte

Explosionsgefahren in der Chemie

Einteilung in Ex-Zonen

Schutzmaßnahmen bei Verwendung elektrischer Energie

Melde- und Alarmsysteme zur Überwachung kritischer Prozeßzustände

5.2 Explosionsschutz

5.2.1 Grundlagen

Grundbegriffe dieses Themenbereiches wie Flammpunkt und Zündtemperatur von brennbaren Stoffen, Gefahrenklassen und Brandklassen sind im Band 1 dieser Buchreihe im Abschn. 1.5 beschrieben.

Die folgenden Ausführungen beziehen sich auf die „Explosionsschutz-Richtlinien" der Berufsgenossenschaft der chemischen Industrie und auf die entsprechenden VDE-Bestimmungen.

In chemischen Anlagen und Betrieben läßt es sich oft nicht vermeiden, mit brennbaren, explosiven Stoffen zu arbeiten. Als primärer Explosionsschutz versucht man zu verhindern, daß sich explosionsfähige Gemische bilden. Meß- und regeltechnische Einrichtungen wie zum Beispiel Temperaturbegrenzungen, Gaswarngeräte oder Sicherheitsabschaltungen können dies unterstützen.

Zu einer Explosion kommt es, wenn die explosive Atmosphäre gezündet wird. Mögliche Zündquellen sind neben heißen Oberflächen, offenen Feuern und elektrostatischen Entladungen vor allem elektrische Lichtbögen und Funken. Das bedeutet, daß man in gefährdeten Bereichen auch elektrische Betriebsmittel so einrichten muß, daß keine Zündung möglich ist.

Die einfachste Lösung wäre, ganz auf elektrische Einrichtungen zu verzichten, was aber bei der guten Möglichkeit der Fernübertragung des elektrischen Signals und der anschließenden Verarbeitung in elektronischen Leitsystemen selten verwirklicht wird.

Dieser Gesichtspunkt erklärt andererseits auch die Bedeutung der pneumatischen MSR-Technik in chemischen Produktionsstätten.

Eine chemische Anlage unterteilt sich in einen explosionsgefährdeten und einen nicht-explosionsgefährdeten Teil. Die Explosionsgefahr wird durch folgendes Hinweisschild in gelber Farbe gekennzeichnet (Abb. 5-1):

Abb. 5-1. Hinweis auf einen explosionsgefährdeten Bereich.

5.2.2   Ex-Zonen

Explosionsgefährdete Bereiche sind in unterschiedliche Zonen eingeteilt. Die Einteilung richtet sich nach der Wahrscheinlichkeit für das Auftreten gefährlicher explosiver Gemische.

Zone 0 umfaßt Bereiche, in denen eine gefährliche explosionsfähige Atmosphäre durch Gase, Dämpfe oder Nebel ständig oder langzeitig vorhanden ist.

Hierzu gehört in der Regel nur das Innere von Behältern und Apparaturen, wenn die Bedingungen für Zone 0 erfüllt sind.

Zone 1 umfaßt Bereiche, in denen damit zu rechnen ist, daß eine gefährliche explosionsfähige Atmosphäre durch Gase, Dämpfe oder Nebel gelegentlich auftritt.

Hierzu können u. a. gehören: die nähere Umgebung der Zone 0, der nähere Bereich um Füll- und Entleerungseinrichtungen, der nähere Bereich um leicht zerbrechliche Apparaturen und Leitungen, der nähere Bereich um nicht ausreichend dichtende Stopfbuchsen, das Innere von Apparaturen.

Zone 2 umfaßt Bereiche, in denen damit zu rechnen ist, daß eine gefährliche explosionsfähige Atmosphäre durch Gase, Dämpfe oder Nebel nur selten und dann auch nur kurzzeitig auftritt.

Hierzu können u. a. Bereiche gehören, welche die Zonen 0 oder 1 umgeben, und Bereiche um Flanschverbindungen mit Flachdichtungen üblicher Bauart bei Rohrleitungen in geschlossenen Räumen.

Zone 10 umfaßt Bereiche, in denen eine gefährliche explosive Atmosphäre durch Staub langzeitig oder häufig vorhanden ist.

Hierzu gehört in der Regel nur das Innere von Apparaturen wie Mühlen, Mischer, Trockner, Förderleitungen, Silos oder ähnliches.

Zone 11 umfaßt Bereiche, in denen damit zu rechnen ist, daß durch Aufwirbelung abgelagerten Staubes eine gefährliche explosive Atmosphäre kurzzeitig auftritt.

Hierzu können u. a. gehören: Bereiche, in denen Staub durch Undichtigkeit aus Apparaturen austreten kann und sich durch Staubablagerungen in gefahrdrohender Menge ansammeln kann (z. B. in Mühlenräumen).

Bestehen bei der Einteilung in Zonen Zweifel, so müssen im gesamten explosionsgefährdeten Bereich die Schutzmaßnahmen für die höchstmögliche Wahrscheinlichkeit getroffen werden.

5.2.3 Zündschutzarten

Ist es notwendig, elektrische Geräte und Einrichtungen in explosionsgefährdeten Bereichen zu betreiben, muß je nach Ex-Zone eine der folgenden Zündschutzarten vorliegen.

Eigensicherheit (Ex i): Geräte, die dieser Zündschutzart unterliegen, sind so ausgelegt, daß die bei Fehlern oder Defekten freiwerdende elektrische Energie auf so kleine Werte begrenzt ist, daß dadurch keine explosionsfähige Atmosphäre gezündet werden kann. Eigensichere Stromkreise sind durch hellblau isolierte Leitungen gekennzeichnet. Ein Einsatz in Zone 0 ist möglich.

Alle weiteren Zündschutzarten sind erst ab Zone 1 anwendbar.

Erhöhte Sicherheit (Ex e): Bei dieser Schutzart ist besonders der Anschlußteil so konstruiert, daß weder Funken noch heiße Oberflächen auftreten können.

Druckfeste Kapselung (Ex d): Alle zündfähigen Teile eines elektrischen Gerätes werden in einem Gehäuse untergebracht. Das explosive Gemisch kann in dieses Gehäuse eindringen und durch einen elektrischen Schaltvorgang zur Zündung gebracht werden. Das Gehäuse muß dieser inneren Explosion standhalten und verhindert so eine Übertragung der Explosion auf den Außenraum.

Überdruckkapselung (Ex p): Alle zündfähigen Teile werden mit einem möglichst dichten Gehäuse umgeben, in welches ein sauberes Zündschutzgas (Luft, inertes Gas) eingeblasen wird. Durch den entstehenden Überdruck im Gehäuse kann die explosive Atmosphäre nicht eindringen. Die Versorgung mit Schutzgas muß ständig überwacht werden. Im Störfall wird in der Regel die Stromversorgung abgeschaltet.

Ölkapselung (Ex o): Füllt man das Gehäuse mit Öl, besitzt man eine weitere Möglichkeit, die explosive Atmosphäre von der Zündquelle fernzuhalten.

Sandkapselung (Ex q): Verwendet man statt Öl Sand, so wird nicht verhindert, daß zündfähiges Gemisch an die Zündquelle gelangt. Die Menge in den Sandzwischenräumen ist aber so gering, daß es nicht zu einer Explosion kommen kann.

Sonderschutz (Ex s): Alle zündfähigen Teile werden mit Gießharz oder einem anderen Mittel vergossen.

5.2.4   Sicherheitsbarrieren

Eigensichere Stromkreise müssen durch Sicherheitsschaltungen wie z. B. die Sicherheitsbarriere gegenüber nichteigensicheren getrennt werden. Dadurch können in nicht explosionsgefährdeten Teilen der Anlage ungeschützte Meß- und Regelgeräte mit Normalinstallation bis 250 V verwendet werden.

In der Sicherheitsbarriere begrenzen Zenerdioden die Spannung auf ca. 18 V. Durch Widerstände oder Transistorschaltungen wird der Strom auf $I < 100$ mA begrenzt.

Alle leitenden Teile der Anlage und der Sicherheitseinrichtung müssen durch eine Potentialausgleichsleitung miteinander verbunden sein.

5.3   Melde- und Alarmsysteme

In einer chemischen Anlage soll der Bediener durch akustische und optische Signale auf kritische Prozeßzustände und das Erreichen von festgelegten Grenzwerten aufmerksam gemacht werden.

Die Melde- und Alarmsysteme warnen z. B. vor dem Überlaufen eines Behälters und vor Erreichen kritischer Temperaturen und Drücke. Abb. 5-2 zeigt ein Beispiel für eine Alarmbehandlung. Tritt eine Störung auf, und sei es auch nur kurz, so beginnt eine Lampe als optisches Signal zu blinken, und eine Hupe ertönt mit gleicher Frequenz. Wird der Alarm zur Kenntnis genommen und eine Quittiertaste gedrückt, nachdem die Störung nicht mehr anliegt, erlöscht sowohl die Lampe als auch die Hupe.

Liegt die Störung nach der Quittierung noch an, erlischt nur das akustische Signal, und die Lampe geht in Dauerlicht über. Ist die Störung behoben, wird auch die Lampe dunkel.

Die Quittierung erfolgt bei diesem üblichen Beispiel für beide Signalformen gemeinsam. Eine Trennung in optische und akustische Quittierung wird ebenfalls praktiziert.

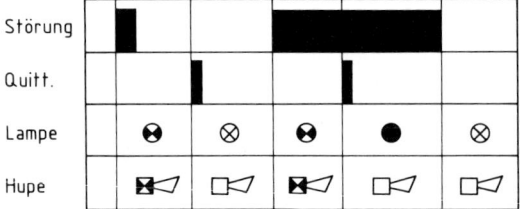

	Signalzustand von Lampe/Hupe
⊗ ▭◁	Aus
◓ ◧◁	Blinken
● ◼◁	Dauer

Abb. 5-2. Beispiel eines Alarmsystems mit optischen und akustischen Signalen.

Die Steuerschaltung zur beschriebenen Alarmdarstellung wird als Beispiel 4 im Abschn. 3.4.2.2 behandelt.

Durch das oben gewählte System kann eindeutig unterschieden werden, ob eine Störung aktuell ist oder nicht. Alle neu hinzukommenden Meldungen unterscheiden sich durch das akustische Signal und das Blinklicht deutlich von bereits vorliegenden, quittierten Meldungen.

Die optische Anzeige dient außerdem dazu, den Ort der Störung innerhalb der Produktionsanlage zu kennzeichnen.

Die Lampe befindet sich hinter einem transparenten Sichtfeld, in dem die MSR-Stelle und die Störung angegeben wird (Abb. 5-3).

LICA⁻ 0161 Stand zu niedrig	LICA⁺ 0161 Stand zu hoch	TIRA⁺ 0171 Temp. Kolonne zu hoch
SO⁺A⁻ 0161 Pumpe läuft		

Abb. 5-3.
Sichtfelder zur optischen Meldung.

Die gleichen Leuchtfelder dienen oft außerdem als Sichtzeichen, z. B. ob ein Aggregat läuft oder steht (hier: Pumpe läuft). Ist die zugehörige MSR-Stelle gestört, wird zur Unterscheidung nicht mit Dauerlicht gearbeitet. Tritt eine Störung auf, wird sie ebenfalls durch Blinken angezeigt. Nach erfolgter Quittierung geht das Blinken jedoch in eine langsamere Taktfolge über.

Ist über der Meßtafel ein Fließbild angebracht, kann die gestörte Stelle durch eine Signallampe am zugehörigen Symbol innerhalb des Fließbildes kenntlich gemacht werden.

Das gezeigte Melde- und Alarmsystem bezieht sich auf herkömmliche Meßwarteninstrumentierung. Bei der Verwendung von Prozeßleitsystemen werden die beschriebenen Komponenten ebenfalls herangezogen. Ein konkretes Beispiel für eine Alarmbehandlung mit PLS zeigt der Abschnitt 4.4.1.

5.4 Wiederholungsaufgaben

1. Welche Ex-Zonen gibt es in explosionsgefährdeten Bereichen?
2. Welche Zündschutzart erlaubt einen Einsatz von elektrischen Betriebsmitteln in Zone 0? Wie müssen die Geräte ausgelegt sein, damit sie der gesuchten Zündschutzart angehören?
3. Welche weiteren Zündschutzarten gibt es? Ab welcher Zone dürfen die zugehörigen Einrichtungen benutzt werden?
4. Ein neuangekommener Alarm, gekennzeichnet durch Blinken und Hupen, wird quittiert. Sowohl Hupe als auch Lampe erlöschen. Welche Aussage kann der Anlagenfahrer über die gemeldete Störung machen?
5. Ein Sichtzeichen wird als Laufmeldung für eine Pumpe benutzt. Wie muß ein Alarmsystem beschaffen sein, das das gleiche Leuchtfeld zur optischen Darstellung benutzt?

6 Literaturhinweise

HENGSTENBERG, J., STURM, B., WINKLER, O. (1980): Messen, Steuern und Regeln in der Chemischen Technik, Springer-Verlag, Berlin Heidelberg New York.

STROHRMANN, G. (1987): Meßtechnik im Chemiebetrieb, Oldenbourg Verlag, München Wien.

SAMAL, E. (1987): Grundriß der praktischen Regelungstechnik, Oldenbourg Verlag, München Wien.

GEISSLER, H., JANICH, K., SILBERSACK, G. (1985): Automatisierungstechnik in Chemieberufen, VEB Deutscher Verlag für Grundstoffindustrie, Leipzig.

HOPP, V. (1984): Grundlagen der chemischen Technologie, Verlag Chemie, Weinheim Deerfield Beach Basel.

KOHLRAUSCH, F. (1968): Praktische Physik, Teubner Verlag, Stuttgart.

BERGMANN, SCHÄFER (1975): Lehrbuch der Experimentalphysik, Bd 1, Verlag Walter de Gruyter, Berlin New York.

HEYWANG, SCHMIEDEL, SÜSS (1985): Physik für technische Berufe, Verlag Handwerk und Technik, Hamburg.

7 Quellennachweise

Die folgenden Abbildungen gehen auf Vorlagen in den hier aufgeführten Werken zurück. Wir danken den Verlagen für die freundliche Genehmigung zur Übernahme.

J. Hengstenberg „Messen, Steuern und Regeln in der Chemischen Technik", Band 1–3. Springer-Verlag, Berlin, Heidelberg, New York

Band 1, 3., neubearbeitete Auflage 1980. Abbildung: 1-28, 1-32, 1-33, 1-34, 1-41, 1-54, 1-55. 1-56, 1-57, 1-62, 1-63, 1-69, 1-70, 1-71, 1-72, 1-143, 1-144.
Band 3, 3., neubearbeitete Auflage 1981. Abbildung: 2-10, 2-24, 2-37, 2-39, 2-40, 2-51.

Band 1, 3., neubearbeitete Auflage 1980. Abbildung: 1-28, 1-32, 1-33, 1-34, 1-41, 1-48, 1-49, 1-50, 1-51, 1-56, 1-57, 1-63, 1-64, 1-65, 1-66, 1-137, 1-138.
Band 3, 3., neubearbeitete Auflage 1981. Abbildung: 2-10, 2-24, 2-37, 2-39, 2-40, 2-51.

E. Samal „Grundriß der praktischen Regelungstechnik"
bearbeitet von Wilhelm Becker
15., verbesserte Auflage 1987
R. Oldenbourg Verlag, München, Wien

Abbildung: 2-23, 2-26, 2-29, 2-30, 2-56, 2-58, 2-67, 2-68, 2-69, 2-70, 2-79, 2-80.

Register

Schmittel, E. / Bouchée, G. / Less, W.-R.

Labortechnische Grundoperationen

Reihe: Die Praxis der Labor- und Produktionsberufe, Band 1
Zweite überarbeitete und erweiterte Auflage

1990. XVII, 282 Seiten mit 104 Abbildungen
und 45 Tabellen. Gebunden.
DM 72.- /öS 562.-/sFr 72.-.
ISBN 3-527-28053-7

Aus Rezensionen der ersten Auflage:

*„Hervorzuheben ist neben der fachlich ausgezeichneten
Bearbeitung der einzelnen Themen das Bestreben der
Autoren, mit einfachen Geräten, die in jedem Labor vorhanden sein sollten, die experimentelle Durchführung
der Versuche zu ermöglichen. Deshalb eignet sich dieses Buch auch gut als Arbeitsgrundlage für Schüler-
übungen in Chemie- und Physik-Labors beruflicher und
allgemeiner Schulen."*
Amtsblatt des Hessischen Kultusministers

*„Die äußere Aufmachung trägt sehr wesentlich zum po-
sitiven Gesamteindruck bei. Der Inhalt ist gut verpackt:
klare Kapiteltrennung, sauber gesetzt, deutliche und
große Abbildungen, stabiler Einband."*
Chemie für Labor und Betrieb

*„Das Buch, das wohl primär für Chemielaboranten ge-
dacht ist, kann auch zur Unterstützung des Unterrichts
an Berufsfachschulen und als Hilfe für Studierende der
Pharmazie zu Beginn der Praktika verwendet werden.
Auch für die Ausbildung zum Apothekenhelfer bietet
sich dieses Buch in hervorragender Weise an."*
Österreichische Apotheker-Zeitung

*„Im Grunde genommen kann das Buch jedem Anfänger
im Labor, gleich an welcher Ausbildungsstätte, und Leh-
renden als wertvolle Hilfe empfohlen werden."*
GIT

**Ihre Bestellung richten Sie
bitte an Ihre Buchhandlung
oder an:**

VCH, Postfach 10 11 61,
D-69451 Weinheim,
Telefax 0 62 01 - 60 61 84

VCH, Hardstrasse 10,
Postfach, CH-4020 Basel

Stand der Daten:
April 1996

Irrtum und Preisänderung
vorbehalten.

Gottwald, W. / Puff, W.

Physikalisch-chemisches Praktikum

Reihe: Die Praxis der Labor- und Produktionsberufe, Band 4
Zweite überarbeitete und erweiterte Auflage

1990. XV, 331 Seiten mit 138 Abbildungen
und 47 Tabellen. Gebunden.
DM 65.-/öS 507.-/sFr 65.-.
ISBN 3-527-28086-3

Dieses Buch vermittelt einen Überblick über die
Grundlagen der Physikalischen Chemie und der
Meßtechnik, soweit sie im Labor eine Rolle spielen, unter praktischen Gesichtspunkten. Charakteristisch sind die zahlreichen Versuchs- und
Gerätebeschreibungen sowie die Anleitungen
zur Protokollführung und Berechnung.

In dieser zweiten Auflage des bewährten Bandes sind vor allem die Abschnitte über die IR-
und UV/VIS Spektroskopie und die instrumen-
telle Chromatographie (GC, HPLC) sowie über
die Dünnschichtchromatographie (DC) erweitert
worden. Der zunehmenden Verwendung von
Computern bei der praktischen Laborarbeit wurde insbesondere in einem neuen Kapitel über
Steuern und Regeln im Labor Rechnung getragen.

**Ihre Bestellung richten Sie
bitte an Ihre Buchhandlung
oder an:**

VCH, Postfach 10 11 61,
D-69451 Weinheim,
Telefax 0 62 01 - 60 61 84

VCH, Hardstrasse 10,
Postfach, CH-4020 Basel

Stand der Daten:
April 1996

Irrtum und Preisänderung
vorbehalten.